Callwey

„Bei meinem Streben
und Streiten und Bemühen
bitt ich euch, nicht zu lachen,
zuschauende Götter ..."

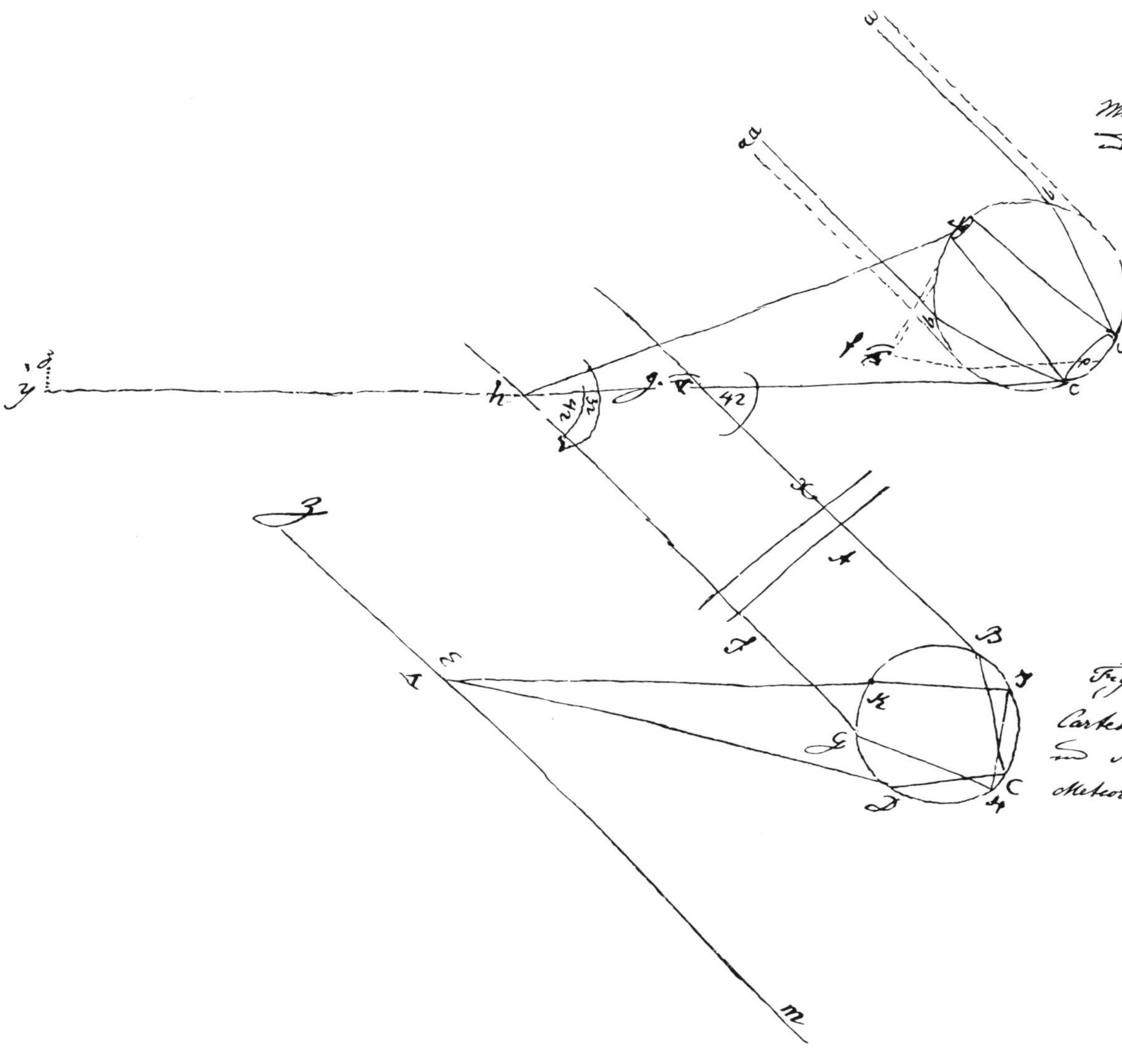

Fig 1.
Meine Herleitung und Beurtheilung

Fig 2.
Cartesii Herleitung und Deutung.
Meteora. Cap 8.

Otto Krätz

Goethe

und die Naturwissenschaften

»...daß ich erkenne, was die Welt im Innersten zusammenhält...«

Callwey

Unter Mitwirkung von
Helga Merlin
und
Ludwig Vesely

Dem Andenken des
Arztes, Astrologen, Alchemisten und Nekromanten

Dr. Georg Faust

(ca. 1480 in Knittlingen, Württemberg – ca. 1540 in Stauffen, Breisgau)

Wiewohl des Teufels Sein oder Nicht-Sein selbst unter Theologen
umstritten
und daher nicht gesichert ist,
wohin in jener legendären Sturmnacht
die arme Seele des Doktor Faust geriet,
so sei doch der Wunsch gewagt:
Gott der Herr wolle seiner armen Seele gnädig sein
und ewigen Frieden schenken,
diesem seltsam unruhigen Geist,
dem
Johann Wolfgang von Goethe
so unendlich viel verdankt –
und mit ihm auch wir.

Dank

Für die geduldige und liebevolle Betreuung während eines langen und heißen Sommers bedankt sich der Autor bei dem Callwey Verlag, insbesondere bei Frau Dr. Veronika Baur-Callwey, Frau Andrea Hölzl und Frau Dorothea Montigel. Ein ganz herzlicher Dank für vielfältige anregende Beratung gilt Herrn Dr. Johannes John.
Für die Überlassung zahlreicher Bildvorlagen danke ich ganz besonders der Stiftung Weimarer Klassik, dem Frankfurter Goethe-Museum und dem Archiv des Deutschen Museums München. Zusätzliche Bildgeber (Museen) sind in den Bildunterschriften eigens angegeben: mein Dank gilt ihnen in besonderer Weise.
Für die Hilfe bei der Vorbereitung der 2. Auflage danke ich: Herrn Direktor Prof. Dr. Schuster und Frau Maul im Goethe-Museum Weimar, Frau Dr. Müller-Krumbach sowie Sabine Kinder und Helga Merlin.

Die Deutsche Bibliothek – CIP-Einheitsaufnahme
Goethe und die Naturwissenschaften / Otto Krätz.
[Unter Mitw. von Helga Merlin und Ludwig Vesely]. –
2., korrigierte Aufl., Sonderausg. –
München : Callwey, 1998
ISBN 3-7667-1335-3

2., korrigierte Auflage 1998

Umschlaggestaltung Bernd Wegener, Berlin
Lithos Fotolito Longo, Frangart bei Bozen
Satz Filmsatz Schröter GmbH, München
Druck Druckerei Kastner & Callwey, Forstinning
Buchbinder Auer, Donauwörth
Printed in Germany 1998
ISBN 3-7667-1335-3

Inhalt

Vorwort **6** *. . . als Dichter und Künstler bin ich Polytheist, Pantheist hingegen als Naturforscher, und eins so entschieden als das andre . . .*

Die Schwierigkeit, ein Genie zu erziehen **8** *. . . Schon seit meinen frühesten Zeiten fühlte ich einen Untersuchungstrieb gegen natürliche Dinge . . .*

Die Begegnung mit der Alchemie **18** *Die Chymie ist noch immer meine heimliche Geliebte*

Johann Kaspar Lavater und die Physiognomik **32** *Diese Wissenschaft schließt vom Äußeren aufs Innere*

Das Bergwerk zu Ilmenau **44** *. . . In den Eingeweiden der Erde . . .*

Mineralogie und Geologie **52** *. . . kein Berg zu hoch, kein Schacht zu tief, kein Stollen zu niedrig und keine Höhle labyrinthisch genug . . .*

Philipp Matthäus Hahn und die Wunder der Mechanik **64** *Die Weltmaschine zu Kornwestheim*

Der Luftballon und die Chemie der Gase **74** *Wie nah ich dieser Entdeckung gewesen*

Die Metamorphose der Tiere **80** *Ich bin fleißig in Anatomicis . . .*

Die Metamorphose der Pflanzen **92** *Das Pflanzenreich rast einmal wieder in meinem Gemüte, ich kann es nicht einen Augenblick loswerden, mache aber auch schöne Fortschritte . . .*

Im Spannungsfeld zwischen Neptunismus und Plutonismus **106** *Vulkane, der »alte Ritter« und eine schöne Frau*

Alexander von Humboldt **114** *Ein wahrhaftes Cornu Copiae der Naturwissenschaften . . .*

Der Naturwissenschaftler Goethe im Bad **122** *. . . mit Leib und Seele zu Hause . . . in Karlsbad zwischen dem grünen Papagei und den drei Karpfen . . .*

Gottfried Christoph Beireis und die Welt der Automaten **132** *Der »geheimnisvolle Greif« zu Helmstedt*

Die Chemie in Weimar und Jena **140** *. . . Wohl dem, der jetzt ohne Eigensinn, Handwerksgeist, Grille und Dünkel auf einem so herrlichen Schauplatz wirken kann . . .*

Friedlieb Ferdinand Runge in Jena **152** *Vom Coffein zum »Bildungstrieb der Stoffe«*

Optik und Farbenlehre **158** *Unter den Arbeiten, die mich jetzt am meisten interessieren, ist eine neue Theorie des Lichts, des Schattens und der Farben . . .*

Die Familie André in Offenbach **184** *»Lili's Park« und die Lithographie*

Luke Howard, der Mann, »der Wolken unterschied« **188** *Die »Formung des Formlosen«*

Die Anfänge der Glasindustrie in Jena **198** *. . . Dr. Körner von Jena, neue Glasproben bringend . . .*

Der Mühe Lohn? **204** *Ein Wanderer in der Morgendämmerung*

Personenregister **214**

Sachregister **218**

Literatur **221**

Anmerkungen **227**

Quellen **233**

Bildnachweis **236**

»... als Dichter und Künstler bin ich Polytheist, Pantheist hingegen als Naturforscher, und eins so entschieden als das andre ...«

Vorwort

Der von Johann Wolfgang von Goethe nicht besonders geschätzte romantische Dichter E. T. A. Hoffmann (1776–1822) schlug 1809 mit seinen »mystifizierenden Anekdoten« einen Scherz vor, indem er die Tradition der alten Literaturgattung der »Totengespräche« weiterentwickelte[1]: »... Es müßte spaßhaft sein, Anekdoten zu erfinden und ihnen den Anstrich höchster Authentizität durch Zitate u.s.w. zu geben, die durch Zusammenstellung von Personen die Jahrhunderte auseinander lebten oder ganz heterogener Vorfälle gleich sich als gelogen auswiesen ... – Gäbe man ihnen einen Stachel, desto besser ...«[2]

Es sei dahingestellt, ob Hoffmanns Einfall wirklich spaßhaft gewesen ist, daß kurz nach dem Hubertusburger Frieden (1763) der damals noch junge und noch nicht zum großen spanischen Dichter gereifte Pedro Calderon de la Barca (1600–1681) seinem späteren Mentor Friedrich II., dem Großen (1712–1786) begegnet ist. Doch verbirgt sich hinter dem Prinzip der »mystifizierenden Anekdote« so etwas wie eine Technik für reizvolle historische Gedankenexperimente. Zuweilen ist die Frage, ob sich in verschiedenen historischen Epochen lebende bedeutende Figuren der Geschichte – gäbe es so etwas wie eine »Zeitmaschine«, die sie zusammenzuführen vermöchte – auch tatsächlich etwas zu sagen gehabt hätten, durchaus reizvoll. Wagen wir also ein Gedankenexperiment und ersinnen eine »mystifizierende Anekdote«:

Freitagnachmittag, 28. Juli 1809, sei demnach Goethe in Jena durch das »Paradies« gewandert und dabei von einem Fremden angesprochen worden, dem britischen Literaten und Naturwissenschaftler Sir Charles Percy Snow (geb. 1905). Angenommen, die beiden Herren hätten sich miteinander bekannt gemacht, so hätte eine durchaus vorhandene gewisse Ähnlichkeit ihrer intellektuellen Interessen eine angeregte Unterhaltung sicherlich ermöglicht. Im weiteren Verlauf könnte Sir Charles schließlich – leicht in Rage geraten – seine heute so berühmte und viel diskutierte These von der Unvereinbarkeit der beiden Kulturen vorgetragen haben: »... Ich glaube, das geistige Leben der gesamten westlichen Gesellschaft spaltet sich immer mehr in zwei diametrale Gruppen auf ... auf der einen Seite haben wir die literarisch Gebildeten ... auf der anderen Naturwissenschaftler ... Zwischen beiden eine Kluft beiderseitigen Nichtverstehens ...«[3]

Sir Charles Snow war es ja vergönnt gewesen, mit einer auf dieser Feststellung basierenden »Rede Lecture« mit dem Titel »The Two Cultures and the Scientific Revolution«, die er 1959 in Cambridge gehalten hatte, eine überaus scharfsinnig ausgetragene Kontroverse zu beginnen. Und nun erhebt sich die Frage, ob und mit welchen Folgerungen eine solche Begegnung, gesetzt den Fall, sie wäre auf irgendeine geheimnisvolle Weise realisierbar, ihren Niederschlag in Goethes Tagebuch gefunden hätte.

Doch schon ist das zeitverschiebende Gedankenexperiment nach Hoffmannscher Manier zu Ende. Es funktioniert nicht! Diese Szene ist derart anachronistisch, daß sie nicht vorstellbar ist. Die These von »den zwei Kulturen« und der tiefen Kluft zwischen Literaten und Naturwissenschaftlern wäre bei Goethe mit Sicherheit auf völliges Unverständnis gestoßen. C. P. Snows These zielt auf einen Sachverhalt, der in der Zeit Goethes in keiner Weise existent war. Zumindest damals war es für einen Mann von Welt ebenso selbstverständlich wie wünschenswert, seinen Intellekt auf völlig verschiedenartigen Gebieten – die dann aber letztlich als doch zusammengehörig empfunden wurden – geübt und geschärft zu haben. Sicherlich ist es heute eine nicht unbedingt lohnende Aufgabe, dem eher mäßigen Violinspiel Albert Einsteins eine Analyse zu widmen. Aber bei den Gedichten und Romanen des Naturforschers Albrecht von Haller (1708–1777), bei den naturwissenschaftlichen Forschungen des Literaten Voltaire (1694–1778), den Lehrgedichten des englischen Arztes und Naturforschers Erasmus Darwin (1731–1802) ist dies schon etwas anderes, um nur einige zu nennen, deren Lebenswerk auf Goethe einwirkte. Im vorliegenden Band sei der Versuch gewagt, die vielseitigen Bemühungen des Naturforschers Goethe in möglichst vielen Facetten vorzustellen. Dabei wird sich auch die Frage erhellen, warum es für ihn und seine Zeitgenossen die später von Sir Charles so sehr beklagte Kluft nicht gab – nicht geben konnte – denn: »... bin ich ... mehr als jemals überzeugt: daß man im theoretischen und praktischen, und besonders in unserem Falle im wissenschaftlichen und dichterischen immer mehr mit sich selbst eins zu werden und eins zu bleiben suchen müsse ...«[4]

Wohl aus der Erinnerung und dramatisiert zeichnete Goethe die »Via Mala«, die legendäre »schlechte Straße« in der Schlucht des Hinterrheins in der Schweiz. Straßen hatten in seinem Leben eine ganz besondere, mineralogisch-geologische Bedeutung. Es dürfte in der Geschichte des Abendlandes keinen zweiten Naturforscher gegeben haben, der mit solcher Liebe und Ausdauer den Schotter jeder Straße, auf die er seinen Fuß setzte, über die er ritt oder fuhr, so aufmerksam nach dem verwendeten Gesteinsmaterial untersuchte, wie gerade Goethe. Jeder Steinbruch am Wegesrand wurde aufmerksam betrachtet und Gesteinsproben mitgenommen. In jeder Furt, die er durchritt, hielt er an, um Steine zu sammeln. In den Mühlen am Straßenrand pflegte er nachzufragen, wo das Material für die Mühlsteine gebrochen würde, um sich so einen Überblick über die Geologie einer Region zu verschaffen.

»... Schon seit meinen frühesten Zeiten fühlte ich einen Untersuchungstrieb gegen natürliche Dinge ...«

Die Schwierigkeit, ein Genie zu erziehen

Es ist nicht nur schwierig, Vater und Erzieher eines Genies zu sein, es ist auch ein undankbares Geschäft. Der wohl unvermeidbare Generationskonflikt, dessen Überlieferung fast immer den Altvorderen zum Schlechten gereicht, und die Parteinahme der Biographen für den großen Sohn verdunkeln letztlich das Bild des Vaters.

Links:
Der kaiserliche Rat Johann Caspar Goethe (1710–1782) war hingebungsvoll um Erziehung und Ausbildung seines Sohnes Johann Wolfgang bemüht. Seine reichhaltige Bibliothek, seine Bildersammlung und die aus Italien mitgebrachten Mineralien boten dem jungen Goethe eine Fülle von Anregungen.

Johann Wolfgang hat später immer die Strenge und eine gewisse Starrheit im Charakter des Vaters hervorgehoben: »... ein zwar liebevoller und wohlgesinnter, aber ernster Vater, der, weil er innerlich ein sehr zartes Gemüt hegte, äußerlich mit unglaublicher Konsequenz eine eherne Strenge vorbildete, damit er zu dem Zwecke gelangen möchte, seinen Kindern die beste Erziehung zu geben, sein wohlbegründetes Haus ... zu erhalten ...«[1]
Ob Johann Caspar Goethe (1710–1782) wirklich gegen seinen 1749 geborenen Sohn mit »unglaublicher Konsequenz und eherner Strenge« vorging, ist nicht so leicht zu beurteilen, da dieser im Gegensatz zu seinem Sohn die Zeit des Zusammenlebens nicht reflektierend kommentiert hat. Er hat nur den legendären Liber domesticus hinterlassen, jenes einzigartige, gemischt in Latein, Deutsch, Frankfurterisch und Französisch gehaltene Ausgabenbuch, das in der Sprache nüchterner Zahlen eindringlichst darlegt, daß der Kaiserliche Geheime Rat Goethe für die Ausstattung und die Erziehung seines Sohnes keinerlei Kosten scheute. Für Sommer- und Winterkleidung, seidenen Frisierumhang und Degen wurden beachtliche Summen ausgegeben. Breitesten Raum nehmen im Ausgabenbuch die Zahlen für das Schulgeld ein, das für die »Spiel-« und später für die »Elementarschule« zu entrichten war. Wolfgang hat nie ein Gymnasium besucht, der privatisierende Vater unterrichtete ihn selbst – und dies ganz offensichtlich mit Erfolg, jedoch wohl zum Schaden ihrer Beziehung. Im Laufe der Jahre wurde zusätzlich eine beachtliche Schar von Lehrkräften eingesetzt, um Wolfgang jene speziellen Kenntnisse zu vermitteln, die man von einem jungen Angehörigen des Frankfurter Patriziates erwartete. Es gab gediegenen Unterricht in Fremdsprachen, der 1755 – Wolfgang war somit erst sechs Jahre alt – mit dem entlaufenen neapolitanischen Dominikanermönch Domenico Giovinazzi (1693–ca. 1763), »... ein alter, heiterer, italienischer Sprachmeister ...«[2], begann. Es folgten 1756 Latein, 1757 Französisch, 1758 Griechisch, 1761 »Judendeutsch«, sowie 1762 Englisch und Hebräisch. Dank Begabung und Ausdauer brachte Wolfgang es zu beachtlicher Geläufigkeit. Als Student hatte er deshalb später die eher befremdliche Idee, einen siebensprachigen Briefroman zu verfassen. Lange Jahre mußte Wolfgang einen Schönschreibunterricht über sich ergehen lassen und nahm, wenn auch nur mit mittlerem Erfolg, an Schönschreibwettbewerben teil. Seit 1758 erhielt er durch einen Kupferstecher Unterricht im Zeichnen, und ab 1765 wurde er im Reiten und Fechten ausgebildet.
Naturkundlichen oder gar naturwissenschaftlichen Unterricht erhielt Wolfgang nicht: »... Von dem hingegen, was eigentlich äußere Natur heißt, hatte ich gar keinen Begriff, und von ihren sogenannten drei Reichen nicht die geringste Kenntnis. Von Kindheit an war ich gewohnt, in wohleingerichteten Ziergärten den Flor der Tulpen, Ranunkeln und Nelken bewundert zu sehen; ... An exotische Pflanzen wurde nicht gedacht, noch viel weniger daran, Naturgeschichte in der Schule zu lehren ...«[3]
Doch diese Lücke wurde dank praktischer Anleitung durch den Großvater, den Stadtschultheißen Johann Wolfgang Textor (1693–1771), wettgemacht, den Goethe – eine Spitzwegidylle vorwegnehmend – liebevoll schilderte: »... So trug

Rechts: Portrait Johann Wolfgang Goethes von G. O. May. Oberhessisches Museum, Gießen. In seinen frühen Jahren in Weimar brillierte Goethe nicht nur als guter Reiter, er führte auch das Schlittschuhlaufen ein und inszenierte winterliche Feste auf dem Eis. Zuweilen brach er ein. Einer der Söhne Charlotte von Steins berichtete später: »... Durch Goethen kamen gymnastische Übungen in Schwung, woran man früher in höheren Zirkeln nicht anders gedacht hatte als an unschickliche Beschäftigungen. Wir lernten also auch auf Stelzen gehen, baden, schwimmen ... Von der jungen Gesellschaft war Goethe gewissermaßen die Seele ...«

er auch immer einen talarähnlichen Schlafrock, und auf dem Haupt eine faltige schwarze Sammetmütze...«[4]
Der Großvater legte das Fundament zu Goethes späteren botanischen Studien. So »...fand man jeden Abend den Großvater mit behaglicher Geschäftigkeit eigenhändig die feinere Obst- und Blumenzucht besorgend... Er selbst band sorgfältig die Zweige der Pfirsichbäume fächerartig an die Spaliere... das Sortieren der Zwiebeln von Tulpen, Hyazinthen und verwandten Gewächsen, sowie die Sorge für Aufbewahrung derselben überließ er niemandem; ...wie emsig er sich mit dem Okulieren der verschiedenen Rosenarten beschäftigte...«[5] Wolfgang besuchte gerne den Großvater und dessen Garten und ließ sich zu kindlichen Naturstudien anregen: »...Schon seit meinen frühesten Zeiten fühlte ich einen Untersuchungstrieb gegen natürliche Dinge... daß ich als Kind Blumen zerpflückt, um zu sehen, wie die Blätter in den Kelch, oder auch Vögel berupft, um zu beobachten, wie die Federn in die Flügel eingefügt waren...«[6]
Der letztlich mißlungene Versuch des Vaters, seine Kinder als Gehilfen beim Aufbau einer kleinen Seidenmanufaktur in der Mansarde seines Hauses am Großen Hirschgraben zu gebrauchen, stieß angesichts übelriechender Seuchen der Seidenraupen auf den Widerwillen Wolfgangs.

”...Eine besondere Liebhaberei meines Vaters machte uns Kindern viel Unbequemlichkeit. Es war nämlich die Seidenzucht... Einige Bekanntschaften in Hanau, wo man die Zucht der Würmer sehr sorgfältig betrieb, gaben ihm die nächste Veranlassung. Von dorther wurden ihm... die Eier gesendet; und sobald die Maulbeerbäume genugsam Laub zeigten, ließ man sie ausschlüpfen, und wartete der kaum sichtbaren Geschöpfe mit großer Sorgfalt. In einem Mansardzimmer waren Tische und Gestelle mit Brettern aufgeschlagen... sie wuchsen schnell und waren nach der letzten Häutung so heißhungrig, daß man kaum Blätter genug herbeischaffen konnte, sie zu nähren; ja sie mußten Tag und Nacht gefüttert werden, ...trat aber Kälte ein, daß die Maulbeerbäume litten, so machte es große Not. Noch unangenehmer aber war es, wenn in der letzten Epoche Regen einfiel: denn diese Geschöpfe können die Feuchtigkeit gar nicht vertragen; und so mußten die benetzten Blätter sorgfältig abgewischt und getrocknet werden, welches denn doch nicht immer so genau geschehen konnte, und aus dieser und vielleicht auch einer andern Ursache kamen mancherlei Krankheiten unter die Herde, wodurch die armen Kreaturen zu Tausenden hingerafft wurden. Die daraus entstehende Fäulniß erregte einen wirklich pestartigen Geruch...”

Dichtung und Wahrheit

Objekte aus dem Umfeld Goethes im Besitz des Deutschen Museums München: Ein Döbereinersches Feuerzeug oben links. Ein von Döbereiner hergestellter Platin-Spiegel vorne links, ein Pyknometer aus der Glashütte Professor Körners in Jena im Hintergrund. Hinten Mitte: Eine Karte aus einem Kartensatz für optische Versuche nach Goethe aus dem Besitz der Bayerischen Akademie der Wissenschaften. Aufgeschlagen: Goethes Farbenlehre. Vorne: offene Schachtel einer Müllerschen Steinsammlung aus Karlsbad.

Johann Caspar Goethes Versuch, mit Hilfe seiner Kinder Johann Wolfgang und Cornelia im Dachgeschoß des Hauses am Hirschgraben eine Seidenraupenzucht aufzubauen, schlug wegen der Seuchenanfälligkeit der Raupen fehl.

WISSENSCHAFT

»Einem ist sie die hohe, die himmlische Göttin, dem andern
Eine tüchtige Kuh, die ihn mit Butter versorgt.«

Xenien

Der Wißbegier des jungen Goethe wurde im väterlichen Hause eine Vielzahl von Anregungen geboten. Es gab eine reichbestückte Bibliothek mit zuletzt über 1600 Büchern, die der Vater zusammengebracht hatte und nach den Wünschen des Sohnes stets erweiterte. Von ganz besonderer Wichtigkeit für Goethes Leben sollte aber eine kleine Marmor- und Naturaliensammlung werden, die der Vater 1740 von seiner achtmonatigen Reise durch Italien mitgebracht hatte. Aus den Mineralien dieser Sammlung baute der neunjährige Wolfgang zusammen mit Hilfe eines vierseitigen rotlackierten, goldgeblümten Notenpultes und einiger Räucherkerzen, die durch ein Brennglas von der aufgehenden Sonne entzündet wurden, einen Altar für seinen »eigentlichen Gott«. Aus Unachtsamkeit wurde das edle Notenpult durch Feuer beschädigt: »... Hierüber kam der junge Priester in die äußerste Verlegenheit ...«[7]
Ein Leben lang sollten ihn Mineralien, ihre Entstehungsweisen, ihre Formen und ihre Fundstellen ganz besonders beschäftigen.
Genaueste Kenntnis über Edelsteine vermittelte ihm der Juwelier Georg Friedrich Lautensack (gest. 1777), bei dem der Vater eine edelsteinbesetzte Dose bestellt hatte, die dieser aber nicht pünktlich liefern konnte, da er für Kaiser Franz I. ein großes Edelsteinbouquet formte: »... Er (d. h. Lautensack) suchte mir die Kenntnis dieser Steine beizubringen, machte mich auf ihre Eigenschaften, ihren Wert aufmerksam, so daß ich sein ganzes Bouquet zuletzt auswendig wußte ...«[8]
Im übrigen bildete sich Wolfgang selbst, indem er als besonders wißbegieriges Kind die Augen weit offenhielt und so manches Naturkundliche und Technische bemerkte. Da gab es einmal die Materialienhandlung eines Onkels: »... und wenn uns im Laden unter so vielerlei Waren anfänglich nur das Süßholz und die daraus bereiteten braunen, gestempelten Zeltlein vorzüglich interessierten, so wurden wir doch allmählich mit einer großen Menge von Gegenständen bekannt ...«[9]
In der freien Reichsstadt Frankfurt, einer Metropole der Handelshäuser, gab es manches zu bestaunen: »... da schlich man zum Weinmarkte, bewunderte den Mechanismus der Krane, wenn Waren ausgeladen wurden ...«[10]
Ohne gezielte naturwissenschaftliche Ausbildung wurde doch schon manche, für Goethes späteres Leben wichtige Weiche gestellt. In jeder Hinsicht folgenschwer sollte sich die Ausbildung als Zeichner und Maler für seine Forschungen erweisen: »... Das Auge war vor allen anderen das Organ, womit ich die Welt faßte. Ich hatte von Kindheit auf zwischen Malern gelebt ...«[11] Dies war die Folge der ungeheuren Kunstbegeisterung des Vaters: »... beschäftigte er mehrere Jahre hindurch die sämtlichen Frankfurter Künstler«.[12] Als 1759 der französische Königsleutnant François de Théas, Comte de Thoranc (1719–1794), im Haus am Großen Hirschgraben sein Quartier aufschlug und annähernd vierhundert Gemälde in Auftrag gab, die zum großen Teil in Goethes Elternhaus gemalt wurden, entwickelte sich der aufmerksam beobachtende Wolfgang vollends zum frühreifen Kenner: »... Da ich all diese Männer von frühester Jugend an gekannt ... auch der Graf mich gern um sich leiden mochte, so war ich bei den Aufgaben, Beratschlagungen und Bestellungen wie auch bei den Ablieferungen gegenwärtig, und nahm mir, zumal wenn Skizzen und Entwürfe eingereicht wurden, meine Meinung zu eröffnen gar wohl heraus ...«[13] Jahrzehnte später sollte Goethe Reminiszenzen an diese Zeit in »Wilhelm Meisters Lehrjahre« bei der Beschreibung der großen Gemäldegalerie verarbeiten.
Ein Leben lang bleibt dem Naturforscher Goethe das Auge das wichtigste Hilfsmittel, und seine spätere Farbentheorie gewinnt ihre Eigenart, aber auch ihre Problematik aus der Tatsache, daß sie ganz wesentlich unter den Gesichtspunkten des beobachtenden Malers verfaßt ist. Eine Physik- oder gar Chemieausbildung erhielt der junge Goethe nicht. Etwas hilflos zerlegte er einen armierten Magneten, versuchte vergeblich aus einem alten Spinnrad und einigen Arzneigläsern eine Elektrisiermaschine zu basteln und freute sich, als er erstmals eine wirklich funktionierende auf dem Jahrmarkt sehen durfte. Der dänische Legationsrat Johann Friedrich Moritz (1716 bis 1771) brachte ihm ein wenig Mathematik bei.
Es wurde allmählich Zeit, Wolfgang auf die Universität zu schicken; der Vater bestimmte Leipzig. Dem Sohn wäre die naturwissenschaftlich bedeutendere Universität Göttingen lieber gewesen, trotzdem war er begeistert: »... Die heimliche Freude eines Gefangenen, wenn er seine Ketten abgelöst und die Kerkergitter bald durchgefeilt hat, kann nicht größer sein, als die meine war, indem ich die Tage schwinden und den Oktober herannahen sah ...«[14] (1765).
Der Vater bereitete Wolfgang selbst auf sein juristisches Studium vor und dies außerordentlich erfolgreich – zu erfolgreich, denn es erwies sich, daß der überaus mode- und standesbewußte junge Mann dank des Vorstudiums auf einen Teil der juristischen Vorlesungen verzichten konnte, was ihm die Entfaltung vielseitiger, manchmal allzu vielseitiger Aktivitäten in seinem studentischen Privatleben gestattete. Nach eigenem Bekunden wurde er »... ein erregbares Studentchen ...«[15]

Leidenschaftlich vertiefte sich der Student Goethe in die »Descriptions des Arts et Métiers« und verehrte begeistert die Enzyklopädie von d'Alembert und Diderot. In deren Frontispiz spiegelt sich die allgemein große Faszination der Aufklärung für die damalige Geisteswelt.

DESCRIPTIONS
DES ARTS
ET MÉTIERS,

FAITES OU APPROUVÉES
PAR MESSIEURS
DE L'ACADÉMIE ROYALE
DES SCIENCES.

Avec Figures en taille-douce.

A PARIS,
Chez Desaint & Saillant, Libraires, rue Saint Jean de Beauvais.

M. DCC. LXI.

Avec Approbation & Privilege du Roi.

ENCYCLOPEDIE,
OU
DICTIONNAIRE RAISONNÉ
DES SCIENCES,
DES ARTS ET DES METIERS,

PAR UNE SOCIETÉ DE GENS DE LETTRES.

Mis en ordre & publié par M. *DIDEROT*, de l'Académie Royale des Sciences & des Belles-Lettres de Prusse; & quant à la Partie Mathematique, par M. *D'ALEMBERT*, de l'Académie Royale des Sciences de Paris, de celle de Prusse, & de la Société Royale de Londres.

Tantùm series juncturaque pollet,
Tantùm de medio sumptis accedit honoris! Horat.

TOME PREMIER.

A PARIS,
Chez BRIASSON, *rue Saint Jacques, à la Science.*
DAVID l'aîné, *rue Saint Jacques, à la Plume d'or.*
LE BRETON, Imprimeur ordinaire du Roy, *rue de la Harpe.*
DURAND, *rue Saint Jacques, à Saint Landry, & au Griffon.*

M. DCC. LI.

AVEC APPROBATION ET PRIVILEGE DU ROY.

„ ...Wenn wir von den Enzyklopädisten reden hörten oder einen Band ihres ungeheuren Werks aufschlugen, so war es uns zu Mute, als wenn man zwischen den unzähligen bewegten Spulen und Weberstühlen einer großen Fabrik hingeht, und... in Betrachtung dessen, was alles dazu gehört, um ein Stück Tuch zu fertigen, sich den eigenen Rock selbst verleidet fühlt, den man auf dem Leibe trägt. – Diderot war nahe genug mit uns verwandt; wie er denn in alle dem, weshalb ihn die Franzosen tadeln, ein wahrer Deutscher ist. Aber auch sein Standpunkt war schon zu hoch, sein Gesichtskreis zu weit, als daß wir uns hätten zu ihm stellen und an seine Seite setzen können... "

Dichtung und Wahrheit

Johann Caspar muß seinen quecksilbrigen und komplizierten Sohn abgöttisch geliebt haben. Pro Studienjahr stand dem Studenten Goethe eine fast schon phantastisch zu nennende Summe von 1200 Gulden zur Verfügung, ein Mehrfaches von dem, was viele und nicht einmal arme Familien verbrauchen durften. 3600 Gulden sollte Goethes dreisemestriges Studium in Leipzig insgesamt kosten, annähernd die Hälfte des Goethischen Familieneinkommens. Wolfgang war auch durchaus geneigt, die ihm zur Verfügung gestellten Mittel voll zu nutzen. Heinrich Gottfried von Brettschneider (1739–1810) schrieb boshaft über ihn: »... weil er Geld hatte, so wurde er in vielen Gesellschaften zugelassen und fand, daß es eine schöne Sache um einen schönen Geist sei ...«[16]
Und Karl Wilhelm Jerusalem (1747–1772), das unglückliche spätere Vorbild für die Figur des »Werther«, meinte: »... Er war zu unserer Zeit in Leipzig und ein Geck ...«[17]
Seine Professoren fand er vorzugsweise komisch. In einem teilweise in lateinischer Sprache abgefaßten Brief an seine Schwester im Oktober 1765 heißt es: »... Sie können nicht glauben, was es eine schöne Sache um einen Professor ist. Ich bin ganz verrückt gewesen, da ich einige von diesen Leuten in ihrer Herrlichkeit sah. Nichts ist glänzender, würdiger und ehrenvoller als sie ...«[18]
Seine schon professionelle Ausbildung zum Zeichner, Maler und Radierer ging auch in Leipzig weiter, neu dagegen war eine Vertiefung seiner naturwissenschaftlichen Kenntnisse. Damals war es üblich, daß Studenten in gastfreien Privathäusern einen regelmäßigen Mittagstisch abonnierten, wobei der Gastgeber, dessen Küche allerdings entlohnt wurde, zusammen mit seinen studentischen Kostgängern so etwas wie eine kleine und manchmal auch wissenschaftliche Gemeinschaft bildete. Im Oktober 1765 schrieb

Rechts:
Diese beiden Radierungen Goethes waren wahrscheinlich als Exlibris für seine Leipziger Freundin Käthchen und deren Vater Christian Gottlob Schönkopf (1716–1791) gedacht.

Goethe genoß in seiner Jugend eine durchaus professionell zu nennende Ausbildung als Zeichner, Stecher und Maler und erwarb beachtliche Fähigkeiten, wie diese kleine, lavierte Bleistiftzeichnung einer »Flußlandschaft mit Baumgruppe« zeigt (heute im Besitz des »Freien Deutschen Hochstiftes – Frankfurter Goethe-Museum«).

Im Zimmer seiner Schwester zeichnete Johann Wolfgang vermutlich einen gemeinsamen Jugendfreund, dessen Name nicht überliefert ist.

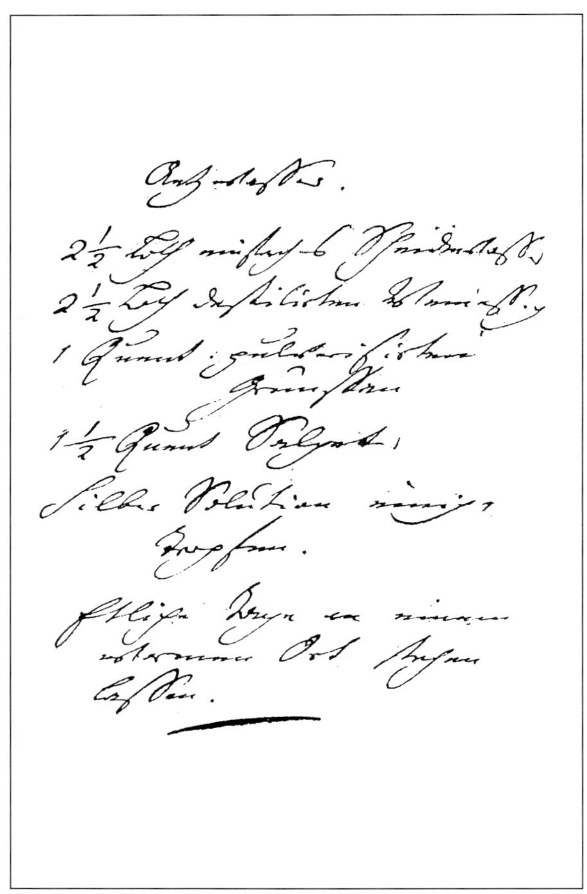

Dank seiner chemischen Kenntnisse war es Goethe ein Leichtes, das »Ätzwasser« für seine Radierungen selbst anzusetzen, wie diese eigenhändige Rezeptur zeigt: »Aetzwasser. 2 ½ Loth einfaches Scheidewasser, 2 ½ Loth destillierten Weingeist, 1 Quant. pulverisierten Grünspan, 1 ½ Quant. Salpeter. Silber Solution einige Tropfen. Etliche Tage an einem warmen Ort stehen lassen.«

Unten:
Diese »Landschaft mit einem alten Tor und einer verfallenen Stadtmauer« radierte Goethe wahrscheinlich 1769. Später berichtete er in »Dichtung und Wahrheit«: »... Ich hatte mir eine ziemlich interessante Landschaft komponiert... Ich ätzte die Platte bald und ließ mir Probe-Abdrücke machen. Unglücklicherweise war die Komposition ohne Licht und Schatten und ich quälte mich, nun beides hineinzubringen...«

❞ ... Mich reizte die reinliche Technik dieser Kunstart... Das Grundieren der Platten, das Weißanstreichen derselben, das Radieren selbst und zuletzt das Ätzen gab mannigfaltige Beschäftigung, und ich war bald dahin gelangt, daß ich meinem Meister (das heißt dem Kupferstecher Johann Michael Stock) in manchen Dingen beistehen konnte... Mir fehlte nicht die beim Ätzen nötige Aufmerksamkeit, und selten daß mir etwas mißlang; aber ich hatte nicht Vorsicht genug, mich gegen die schädlichen Dünste zu verwahren, die sich bei solchen Gelegenheiten zu entwickeln pflegen... ❞

Dichtung und Wahrheit

Goethe, daß er »... bei Hofrat Ludwig den Mittagstisch hatte. Er war Medikus, Botaniker, und die Gesellschaft bestand ... in lauter angehenden ... Ärzten. Ich hörte nun in diesen Stunden gar

kein ander Gespräch als von Medizin oder Naturhistorie ... Haller, Linné, Buffon hörte ich mit großer Verehrung nennen ...«[19] Das dort aufgenommene naturwissenschaftliche Wissen wurde umgehend frech herablassend in einem Brief an die Schwester benutzt, um dieser klarzumachen, daß es eigentlich unter der Würde eines Studenten sei, mit einem Mädchen spazierenzugehen, das dank mangelnder mikroskopischer Ausbildung nicht wisse, daß es Tierchen gäbe, die so klein seien, daß sie auf einer Nadelspitze Menuett tanzen könnten.

Wohl seit Herbst 1765 hörte er Physik-Vorlesungen bei Professor Johann Heinrich Winckler (1703–1770), dessen elektrische Versuche ihn ganz besonders begeisterten. Auch Wincklers Vorlesungen fanden ihren literarischen Niederschlag. So heißt es in einem Liebesbrief an Friederike Oeser (1748–1829): »... Freudigkeit der Seele, und Heroismus ist communicabel wie die Elektrizität, und Sie haben so viel davon, als die elektrische Maschine Feuerfunken in sich enthält ...«[20]

Auch in Leipzig nutzte Goethe jede Gelegenheit, sich weiter zu bilden. So hieß es von seinem Umgang mit der Verlegerfamilie Breitkopf: »... Der Vater (d. h. Johann Gottlob Immanuel Breitkopf, 1719–1794) hatte den Notendruck (d. h. mit beweglichen Lettern) erfunden oder vervollkommnet. Von einer schönen Bibliothek, die sich meistens auf den Ursprung der Buchdruckerei und ihr Wachstum bezog, erlaubte er mir den Gebrauch, wodurch ich mir in diesem Fache einige Kenntnis erwarb ...«[21]

Doch wie Goethe selbst schrieb: »... Zuwachs an Kenntnis ist Zuwachs an Unruhe ...«[22], und an

letzterer ließ er es wahrlich nicht fehlen. Seine Liebeshändel sind seither Gegenstand tiefschürfender Betrachtungen der deutschen Literaturgeschichte. Trotz hinlänglichem Aufenthalt in Auerbachs Keller – und was wäre die deutsche Theatergeschichte ohne dieses verräucherte Etablissement – fand er sein studentisches Dasein schlicht fad: »... Um die unendliche Langeweile des täglichen Lebens zu erheitern, übte ich unzählige ... Streiche, teils ganz vergeblich, teils zu Zwecken meiner Freunde ...«[23]

Als sich sein Gesundheitszustand nach und nach drastisch verschlechterte, er aber unbedingt an einer studentischen Demonstration zum Zwecke des Fenstereinwerfens am Hause des Stadthauptmannes teilnehmen mußte, ließ er sich von Freunden hinführen. Stürze vom wohl allzu kühn gerittenen Pferd, Rippenfellentzündung als Folge Rousseauscher Naturverbundenheit und wahrscheinlich Tuberkulose versetzten ihn in einen bejammernswerten Zustand. Seinen Freundinnen kam die Metamorphose des Gecken zum Todeskandidaten eher seltsam vor. Goethe behauptete in einem Brief an Friederike Oeser, sie selbst »... wollte sich zu Tode lachen, wie ein Mensch die Karikaturidee haben konnte, im 20ten Jahre an Lungensucht zu sterben ...«[24]

Doch es war keine »Karikaturidee», es war bitterernst. Verzagt kehrte Goethe ins Vaterhaus zurück: »... Je mehr ich mich nun meiner Vaterstadt näherte, desto mehr rief ich mir, bedenklicher Weise, zurück, in welchen Zuständen,

Links außen: Das Werk des großen schwedischen Naturforschers Carl von Linné (1707–1778), Professor in Stockholm und Uppsala, beschäftigte und beunruhigte Goethe, insbesondere dessen Systematik des Pflanzen- und Tierreiches mit der noch heute gebrauchten binären Nomenklatur und die siebenbändige »Systema naturae« (1735).

Links: Goethe verehrte George Louis Leclerc, Graf von Buffon (1707–1788) zu Recht als einen der größten Naturwissenschaftler aller Zeiten. Buffon wirkte als Directeur des »Jardin des Plantes« in Paris und brachte fast vierzig (!) Jahre lang jährlich einen Band seiner schließlich 36bändigen »Allgemeinen und speziellen Naturgeschichte« heraus. Im Gegensatz zu Linné legte er der Natur kein künstliches System zugrunde und war in vieler Hinsicht ein Vorläufer der modernen Entwicklungstheorie. Noch heute gilt Buffon als einer der größten Sprachstilisten Frankreichs.

Links:
Albrecht (bzw. Albert) von Haller (1708 bis 1777), Gelehrter und Dichter, wirkte als Arzt und Professor in Göttingen, später in Bern. Er war für seine physiologischen und anatomischen Forschungen ebenso berühmt wie für seine Lehrgedichte und Staatsromane. Sein Werk »Die Alpen« formte wesentlich das neue Naturgefühl seiner Epoche.

Vergeblich hatte Goethe als Jugendlicher versucht, selbst eine Elektrisiermaschine zu bauen; auf einem Frankfurter Jahrmarkt hatte er die erste funktionstüchtige gesehen. Später standen ihm in Weimar Instrumente von beachtlicher Leistungsfähigkeit wie diese große Scheibenelektrisiermaschine zur Verfügung.

Aussichten, Hoffnungen ich von zu Hause weggegangen, und es war ein sehr niederschlagendes Gefühl, daß ich nunmehr gleichsam als ein Schiffbrüchiger zurückkehrte …«[25] Und, was seinen Vater angesichts der ausgegebenen Unsummen besonders erboste, ohne irgendein Examen abgelegt zu haben.

Als Goethe im März 1776, also acht Jahre später, und nun schon als »Geheimer Legationsrat« des Herzogs von Sachsen-Weimar-Eisenach wieder nach Leipzig kommen sollte, erfüllte ihn das dortige Universitätsleben nur noch mit Abscheu. Bezeichnenderweise kam auch Leipzigs Weiblichkeit nicht besonders gut weg: »… In Leipzig, ist mir sonderlich worden beym Nähern, … und kann nicht genug sagen, wie sich mein Erdgeruch und Erdgefühl gegen die schwarz, grau, steifröckigen, krummbeinigen, Perückengeklebten, Degenschwänzlichen Magisters, gegen die Feyertags berockte, Allmodische, schlanckliche, vieldünckliche Studentenbuben, gegen die Zukkende, krinsende, schnäbelnde und schumelende Mägdlein, und gegen die Hurenhaffte, strozzliche, schwänzliche und finzliche Junge Mägde ausnimmt, welcher Greuel mir alle heut … entgegnet sind …«[26]

PARABASE

»Freudig war, vor vielen Jahren,
Eifrig so der Geist bestrebt,
Zu erforschen, zu erfahren,
Wie Natur im Schaffen lebt.
Und es ist das ewig Eine,
Das sich vielfach offenbart;
Klein das Große, groß das Kleine,
Alles nach der eignen Art.
Immer wechselnd, fest sich haltend;
Nah und fern und fern und nah;
So gestaltend, umgestaltend –
Zum Erstaunen bin ich da.«

Gott und Welt

Die Begegnung mit der Alchemie

»... Man mag auch noch so gesund und stark sein, in dem verfluchten Leipzig brennt man weg, so geschwind wie eine schlechte Pechfackel. Nun, nun, das arme Füchslein wird nach und nach sich erholen ...«[1]

Als Goethe diese Worte im Sommer 1769 schrieb, befand er sich schon auf dem Wege der Besserung. Zunächst wurde aber das »arme Füchslein« herb gezaust. Als er von Leipzig zurückkehrte, fand er in seinem Elternhaus eine merkwürdig geistig-religiöse Stimmung vor, die für sein Schicksal bestimmend werden sollte. Von seiner Mutter schrieb er: »... Das Gemüt der guten, innerlich niemals unbeschäftigten Frau wollte auch einiges Interesse finden, und das nächste begegnete ihr in der Religion, das sie um so lieber ergriff, als ihre vorzüglichsten Freundinnen gebildete und herzliche Gottesverehrerinnen waren ...«[2]

Eine besonders enge Freundin der Familie Goethe war Susanna Katharina von Klettenberg (1723–1774), eine umfassend gebildete Dame, fest verbunden mit der intellektuellen Welt des Pietismus, alchemiebegeistert und darüber hinaus die Nichte eines der berühmtesten Betrugsalchemisten jener Zeit, Johann Hector von Klettenberg (1684–1720, enthauptet). Fräulein von Klettenberg war mit Goethe als Nichte einer Großtante entfernt verwandt. Da es mit dessen Gesundheit nicht zum Besten stand, empfahl sie ihren eigenen Hausarzt, Johann Friedrich Metz (1720–1782), der seinem jungen Patienten die Lektüre alchemistischer Werke anriet: »... Um den Glauben an die Möglichkeit eines solchen Universalmittels zu erregen und zu stärken, hatte der Arzt seinen Patienten ... gewisse mystische chemisch-alchemische Bücher empfohlen und zu verstehen gegeben, daß man durch eigenes Studium derselben gar wohl dahin gelangen könne, jenes Kleinod sich selbst zu erwerben ...«[3]

Hier wird klar der Gedanke ausgesprochen, daß der Kern der Alchemie in der seelisch-religiösen Beteiligung des Adepten liegt. »... Meine Freundin hatte auf diese lockenden Worte gehorcht ... Sie hatte schon insgeheim Wellings Opus mago-cabbalisticum studiert, obwohl sie jedoch ... sich nach einem Freunde umsah, der ihr in diesem Wechsel von Licht und Finsternis Gesellschaft leistete ... Ich schaffte das Werk an, das ... seinen Stammbaum in gerader Linie bis zur Neuplatonischen Schule verfolgen konnte ...«[4]

Die Deutung der in diesem Werk vorgestellten göttlichen Schöpfungslehre, in mathematisch-geometrischen Figuren mehr verborgen als enthüllt, und deren Widerspiegelung in der Ord-

Susanna Katharina von Klettenberg (1723–1774) empfahl während der lebensbedrohenden Erkrankung Johann Wolfgangs im Winter 1768/69 ihren Hausarzt Dr. Metz. Unter seiner Anleitung wurde sie die alchemistische Lehrmeisterin Goethes. Ihrer ausgeprägten evangelisch-pietistischen Grundhaltung entsprechend, zeigt sie dieses Portrait eines unbekannten Malers in der Frauentracht der Herrnhutischen Brüdergemeinde.

Dr. med. Johann Friedrich Metz (1720–1782). Beide Abbildungen Freies Deutsches Hochstift, Frankfurter Goethe-Museum.

Rechts:
Die Lilie, ein altes alchemistisches Symbol, erweckte Goethe in seiner Erzählung »Das Märchen« zu sinnbildlichem Leben in der literarischen Figur der »schönen Lilie«. Buchmalerei, 15. Jahrhundert.

Unten:
Vor dem Hintergrund einer »chymischen Hochzeit« wie in der Abbildung einer »Solutio Perfecta«, der vollkommenen Auflösung, schilderte Goethe im I. Teil des »Faust« die alchemistische Darstellung von giftigen Antimonpräparaten.

»Mein Vater war ein dunkler Ehrenmann,
Der über die Natur und ihre heil'gen Kreise,
In Redlichkeit, jedoch auf seine Weise,
Mit grillenhafter Mühe sann.
Der, in Gesellschaft von Adepten,
Sich in die schwarze Küche schloß,
Und, nach unendlichen Rezepten,
Das Widrige zusammengoß.
Da ward ein roter Leu, ein kühner Freier,
Im lauen Bad der Lilie vermählt
Und beide dann mit offnem Flammenfeuer
Aus einem Brautgemach in's andere gequält.
Erschien darauf mit bunten Farben
Die junge Königin im Glas,
Hier war die Arzenei, die Patienten starben,
und niemand fragte: wer genas?
So haben wir mit höllischen Latwergen
In diesen Tälern, diesen Bergen,
Weit schlimmer als die Pest getobt.«

Faust in: Faust. Erster Teil. Vor dem Tor.

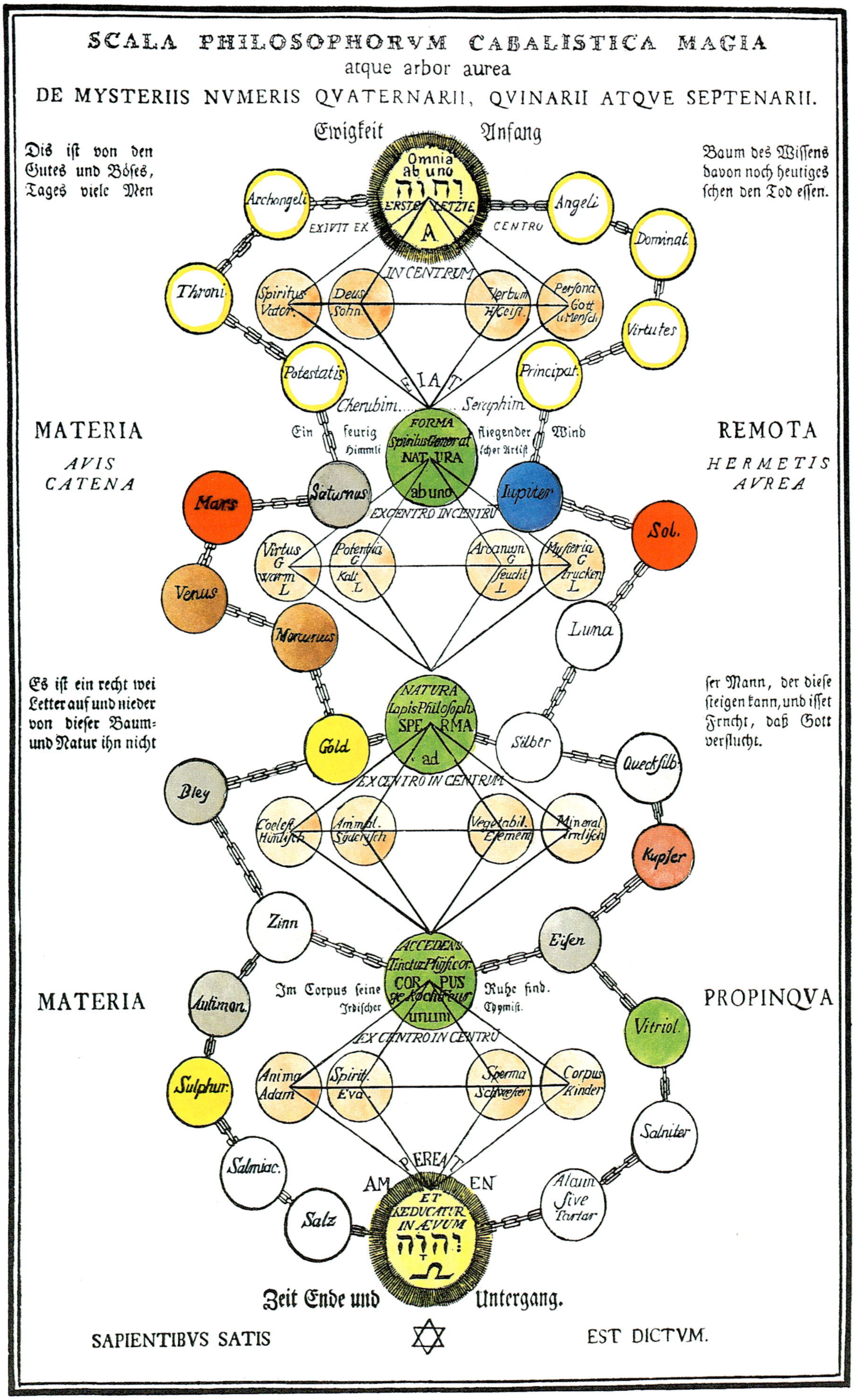

In der Gedankenwelt der kabbalistischen Alchemie gab es ein durch »Jehovas güldene Ketten« zusammengehaltenes, hierarchisches System von Metallen, Substanzen, philosophischen und religiösen Begriffen, das sich zu einem leiterähnlichen Gebilde formte, in welchem der »irdische Chymist« ebenso seinen Platz einnahm wie Gott und seine Engelscharen. Die von Cherubim und Seraphim ausgehenden feurigen Winde waren ebenso vertreten wie Antimon, Schwefel und Salmiak. Das aus dem Arabischen stammende Wort »Kabbala« scheint ursprünglich »schwierige Rechnung« bedeutet zu haben. Eine bestimmte Einkommenssteuer des arabischen Spanien des 9. Jahrhunderts hieß ebenso.

Herrn GEORGII von Welling
OPUS
MAGO-CABBALISTICUM
ET THEOSOPHICUM.
Darinnen der Ursprung / Natur / Eigenschafften und Gebrauch /
Des
Saltzes, Schwefels
Und
MERCURII,
In dreyen Theilen beschrieben /
Und nebst sehr vielen sonderbahren Mathematischen / Theosophischen /
Magischen und Mystischen Materien,
Auch die
Erzeugung der Metallen und Mineralien /
aus dem Grunde der Natur erwiesen wird;
Samt dem Haupt-Schlüssel des gantzen Wercks /
Und vielen curieusen Mago-Cabbalistischen Figuren.
Deme noch beygefüget:
Ein Tractätlein von der Göttlichen Weißheit;
Und ein besonderer Anhang /
Etlicher sehr rar- und kostbahrer Chymischer Piecen.
Nunmehro das erstemahl also zusammen zum Druck befördert
Von einem
Liebhaber Göttlicher und Natürlicher Geheimnüsse.
HOMBURG vor der Höhe /
Gedruckt bey Joh. Philipp Helwig, Hochfürstl. Hof-Buchdruckern, 1735.

Auf Georg von Wellings »Opus Mago-Cabbalisticum ...« basierten die von Goethe gemeinsam mit Fräulein von Klettenberg unternommenen alchemistischen Studien. Obwohl über weite Strecken ziemlich dunkel, stellt dieses Werk die Alchemie doch auch in den Zusammenhang mit dem damaligen Fortschritt von Mathematik und Naturwissenschaften.

❞ Sie war zart gebaut, von mittlerer Größe; ein herzliches natürliches Betragen war durch Welt- und Hofart noch gefälliger geworden. Ihr sehr netter Anzug erinnerte an die Kleidung Herrnhutischer Frauen ... Nun fand sie an mir, was sie bedurfte, ein junges, lebhaftes, auch nach einem unbekannten Heile strebendes Wesen, das, ob es sich gleich nicht für außerordentlich sündhaft halten konnte, sich doch in keinem behaglichen Zustand befand, und weder an Leib noch Seele ganz gesund war ... Meine Unruhe, meine Ungeduld, mein Streben, mein Suchen, Forschen, Sinnen und Schwanken legte sie auf ihre Weise aus ... ❞

Dichtung und Wahrheit

❞ Da ich mit der Geschwulst am Halse sehr geplagt war, indem Arzt (das heißt Dr. Metz) und Chirurgus diese Exkreszenz erst vertreiben, hernach, wie sie sagten, zeitigen wollten und sie zuletzt aufzuschneiden für gut befanden; so hatte ich eine geraume Zeit mehr an Unbequemlichkeit als an Schmerzen zu leiden, obgleich gegen das Ende der Heilung das immer fortdauernde Betupfen mit Höllenstein und andern ätzenden Dingen höchst verdrießliche Aussichten auf jeden neuen Tag geben mußte ... Der Arzt, ein unerklärlicher, schlau blickender, freundlich sprechender, übrigens abstruser Mann, der sich in dem frommen Kreise ein ganz besonderes Zutrauen erworben hatte ... erweiterte er seine Kundschaft durch die Gabe, einige geheimnisvolle selbstbereitete Arzneien im Hintergrunde zu zeigen, von denen niemand sprechen durfte, weil bei uns den Ärzten die eigene Dispensation streng verboten war. Mit gewissen Pulvern, die irgendein Digestiv sein mochten, tat er nicht so geheim; aber von jenem wichtigen Salze, das nur in den größten Gefahren angewendet werden durfte, war nur unter den Gläubigen die Rede, ob es gleich noch niemand gesehen oder die Wirkung davon gespürt hatte. ❞

Dichtung und Wahrheit

❞ Gedachtes Werk (das heißt Welling) erwähnt seiner Vorgänger mit vielen Ehren, und wir wurden daher angeregt, jene Quellen selbst aufzusuchen. Wir wendeten uns nun an die Werke des Theophrastus Paracelsus und Basilius Valentinus; ... und andere, deren mehr oder weniger auf Natur und Einbildung beruhende Lehren und Vorschriften wir einzusehen und zu befolgen suchten. ❞

Dichtung und Wahrheit

nung der Natur, bereiteten Goethe Schwierigkeiten: »... Indeßen beschäftigte mich die Bearbeitung solcher gestaltlosen Vorstellungen einige Zeit lang, indem ich sie, durch eine Art mathematischer Symbolik, nach Weise meiner Vorgänger zu versinnlichen strebte und die unorganischen Wesen, mit denen ich mich mehr alchymisch als chymisch beschäftigte, dadurch zu begeistern trachtete ...«[5]
Da es Goethe nicht vergönnt war, eine überzeugende Deutung dieses Werkes zu gewinnen, versuchte er einen vertieften Zugang durch die Lektüre weiterer, bei Welling zitierter Bücher zu finden: »... Wir wendeten uns nun an die Werke des Theophrastus Paracelsus und Basilius Valentinus; nicht weniger an Helmont, Starkey und andere, deren mehr oder weniger auf Natur und Einbildung beruhende Lehren und Vorschriften wir einzusehen und zu befolgen suchten. Mir wollte besonders die Aurea Catena Homeri gefallen, wodurch die Natur, wenn auch vielleicht auf phantastische Weise, in einer schönen Verknüpfung dargestellt wird ...«[6]
Der bettlägrige Goethe hatte viel Zeit, so las er auch Gottfried Arnolds »Unpartheiische Kirchen- und Ketzerhistorie« (1699/1700): »... Ich studierte fleißig die verschiedenen Meinungen, und da ich oft genug hatte sagen hören, jeder Mensch habe am Ende doch seine eigene Religion, so kam mir nichts natürlicher vor, als daß ich mir auch meine eigene bilden könne, und dieses tat ich mit vieler Behaglichkeit. Der neue Platonismus lag zum Grunde; das Hermetische, Mystische, Kabbalistische gab auch seinen Beitrag her, und so erbaute ich mir eine Welt, die seltsam genug aussah ...«[7]
Die Krankheit verschlimmerte sich. Dr. Metz bekämpfte das hohe Fieber mit Chinarinde. Es entwickelte sich eine Halsgeschwulst, die schließlich geschnitten werden mußte. Die offene Wunde wurde vom Arzt etwas brutal, medizinisch jedoch vernünftig, mit Höllenstein und anderen ätzenden Mitteln behandelt. Trotzdem kam es am 7. und 8. Dezember 1768 zur lebensbedrohenden Krise. Goethes Mutter bat Dr. Metz um seine legendäre alchemistische Universalmedizin: »... In diesen letzten Nöten zwang meine bedrängte Mutter mit dem größten Ungestüm den verlegnen Arzt, mit seiner Universalmedizin hervorzurücken; nach langem Widerstande eilte er tief in der Nacht nach Hause und kam mit einem Gläschen kristallisierten, trockenen Salzes zurück, welches in Wasser aufgelöst von dem Patienten verschluckt wurde und einen entschieden alkalischen Geschmack hatte. Das Salz war kaum genommen, so zeigte sich eine Erleichterung ... nahm die Krankheit eine Wendung ...«[8]

Frontispiz zu dem von Friedrich Roth-Scholtz 1727 herausgegebenen »Fr. Basilii Valentini Benedictiner-Ordens, Triumphwagen des Antimonii ...« Zu den erfolgreichsten und am häufigsten neu aufgelegten alchemistisch-chemischen Werken zählten die von Johann Thölde um 1600 in den Druck gegebenen Schriften des legendären Benediktiner-Paters Basilius Valentinus, die der »Pfannenherr« Thölde, zeitweiliger Berghauptmann des Hochstiftes Bamberg, mit einiger Sicherheit selbst verfaßte.

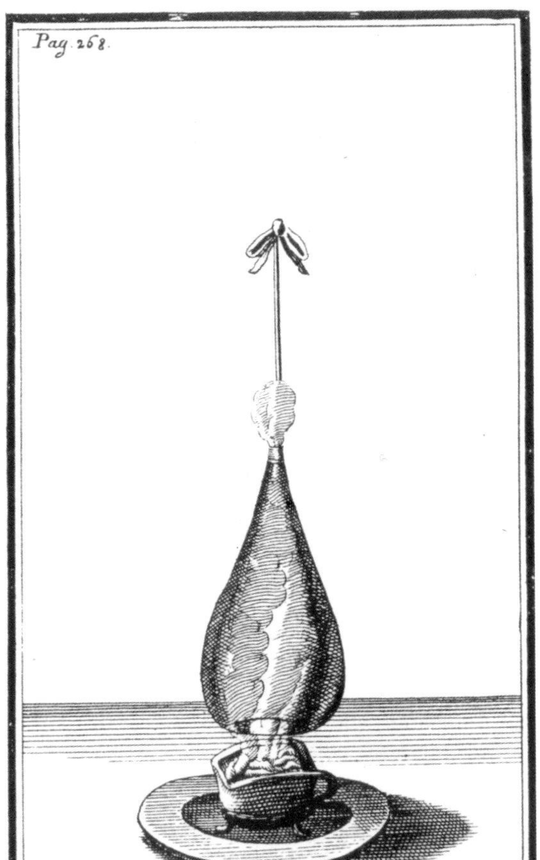

Symbolische Abbildung aus dem »Triumphwagen des Antimon« mit einer Darstellung des »großen Werkes«. Goethe studierte eifrig dieses Buch.

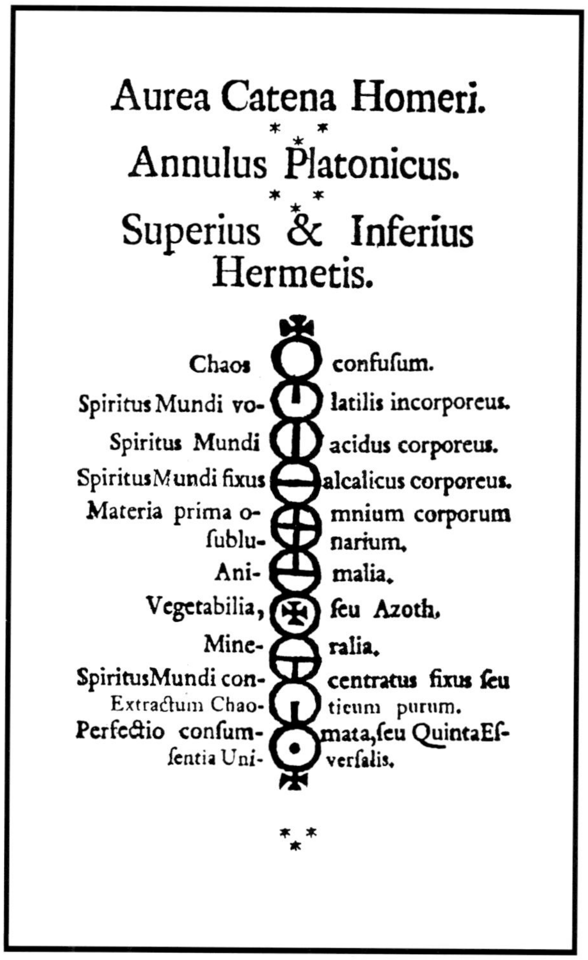

> Mir wollte besonders die »Aurea Catena Homeri« gefallen, wodurch die Natur, wenn auch vielleicht auf phantastische Weise, in einer schönen Verknüpfung dargestellt wird; und so verwendeten wir teils einzeln, teils zusammen viele Zeit an diese Seltsamkeiten und brachten die Abende eines langen Winters (Anmerkung: 1768/69), während dessen ich die Stube hüten mußte, sehr vergnügt zu, indem wir zu dreien, meine Mutter mit eingeschlossen (Anmerkung: und das Fräulein von Klettenberg), uns an diesen Geheimnissen mehr ergötzten, als die Offenbarung derselben hätte tun können.
>
> Dichtung und Wahrheit

Zweites Frontispiz der »Aurea Catena Homeri…«, dieses spätbarocken pansophischen Werkes, in dem die Kette – die »catena« – versinnbildlichen soll, wie die verschiedenen Bereiche dieser Welt mit der Sphäre des Göttlichen verbunden sind. Aus der Vernunft, der Erfahrung und der Heiligen Schrift versucht dieses Buch in alchemistischer Denkungsart die in dieser Welt wirkenden Kräfte zu beschreiben, wobei sich der Verfasser – wahrscheinlich Joseph Anton Kirchweger aus Krumau in Mähren – häufig auf Experimente und Beobachtungen beruft.

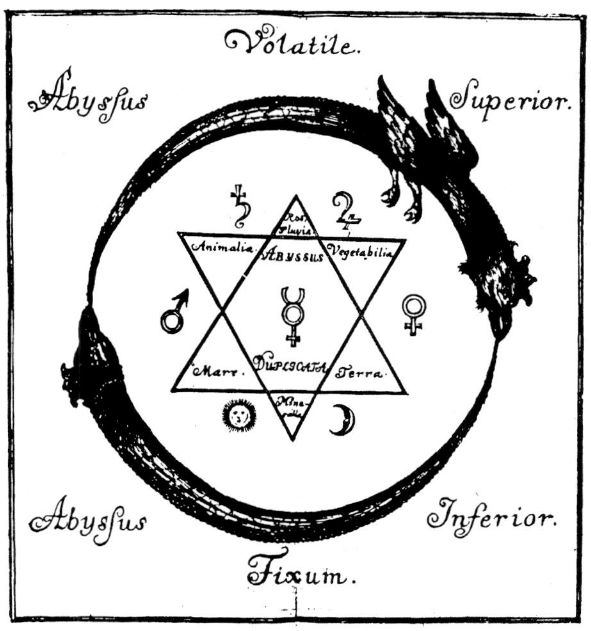

Erstes Frontispiz des Werkes »Aurea Catena Homeri…«. Es erschien erstmals 1723 in Frankfurt und Leipzig mit dem Untertitel »eine Beschreibung von dem Ursprung der Natur und natürlichen Dingen«. Die Darstellung zeigt das kosmische Hexagramm, umgeben von den Symbolen der Metalle und Planeten und einem »Ouroboros«.

Paracelsus schrieb dem Antimon, insbesondere dem Antimonsulfid, beträchtliche therapeutische Wirkungen zu. Dies führte dazu, daß man Dosen aus Antimon schuf, in denen Pillen geschüttelt wurden.

Dieses tiefempfundene, dramatische Erlebnis war für den jungen Goethe naturgemäß auch eine Bestätigung für die Richtigkeit der pietistisch-alchemistischen Weltanschauung des Dr. Metz und des Fräulein von Klettenberg. Die langsame Genesung brachte viel Muße zur Lektüre: »... Meine gegenwärtige Lebensart ist der Philosophie gewidmet. Eingesperrt, allein, Zirkel, Papier, Feder und Tinte, und zwei Bücher, mein ganzes Rüstzeug. Und auf diesem einfachen Wege komme ich in Erkenntnis der Wahrheit, oft so weit, und weiter als andere mit ihrer Bibliothekarwissenschaft ... das leichte einfältige Buch der Natur; und es ist doch nichts wahr, als was einfältig ist ...«[9]

Vermutlich handelte es sich bei den hier nicht näher bezeichneten Werken um den schon erwähnten Welling und den »Paradoxal Discourse« (1691) von Franciscus Mercurius van Helmont (1614–1699). Das Zitat ist in mehrfacher Hinsicht besonders interessant: Wozu brauchte Goethe eigentlich gerade dieses Handwerkszeug, bestehend aus Zirkel, Papier und Feder? Offenbar übte er sich selbst im Entwerfen kabbalistischer Figuren, die ohne Gebrauch eines Zirkels nicht sauber darstellbar sind. Die Erwähnung des »einfältigen Buches der Natur« weist Goethe als Anhänger der »Lehre von den beiden Büchern« aus, die ein wahrer Christ studieren müsse, d. h. die Bibel und das »Buch der Natur«. Damit gibt er sich als gläubiger Anhänger der Physikotheologie zu erkennen.

Goethes Heilung schritt voran: »... Kaum war ich einigermaßen wieder hergestellt und konnte mich, durch eine bessere Jahreszeit begünstigt, wieder in meinem alten Giebelzimmer aufhalten; so fing auch ich an, mir einen kleinen Apparat zuzulegen; ein Windöfchen mit einem Sandbade ward zubereitet, ich lernte sehr geschwind mit einer brennenden Lunte die Glaskolben in Schalen verwandeln, in welchen die verschiedenen Mischungen abgeraucht werden sollten. Nun wurden sonderbare Ingredienzien des Makrokosmus und des Mikrokosmus auf eine geheimnisvolle wunderliche Weise behandelt, und vor allem suchte man Mittelsalze auf eine unerhörte Art hervorzubringen ...«[10]

Es war das erste Mal, daß sich Goethe ein kleines Laboratorium einrichtete. Von nun an sollte er sein ganzes langes Leben, nur unterbrochen von der Zeit, die er als Praktikant am Reichskammergericht in Wetzlar zubrachte, immer experimentelle Studien treiben.

Vorbild war wiederum Fräulein von Klettenberg, die sich zuvor auch ein kleines eigenes Laboratorium eingerichtet hatte: »... Meine Freundin ... hatte schon früher angefangen, sich einen kleinen Windofen, Kolben und Retorten von mäßiger Größe anzuschaffen, und operierte nach Wellingschen Fingerzeigen und nach bedeutenden Winken des Arztes und Meisters, besonders auf Eisen, in welchem die heilsamsten Kräfte verborgen sein sollten, ... und weil in allen uns bekannten Schriften das Luftsalz, welches herbeigezogen werden mußte, eine große Rolle spielte, so wurden zu diesen Operationen Alkalien erfordert, welche, indem sie an der Luft zerfließen, sich mit jenen überirdischen Dingen verbinden und zuletzt ein geheimnisvolles Mittelsalz per se hervorbringen sollten ...«[11]

Es folgt die ausführliche Beschreibung der Darstellung des »Kieselsaftes«, einer Wasserglaslösung, offenkundig als Beispiel des dargelegten alchemistischen Gedankens.

Durch scharfsinnige Analyse hat man herausgefunden, daß Goethe hier eine alchemistische Vorschrift des Sincerus Renatus (d. i. Samuel Richter) nacharbeitete, die in dessen Werk »Die wahrhaffte und vollkommene Bereitung des Philosophischen Steins der Brüderschaft des Gölden- und Rosen-Creutzes«, Breslau, 1710, enthalten ist.[12] Sincerus Renatus muß ihm viel bedeutet haben, denn er bewahrte später in seiner Autographensammlung ein Manuskriptfragment dieses Alchemisten.

Sicherlich kannte Goethe auch das Experiment des »Aufschießens des Marsbaumes«, das heißt einer scheinbaren Vegetation durch Einbringen von Eisensalzen in den »Kieselsaft«, denn er erwähnte einige Zeit später als Student in Straßburg die Lektüre der entsprechenden Abhand-

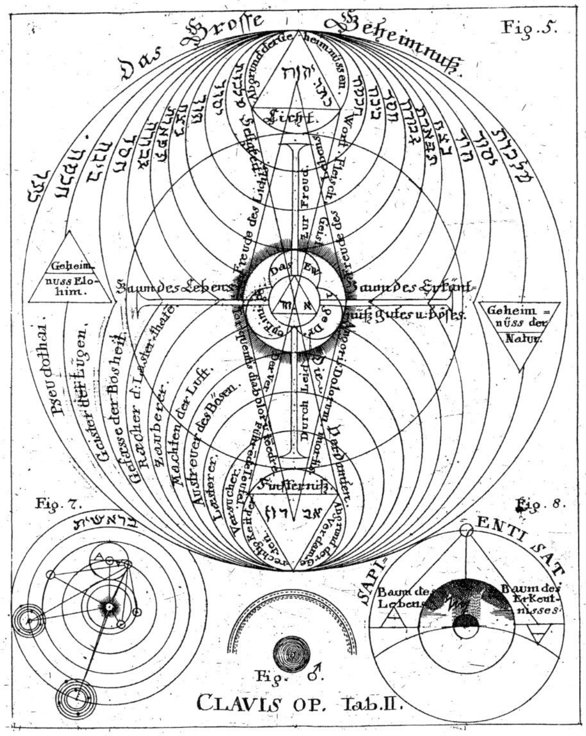

Warum zum Handwerkszeug des kabbalistische Alchemie treibenden Goethe ausgerechnet ein Zirkel gehörte, wird sofort verständlich, wenn man Wellings Tafel betrachtet, die »Das Grosse Geheimnuß« darstellt. Die Kabbalisten verwendeten vielfach hebräische Buchstaben und die hebräische Sprache. Da Goethe als Jugendlicher auch in Hebräisch und sogar im Jiddischen unterrichtet worden war, bereitete ihm dies keine Schwierigkeiten.

Rechts: Kabbalistisches Schema aus Wellings »Opus Mago – Cabbalisticum ...«

»In Kräutern und Steinen wohnt eine große Kraft«, heißt es in Wellings »Opus Mago – Cabbalisticum ...« – ein Ausspruch, der in allerlei Variationen, vielfach auch in lateinischer Fassung, in Goethes Briefen auftaucht.

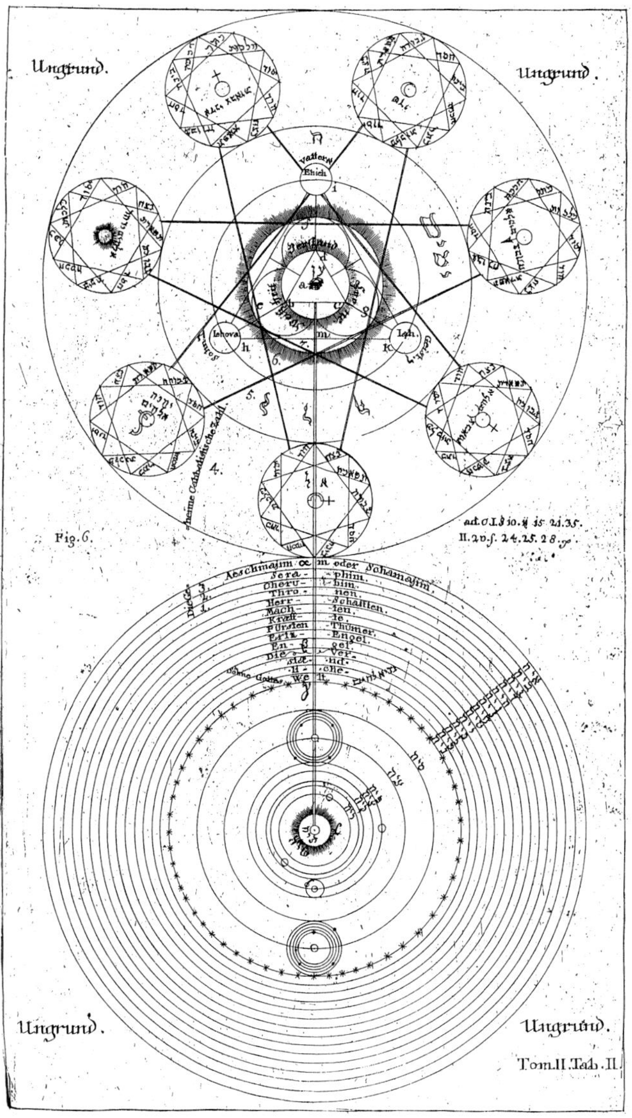

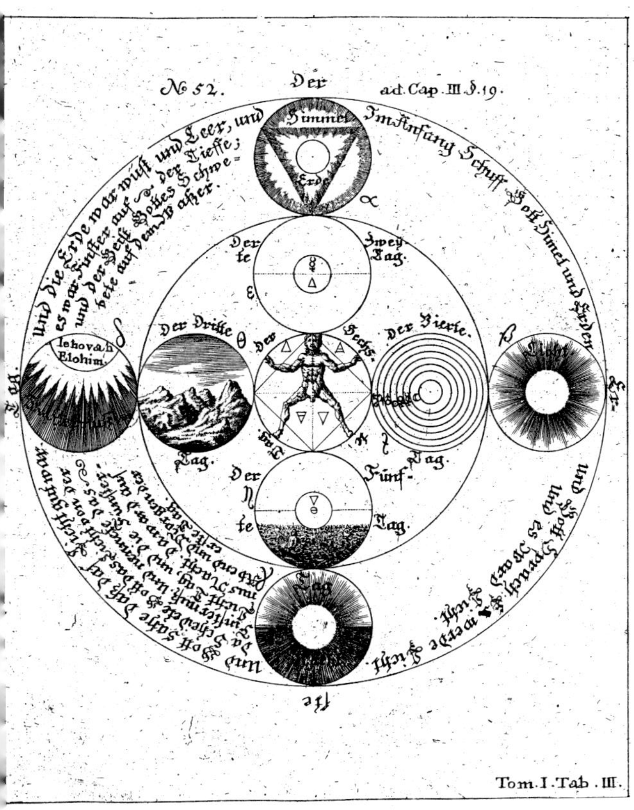

❞ Was mich aber eine ganze Weile am meisten beschäftigte, war der sogenannte Liquor Silicum (Kieselsaft), welcher entsteht, wenn man reine Quarzkiesel mit einem gehörigen Anteil Alkali schmilzt, woraus ein durchsichtiges Glas entspringt, welches an der Luft zerschmilzt und eine schöne klare Flüssigkeit darstellt. Wer dieses einmal selbst verfertigt und mit Augen gesehen hat, der wird diejenigen nicht tadeln, welche an eine jungfräuliche Erde und an die Möglichkeit glauben, auf und durch dieselbe weiter zu wirken. Diesen Kieselsaft zu bereiten hatte ich eine besondere Fertigkeit erlangt, die schönen weißen Kiesel, welche sich im Main finden, gaben dazu ein vollkommenes Material; und an dem übrigen so wie an Fleiß ließ ich es nicht fehlen ... ❞ Dichtung und Wahrheit

Marsbaum nach Lemery. Ausführlich hat Goethe in »Dichtung und Wahrheit« die Darstellung einer Silikatlösung beschrieben, die man ein halbes Jahrhundert später als »Wasserglaslösung« bezeichnete. Seinen »Ephemerides« für den Februar 1770 ist zu entnehmen, daß er die »Reflexions et observations diverses sur une végétation chimique« (1707) von Nicolas Lemery gelesen hatte und somit wußte, daß in einer Wasserglaslösung eine scheinbare Vegetation aufwächst, wenn man Kristalle bestimmter Salze einbringt.

lung von Nicolas Lemery (1645–1715). Dieses Experiment war damals besonders attraktiv. Wenngleich es auch keinen echten »Homunculus« – die Darstellung androgynen Lebens in der Retorte – erbrachte, so lieferte es doch eine scheinbar lebende, aus anorganischer Materie entstehende pflanzliche Vegetation. Noch im Januar 1785 schrieb Goethe an einen Freund: »... In meiner Stube keimt Arbor Dianae (Anm.: baumähnliche Kristallisationen des Silbers aus wäßrigen Silbersalzlösungen an Eisendrähten) und andere metallische Vegetationen ...«[13] Zu den letzteren gehörte ohne Zweifel auch der »Marsbaum«.

Weitere alchemistische Experimente Goethes wurden nicht überliefert, vielleicht weil ein chemischer Unfall eine Pause erzwang. Goethe hatte im Sommer 1769 das Radieren, letztlich eine »chemische« graphische Technik, wieder aufgenommen und sich durch sorgloses Einatmen der Dämpfe der Ätzflüssigkeit eine so schwere Entzündung des Gaumenzäpfchens zugezogen, daß er das Radieren und wohl auch seine alchemistische Labortätigkeit zunächst gänzlich einstellen mußte.

Nach der Lektüre der Werke von Baruch de Spinoza (1632–1677) und Pierre Bayle (1647–1706) formulierte Goethe in seinen »Ephemerides« im Frühjahr 1770 ein physikotheologisches Glaubensbekenntnis: »... Über Gott und die Natur der Dinge getrennt zu sprechen, ist schwierig und gefährlich; so wenn wir über den Körper ohne Beziehung auf die Seele nachdenken; die Seele erkennen wir nur mit Hilfe des Körpers, Gott nur durch Einsicht in die Natur.«[14]

Schon kurz nach der Krise war die Familie Goethe auf den Gedanken gekommen, Johann Wolfgang solle das Studium an der Universität Straßburg beenden. Dessen Leiden allerdings stellten jedes Vorhaben zunächst in Frage: »... denke ich nach Frankreich (d. h. nach Straßburg) zu gehen ... Manchmal fällt mir's ein, daß es doch ein närrischer Streich wäre, wenn ich trotz meiner schönen Projekte vor Ostern stürbe ...«[15] Dank Dr. Metz konnte er aber zum Sommersemester 1770 nach Straßburg übersiedeln. Zum Glück für seine naturwissenschaftliche Entwicklung geriet er abermals an einen Mittagstisch, der von angehenden Ärzten beherrscht wurde. »... Die meisten meiner Tischgenossen waren Mediziner ... Bei Tische also hörte ich nichts anderes als medizinische Gespräche, eben wie vormals in der Pension des Hofrats Ludwig. Auf Spaziergängen und Lustpartien kam auch nicht viel anderes zur Sprache ...«[16]

Angespornt durch das Beispiel seiner medizinischen Mitstudenten verstärkte er seine naturwissenschaftliche Ausbildung: »... Beim Eintritt des zweiten Semesters besuchte ich daher Chemie bei Spielmann, Anatomie bei Lobstein ...«[17] Wie in Leipzig betrieb er die Juristerei mehr nebenher, um dann die Professoren der juristischen Fakultät mit einem eher mutwillig gewählten, besonders gewagten Promotionsthema gegen sich aufzubringen. »... ja mich hatte eine ganz andere Fakultät mit fortgerissen ...«, dabei blieb er der Alchemie treu: »... mich hatten jene mystisch-religiösen chemischen Beschäftigungen in dunkle Regionen geführt ...«[18]

Und ein andermal schrieb er: »... Die Chymie ist noch immer meine heimliche Geliebte ...«[19]

Jakob Reinbold Spielmann (1722–1783) war Professor für Rhetorik, Chemie und Botanik an der Universität Straßburg, an der er – wiewohl Geistlicher und Theologe – Naturkunde im Rahmen der medizinischen Fakultät lehrte. Diese Fachkombination war damals nichts Ungewöhnliches. Spielmann bemühte sich, die Alchemie durch Einbeziehung zeitgemäßer chemischer Forschungsergebnisse gewissermaßen zu modernisieren. 1771/72 besuchte Goethe seine Vorlesungen für Chemie. Österreichische Nationalbibliothek, Wien.

Selbst in seine Briefe schlichen sich alchemistische Wendungen ein. So schrieb er im Sommer 1773 an Johann Christian Kestner: »... Heilige Musen reicht mir das Aurum potabile, Elixir vitae aus euern Schalen, ich verschmachte ...«[20]

Doch nicht alle Zeitgenossen lebten wie er in pansophisch-pietistischem Weltbild, und so formulierte er jenen merkwürdigen Satz, in dem er die legendäre, angeblich ursprünglich auf einer Smaragdtafel aufgezeichnete »Tabula smaragdina« – das aus grauer Vorzeit stammende große Glaubensbekenntnis der Alchemie –, den aufgeklärten Schriften eines Christoph Martin Wieland (1733–1813) gegenüberstellte: »... O es ist eine gar lange Reihe, von Hermes' Tafel bis auf Wielands Musarion ...«[21] Es gab Freunde und Lehrer, vor denen er seine Hingabe an die Alchemie versteckte: »... Am meisten verbarg ich vor

Herdern meine mystisch-kabbalistische Chemie und was sich darauf bezog, ob ich mich gleich noch sehr gern heimlich beschäftigte, sie konsequenter auszubilden, als man sie mir überliefert hatte ...«[22]

Es war aber gerade der 1776 auf Betreiben Goethes als Superintendent und Hofprediger nach Weimar berufene Johann Gottfried Herder (1744–1803), der ihn auf die »Chymische Hochzeit des Christian Rosenkreuz« (1616) des protestantischen Theologen Johann Valentin Andreä (1586–1654) hingewiesen hatte. 1781 war eine Neuauflage dieses grundlegenden Werkes der alchemistischen Rosenkreuzerei erschienen. Im Juni 1786 schrieb Goethe an Charlotte von Stein: »... Christian Rosenkreuz Hochzeit habe ich hinaus gelesen, es gibt ein schön Märchen zur guten Stunde zu erzählen, wenn es wiedergeboren wird, in seiner alten Haut ists nicht zu genießen ...«[23] Dies versuchte Goethe auch gleich umgehend zu beweisen, indem er einen Teil der in diesem Werk enthaltenen »Nymphen-Kantate« in der Sprache seiner Zeit neu bearbeitete: »Woher sind wir geboren ...«[24]

Doch gab es auch Freunde, die Goethe in seiner Begeisterung für Alchemie bestärkt haben dürften, so zum Beispiel Johann Heinrich Jung-Stilling (1740–1817), ein Mitstudent in Straßburg, ebenfalls Hörer der Chemievorlesung des Professors Jakob Reinbold Spielmann (1722–1783). Die beiden hatten »einen ewigen Bund der Freundschaft« geschlossen. Der um einiges ältere Jung-Stilling, der gern ausführlichst vor theologisch-pietistischem Hintergrund über seinen komplizierten Lebensweg zu reflektieren pflegte, wurde von Goethe angeregt, eine Autobiographie zu verfassen, die er ihm dann 1772 vorlegte. Dieses Werk ist für das Verständnis der kulturhistorischen Bedeutung der Alchemie in Goethes jungen Jahren von größter Bedeutung. Jung-Stilling beschrieb unter anderem ein Gespräch bei der Hochzeit seiner Eltern, das nach Familienüberlieferung die Väter des jungen Paares miteinander geführt hatten, in welchem sich der Brautvater – sein Großvater also – als praktizierender Alchemist zu erkennen gab: »... Ich kann Euch beweisen, daß es einen Stein der Weisen gibt. Ein gewisser Doktor Helvetius im Haag hat ein klein Büchlein geschrieben ›Das güldne Kalb‹ genannt; darin ist es deutlich bewiesen ...«[25]

Dies heißt aber, daß es in Jung-Stillings Familie eine alchemistische Tradition gab. Jung-Stillings eigenes Bekenntnis zur Alchemie seiner Jugendzeit, eingeflochten in eine Schilderung, wie er glücklich den Fängen eines Betrugsalchemisten gerade noch entkommen war, liest sich so:

» Die medizinische Fakultät glänzte überhaupt vor den übrigen ..., und so zog mich der Strom dahin, um so leichter, als ich von allen diesen Dingen gerade so viel Kenntnis hatte, daß meine Wissenslust bald vermehrt und angefeuert werden konnte. Bei Eintritt des zweiten Semesters besuchte ich daher Chemie bei Spielmann, Anatomie bei Lobstein, und nahm mir vor, recht fleißig zu sein, weil ich bei unserer Sozietät (das heißt in der Runde seiner Mittagstischgenossen), durch meine wunderlichen Vor- oder vielmehr Überkenntnisse, schon einiges Ansehen und Zutrauen erworben hatte. «

Dichtung und Wahrheit

Abbildung eines »Rosenkreuzes« aus dem anonymen Werk »Geheime Figuren der Rosenkreuzer aus dem 16ten und 17ten Jahrhundert«. »Harmonische Vorstellung aus dem Lichte der Natur. Daraus die Wiederherstellung und Nachahmung aller Dinge emblematice abzunehmen ist«. Dem alchemistisch-religiösen Symbol des Rosenkreuzes widmete Goethe das Fragment gebliebene Gedicht »Die Geheimnisse« (1784–1786).

DIE GEHEIMNISSE

»Es steht das Kreuz mit Rosen dicht umschlungen.
Wer hat dem Kreuze Rosen zugesellt?
Es schwillt der Kranz, um recht von allen Seiten
Das schroffe Holz mit Weichheit zu begleiten ...
Und leichte Silber-Himmelswolken schweben,
Mit Kreuz und Rosen sich emporzuschwingen,
Und aus der Mitte quillt ein heilig Leben
Dreifacher Strahlen, die aus Einem Punkte dringen.«

»... Ich kann versichern, daß Stillings Neigung zur Alchemie niemalen den Stein der Weisen zum Zweck hatte; wenn er ihn gefunden hätte, so wär's ihm lieb gewesen; sondern ein Grundtrieb in seiner Seele..., fing an, sich zu entwickeln, und es war ein unersättlicher Hunger nach Erkenntnis der ersten Urkräfte der Natur...«[26]
Die Liste von Zeitgenossen Goethes, in deren Leben die Alchemie ebenfalls eine bedeutende Rolle spielte, ist erstaunlich lang und umfaßt Männer wie Johann Georg Forster (1754–1794), Samuel Thomas Sömmerring (1755–1830), Adolf Freiherr von Knigge (1752–1796), Jan Graf Potocki (1761–1815) und schließt selbst so gegensätzliche Naturen wie den späteren Fürstprimas des Rheinbundes, Karl Theodor Reichsfreiherr von Dalberg (1744–1817), mit ein, ebenso wie den Dichter Friedrich von Hardenberg – Novalis – (1772–1801).
Die Folgen von Goethes jugendlicher Begegnung mit der Alchemie waren für seinen dichterischen und naturwissenschaftlichen Lebensweg vielfältig. In einer bewundernswert scharfsinnigen Analyse hat in jüngerer Zeit Rolf Christian Zimmermann dargetan, daß eine Würdigung des

Häufig zeichnete Goethe geheimnisvolle Szenen der Zubereitung von Hexentrank und -salbe. »Laboratorium im Sinne des Mittelalters«, forderte Goethe als Bühnenbild für die Homunculus-Szene im II. Teil des Faust, ähnlich dem Gemälde von David Rijkaert (1612–1661) »Alchemist mit Homunculus«. Städtisches Reiß-Museum, Mannheim.

»Salamander soll glühen,
Undene sich winden
Sylphe verschwinden,
Kobold sich mühen.

Wer sie nicht kennte,
Die Elemente,
Ihre Kraft
und Eigenschaft,
Wäre kein Meister
Über die Geister.

Verschwind in Flammen,
Salamander!
Rauschend fließe zusammen,
Undene!
Leucht' in Meteoren-Schöne,
Sylphe!«

Faust in: Faust. I. Teil. Studierzimmer

»... Er schlägt unwillig das Buch um und erblickt das Zeichen des Erdgeistes.

Wie anders wirkt dies Zeichen auf mich ein!
Du, Geist der Erde, bist mir näher;
Schon fühl ich meine Kräfte höher,
Schon glüh' ich wie von neuem Wein,
Ich fühle Mut, mich in die Welt zu wagen,
Der Erde Weh, der Erde Glück zu tragen ...
Die Lampe schwindet!
Es dampft! – Es zucken rote Strahlen
Mir um das Haupt – Es weht
Ein Schauer vom Gewölb herab ...
... Enthülle dich!
Ich fühle ganz mein Herz dir hingegeben!
Du mußt! du mußt! und kostet' es mein Leben!

Er faßt das Buch und spricht das Zeichen des Geistes geheimnisvoll aus. Es zuckt eine rötliche Flamme, der Geist erscheint in der Flamme ...«

Faust in: Faust. Erster Teil. Nacht

dichterischen Werkes Goethes ohne intensive Betrachtung dessen alchemistischer Jugendzeit nicht sinnvoll möglich ist.[27] Schon früher ging Ronald D. Gray den alchemistischen Spuren in Goethes naturwissenschaftlichen Betrachtungen zur Theorie der Farben, der Anatomie, der Geologie und der Meteorologie nach.[28] Daß die »Faust«-Dichtung ganz wesentlich von der Begegnung mit der Alchemie geprägt ist, bedarf keiner weiteren Erörterung. Allerdings ist es reizvoll, sich vor Augen zu halten, daß der »Faust« in Weimar und in dessen Herrscherhaus schon deshalb auf größtes Interesse stoßen mußte, weil dieses selbst sozusagen »faustische« Gestalten hervorgebracht hatte: »... 1618 war durch die Verwahrlosung eines Alchemisten ...«[29] das Schloß zu Weimar abgebrannt. Herzog Johann Friedrich (1600–1627), der sich der »schwarzen Kunst« ergeben hatte, soll, kurz bevor er im Kerker unter geheimnisvollen Umständen ums Leben kam, gestanden haben, daß er sich dem Teufel mit seinem Blute verschrieben hätte. Carl Augusts abergläubischer Großvater, Ernst August I. (1688 bis 1748) empfahl seinen überraschten Untertanen magische Riten zur Bekämpfung von Feuersbrünsten, und »... Auf die barockste Weise trieb er namentlich Chemie und Bergbaukunst. Er erbaute sich ein großes Laboratorium ...«[30]
Schwierig und schwer durchschaubar ist »Das Märchen«, das 1795 in Schillers »Horen« als

»MEPHISTOPHELES LEISER.

Was gibt es denn?

WAGNER LEISER.

Es wird ein Mensch gemacht ...

ZUM HERD GEWENDET.

Es leuchtet! seht! – Nun läßt sich wirklich hoffen,
Daß, wenn wir aus vielen hundert Stoffen
Durch Mischung, denn auf Mischung kommt es an,
Den Menschenstoff gemächlich komponieren,
In einem Kolben verlutieren
Und ihn gehörig cohobieren,
So ist das Werk im Stillen abgetan.
Es wird! die Masse regt sich klarer ...
Es steigt, es blitzt, es häuft sich an,
Im Augenblick ist es getan ...
Das Glas erklingt von lieblicher Gewalt,
Es trübt, es klärt sich; also muß es werden!
Ich seh' in zierlicher Gestalt
Ein artig Männlein sich gebärden ...«

Faust in: Faust. II. Teil. Laboratorium

Abschluß von Goethes »Unterhaltungen Deutscher Ausgewanderter« erschien.[31] Zu dieser Dichtung war Goethe durch die Arbeiten an seinem Roman angeregt worden: »...Fräulein v. Klettenberg..., aus deren Unterhaltungen und Briefen die Bekenntnisse der schönen Seele entstanden sind, die man in Wilhelm Meister eingeschaltet findet...«[32] »Die Bekenntnisse der schönen Seele« und »Das Märchen« entstanden zeitlich parallel zueinander und bedingten sich wohl wechselseitig. Diese Dichtung schwelgte in einer extrem verschlüsselten alchemistischen Symbolik, und Goethe machte sich einen Spaß daraus, Deutungsversuche seiner Zeitgenossen zu sammeln, ohne je die eigene Deutung der als Handlungsfiguren auftretenden alchemistischen Symbole dieser »Fantasy«-Parabel preiszugeben.

Es sei hier auf einen Gedanken verwiesen, der bei der Erörterung von Goethes Bedeutung für die wissenschaftliche Chemie an der Universität Jena noch einmal zur Sprache kommen wird. Die vom jungen Goethe so unendlich geliebte »Cordata« – Fräulein von Klettenberg – verfügte innerhalb ihrer pietistischen Zirkel über weitreichende theologische Beziehungen. Dabei bevorzugte sie besonders die Schriften des Pietisten, Hermetikers und Alchemisten Friedrich Christoph Oetinger (1702–1782). Dieser Prälat ist aber chemiehistorisch nicht nur deshalb so interessant, weil er Alchemie und Chemie als integrale Bestandteile seiner Theologie empfand, sondern sich darüber hinaus kritisch mit den Werken seiner ähnlich strukturierten Amtsbrüder auseinandersetzte. Dabei ging die Diskussion um die Frage, ob sich hinter der verwirrenden Welt chemischer Reaktionen nicht ein klares Gerüst von in mathematischen Reihen geordneten Zahlen, eingebettet in ein algebraisches System, verbergen müsse, da nach physikotheologischer Weltsicht ein alles ordnender Schöpfergott keine wirklich chaotische Chemie habe schaffen können. Ganz allgemein erwartete man, daß sich die ordnende Hand des Schöpfers in einem noch zu entdeckenden chemischen Zahlensystem offenbaren müsse.[33] Ein früher Vertreter dieses Gedankens war der Hamburger Theologe Detlev Cluver[34] gewesen, der von Oetinger häufig zitiert wurde. Die Suche nach einem theologisch-mathematischen System der Chemie wurde von vielen Zeitgenossen Oetingers kultiviert, so von Johann Jacob Scheuchzer, Johann Andreas Pfeffel, Johann Albrecht Bengel und Johann Ludwig Fricker, um nur einige zu nennen. Die intensive Beeinflussung der »Cordata« durch Oetinger einerseits und Goethes durch die »Cordata« andererseits legt die Frage nahe, ob es mehr als ein Zufall war, daß zwei modernere Versuchsvarianten, ein chemisches Zahlensystem zu entwickeln, im Umfeld Goethes entstanden sind. Dabei gelten die »Triaden« Johann Wolfgang Döbereiners bis heute als erste Grundlage des späteren Periodischen Systems der Elemente.

In den 90er Jahren des 18. Jahrhunderts gelang es Goethe dann schließlich, über die Alchemie als eine Art vorwissenschaftliche Geisteshaltung hinauszuwachsen – eine genaue Betrachtung seiner späteren naturwissenschaftlichen Werke zeigt jedoch, daß er sie nie wirklich völlig abzustreifen vermochte. Jedenfalls brachte ihn die Beschäftigung mit Alchemie zu einer lebenslangen Auseinandersetzung mit chemischen Fragen, auch in Assoziationen des Alltags: So regte ihn augenscheinlich ein Champagnerkelch zur Erinnerung an den früheren Gebrauch als Großreagenzglas in chemischen Vorlesungen an, und es entstand am 4. Dezember 1774 ein Briefgedicht[35]:

»... Sieh, so ist Natur ein Buch lebendig,
Unverstanden, doch nicht unverständlich ...
Wer mit seiner Mutter, der Natur, sich hält,
Findet im Stengelglas wohl eine Welt ...«

Als Frontispiz für den »Faust« im 7. Band von »Goethe's Schriften«, Leipzig 1790, wählte der Dichter den »Alchemist« von Rembrandt. Er kannte diese Darstellung bereits aus seiner Jugendzeit. J. A. B. Nothnagel (1729 bis 1804), in dessen Frankfurter Werkstatt Goethe sich eine Weile übte, hatte dieses berühmte Werk adaptiert, um »den unglücklichen Rabbiner Naphtali Cohen« darzustellen, der 1711 angeblich mit seinen kabbalistisch-alchemistischen Experimenten einen verheerenden Brand des Frankfurter Ghettos verursacht hatte.

❞ Ein Mann von mittlerer Größe ... zog die Aufmerksamkeit der Schlange auf sich. Er war als ein Bauer gekleidet und trug eine kleine Lampe in der Hand, in deren stille Flamme man gerne hinein sah, und die auf eine wunderbare Weise, ohne auch nur einen Schatten zu werfen, den ganzen Dom erhellte... Alle Gänge, durch die der Alte hindurch wandelte, füllten sich hinter ihm sogleich mit Gold, denn seine Lampe hatte die wunderbare Eigenschaft, alle Steine in Gold, alles Holz in Silber, tote Tiere in Edelsteine zu verwandeln und alle Metalle zu zernichten; diese Wirkung zu äußern, mußte sie aber ganz allein leuchten. Wenn ein ander Licht neben ihr war, wirkte sie nur einen schönen hellen Schein, und alles Lebendige ward immer durch sie erquickt. ❞ Das Märchen

❞ In dieser Kluft befand sich die schöne grüne Schlange, die durch die herabklingende Münze aus ihrem Schlaf geweckt wurde. Sie ersah kaum die leuchtenden Scheiben, als sie solche auf der Stelle mit großer Begierde verschlang... Kaum waren sie verschlungen, so fühlte sie mit der angenehmsten Empfindung das Gold in ihren Eingeweiden schmelzen und sich durch ihren ganzen Körper ausbreiten, und zur größten Freude bemerkte sie, daß sie durchsichtig und leuchtend geworden war... Als der Jüngling Phosphoros durch Berührung der »schönen Lilie« zu Tode gekommen war, suchte ihn die grüne Schlange zu retten ... Die süße Lilie stand unbeweglich und blickte starr nach dem entseelten Leichnam... Dagegen regte sich die Schlange desto emsiger; sie schien auf Rettung zu sinnen, und wirklich dienten ihre sonderbaren Bewegungen, wenigstens die nächsten schrecklichen Folgen des Unglücks auf einige Zeit zu hindern. Sie zog mit ihrem geschmeidigen Körper einen weiten Kreis um den Leichnam, faßte das Ende ihres Schwanzes mit den Zähnen und blieb ruhig liegen. ❞ Das Märchen

Das Symbol der immerwährenden alchemistischen Wiedergeburt, der »Ouroboros«, tritt in Goethes »Märchen« in Gestalt der »grünen Schlange« auf, die sich schließlich ringförmig um den entseelten Jüngling »Phosphoros« legt, der sterben mußte, nachdem er die »süße Lilie« berührt hatte.

In seiner nach heutigen Begriffen ins Genre »Fantasy« einzureihenden Erzählung »Das Märchen« verwendete Goethe auch das geheimnisvolle alchemistische Sinnbild des »Alten mit der Lampe«.

Johann Kaspar Lavater und die Physiognomik

Goethes Studium der Jurisprudenz ging dem Ende entgegen, allmählich wurde es Zeit, eine Dissertation zu verfassen. »...Ich hatte mir daher... festgesetzt, daß der Staat, der Gesetzgeber, das Recht habe, einen Kultus zu bestimmen, nach welchem die Geistlichkeit lehren und sich benehmen solle, die Laien hingegen sich äußerlich und öffentlich genau zu richten hätten; übrigens sollte die Frage nicht sein, was jeder bei sich denke, fühle oder sinne. Dadurch glaubte ich alle Kollisionen auf einmal gehoben zu haben...«[1]
Die juristische Fakultät war über diese kühne These entsetzt. Der Dekan »... schloß, daß es nicht rätlich sein möchte, diese Arbeit als akademische Dissertation bekannt zu machen...«[2]
Der Theologie-Professor Elias Stöber drückte sich noch härter aus: »...des Herrn Goethe... Inaugural-Dissertation... dürfte wohl bei keiner guten Polizei zum Druck erlaubt oder gelassen werden...«[3]
In jenen Zeiten hatte man für jugendliche Torheiten in mancher Hinsicht mehr übrig als heutzutage, und so bot der Dekan an, er »...wolle mich gern, um die Sache nicht aufzuhalten, über Thesen disputieren lassen...«[4]
Goethe verfaßte nun mit Hilfe eines Repetenten in einer Druckschrift von zwölf Seiten 56 juristische Thesen, deren Verteidigung ihm am 6. August 1771 dank seiner Eloquenz und der Tatsache, daß seine Kontrahenten seine Freunde waren, äußerst erfolgreich gelang. »...die Disputation ging, unter Opposition meiner Tischgenossen, mit großer Lustigkeit, ja Leichtfertigkeit vorüber...«[5]
Goethe verließ die Universität Straßburg mit dem akademischen Titel eines »Licentiaten beider Rechte« und kehrte in sein Vaterhaus nach Frankfurt zurück, wo er mit Hilfe des Vaters eine Anwaltskanzlei eröffnete, der er sich nicht mit besonderer Leidenschaft widmete. Einige Zeit brachte er beim Reichskammergericht in Wetzlar zu. Auch hier hielt sich seine Begeisterung für Juristisches in Grenzen. Ein durchaus wohlwollender Biograph schwang sich später zu der reichlich gequälten Beurteilung auf: »...Unmöglich ist es ja nicht, daß Goethe einigen Sitzungen beiwohnte...«[6]
Zusammen mit anderen gründete er die »Frankfurter Gelehrten Anzeigen«, in denen er im November 1772 ein theologisches Buch des Zürcher Pfarrers Johann Kaspar Lavater (1741–1801) wenig freundlich besprach. Auch dessen Ankündigung, ein Werk »Von der Physiognomik« zu verfassen, fand zunächst wenig Gnade: »...Wir wünschen, Herr Lavater möge früher und mit weniger Kosten diese Reflexion machen...«[7]

Johann Kaspar Lavater (1741–1801), von Goethe mit dem Spitznamen »der Kranich« bedacht, wirkte als Philosoph und protestantischer Theologe in Zürich. Aus seiner Überzeugung, das seelische Leben eines Menschen spiegle sich in seiner Physiognomie, entwickelte er die »Physiognomik« mit seinem Hauptwerk »Physiognomische Fragmente zur Beförderung der Menschenkenntnis und Menschenliebe«, an der auch Goethe als Autor und vor allem als Redakteur mitarbeitete.

Lavaters »Geheimes Tagebuch von einem Beobachter seiner selbst« (1771–1773) wurde von Goethe ebenfalls nicht gut beurteilt. Trotzdem ließ er ihm im Juni 1773 durch seinen Verleger ein Exemplar des soeben erschienenen »Götz von Berlichingen« zuschicken. Das Dankschreiben Lavaters eröffnete den sich über Jahre hinziehenden, bald innig freundschaftlichen Briefwechsel der beiden. Für sein Werk über Physiognomik, in dem er darzulegen beabsichtigte, daß die inneren Eigenschaften eines Menschen in seiner Physiognomie zum Ausdruck kommen, erbat Lavater auch von Goethe – die beiden hatten sich ja noch nicht persönlich kennengelernt – ein Portrait. Er »...hatte sich in Frankfurt, bei einem nicht ungeschickten Maler, die Profile mehrerer namhafter Menschen bestellt. Der Absender erlaubte sich den Scherz, Bahrdts Portrait (Anm.: ein Theologie-Professor) zuerst statt des meinigen abzuschicken, wogegen eine zwar muntere, aber donnernde Epistel zurückkam..., daß dies mein Bild nicht sei... Mein wirkliches nachgesendetes ... ließ er eher gelten...«[8] Daß Lavater diesen Schwindel bemerkte, stärkte offenkundig Goethes Zutrauen zu dessen physiognomisch-psychologischen Stu-

Rechts:
Diese in Lavaters »Physiognomischen Fragmenten« mehrfach gebrauchte kleine Vignette mit der exakt parallelen Darstellung eines jungen Mädchens und eines Affen in gleicher Größe und Haltung wird nicht ausdrücklich kommentiert, doch sei an Goethes Betrachtungen zum Zwischenkieferknochen erinnert, in denen eine Sonderstellung der Entwicklung des Menschen innerhalb der Schöpfung abgelehnt wird.

dien, die aus einem wunderlichen Gemisch von religiöser Offenbarung, dem seelsorgerischen Bedürfnis nach Verständnis psychischer Probleme und dem im Laufe des 18. Jahrhunderts immer stärker werdenden Wunsch nach Systematisierung von jedweder Naturerscheinung erwachsen waren. Das Verhältnis der beiden zueinander war von vornherein durch deren völlig verschiedene theologische Grundpositionen belastet, und Lavaters übersteigertes religiöses Erleben blieb Goethe trotz mancher Bemühung um Verständnis letztlich fremd. So schrieb er im November 1773 an Lavater: »...ich bin kein Christ...«[9], was nicht enden wollende Bekehrungsversuche nach sich zog. Doch nun begann Goethe, an dem entstehenden Riesenwerk »Physiognomische Fragmente zur Beförderung der Menschenkenntnis und Menschenliebe« mitzuarbeiten und sandte Anfang 1774 einen Brief mit dreizehn Silhouetten nach Zürich.
Die Brieffreundschaft vertiefte sich bald so weit, daß beide zum vertraulichen »Du« übergingen, und Goethe selbst die – nach dem ob seiner Sparsamkeit berüchtigten Finanzminister König Ludwigs XV. von Frankreich, Etienne de Silhouette, benannten – preiswerten Schattenrisse zu verfertigen begann. Für ihn lag es ganz nahe, daß zu den ersten Profilen, die er selbst festhielt, seine »Cordata« gehörte, das von ihm heißgeliebte Fräulein von Klettenberg, die Mentorin seiner alchemistischen Studien: »Hier ist ihr Bild, das ich gemacht habe... Es ist die Familie, sie selbst ist's nicht. – Im Schattenriß bezeichnet sich diese himmlische Seele noch weniger. – Sie wird dir wenn du kommst, mehr sein als ich, ob sie mir gleich so viel ist als dir...«[10]

Spottkarikatur auf Lavater, der hier in rätselhaftem Zusammenhang mit einer freimaurerischen Geheimverschwörung gesehen wird.

DIE PHYSIOGNOMISTEN

»Sollt' es wahr sein, was uns der rohe Wandrer verkündet,
Daß die Menschengestalt von allen sichtlichen Dingen
Ganz allein uns lüge, daß wir, was edel und albern,
Was beschränkt und groß, im Angesichte zu suchen,
Eitele Toren sind, betrogne, betrügende Toren?
Ach! wir sind auf den dunkelen Pfad des verworrenen Lebens
Wieder zurückgescheucht, der Schimmer zu Nächten
verfinstert.«

Am 23. Juni 1774 traf Lavater in Frankfurt ein: »... Unser erstes Begegnen war herzlich: wir umarmten uns aufs freundlichste, und ich fand ihn gleich wie mir ihn so manche Bilder schon überliefert hatten. Ein Individuum, einzig, ausgezeichnet wie man es nicht gesehen ... Er hingegen verriet im ersten Augenblick durch einige sonderbare Ausrufungen, daß er mich anders erwartet habe ...«[11]

Eine gemeinsam mit dem Pädagogen Johannes Bernhard Basedow (1724–1790) im Sommer 1774 unternommene Reise nach Bad Ems und später an den Rhein vertiefte die Freundschaft. Trotzdem begann sich in den Briefen Goethes die Kritik zu häufen (November 1774): »... ich schicke dir keine physiognomischen Anmerkungen ... ich soll schreiben, wenn ich nicht fühle, soll Milch geben, ohne geboren zu haben ... Schick mir dein Geschreibe, ich will darüber phantasieren, es wird mich auf deinen Standpunkt heben, und so kanns was geben, anders arbeit ich mich ab ... Der Jacobis Portraits sind da, ich schick sie dir aber nicht, denn sie sind abscheulich und du lässest allen Dreck stechen ...«[12]

Gleichzeitig übersandte Goethe ein »Physiognomisches Fragment«: »Ein Wort über die Nase«. Im Dezember 1774 dichtete er das »Lied des physiognomischen Zeichners« und versah von Lavater verfaßte Kapitel mit »Zugaben«: »Von der Physiognomik überhaupt«[13], »Einige Gründe der Verachtung und Verspottung der Physiognomik«[14] und »Von den oft nur scheinbaren Fehlschlüssen der Physiognomisten«.[15]

Die Bedeutung, die Goethe, durch Lavater geschult, dem Studium der Silhouetten beimaß, erklärt auch seine Begeisterung für die damalige Mode des Tauschens von Schattenrissen. So hieß es in einem Brief an eine »teure Ungenannte«, eine zunächst anonym bleiben wollende Verehrerin: »... Hier indes meine Silhouette, ich bitte um die Ihrige, aber nicht in's kleine, den großen von der Natur genommenen Riß bitte ich ...«[16]

Goethe hegte offenbar die Befürchtung, daß bei der allgemein üblichen Verkleinerung des Schattenrisses mit Hilfe eines Storchenschnabels feine Einzelheiten des Profils verlorengehen könnten. Die von einer einzigen Kerzenflamme ausgehenden Lichtstrahlen zeichneten den Schatten des darzustellenden Kopfes naturgemäß leicht vergrößert auf den Schirm. Im weiteren übernahm Goethe eine Art Endredaktion der vier Bände der »Physiognomischen Fragmente«.

Auf der ersten Schweizer Reise Goethes kam es im Sommer 1775 zu einer Wiederbegegnung, wobei er über Lavater niederschrieb: »... in seiner Nähe konnte man sich einer entscheidenden

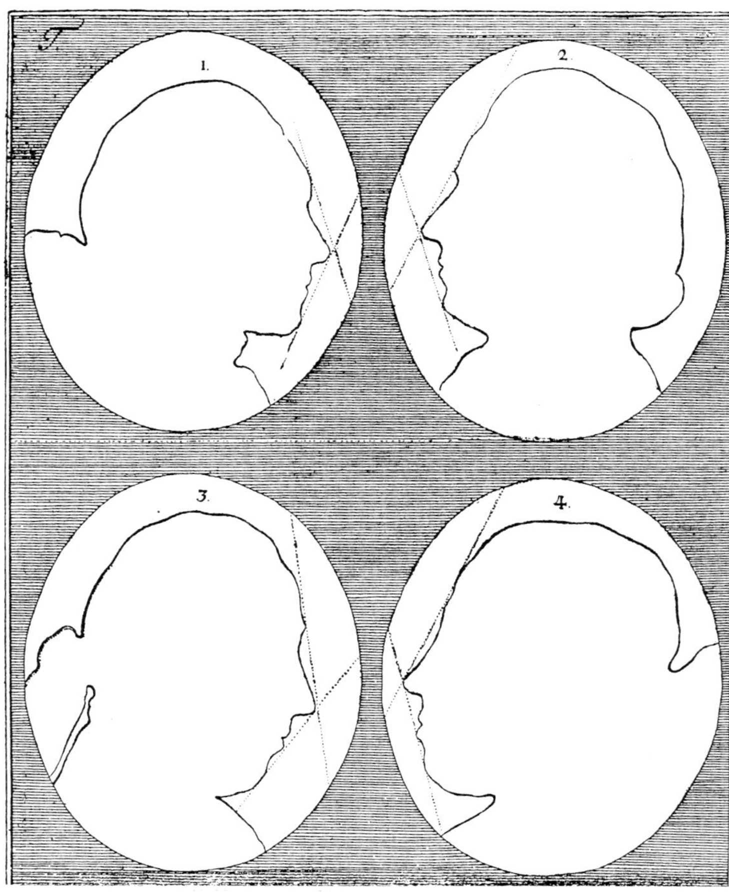

Links:
Zum »Silhouettieren« brauchte man eine eigene Vorrichtung, um den Schatten eines Kopfes im Lichte einer Kerze durch transparentes Papier hindurch mit schwarzer Farbe und Pinsel festhalten zu können. Durch den Strahlengang der Kerze waren diese »Silhouetten« größer als der abzubildende Kopf und wirkten als Wandschmuck entsprechend düster. Daher war es üblich, sie mit einem Storchenschnabel zu verkleinern.

Abbildungen aus den »Physiognomischen Fragmenten« von J. K. Lavater.

ISAAC NEWTON
VIER SCHATTIERTE KÖPFE

„ . . . Voll innerer Kraft die Augen, den Gegenstand zu fassen; ihn zu ergreifen, nicht bloß zu beleuchten; nicht ihn ins Gedächtnis aufzuhäufen; sondern ihn zu verschlingen und in das große All, das im Haupte ist, immanieren zu lassen. – Augen voll Schöpfungskraft – und Augenbrauen voll der lichtvollsten, solidesten Fruchtbarkeit . . . Mehr hohes, gewaltiges Denken als abstraktes, scheint sie (die Stirn) auszudrücken. Mächtiger Drang, Drang der Zuversicht und der Gewißheit schwebt drauf . . . Auffallend ist die Reinheit, die Ruhe des Ganzen, bei der sichtbaren innern Anstrengung . . .
2 . . . Ein Republikaner ist's, der, ohne zu befehlen, herrscht, immer widerstehen muß, viele Geschäfte ordnet, eingerichtet, gebaut hat. Wie fest ergreift er sinnlichen Eindruck – macht prüfenden Entwurf, nicht ohne Zutrauen zu sich und seiner übermannenden Kraft . . .
4 . . . Die Stirn, wie gedrängt in Erinnerung von Wirkungen! Ahnung künftiger Seelennot in gegenwärtiger Kraft! . . . Die Lippe Widerhalt – innerer Kraft . . . “

Physiognomische Fragmente

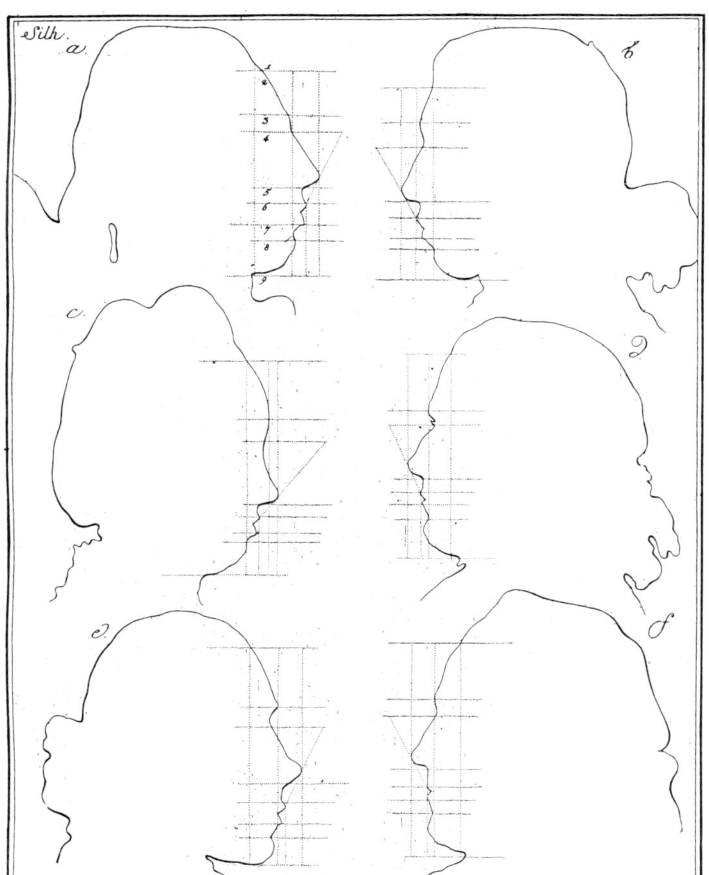

Einwirkung nicht erwehren, und so mußt' ich mir denn gefallen lassen, Stirn und Nase, Augen und Mund einzeln zu betrachten, und ebenso ihre Verhältnisse und Bezüge zu erwägen ... es in Lavaters Nähe gewissermaßen bänglich war: denn indem er sich auf physiognomischem Wege unserer Eigenschaften bemächtigte, so war er in der Unterredung Herr unserer Gedanken ...«[17]

Bemühungen zu einer systematischen Untersuchung von »Thorenköpfen«, d. h. psychisch Kranken, stand Goethe eher skeptisch gegenüber: »... wie schwer ists, das tote Kupfer zu beleben, wo der Charakter durch mißverstandne Striche nur durchschimmert und man immer schwankt, warum das was bedeutet und doch nichts bedeutet. Beim Leben wie anders ...«[18] (September 1775).

Es kann nicht verwundern, daß Lavater sich um die Treue Goethes zu sorgen begann, der ihn jedoch zu beruhigen verstand (31. 12. 1775): »... sei wegen der Physiognomik außer Sorgen ... Ich bin dein. Thomasele mir nicht ...«[19] Goethe neigte in seinen Briefen häufig zu derartigen Wortschöpfungen, und zwar meist dann, wenn er sich wohlfühlte.

Kurz zuvor war es zur entscheidenden Zäsur in seinem Leben gekommen. Noch im August 1775 hatte er an seinen Freund Johann Heinrich Merck (1741–1796) nach Darmstadt unter dem Eindruck der Rückkehr ins Elternhaus traurig geschrieben: »... Ich bin wieder scheissig gestrandet, und möchte mir tausend Ohrfeigen geben, daß ich nicht zum Teufel ging, da ich noch flott war ...«[20]

Auch sein Liebesglück wollte nicht so recht erblühen. Zwar fühlte er sich mit seiner Braut, der »niedlichen Blondine« Lili Schönemann (1758 bis 1817), innig verbunden, aber deren wohlhabende Bankiersfamilie und ihre protzige Verwandtschaft behagten ihm ganz und gar nicht, und so beschrieb er seinen düsteren Seelenzustand mit einem Eigenzitat aus einer Szene – »Auerbachs Keller« – des gerade entstehenden »Faust«: »... Mir wars in all dem wie einer Ratte, die Gift gefressen hat, sie läuft in alle Löcher, schlurft alle Feuchtigkeit, verschlingt alles Essbare, das ihr in den Weg kommt, ihr Innerstes glüht von unauslöschlich verderblichem Feuer ...«[21]

Da kam die von der Herzoginwitwe Anna Amalia (1739–1807) von Sachsen-Weimar-Eisenach eingefädelte Bekannt- und schließliche Freund-

Links: »Thorenkopf« aus Lavaters »Physiognomischen Fragmenten ...« Goethe hielt die Beurteilung von »Thoren« aus der Physiognomie für problematisch.

Lavaters Werk enthielt auch Übungsaufgaben wie diese »sechs weibliche Silhouettes«. Der Betrachter sollte in seiner Urteilsbildung geschult werden.

Lichtenbergs Spott auf die »Physiognomik« gipfelte in einer geschliffenen Persiflage der Lavaterschen Übungsaufgaben: »Acht Silhouettes von Purschenschwänzen zur Übung«. Unter anderem stellte er die boshafte Frage: »Welchen könnte Goethe getragen haben?«

Dieses Portrait malte zunächst Georg Melchior Kraus im Auftrag der Herzogin Anna Amalia. Kopie von Johann Ehrenfried Schumann, um 1778. Freies Deutsches Hochstift, Frankfurter Goethe-Museum.

Auf dem Regalpult im Hintergrund sind naturwissenschaftliche Studienobjekte zu erkennen – so auf der linken Seite die Rücken seiner Herbare, eine Rotweinflasche mit besonders schönen Weinsteinkristallen sowie ein Glaskolben in kleinem Gestell, der mit Wasser gefüllt wahrscheinlich zur Demonstration von Goethes Theorie des Regenbogens gebraucht wurde.

schaft zu ihrem Sohn, dem jungen Thronfolger Carl August (1757–1828), gerade wie gerufen. Anna Amalia war auf den für die deutsche Geistesgeschichte überaus glücklichen, von der Psychologie her aber erst bei sehr scharfem Hinsehen begreiflichen Gedanken gekommen, der Verfasser von »Werther's Leiden« und des »Götz« müsse ein Mensch sein, der den ungebärdigen Thronfolger bändigen könne. Da sich Goethes Vater, aber auch Lilis Familie einer ehelichen Verbindung aus religiösen Gründen zu widersetzen begannen – die Schönemanns waren reformiert, Goethes lutherisch –, folgte Johann Wolfgang der Einladung nach Weimar. »... fiel mirs hart aufs Herz, daß sie (d. h. Lili) für mich verloren sei. Ich entschloß mich daher abermals zur Flucht, und es konnte mir deshalb nichts erwünschter sein, als daß ich (Herzog Carl August und seiner Gattin) nach Weimar folgen sollte ...«[22]

Am 7. November 1775 traf Goethe in Weimar ein. Bereits Januar–Februar des folgenden Jahres reifte der Entschluß, dort zu bleiben und für immer in die Dienste des Herzogs zu treten; »... Meine Lage ist vorteilhaft genug, und die Herzogtümer Weimar und Eisenach immer ein Schauplatz, um zu versuchen, wie einem die Weltrolle zu Gesicht stünde ...«[23]

Auch Herzog Carl August von Sachsen-Weimar-Eisenach (1757–1828), Goethes Zögling und zugleich Mentor und Freund, wurde in Lavaters »Physiognomischen Fragmenten« mehrfach abgebildet. Carl August entwickelte ausgeprägte naturwissenschaftliche Neigungen. Nach Alexander von Humboldt hat er sich noch 1828 bei ihrer letzten Begegnung für eine Fülle naturwissenschaftlicher Themen interessiert: »... bedrängte er mich mit den schwierigsten Fragen über Physik, Astronomie, Meteorologie und Geognosie, über Durchsichtigkeit eines Kometenkernes, über Mondatmosphäre, über die farbigen Doppelsterne, über den Einfluß der Sonnenflecken auf die Temperatur, Erscheinen der organischen Formen in der Urwelt, innere Erdwärme ...«

LIED DES PHYSIOGNOMISCHEN ZEICHNERS

»O daß die innre Schöpfungskraft
Durch meinen Sinn erschölle,
Daß eine Bildung voller Saft,
Aus meinen Fingern quölle!
Ich zittre nur, ich stottre nur,
Ich kann es doch nicht lassen.
Ich fühl, ich kenne dich Natur
Und so muß ich dich fassen,
Wenn ich bedenk, wie manches Jahr
Sich schon mein Sinn erschließet.
Wie er, wo dürre Heide war,
Jetzt Freudenquell genießet,
Da ahnd' ich ganz Natur nach dir
Dich frei und lieb zu fühlen.
Ein lustger Springbrunn wirst du mir,
Aus tausend Röhren spielen,
Wirst alle deine Kräfte mir
In meinem Sinn erheitern,
Und dieses enge Dasein hier
Zur Ewigkeit erweitern.«

Brief an Johann Kaspar Lavater

... Man wird sich öfters nicht enthalten können, die Worte Physiognomie, Physiognomik in einem ganz weiten Sinne zu brauchen. Diese Wissenschaft schließt vom Äußeren aufs Innere. Aber was ist das Äußere am Menschen? Wahrlich nicht seine nackte Gestalt, unbedachte Gebärden, die seine inneren Kräfte und deren Spiel bezeichnen! Stand, Gewohnheit, Besitztümer, Kleider, alles modifiziert, alles verhüllt ihn. Durch alle diese Hüllen bis auf sein Innerstes zu dringen, selbst in diesen fremden Bestimmungen feste Punkte zu finden, von denen sich auf sein Wesen sicher schließen läßt, scheint äußerst schwer, ja unmöglich zu sein ...

Von der Physiognomik überhaupt

Carl August berief Goethe mit dem Titel eines »Geheimen Legationsrates« mit einem Jahresgehalt von 1200 Reichstalern in das »Geheime Consilium«, die Regierung dieses kleinen Landes. Goethe war es zufrieden, und im März 1776 schrieb er übermütig an Lavater: »... Ich bin nun ganz eingeschifft auf der Woge der Welt – voll entschlossen zu entdecken, gewinnen, streiten, scheitern, oder mich mit aller Ladung in die Luft zu sprengen ...«[24]

Auch in Weimar gingen Goethes physiognomische Studien weiter, und er fertigte zahlreiche Silhouetten, unter anderem auch die von Christoph Martin Wieland (1733–1813) und allen Mitgliedern dessen vielköpfiger Familie. Auch sonst spielte die Physiognomik eine nicht ganz unwichtige Rolle in Goethes Leben. So hatte ihm bereits im Juli 1775 der Königlich-Hannoversche Leibarzt Johann Georg Zimmermann (1728 bis 1795) die Silhouette einer Dame vorgewiesen. Ohne das lebende Vorbild – es handelte sich um Charlotte von Stein (1742–1827) – je gesehen zu haben, bemerkte Goethe: »... Es wäre ein herrliches Schauspiel zu sehen, wie die Welt sich in dieser Seele spiegelt. Sie sieht die Welt, wie sie ist, und doch durchs Medium der Liebe. So ist auch Sanftheit der allgemeinere Eindruck.«[25] Immer noch ohne Kenntnis der Unbekannten skizzierte Goethe deren Charakter: »... Festigkeit/ Gefälliges unverändertes Wohnen des Gegenstands/ Behagen in sich selbst./ Liebevolle Gefälligkeit/ Naivetät und Güte, selbstfließende Rede/ Nachgiebige Festigkeit./ Wohlwollen./ Treubleibend/ siegt mit Netzen ...«[26]

Zumindest die letzte Feststellung traf wohl unumschränkt zu. Als Goethe in Weimar die wirkliche Charlotte von Stein kennenlernte, hatte er sich bald in ihren Netzen verfangen. Schon im Mai wechselten beide recht vertrauliche Briefe, und Goethe lud sich und seinen Herzog zuweilen ungebeten selbst zu Tisch: »... Ein Ragia und ein Brame, die von Dews (d. h. bösen Geistern) verfolgt werden, bitten um ein Mittagsmahl heute in dem Quell reinen Lichtes ...«[27]

Mit Hilfe von Storchenschnäbeln, die der Hofmechanikus Neubert geliefert hatte, machte sich Goethe an das Verkleinern von Silhouetten. Zuweilen ging ihm aber das geeignete Material aus, und so ereilte Frau von Stein im März 1778 folgende Bitte: »... Wollten Sie mir ... Postpapier schicken, ich bin eben übern Silhouette machen, und den Band der Physiognomik ...«[28]

Trotz der vielen zwischen Goethe und Lavater gewechselten Briefe ist nun eine gewisse Entfremdung nicht zu übersehen (Februar 1776): »... Ich habe mich über deine Plans Wirtschafft

Als Mitglied des »Geheimen Consiliums« war Goethe auch für das Kriegswesen des kleinen Herzogtums Sachsen-Weimar-Eisenach zuständig, wobei er sich aber – nach moderner Definition – mehr als Abrüstungspolitiker betätigte. Zeitweilig war er gehalten, der Arbeit der Musterungskommission beizuwohnen, was ihm wenig behagte. Er hielt deren eher betrübliche Tätigkeit in einer Zeichnung fest; die Rekruten dienten ihm zu physiognomischen Studien.

ein bissel geärgert, ich sah lang, daß du meinen nicht befolgen würdest ... Nur kommt just alles, was ich gemacht habe, nicht in den (Erg.: zweiten) Theil ... Ich hoffe und fühle, der Ton deines dritten Theils wird weniger zitternd und bebend seyn. Ich wollte das ausstreichen. Aber wenn du's schreiben konntest, mags auch gedruckt werden ...«[29]

Auch weltanschauliche Differenzen machten sich immer wieder bemerkbar: »... Alle deine Ideale sollen mich nicht irre führen wahr zu seyn, gut und böse wie die Natur ...«[30] Offenbar waren Goethe Lavaters theoretische Ansätze nicht ganz geheuer (26. 8. 1776): »... Ich fühle erst iezo, wie weit wir auseinander kommen sind, ich kann dir nichts schreiben. Resultate und Abstraktionen mag ich nicht, Geschichten und Einzelheiten kann ich nicht ...«[31]

Im Januar 1777 faßte Goethe seine Kritik an Lavater zusammen, nachdem er nach seiner Endredaktion den dritten Teil der Physiognomik an den Verleger weitergeschickt hatte: »... Es sind herrliche Sachen drinnen, die mir wohlgemacht haben. Wenn mir nur nicht der Lavaterianismus: das Hetzen, Trümpfe drauf setzen, Schimpfen, Ängstlichkeit, mit Wolken fechten, mir gleich wieder den guten Eindruck verschunden hätten. – Ausgestrichen habe ich die Anzeige, was von mir sei, ich weiß gar nicht, was das bedeuten soll ...«[32]

Es sei dahingestellt, ob Lavaters Versuch einer

„… da ich sehe, … daß Deine französische Physiognomik bald fertig werden wird, bewegt mich dies, Dir gleich wieder zu schreiben. Habe ja die Güte, mir zwölf von den ersten Exemplaren zuschicken zu lassen, ich getraue mir diese, vielleicht auch noch mehrere abzusetzen. Nur wünsche ich freilich, sie gleich zu Anfang zu haben, wenn das Buch herauskommt und Sensation macht …"

Brief an Johann Kaspar Lavater

RAMEAU

„Sieh diesen reinen Verstand! – ich möchte nicht das Wort Verstand brauchen – Sieh diesen reinen, richtigen, gefühlvollen Sinn, der's ist, ohne Anstrengung, ohne mühseliges Forschen! Und sieh dabei diese himmlische Güte!
Die vollkommenste, liebevollste Harmonie hat diese Gestalt gebildet. Nichts Scharfes, nichts Eckiges an dem ganzen Umrisse, alles wallt, alles schwebt, ohne zu schwanken, ohne unbestimmt zu sein. Diese Gegenwart wirkt auf die Seele wie ein genialisches Tonstück, unser Herz wird dahingerissen, ausgefüllt durch dessen Liebenswürdigkeit, und wird zugleich festgehalten, in sich selbst gekräftigt, und weiß nicht warum? – Es ist die Wahrheit, die Richtigkeit, das ewige Gesetz der stimmenden Natur, die unter der Annehmlichkeit verborgen liegt.
Sieh diese Stirne! diese Schläfe! in ihnen wohnen die reinsten Tonverhältnisse …"

Physiognomische Fragmente

Das Portrait des bedeutendsten französischen Komponisten und Musiktheoretikers seiner Epoche, Jean Philippe Rameau (1683 bis 1764), wurde in den »Physiognomischen Fragmenten …« ebenso ausgedeutet wie die Silhouette des Dichters Friedrich Gottlieb Klopstock (1724–1803).

Man scheute sich keineswegs, physiognomische Studien an lebenden Zeitgenossen zu veröffentlichen.

KLOPSTOCK

„… Diese sanftabgehende Stirne bezeichnet reinen Menschenverstand; ihre Höhe über dem Auge Eigenheit und Feinheit; es ist die Nase eines Bemerkers; in dem Munde liegt Lieblichkeit, Präzision und in der Verbindung mit dem Kinne, Gewißheit. Über dem Ganzen ruht ein unbeschreiblicher Friede, Reinheit und Mäßigkeit …"

Physiognomische Fragmente

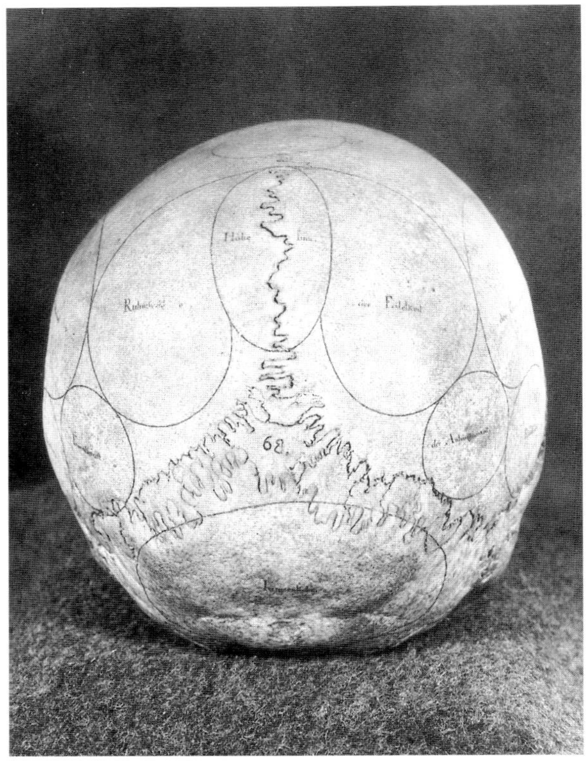

Franz Joseph Gall (1758–1828) legte dar, daß man aus der äußeren Schädelform auf die physische Konstitution eines Menschen schließen könne. Zwar hat sich diese These als falsch erwiesen, dagegen wurde seine »Lokalisationslehre«, die Fähigkeiten des Gehirns bestimmten Gehirnregionen zuordnet, wegweisend. Goethe hatte Vorlesungen Galls besucht und besaß einen sog. »Gallschen Schädel«, auf dem wichtige Schädel- und Gehirnregionen verzeichnet waren.

religiös-motivierten Ausdrucksphysiologie, die hinter seiner Physiognomik steckte, unserem heutigen Verständnis von Naturwissenschaft entspricht. Daß bei einem solchen Unterfangen sehr viel von der Redlichkeit der Zeichner und Stecher abhing, war schon Goethe und nicht zuletzt all jenen Opfern aufgefallen, deren Profil, ohne daß man sie groß gefragt hätte, scharfsinnig und nicht immer freundlich ausgedeutet wurde. So meinte Goethe: »... Dein Kupferstecher hat sich an Fräulein Waldner versündigt ... Das gezwungene Lächeln ... Ebenso ist der Schatten, der ihre Wange umschreibt, ganz entstellend ...«[33] Offenbar hatte Goethe diese Dame schöner und wohl auch charakterlich edler in Erinnerung. Noch deutlicher wurde Goethe in einem Brief vom März 1776. »... Herder wird dir auch den Hals vollschelten über sein polirtes Milchgesicht, und den Colofonien Blitz des Fragments dazu ...«[34] Gemeint ist dabei eine entstellende, übergrelle Beleuchtung von Herders Charakter im hellen Blitz eines literarischen Theaterfeuers. Im Laufe der Jahre entfremdeten sich die beiden immer mehr, bis schließlich Lavaters Wunderglaube Goethe dazu bringen sollte, ihn unter die »falschen Propheten« einzureihen. Für Goethes Laufbahn als Naturwissenschaftler erwiesen sich die physiognomischen Studien als Ausgangspunkt zu vielfältigen vergleichenden anatomischen und zoologischen Studien, wie sich schon im Januar 1776 andeutete: »... Der Herzog hat mir sechs Schädel (d.h. Tierschädel) kommen lassen, habe herrliche Bemerkungen gemacht, die Ew. Hochwürden zu Diensten stehen ...«[35]

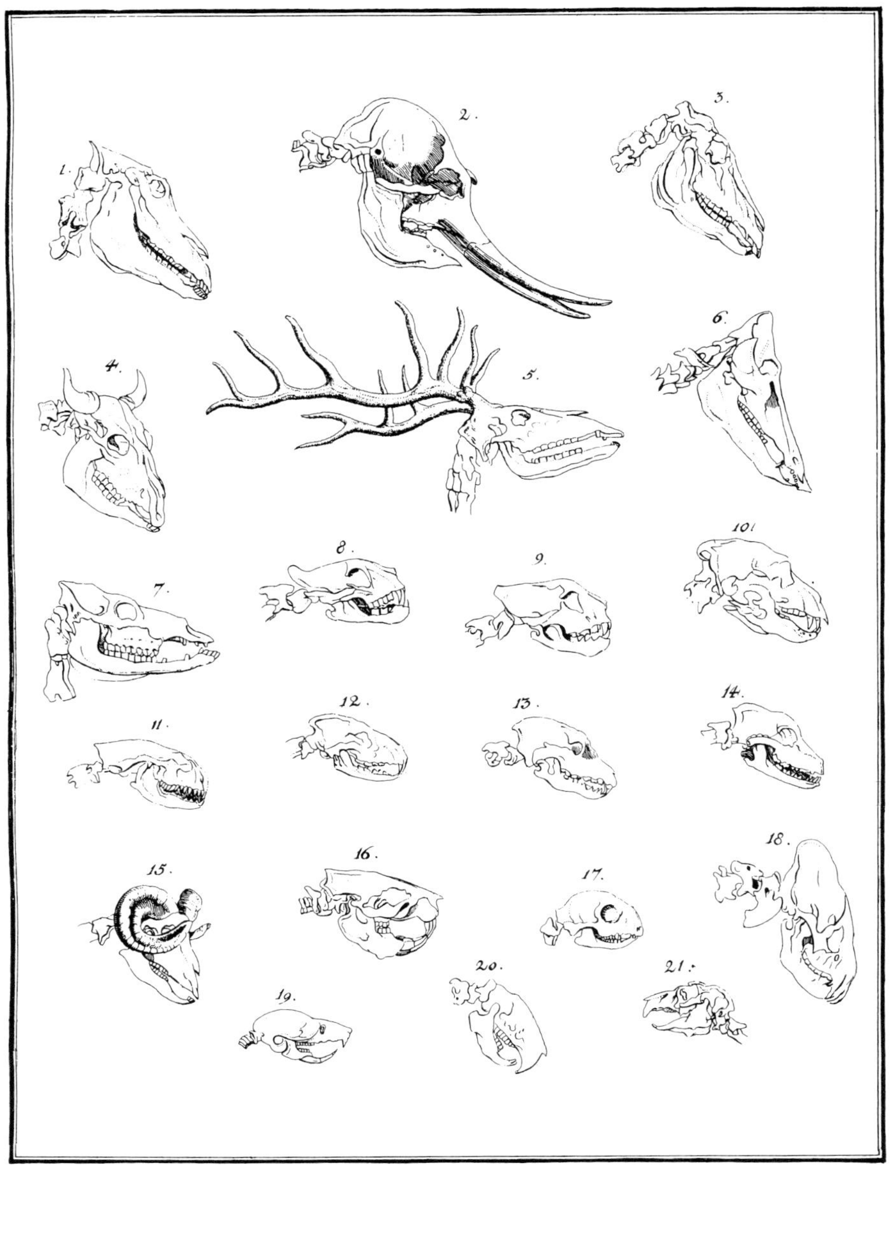

TIERSCHÄDEL
ARISTOTELES VON DER PHYSIOGNOMIK

„Denn es ist nie ein Tier gewesen, das die Gestalt des einen und die Art des andern gehabt hätte; aber immer seinen eignen Leib und seinen eignen Sinn. So notwendig bestimmt jeder Körper seine Natur. Wie denn auch ein Kenner die Tiere nach ihrer Gestalt beurteilt, der Reiter die Pferde, der Jäger die Hunde. Wenn das wahr ist, wie's denn ewig wahr bleibt; so gibt's eine Physiognomik.

I. Die Zahmheit der Last- und weidenden Tiere bezeichnet sich durch die langen ebenen, seicht gegeneinander laufenden, einwärts gebogenen Linien. Man sehe 1. das Pferd, 3. den Esel, 5. den Hirschen, 6. das Schwein, 7. das Kamel. Geruhige Würde, harmloser Genuß ist der ganze Zweck der Gestalt dieser Häupter. Die eingebogne Linie vom Augknochen zur Nase bei 1. und 3. bezeichnet Duldung.

An 6. die ab- – leise einwärts gehende, schnell wieder gerad werdende – Starrsinn …

II. Die Gestalt der gierigen Tiere ohne Grausamkeit, das Ratzengeschlecht, das ich das Diebsgeschlecht nennen möchte … Hier sind nur zwei davon. 16. Der Biber. 19. Die größte Feldmaus. Die leicht aufgebogenen, flachgewölbten Linien, die wenigen Flächen, das Spitze, Feine – bezeichnet Leichtigkeit der Bemerkung des sinnlichen Gegenstandes, schnelles Ergreifen, Begierde und Furchtsamkeit, daher List …

III. An dieses Geschlecht grenzt unter den Raubtieren einigermaßen 12. der Fuchs … An diesem und den folgenden Köpfen haben die Hirnschädel … doch das gemein, daß sie größer, stärker, abgesonderter sind als bei den vorigen Geschlechtern …"

Physiognomische Fragmente

„… Galls Vortrag durfte man wohl als den Gipfel vergleichender Anatomie anerkennen, denn ob er gleich seine Lehre von dorther nicht ableitete und mehr von außen nach innen verfuhr, auch sich mehr eine Belehrung als eine Ableitung zum Zweck vorzusetzen schien: so stand doch alles mit dem Rükkenmark in solchem Bezug, daß dem Geist vollkommene Freiheit blieb, sich nach seiner Art diese Geheimnisse auszulegen …"

Tag- und Jahrhefte, 1805

Links:
Die irrige Annahme Lavaters, man könne auch den »Charakter« von Tieren physiognomisch beurteilen – so etwa die Gegenüberstellung von mutigem Löwen und dummem Esel – war für Goethe ein weiterer Ansporn zu vergleichenden anatomischen Studien. Alle tierpsychologischen Studien und vergleichenden anatomischen Betrachtungen in Lavaters Werk wurden von Goethe verfaßt.

Das Bergwerk zu Ilmenau

»... Ich kam höchst unwissend in allen Naturstudien nach Weimar, und erst das Bedürfnis, dem Herzog in mancherlei seiner Unternehmungen, Bauten, Anlagen, praktische Ratschläge geben zu können, trieb mich zum Studium der Natur. Ilmenau hat mir viel Mühe und Geld gekostet, dafür habe ich auch etwas dabei gelernt und mir eine Anschauung der Natur erworben, die ich um keinen Preis umtauschen möchte...«[1], schrieb der 75jährige Goethe 1824 in verklärender Rückschau an den Kanzler Friedrich Theodor Adam von Müller (1779–1849).

Herzog Carl August hatte am 13. Februar 1776 verfügt, man möge die Wiederaufnahme des Bergbaues in Ilmenau vorbereiten. In früheren Jahrhunderten waren hier ansehnliche Ausbeuten an Kupfer und Silber gefördert worden, wenn auch die Reingewinne meist recht bescheiden geblieben waren. Es hatte nichts genutzt, daß die Bergleute ihren Ilmenauer Gruben fromme Namen wie »Gott hilft gewiß«, »Gottesgabe« und »Güte Gottes« gegeben hatten: 1739 schlug das Schicksal unbarmherzig zu. Es brach der Damm des »unteren Freibachteiches«, wodurch die Wasserräder für »Kunstgezeuge und Feldgestänge« ohne Wasser waren, die Pumpen stehenblieben und die Schächte absoffen. Da keine Kapitalreserven mehr vorhanden waren, kam der Bergbau zum Erliegen.

In dem Bestreben, die Wirtschaft seines kleinen Landes anzukurbeln, beauftragte Carl August den kursächsischen Vizeberghauptmann und Bergmeister Friedrich Wilhelm Heinrich von Trebra (1740–1819), die Rentabilität einer Wiederinbetriebnahme zu prüfen. Nur nach Studium der Akten lieferte dieser am 6. Mai 1776 eine hoffnungsvolle Analyse.

Anfang Mai traf in Weimar die Meldung von einem Stadtbrand ein, und Goethe ritt am 3. Mai zum ersten Mal in Begleitung eines Husaren nach Ilmenau. Er war von der Not dieses Städtchens tief getroffen. Noch 1780 schrieb er an Charlotte von Stein: »... Könnten wir nur auch bald den armen Maulwürfen von hier Beschäftigung und Brot geben...«[2]

Der Anblick des verfallenden Bergwerks bekümmerte ihn: »... ich ... habe traurig die alten Ofen gesehen...«[3]

Im Juli 1776 kam Trebra mit einem Maschinensachverständigen nach Ilmenau und zusammen mit Carl August und Goethe wurde über die Möglichkeiten einer kostengünstigen Wieder-

Goethe zeichnete ein noch offenes Stollenmundloch des alten Bergwerkes (Detail).

Schon vor der Wiederinbetriebnahme des Bergwerkes in Ilmenau studierte Goethe die Topographie des Ortes und zeichnete die verfallenen Reste des einstigen Bergwerkes wie diese aufgelassene Kupfergrube.

aufnahme beraten. Gemeinsam befuhren die vier den noch vorhandenen Schacht »Getreuer Friedrich«. Trebra gab Ratschläge für das Niederbringen der Schächte. Man beschloß, den seinerzeit geborstenen Deich zu flicken und den »mittleren Kunstgraben« zur Versorgung der Wasserräder wieder herzustellen. Da der oberflächennahe, steilgelagerte Flöz des Kupferschiefers bereits früher abgebaut worden war, empfahl Trebra die Anlage eines Schachtes zwischen Ilmenau und Roda im Vorgelände der Sturmheide.

Goethe versuchte sich in jeder Hinsicht sachkundig zu machen. Bei dem Gold- und Silberschmied G. M. Hecker erlernte er im August 1776 die Silberprobe, das heißt die analytische Abtreibung des Silbers vom Kupfer mit Hilfe von zugesetztem Blei. Dank seiner alchemistischen Vorbildung fiel ihm dies nicht besonders schwer, und nach nur zwei Tagen war er bereits in der Lage, diese Analyse »im Trockenen« selbst auszuführen.

Im November 1776 übertrug der Herzog die Leitung sämtlicher Bergwerksangelegenheiten an Goethe, der wiederholt nach Ilmenau ritt und dort die verfallenen Anlagen des alten Kupferschiefertagebaues sowie eine alte Schachtkaue zeichnete.

Goethe bemühte sich, seine bergmännischen Kenntnisse zu vertiefen: »... Nun hatte ich einen wundersamen geheimen Reiseplan ... das Ilmenauer Bergwerk (sollte) wieder aufgenommen werden. Nun ward von mir ... Anteil verlangt, aber diesen konnt' ich an irgendeinem Gegenstand nur durch unmittelbares Anschauen gewinnen. Ich dachte mir unerläßlich, vor allen Dingen das Bergwesen in seinem ganzen Komplex ... mit Augen zu sehen ...«[4]

So wurde das Bergwerk zu Ilmenau der Anlaß von Goethes erster Reise in den Harz. Er besuchte 1777 Trebra in Zellerfeld und befuhr mit ihm die dortigen Erzbergwerke, den »Rammelsberg« bei Goslar, die Gruben »Caroline« und »Dorothea« bei Clausthal und besichtigte die dazugehörigen Schmelzhütten sowie die Gruben »Samson«, »Neufang« und »Gottes Gnade« bei Andreasberg. Dabei erlebte er manches Abenteuer. So berichtete er am 9. 12. 1777 an Frau von Stein: »... Früh eingefahren in der Caroline Dorothee und Benedicte ... hat mir das Schicksal wieder ein groß Kompliment gemacht. Der Geschworne ward einen Schritt vor mir von einem Stück Gebirg, das sich ablöste, zu Boden geschlagen, da er ein sehr robuster Mann war, so stemmte er sich, da es auf ihn fiel, daß es sich in mehr Stücken auseinander brach und an ihm hinabrutschte, es überwältigte ihn aber doch ..., es ging aber so hin, einen Augenblick später, so

ILMENAU

»... Ich sehe hier, wie man nach langer Reise
Im Vaterland sich wieder kennt,
Ein ruhig Volk in stillem Fleiße
Benutzen, was Natur an Gaben ihm gegönnt.
Der Faden eilet von dem Rocken
Des Webers raschem Stuhle zu;
Und Seil und Kübel wird in längrer Ruh
Nicht am verbrochnen Schachte stocken;
Es wird der Trug entdeckt, die Ordnung kehrt zurück,
Es folgt Gedeihn und festes ird'sches Glück ...«

Zu einem Geburtstag Carl Augusts

Auch diese Skizze einer Kaue des alten Bergwerkes ist von Goethes Hand. Die Kaue, auch Zechenhaus genannt, diente den Bergleuten als Wasch- und Umkleideraum (Ausschnitt).

stund ich an dem Fleck, denn es war eben vor einem Ort, den er mir zeigen wollte, und meine schwancke Person hätte es gleich niedergedrückt und mit der völligen Last gequetscht ...«[5]
Mit den sächsischen Höfen, die seinerzeit auch am alten Bergbau beteiligt gewesen waren, den Herzogtümern Gotha, Meiningen, Hildburghausen und Coburg sowie Kursachsen, mußte Goethe schwierige diplomatische Verhandlungen führen. Diese waren nicht zu umgehen, da ein Teil der Wasserversorgung über gothaisches Staatsgebiet lief und zum Schmelzen dringend Holz aus Hildburghausen gebraucht wurde. Goethe müssen damals erste Zweifel befallen haben, denn er meinte: »... daß, wenn es bei Serenissimo nicht eine Art von Leidenschaft wäre, eine einmal angegriffene Sache, von der sich etwas Gutes hoffen läßt, nicht wieder fallen zu lassen, wohl schwerlich unter diesen Umständen das Werk jemals wieder emporkommen würde ...«[6]
Doch dank Carl Augusts »Leidenschaft« nahm das Unglück seinen Lauf. Man gründete eine »Gewerkschaft«, wie damals Bergwerksgesellschaften genannt wurden. Carl August behielt sich als Landesherr drei Prozent des in den ersten drei Jahren auszubringenden Kupfers vor, und in allen folgenden Jahren zehn Prozent des jeweils erwirtschafteten Reingewinns. Er sollte sie nie erhalten. Die Gewerkschaft gab 1000 Kuxen, das heißt Anteilsscheine, zu je zwanzig Talern aus, von denen zehn sofort, weitere fünf nach Beginn des Bergbaues und der Rest nach einem weiteren Jahr zu zahlen waren. Goethe war vorsichtig genug, selbst nur drei Kuxen zu zeichnen, die herzogliche Familie nahm dreißig, die übrigen Höfe insgesamt dreiundzwanzig. Die Beaufsichtigung der technischen, rechtlichen und ökonomischen Probleme lag in den Händen der zu diesem Zwecke eigens gegründeten »Fürstlichen Sächsischen Weimarischen zum Ilmenauer Bergwesen gnädigst verordneten Kommission«, der Goethe vorstand.
Am 24. Februar 1784 veranstaltete man eine Eröffnungsfeier mit allem gravitätischen Prunk, der dem ausgehenden 18. Jahrhundert zu Gebote stand. »... In dem großen Zimmer des dasigen Posthauses versammelten sich ... die Herren Honoratioren der Stadt, und der Herr Geheime Rat von Goethe hielt daselbst eine passende Rede ... Währenddem paradierte die gesamte Knappschaft mit ihrer hundertjährigen Fahne vor dem Posthause. Hierauf war ein feierlicher Gottesdienst veranstaltet, und nach demselben zog alles in Prozession, an welche sich die ganze Bürgerschaft und die geschmückten Schulkinder mit ihren Fahnen anschlossen, nach dem Punkt, der ... für den Johannesschacht bestimmt und mit grünem Tannenreis umflochten war ... Der Herr Berggeschworene Schreiber präsentierte jetzt eine zierlich gearbeitete bergmännische Keilhaue, womit der Herr Geheimrat von Goethe den ersten Hieb vollbrachte. Ein dreimaliges Glückauf! ertönte hierbei von der anwesenden Menge ...«[7]
Am 24. April 1784 schrieb Goethe an Carl Ludwig von Knebel (1744–1834): »... Mit dem Baue selbst geht es sehr gut. Wir sind schon 16 Lachter tief (Anm.: 1 Lachter = ca. 1,8 m) und haben nun den Gips erschroten, in welchem wir bis fast aufs Flöz immer bleiben werden ... Die Kommission führt die Direktion umsonst (Anm.: Goethe hatte auf ein Zusatzhonorar verzichtet), und hat also die Gewerkschaft nur die Unterbedienten und eigentliche Arbeit zu bezahlen ...«[8]
Aus heutiger Sicht kam man nur sehr langsam voran. Etwas mehr als ein Kubikmeter Gestein wurde am Tag losgebrochen und mit der Handhaspel gefördert, um es dann auf Halde zu stürzen. Täglich kam man so um etwa einen Viertel Meter tiefer. Um Kapital zu sparen, sollten so weit als möglich Schächte und Stollen des alten Bergwerkes genutzt werden. Wie geplant stieß man bei 42 Lachter Tiefe auf den wegen seiner gefürchteten Wasserführung so genannten »Nassen Ort« und erreichte im Juni 1785 den »Martinrodaer Stollen«, dessen Mundloch noch offen und der zur Abführung der Bergwasser bestimmt war. Um auf den Kupferschiefer zu treffen, mußten noch weitere 120 bis 130 Lachter abgeteuft werden. Die dann dort eindringenden Bergwasser sollten bis auf das Niveau des »Martinrodaer Stollens« gehoben werden, wo sie dessen leichtem Gefälle folgend aus dem Berg heraus abfließen konnten. Zur Erleichterung der Förderung wurden ein Wassergöpel mit Kehrrad, das heißt eine wasserradgetriebene Förderanlage und ein Pumpwerk gebaut. Um das zum Antrieb notwendige Wasser zu erhalten, baute man den alten »mittleren« Berggraben auf eine Länge von 4668 Lachter aus. Dieser Graben scheint, Goethes Notizzettel zufolge, öfters leck gewesen zu sein. Aus Briefen an Charlotte von Stein wissen wir, daß Goethe diesen »Kunstgraben« zur Kontrolle entlangwanderte. Um eine Vereisung im Winter und damit den Zusammenbruch der Energieversorgung zu verhindern, ließ er den Graben mit Balken und Brettern abdecken.
Alles schien glänzend zu laufen. Am 3. Februar 1787 schrieb Goethe in bester Ferienlaune aus Rom an den Bergrat Johann Carl Wilhelm Voigt (1752–1821): »... Das Bergwesen erfreut mich sehr, da das Treibewerk geht, wird sich das übrige auch treiben lassen ...«[9] Doch diese Hoff-

nung trog. Im September 1787 erreichte man die Untergrenze des Gipses und damit den Zechsteinkalk. Es brachen Unmengen Wasser ein, die Bergleute mußten fliehen, der Schacht füllte sich auf eine Höhe von über sechzig Lachter.

Ein sich endlos hinziehender Kampf mit dem Grubenwasser folgte. Man baute zusätzliche unterirdische Radstuben mit Kunstgezeugen – von Gestängen getriebene Pumpwerke –, bis man schließlich vier gewaltige Wasserräder mit bis zu 12,5 Metern Durchmesser in Betrieb hatte. Über den Bau der zweiten Radstube in 95 Meter Tiefe berichtete Goethe am 1. Oktober 1788 an Carl August: »... Dann ritt ich nach Ilmenau, wo sie ernstlich beschäftigt sind, die Wasser zu gewältigen. Sobald ein Satz steht, sind die Lachter geschwind ausgepumpt, aber die Sätze hineinzubringen, ist ein umständliches, ja gefährliches Arbeiten ... Die Wasser sind jetzt 25 Lachter unter dem Stollen gewältigt, ich bin bis auf sie hinabgefahren, um die Arbeit selbst zu besehn, die nötig ist, die Sätze zu stellen und einzurichten.«[10]

Goethes sportlicher Leistung und seiner Fitness muß man Bewunderung zollen. In einem Bergwerk des 18. Jahrhunderts auf nassen Leitern einen senkrechten Schacht in weit über 100 Metern Tiefe zu befahren, um sich herum das Tosen der Aufschlagwasser für die unterirdischen Radstuben in ihren »Luttengerinnen« und zusätzlich das Rauschen des seitlich eindringenden Bergwassers, erforderte körperliche Ausdauer, aber auch Mut.

Zeitweilig hatte man auch mit Überlegungen gespielt, entweder eine Wassersäulenmaschine oder eine Dampfmaschine einzusetzen. Goethe hatte 1790 auf seiner Reise nach Schlesien zwei Dampfmaschinen nach Newcomen gesehen und auch gezeichnet. Diese waren erst zwei Jahre vorher in Tarnowitz gebaut worden und litten daher noch an beträchtlichen Anfangsschwierigkeiten. So schien es unvernünftig, unter den ärmlichen Bedingungen Ilmenaus noch ein zusätzliches Wagnis einzugehen.

Am 28. Juni 1792 war der Schacht endlich frei von Wasser. Der Zechstein wies nur zwei Lachter Mächtigkeit auf, und der scheinbar glückliche Zufall fügte es, daß man am 3. September 1792, »am Geburtstage unseres durchlauchtigsten Herzogs«, die erste Tonne Kupferschiefer förderte.

Carl August und Goethe nahmen gerade an dem Feldzug in Frankreich teil, und so blieb ihnen das Fest erspart, das die Bergleute mit Musik und Bier begingen. Die erste Fördertonne mit Kupferschiefer, die man ans Licht zog, hatte man mit Blumen geschmückt und illuminiert und mit

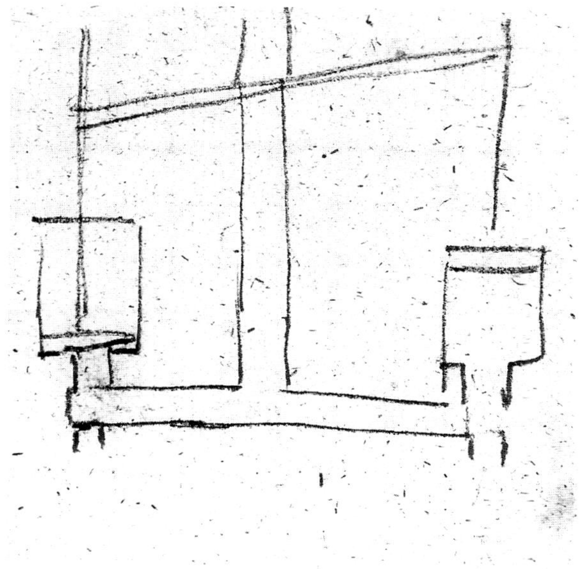

Funktionszeichnung Goethes einer doppeltwirkenden Pumpe, die wahrscheinlich im Zusammenhang mit den Problemen der Wasserhebung im Bergwerk zu Ilmenau entstand. Es könnte sich aber auch um eine Funktionsskizze der 1777 erbauten und 1788 außer Betrieb gesetzten Wassersäulenmaschine der Grube »Herzog Carl« bei Marienberg handeln.

„... Dann ritt ich nach Ilmenau, wo sie ernstlich beschäftigt sind, die Wasser zu gewältigen. Sobald ein Satz steht, sind die Lachter geschwind ausgepumpt, aber die Sätze hineinzubringen ist ein umständliches, ja gefährliches Arbeiten. Inzwischen scheint das Rad sehr gut gebaut und sieht mit seinen Krummzapfen und Kreuzen gar ernsthaft in der Finsternis aus. Die zwölf und elfzölligen Sätze heben einen gewaltigen Schwall Wasser. Die Wasser sind jetzt 25 Lachter (Anmerkung: das heißt über 50 m) unter dem Stollen gewältigt. Ich bin bis auf sie hinab gefahren, um die Arbeit selbst zu besehen, die nötig ist, die Sätze zu stellen und einzurichten. Übrigens sieht alles recht artig und ordentlich aus ...“

Brief an Carl August

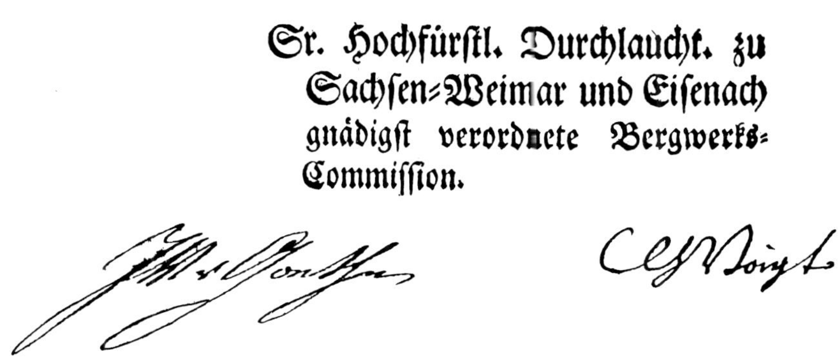
Sr. Hochfürstl. Durchlaucht. zu Sachsen-Weimar und Eisenach gnädigst verordnete Bergwerks-Commission.

Im Namen »Sr. Hochfürstl. Durchlaucht, zu Sachsen-Weimar und Eisenach gnädigst verordnete Bergwerks-Commission« quittierte Goethe am 24. II. 1785 mit Gegenzeichnung seines Kommissions-Kollegen Christian Georg Voigt die planmäßige erste Nachzahlung von fünf Talern zu der »Kux des Ilmenauer Bergwerks« Nr. 429, die auf die »Canzlerin Hoffmann« ausgestellt war. Diese Dame dürfte wenig Freude an ihrer Kux gehabt haben.

Trompeten, Pauken, Trommeln und Kanonen bewillkommnet. Ein gerührter Chronist bemerkte, daß ein Großteil der Anwesenden Tränen der Freude vergoß. Vergebens, wie sich bald zeigen sollte, denn der erste geförderte Kupferschiefer machte seinem Namen keine Ehre. Er enthielt nämlich keinerlei Kupfer. Zunächst nahm man dies nicht so tragisch, lehrte doch die Erfahrung, daß der Kupferschiefer um so kupferhaltiger werden würde, je näher man sich seinen nach oben führenden Rändern näherte. Es sei jedoch daran erinnert, daß man die zutage tretenden wirklich kupferhaltigen Ränder schon in früheren Zeiten abgebaut hatte. Noch war man allerdings guten Mutes und erweiterte 1793 die Belegschaft der Grube auf 96 Mann. Tatsächlich stieg der Kupfergehalt des ausgebrachten Erzes minimal an.

Auf Empfehlung Trebras hin lernte Goethe im Erzgebirge und in Schlesien das von dem Freunde Mozarts, Ignaz von Born (1742–1791), entwickelte Amalgamationsverfahren kennen. Das feingemahlene Erz wird hierbei mit Quecksilber vermischt, mit welchem die vorhandenen Metalle ein Amalgam bilden. Treibt man das Quecksilber über dem Feuer ab, bleiben die Metalle zurück. Im Oktober 1790 teilte Goethe dem Bergamt mit: »... Verschiedene auf meiner letzten Reise durch Schlesien angestellte mineralogische und chemische Beobachtungen haben mich auf den Gedanken gebracht: ob man nicht den Kupferschiefer ebenso gut, ja wohl noch bequemer als andere Erze durch Pochen und Schlämmen behandeln und das darin befindliche Metall als Schlich ins Enge bringen ... und die gewonnenen Schliche gleich zur Amalgamation bringen könnte ...«[11]

Die von Goethe vorgeschlagene Erprobung scheint aber zu keinem Erfolg geführt zu haben, denn man entschloß sich, das Kupfer im konventionellen Verfahren zu erschmelzen. Doch nun zeigte sich, daß der Metallgehalt der Erze so außerordentlich niedrig war, daß das wenige überhaupt vorhandene Kupfer bei der Schmelzarbeit regelrecht verdampfte. Goethe blieb nichts anderes übrig, als 1793 auf dem Gewerkentag zur Beruhigung der Kuxenbesitzer ähnlich nichtssagende markige Sprüche zu klopfen, wie sie bei unerfreulichen Aktionärssitzungen auch heute noch üblich sind: »... wenn wir mit Hindernissen zu kämpfen haben, so sind es diejenigen, die die Natur uns entgegensetzt, welche zu überwinden der menschliche Geist seine Tätigkeit aufzuwenden berufen ist ...«[12] Da eine hohle Phrase auch dann eine hohle Phrase bleibt, wenn sie aus dem Munde eines großen Dichters kommt, darf man sich nicht darüber wundern, daß die Gewerken

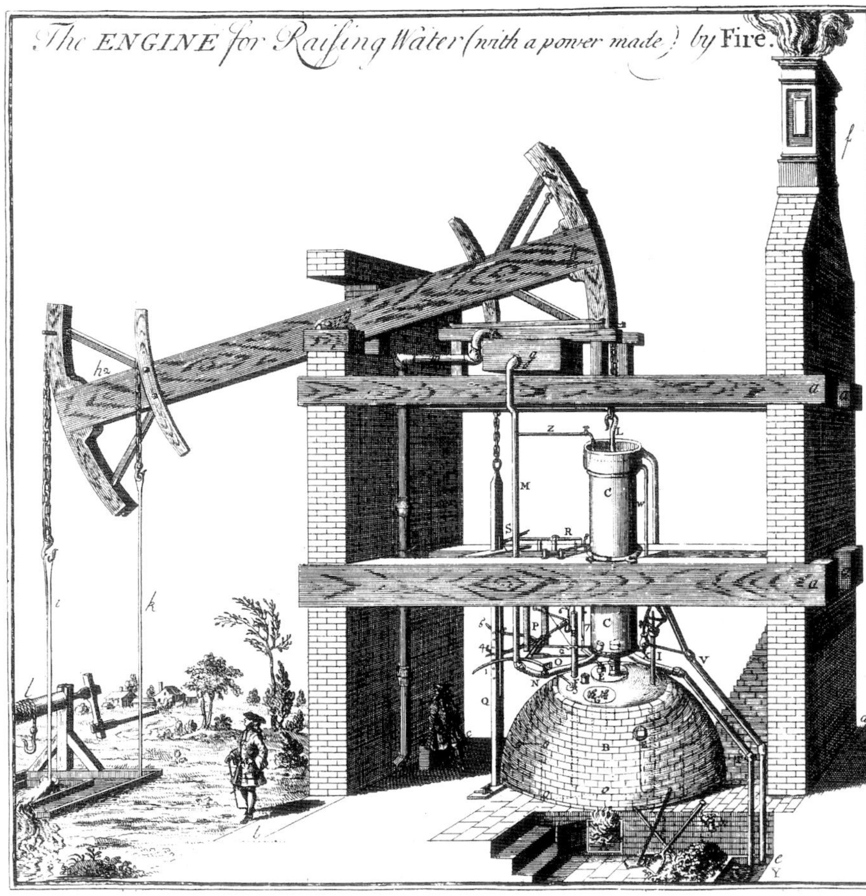

Thomas Newcomen (1663–1729) hatte 1712 eine atmosphärische Dampfmaschine erfunden, um Gruben zu entwässern. Goethe hatte 1790 eine derartige Maschine bei Tarnowitz gesehen. Diese Dampfmaschinen zeigten zwar eine durchaus beachtliche Leistung, waren aber nicht sehr betriebssicher, so daß es vernünftig war, sie unter den ärmlichen Bedingungen Ilmenaus nicht zu verwenden.

❞ … unweit Neukirch ein überraschendes Feuerwerk … die funkenwerfenden Essen … Wir betraten bei tiefer Nacht die im Talgrunde liegenden Schmelzhütten …, die nur durch des glühenden Ofens geringe Öffnung kümmerlich erleuchtet werden. Das Geräusch des Wassers und der von ihm getriebenen Blasebälge, das fürchterliche Sausen und Pfeifen des Windstroms, der, in das geschmolzene Erz wütend, die Ohren betäubt und die Sinne verwirrt, trieb uns endlich hinweg, um in Neukirch einzukehren … ❞

Dichtung und Wahrheit

❞ So wenig nun die Dampfmaschinen zu dämpfen sind, so wenig ist dies auch im Sittlichen möglich; die Lebhaftigkeit des Handels, das Durchrauschen des Papiergelds, das Anschwellen der Schulden, um Schulden zu bezahlen, das alles sind die ungeheuern Elemente, auf die gegenwärtig ein junger Mann gesetzt ist … ❞

Aus dem Nachlaß, Einzelnes

Rechts:
Goethe wurde Zeuge des beginnenden Maschinenzeitalters. Diese Funktionszeichnung einer Dampfmaschine nach Newcomen fertigte er im September 1790 in Tarnowitz, wo zwei »Feuermaschinen« arbeiteten. Allerdings waren für ihn Dampfmaschinen eher etwas Negatives, ähnlich suspekt wie »Papiergeld« oder »Schulden«.

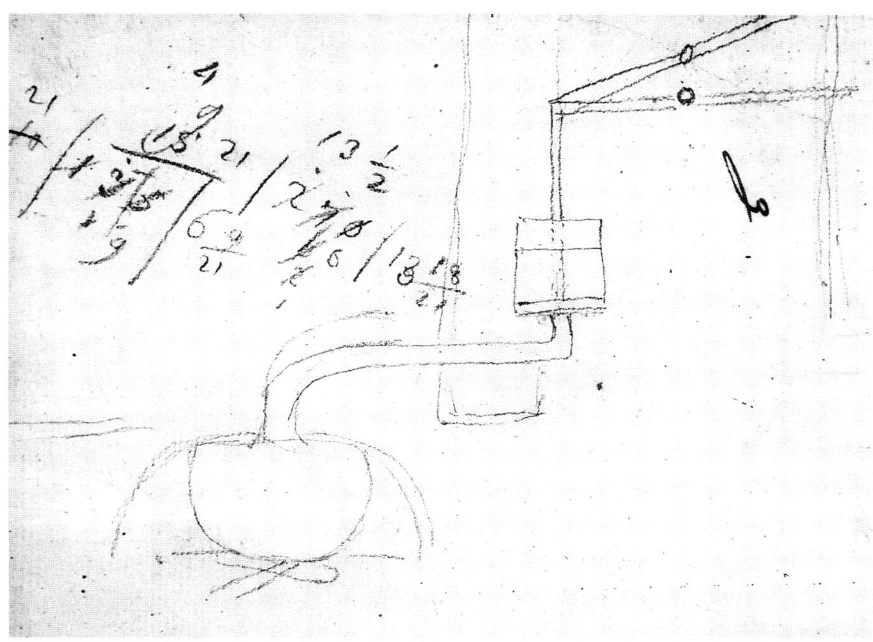

Links:
Goethe fuhr im September 1790 in das Salzbergwerk Wieliczka in Polen mit seinen gewaltigen in das Steinsalz gebrochenen Hallen ein.

❞ … In Tarnowitz habe ich mich über Ilmenau getröstet; sie haben, zwar nicht aus so großer Tiefe, eine weit größere Wassermasse zu heben und hoffen doch. Zwei Feuermaschinen arbeiten und es wird noch eine angelegt, dabei noch ein Pferdegöpel, der aus vier Schächten Wasser hebt … Interessant genug ist der schlesische Bergbau … ❞

Brief an Carl August

keine Lust mehr hatten, den bereits verlorenen 50 000 Talern weitere hinterher zu werfen.
Auf der Strecke »Carl-August-Ort« stieß man zwar noch einmal auf kupferreicheres Erz, doch nun nahte die Katastrophe. Es rächte sich, daß bei der Neuplanung der Grube versucht worden war, möglichst viel vom Schacht- und Stollensystem des alten Bergwerkes zu integrieren, um sich die Wasserhaltung und die Bewetterung zu erleichtern. Aus der Verfüllung des aufgegebenen alten Schachtes »König David« löste sich Gestein und fiel durch einen kleinen Verbindungsschacht durch den Stollen »Nasser Ort« hindurch, in den »Martinrodaer Stollen«, der dadurch verstopft wurde. Jahre später sollte sich zeigen, daß die Gesteinsmenge eher bescheiden war, doch zunächst geschah das Schlimmste. Aus dem Martinrodaer Stollen floß ja nicht nur das Grubenwasser, sondern auch das gesamte Aufschlagwasser für die unterirdischen Pumpen. Innerhalb weniger Minuten versoff die Grube. Nur dank der Geistesgegenwart eines »Kunstknechtes«, des Aufsehers über die Pumpenanlagen, der schnell begriffen hatte, daß dies das Ende war, gelang es gerade noch, zwölf vor Ort arbeitende Bergleute vor dem Ertrinken zu retten. Doch nicht nur die Wasserbeseitigung war unterbrochen, auch die Bewetterung funktionierte nicht mehr. Versuche, den Stollen zu räumen, scheiterten an der verdorbenen Grubenluft, in der die Bergleute an Übelkeit und Erbrechen litten. Für die Bergamtssitzung am 8. November 1796 zeichnete Goethe eine Skizze des Stollenbruches. Zwar gelang es noch einmal unter Zuhilfenahme von »Humboldtschen Wetterlampen« und Bewetterungsmaschinen, das heißt Frischluftpumpen, bis zum Mai 1798 den Stollen freizubekommen, doch die Gewerken waren ihrer Verluste überdrüssig und gaben auf. Bis zum Juli 1812 wurden die Grubenanlagen noch notdürftig instand gehalten, doch nachdem die Verluste auf insgesamt über 76 000 Taler angelaufen waren, entschloß man sich schließlich ganz zur Aufgabe. Die Schächte wurden vermauert, die Gebäude abgebrochen und die Halden eingeebnet. Am 11. April 1813 schrieb Goethe an den Minister und Freund Christian Gottlob von Voigt (1744 bis 1819): »... Es ist freilich ein Unterschied, ob man in unbesonnener Jugend und friedlichen Tagen, seinen Kräften mehr als billig ist vertrauend, mit unzulänglichen Mitteln Großes unternimmt und sich und andre mit eitlen Hoffnungen hinhält, oder ob man in späteren Jahren, in bedrängter Zeit, nach aufgedrungener Einsicht, seinem eignen Wollen und Halbvollbringen zu Grabe läutet ...«[13]

So resignierend diese Zeilen auch klingen mögen, so bleibt doch festzuhalten, daß das Bergwesen Goethe mancherlei Anregungen für seine literarischen Arbeiten schenkte. Es sei hier auf die Figur des »Jarno« und die Bedeutung des Bergbaues in »Wilhelm Meisters Lehrjahre« hingewiesen sowie auf die gewichtige Rolle, die Jarno in den »Wanderjahren« spielt, wo er sich unter dem Namen »Montan« der Erforschung geologischer Schichten und dem Bergbau widmet.

Der österreichische Mineraloge und Metallurge Ignaz Edler von Born (1742–1791), Logenbruder und Freund Mozarts, entwickelte die Trennung edler Metalle vom Gestein durch Amalgamation in drehenden Rohren. Goethe empfahl dieses Verfahren zur Anwendung in Ilmenau. Es wurde jedoch – vermutlich aus Kapitalmangel – nicht eingeführt.

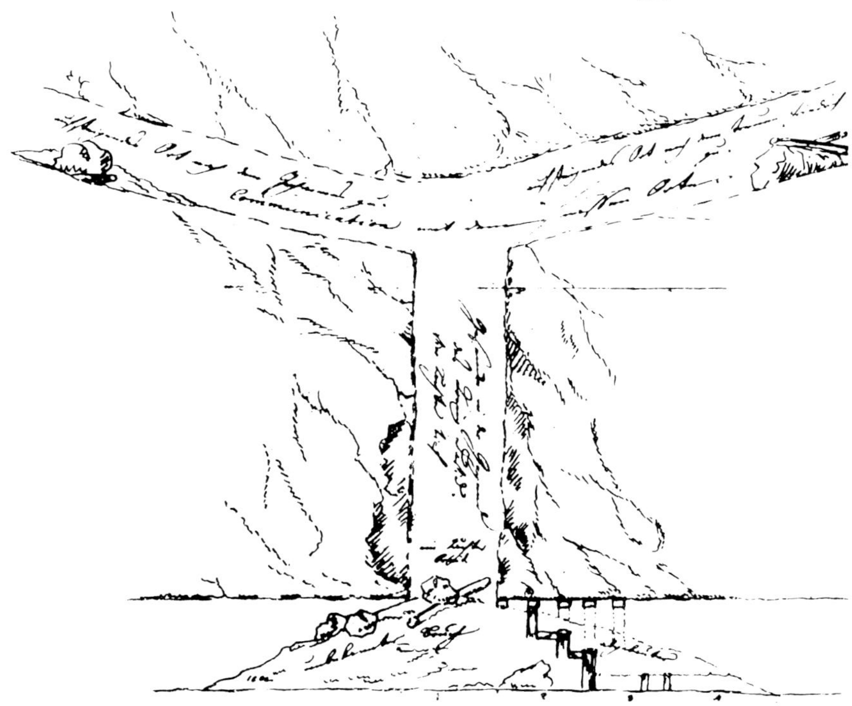

Diese Skizze vom Bruch des Martinrodaer Stollens in der Nacht vom 24. zum 25. Oktober 1796 ist berühmt. Goethe zeichnete sie, während er selbst elf Tage lang die Arbeiten zur »Aufsäuberung des Bruches« leitete, die zunächst scheiterten. Erläuternd beschriftete er: »aufsteigendes Ort nach dem Johannes zu. aufsteigendes Ort nach dem treuen Friedrich zu. Communication mit dem nassen Orte« oben. Und senkrecht: »Gesencke in der Gegend des König David. Vier Lachter tief ein Lachter breit.« Im verfüllten Stollen links: »unbekannter Bruch« (Goethe und seine Bergleute waren also bis hierhin nicht vorgedrungen!), und rechts: »abgebauter« (hier dokumentiert die Zeichnung, wie weit die Aufräumungsarbeiten nach der Katastrophe gediehen waren.)

❜❜ ... Mehrere wollten unsere Erdgestaltung aus einer nach und nach sich senkenden Wasserbedeckung herleiten; sie führten die Trümmer organischer Meeresbewohner auf den höchsten Bergen ... zu ihrem Vorteil an. Andere ... dagegen ließen erst glühen und schmelzen, auch durchaus ein Feuer obwalten, das nachdem es auf der Oberfläche genugsam gewirkt, zuletzt ins Tiefste zurückgezogen, sich noch immer durch die ungestüm ... wütenden Vulkane bestätigte ... So ... waren manche doch nicht damit zufrieden; sie behaupteten: mächtige in dem Schoß der Erde schon völlig fertig gewordene Gebilde seien, mittels unwiderstehlich elastischer Gewalten, durch die Erdrinde hindurch in die Höhe getrieben ... worden ... Eine vierte ... Partie ...: gar manche Zustände dieser Erdoberfläche würden nie zu erklären sein, wofern man nicht größere und kleinere Gebirgsstrecken aus der Atmosphäre herunterfallen und weite breite Landschaften durch sie überdeckt werden lasse ... Zuletzt wollten zwei oder drei ... sogar einen Zeitraum grimmiger Kälte zu Hilfe rufen ... und aus den höchsten Gebirgszügen, auf weit in's Land hingesenkten Gletschern, gleichsam Rutschwege für schiere Ursteinmassen bereiten, und diese auf glatter Bahn, ferner und ferner hinausgeschoben im Geiste sehen ... ❜❜ Wilhelm Meisters Wanderjahre

HERRN STAATSMINISTER VON VOIGT
ZUR FEIER DES 27. SEPTEMBERS 1816

»Von Berges Luft, dem Äther gleich zu achten,
Umweht, auf Gipfelfels hochwaldiger Schlünde,
Im engsten Stollen, wie in tiefsten Schachten
Ein Licht zu suchen, das den Geist entzünde,
War ein gemeinsam köstliches Betrachten,
Ob nicht Natur zuletzt sich doch ergründe?
Und manches Jahr des stillsten Erdenlebens
Ward so zum Zeugen edelsten Bestrebens.«

»... kein Berg zu hoch, kein Schacht zu tief, kein Stollen zu niedrig und keine Höhle labyrinthisch genug ...«

Mineralogie und Geologie

Nicht profane Sammlerneigung, vielmehr die Auseinandersetzung mit der Philosophie Voltaires sollte den Studenten Goethe zur Geologie und Mineralogie führen. Schon in seinen jungen Jahren nur bedingt gläubiger Christ, ging ihm Voltaires (1694–1778) Ablehnung biblischer und christlicher Historie doch entschieden zu weit »... Da ich nun aber gar vernahm, daß er, die Überlieferung einer Sintflut zu entkräften, alle versteinerten Muscheln leugnete und solche nur für Naturspiele gelten ließ, so verlor er gänzlich mein Vertrauen: Denn der Augenschein hatte mir auf dem Bastberge deutlich genug gezeigt, daß ich mich auf altem abgetrocknetem Meeresgrund, unter den Exuvien seiner Ureinwohner befinde ... das Rheintal war ein ungeheurer See, eine unübersehliche Bucht gewesen, das konnte man mir nicht ausreden. Ich gedachte vielmehr in Kenntnis der Länder und Gebirge vorzuschreiten, es möchte sich daraus ergeben, was da wollte.«[1]

Selten wohl dürfte ein jugendlicher Vorsatz mit der nämlichen Konsequenz ausgeführt worden sein, mit welcher der achtzehnjährige Goethe seinen Entschluß, »in Kenntnis der Länder und Gebirge vorzuschreiten«, über sechs Lebensjahrzehnte hinweg verfolgen sollte. Die krause Ironie des Schicksals allerdings ließ ihn schon 1770, zu Beginn des Unterfangens, zu einem folgenschweren Irrtum gelangen, dessen herbe Diskussion den alten Goethe noch über ein halbes Jahrhundert später quälen sollte, als die Kontroverse »Neptunisten gegen Vulkanisten« ihrer Entscheidung entgegenging. Auf seiner ersten Exkursion ins Unterelsaß sah er den brennenden Berg bei Dudweiler an der Saar, in dem ein Kohlenflöz in Brand geraten war und auch heute noch vor sich hin glimmt. Dieser Augenschein ließ Goethe und die Mehrzahl der mit ihm befreundeten Geologen später wähnen, alle unterirdischen Feuererscheinungen würden von brennender Kohle gespeist.

Zunächst erfuhr die weitere Ausführung des so tatkräftig gefaßten Vorsatzes aber eine Unterbrechung. Erst die 1776 von dem jungen Herzog Carl August vorgeschlagene Wiederaufnahme des Bergbaues in Ilmenau ließ Goethes Begeisterung für Mineralogie voll erwachen. Auch neue Bekanntschaften bestärkten ihn in seinen Neigungen. So berichtete er im August 1776: »... wir sind ziemlich eingewildert. Trebra wird bei Ihnen sein, es ist ein ganz herrlicher Mann, der Stadthalter von Erfurt war einige Tage bei uns und ist auch nicht ohne Erdgeruch entlassen worden ...«[2] Und Freund Herder wurde mitgeteilt: »... wir sind in Ilmenau, seit 3 Wochen wohnen wir auf dem Thüringer Wald, und ich führe mein Leben in Klüfften, Höhlen, Wäldern, in Teichen, unter Wasserfällen, bei den Unterirdischen, und weide mich aus in Gottes Welt ...«[3]

Nun begann alles »Unterirdische« zu locken: Anfang Dezember 1777 »... eilte ich der Baumannshöhle zu, ich durchkroch sie, und betrachtete mir das fortwirkende Naturereignis ganz genau, schwarze Marmormassen aufgelöst, zu weißen kristallinischen Säulen und Flächen wieder hergestellt, deuten mir auf das fortwebende Leben der Natur ...«[4]

An die Erdoberfläche holten ihn dann weitere Ämter zurück, die Carl August auf Goethes Schultern häufte. Am 19. Januar 1779 erging ein Erlaß: »Wir haben in Ansehung der Direktion des hiesigen Landstraßenbaues eine neue Einrichtung zu treffen und solche Euch zu übertragen uns ... resolvieret.«[5]

Bedingt durch die mangelhafte Straßenbautechnik seiner Epoche und den steten Mangel an Geldmitteln sollte es Goethe nie gelingen, ein wirklich brauchbares Netz befestigter Straßen durch Sachsen-Weimar aufzubauen. Von Amts wegen war er nun allerdings gezwungen, sich mit der dem Verkehr feindlichen Beschaffenheit der Erdkruste und der Frage auseinanderzusetzen, wo und wie geeignetes Baumaterial preiswert zu beschaffen sei. Wo immer fortan Goethes Weg an einem Steinbruch oder Bergwerk vorüberführte, ließ er anhalten, um scharf beobachtend zum Hammer zu greifen – oder seinen Diener greifen zu lassen –, um ein Leben lang unermüdlich Gesteine zu sammeln.

Es war offenbar die zweite Schweizer Reise, die Goethe 1779 endgültig zum Mineralogen werden ließ. Die Frage nach der Entstehung dieser gewaltigen Felsmassive beschäftigte ihn ganz außerordentlich. In seinem Brieftagebuch hielt er für den Oktober 1779 fest: »... Ich entwickelte noch ein tiefes Gefühl, was das Vergnügen auf einen hohen Grad für aufmerksame Augen vermehrt. Man ahndet im Dunkeln die Entstehung und das Leben dieser seltsamen Gestalten (d. h.

Diese teilweise getuschte Federzeichnung, von Goethe 1820 gefertigt, zeigt das Abbild einer Felsgruppe im Fichtelgebirge am Fuß der Luisenburg bei Wunsiedel beziehungsweise bei Alexanderbad. Die Skizze diente als Beweis dafür, daß die Lagerung eines Gesteines ein Produkt der Verwitterung sein kann.

❞ ... Wir traten in eine Klamme und fanden uns in der Region des brennenden Berges. Ein starker Schwefelgeruch umzog uns; die eine Seite der Hohle (das heißt des Hohlweges) war nahezu glühend, mit rötlichem weißgebranntem Stein bedeckt; ein dicker Dampf stieg aus den Klunsen hervor, und man fühlte die Hitze des Bodens auch durch die starken Sohlen ... Wir kletterten aus dieser Tiefe hervor und waren auf dem Gipfel des Berges. Ein anmutiger Buchenwald umgab den Platz, der auf die Hohle folgte ... Mehrere Bäume standen schon verdorrt, andere welkten in der Nähe von andern, die, noch ganz frisch, jene Glut nicht ahneten ... Auf dem Platze dampften verschiedene Öffnungen ... und so glomm dieses Feuer bereits zehn Jahre durch alte verbrochene Stollen und Schächte, mit welchen der Berg unterminiert ist ... ❞

Dichtung und Wahrheit

der Berge). Es mag geschehen sein, wie und wann es wolle, so haben sich diese Massen nach der Schwere und Ähnlichkeit ihrer Teile groß und einfach zusammengesetzt. Was für Revolutionen sie nachhero bewegt, getrennt, gespalten haben, so sind auch diese nur einzelne Erschütterungen gewesen... die Zeit hat, auch gebunden an die ewigen Gesetze, bald mehr bald weniger auf sie gewirkt...«[6]

Diese Reise führte ihn in Höhlen wie in Naturalienkabinette wissenschaftlicher Sammler, so in Daniel Sprünglis Sammlung von Kristallen, Versteinerungen und ausgestopften Vögeln. Auch Pfarrer Wyttenbach, der Verfasser der 1776 erschienenen »Merkwürdigen Prospekte aus den Schwyzer Gebürgen...« wurde besucht: »...Bei Wyttenbachen war ich diesen Morgen drei Stunden, er ist sehr instruktiv. Er hat von allen Bergen und Enden der Schweiz die Steinarten zusammengelesen...«[7]

Der berühmte Naturforscher Horace-Bénédict de Saussure (1740–1799), der spätere Zweitbesteiger des Mont Blanc, war wegen der günstigsten Reiseroute befragt worden. Es war immerhin bereits November, als sich Goethe und der junge Herzog mit den Reisegefährten auf Maultieren in die Gletscherwelt Savoyens wagten. Es kam hier zu romantischen Zwischenfällen: »...Einige Contrebandiers kamen mit Mauleseln den Berg herauf und erschraken vor uns... Sie taten einen Schuß, als ob sie sagen wollten: ›Damit ihr seht, daß sie geladen sind‹...«[8]

Goethes geologische Begeisterung und seine Theorien begannen seine Reisegefährten zu beeinflussen. Carl August hinterließ in seinem Reisetagebuch eine Betrachtung Goethes über die Entstehung der breiten Täler durch die auswaschende Wirkung des Regens auf die Berge. Auf dem Rückweg war das Gepäck durch die gesammelten Mineralien und Gesteine recht schwer geworden. »...auf der Reise in die Schweiz... hat er schöne Sachen gesammelt...«[9], schrieb im Juli 1780 der auf Goethes ausdrücklichen Wunsch zum Mineralogen ausgebildete Johann Carl Wilhelm Voigt (1752–1821) an Professor Abraham Gottlob Werner (1750–1817). Mit der Rückkehr nach Weimar begann Goethe, mit Sammlern zu tauschen und gezielt anzukaufen, wie das im April 1780 auch einem Brief an Johann Heinrich Merck (1741–1791) zu entnehmen ist: »...Schick doch ja was von Mineralien und sieh zu, ob du um einen geringen Preis die merkwürdigsten Erscheinungen der Frankfurter Lava... erhaschen kannst...«[10] Goethe sollte schließlich eine riesige, 18000 Nummern umfassende, überaus wohlgeordnete Mineraliensammlung hinterlassen.

Bergkristalldruse aus Schemnitz in der Sammlung Goethes

Goethe hat offenbar selbst öfter im Experiment, so wie hier gezeigt, die elektrostatische Aufladung des Turmalins erprobt. Turmalinkristalle erwerben durch Erhitzung und Reibung die Eigenschaft, Aschepartikel anzuziehen und festzuhalten.

Im Laufe seines Lebens sammelte Goethe die phantastische Menge von etwa 18000 Mineralien und Gesteinen. Zum größten Teil waren sie wohl Ergebnisse eigener Exkursionen, selbst oder von seinem Diener gesammelt; doch erwarb er einiges auch durch Kauf oder durch Tausch. Er erhielt auch viele Geschenke, so unter anderem von dem jungen Komponisten Felix Mendelssohn-Bartholdy (1809 bis 1847), wie man aus einem Dankgedicht erfährt. Freunden stellte er gelegentlich kleine Sammlungen zusammen, so etwa Friedrich Schiller, anderen, wie Fräulein von Göchhausen half er beim Sammeln. So benötigte er eine Vielzahl von Sammlungsschränken, deren Unterbringung trotz der Weiträumigkeit seines Besitzes nicht ganz leicht fiel. Den Hauptteil seiner Sammlung brachte er in seinem Gartenhaus am Frauenplan unter.

Zur Zeit Goethes waren Geologie und Mineralogie, insbesondere in höheren Kreisen, sozusagen in Mode – wie auch dieses Ölgemälde des Münchener Malers und Galeriedirektors Johann Georg von Dillis (1759–1841) veranschaulicht, das nach einer Deutung von Heinrich Sieveking das preußische Königspaar Luise und Friedrich Wilhelm III. 1801 bei dem Besuch der »hängenden Felsen auf dem Hesselberg« bei Ansbach zeigt. Wahrscheinlich ist auch Karl August Graf von Hardenberg (1750–1822) dargestellt, der oberste fränkische Beamte in den Jahren, als Franken zu Preußen gehörte (1791 bis 1806). Dieses Gemälde vereinigt somit die »Vorgesetzten« A. von Humboldts. Mit freundlicher Genehmigung von Dr. Wolfgang Ratjen, München.

Vergleichsweise häufig haben sich Exemplare von Joseph Müllers Sammlung Karlsbader Sprudelsteine beziehungsweise Mineralienproben aus der Umgebung von Karlsbad erhalten, die der Steinschneider Joseph Müller (1727–1817) unter Anleitung Goethes zusammenstellte. Als geschlossene kleine Sammlung kamen sie in blaugrauen Pappkästchen mit einem 1807 von Goethe verfaßten Begleittext in den Handel.

1780 gilt als das Jahr des eigentlichen, sozusagen professionellen Beginns von Goethes naturwissenschaftlichen Studien. Erstmals gelang es ihm, amtliche Aufgaben und private Neigungen mit der Arbeit von ihm gelenkter Forscher zu vereinen. In seinem großen »mineralogischen« Brief vom 11./13. Oktober 1780 berichtete er seinem Freund Merck: »... Nun muß ich Dir noch von meinen Mineralogischen Untersuchungen einige Nachricht geben. Ich habe mich diesen Wissenschaften, da mich mein Amt dazu berechtigt, mit einer völligen Leidenschaft ergeben ... Ein junger Mensch, der auf der Freiberger Akademie studiert und von daher eine außerordentlich reine Nomenklatur hat, ist mir von größtem Nutzen ... Und so lasse ich diesen Menschen seit ungefähr einem halben Jahr ... das Land durchreisen und schränke mich nicht philisterhaft ... darauf ein, ob dieser oder jener Berg dem Herzog von Weimar gehört oder nicht. Wie ein Hirsch, der ohne Rücksicht des Territoriums äst, denk ich, muß der Mineraloge auch sein. Und so habe ich vom Gipfel des Inselberges, des höchsten vom Thüringerwald, bis in's Würzburgische, Fuldische, Hessische und Chursächsische, bis über die Saale hinüber und wieder so weiter bis Saalfeld und Coburg herum meine schnellen Ausflüge und Ausschickungen getrieben. Habe die meisten Stein- und Gebirgsarten von allen diesen Gegenden beisammen und finde in meiner Art zu sehen, das bißchen Metallische, das den mühseligen Menschen in die Tiefe hineinlockt, immer das geringste ... Ich habe jetzt die allgemeinsten Ideen ..., wie alles aufeinander steht und liegt ...«[11]

Goethe war es also nicht darum zu tun, nur möglichst schöne und edle Mineralstufen zu sammeln, vielmehr versuchte er das Typische aufzufinden und sich über Aufbau und Zusammensetzung der Erdrinde gewissermaßen statistisch Rechenschaft zu geben. Als erste Frucht dieser Bemühungen konnte Voigt 1781 seine »Mineralogische Reise durch das Herzogtum Weimar« in den Druck geben.

Von der Ansicht, typische Mineralien seien wichtiger als nur schöne, sollte Goethe auch später nicht abgehen. Im Dezember 1784 ließ er Merck wissen: »Vom Harze werde ich bald die wichtigste Suite zusammen haben, die existieren kann. Von Gebirgsarten versteht sich; denn nach reichen und kostbaren Stufen lasse ich mich nicht gelüsten, es ist mir auch zu dem, was ich vorhabe, wenig an Kostbarkeiten gelegen ...«[12] Die Mühsal langer Exkursionen vermochte ihn nicht zu schrecken: »... Oh, daß doch mein Beruf wäre, immer in Bewegung und freier Luft zu sein ...«[13] Für Goethe war die Mineralogie nicht bloßer

Links:
Ursprünglich hatte man eine bestimmte Varietät von Rubinglimmer »zu Lieb und Ehren« nach Goethe benannt. »... denen Herrn Cramer und Achenbach bin ich dafür noch viel Dank schuldig ...«, schrieb Goethe 1819 und fügte hinzu: »... Mir war es genug, daß bei einem so schönen Naturprodukt man auch nur einen Augenblick an mich gedacht hat ...« Heute werden kristalline Varietäten des Brauneisenerzes als Goethit bezeichnet.

Versteinertes Holz aus Goethes Sammlung.

Rechts:
»Wernigeroder-Feuerstein« schrieb 1784 Georg Melchior Kraus unter diese im Auftrag Goethes gefertigte Zeichnung einer Feuersteinklippe.

Selbstzweck, vielmehr Teil eines großen Ganzen. Im April 1782 schrieb er deswegen an seinen Freund, den Erzieher des Prinzen Konstantin von Sachsen-Weimar, Lyriker und Übersetzer Carl Ludwig von Knebel (1744–1834): »... Dieses Fundament läßt mich nun gar sicher auftreten, ich gehe weiter und sehe nun, zu was die Natur ferner diesen Boden benutzt und was der Mensch sich zu eigen macht...«[14]
Es gelang Goethe schließlich auch, Knebel trotz anfänglichen Sträubens für die Mineralogie immerhin so zu begeistern, daß dieser Ende 1785 eine wissenschaftliche Reisebeschreibung übersandte. In seinem Dankschreiben untermauerte Goethe noch einmal die Bedeutung von Mineralogie und Geologie für das Verständnis der Menschheit: »... Deine Mineralogischen Bemerkungen durch Tirol waren mir wert, du bist auf dem rechten Weg und siehst auch, wie notwendig jene ersten großen Begriffe sind... Der Mensch ist seinem Wohnorte so nah verwandt, daß die Betrachtung über diesen auch uns über den Bewohner aufklären muß...«[15]
Um Menschen in ihrer bodenständigen Eigenart zu begreifen, sollte man also tatsächlich den Boden erforschen, auf dem sie leben. Diesen Gedanken führte Goethe auch in dem Gedicht »Wer das Dichten will verstehen...«[16] in den »Noten und Abhandlungen zu besserem Verständnis des West-Östlichen Divan« aus.
Doch auch hiermit noch nicht genug der Motive, sich mit Mineralogie zu beschäftigen: Im September 1786 war Goethe zu seiner großen Italienreise aufgebrochen. Ende des gleichen Jahres schrieb er aus Rom an Charlotte von Stein: »... Daß ich in der letzten Zeit die Natur so eifrig und gründlich studierte, hilft mir auch jetzt in der Kunst...«[17] Er gewann der antiken Kunst eine sozusagen mineralogische Seite ab: »... Hier in Rom ist alles voller Gemälde und Statuen und die schönsten Granite, Porphyre, Marmore kann man hier an allen Orten und Enden sehen...«[18]
Auf einer dieser Betrachtungs-Exkursionen kam es im Januar 1787 zu einem besonderen Zwischenfall: »... Neulich sind wir in der Peterskirche fast... über den Papst gefallen. Wir gingen... in der Kirche herum und besahen die schönen Steinarten, womit alles ausgeziert ist. Tischbein zeigte mir eben einen vorzüglich schön gezeichneten Alabaster – eigentlich Kalkspat – an einem Grabmale, als ich ihm auf einmal in die Ohren sagte: da ist der Papst. Ihro Heiligkeit knieten wirklich im langen weißen Gewande mit der roten Schnur an einem Pfeiler und beteten...«[19]
Goethe wandte sich nun dem Studium antiker Marmorarten zu. Im Februar 1787 schrieb er an das Ehepaar Herder: »... Da ein Geistlicher... über die Marmor- und Steinarten ein Werk auszuarbeiten dachte, ließ man ihm von der Insel Paros Stücke Marmor kommen, um gewiß zu werden, was Parischer Marmor sei. Ich habe davon auch Vorteil gezogen und mir die Muster, welche übrig geblieben waren, angeschafft. Ich habe nun zwölf Stücke verschiedenen weißen Marmors, der zur Bildhauerei und Architektur gebraucht wurde...«[20]
Mit der verwendeten Gesteinsart erhalten Skulpturen und Bauwerke ihre typische Wirkung, so daß »... die Materie, ... den klugen Künstler bestimmt, das Werk so und nicht anders zu bilden. So geben die verschiedenen Steinarten gar artige Aufschlüsse über Baukunst, jede Veränderung des Materials und des Mechanismus gibt dem Kunstwerke eine andere Bestimmung und Beschränkung. Die Alten waren, nach allem, was ich bemerken konnte, auch hierin unaussprechlich klug...«[21]
Schon 1784 in seinem später berühmt gewordenen Fragment »Über den Granit« klangen ähnliche Gedanken an: »... daß das Höchste und das Tiefste Granit sei, daß diese Steinart,... die Grundfeste unserer Erde sei, worauf sich alle übrigen mannigfaltigen Gebirge hinauf gebildet. In den innersten Eingeweiden der Erde ruht sie unerschüttert, ihre hohen Rücken steigen empor, deren Gipfel nie das alles umgebende Wasser erreichte...«[22] Aber Granit ist eben nicht nur nach Goethe das erdgeschichtlich älteste Gestein, sondern: »... Die ungeheuren Massen dieses Steines flößten Gedanken zu ungeheuren Werken den Ägyptiern ein. Ihre Könige errichteten der Sonne zu Ehren Spitzsäulen aus ihm... Noch sind die Sphinxe, die Memnonsbilder, die ungeheuren Säulen die Bewunderung der Reisenden...«[23]
Von allen Lichterscheinungen angezogen, galt Goethes besonderes Interesse den Bologneser Leuchtsteinen vom Monte Paderno: »... Von dem Bologneser Gipsspat, welcher nach der Kalzination leuchtet, hab ich schöne Stücke aus dem Berge selbst genommen...«[24] Nach seiner Heimkehr experimentierte er mit diesem Mineral.
Der Wunsch, alle verarbeiteten Gesteinsarten Siziliens kennenzulernen, führte Goethe in die Werkstätten der Steinschleifer in Palermo. Aber auch in jeder Furt, die er durchwaten oder durchreiten mußte, untersuchte er die Gerölle.
1788 spitzte sich der schon lange schwelende Streit über die Entstehung der Basalte vollends zu. Goethes Mitarbeiter Voigt veröffentlichte seine nachmalig erwiesene These, Basalte seien vulkanischen Ursprungs und hätten sich in aus der

»Dem Scheidenden ist jede Gabe wert,
Ein dürres Blatt, ein Moos, ein Steinchen aus der Quelle,
Daß er des Freundes gedenke, jener Stelle,
Wohin er ewig hin und her begehrt ...«

An Graf Paar

Im Gegensatz zu Goethes Annahme ist Basalt tatsächlich vulkanischen Ursprungs.

»Dem Herren in der Wüste bracht'
Der Satan einen Stein,
Und sagte: Herr, durch deine Macht
Laß es ein Brötchen sein!

Von vielen Steinen sendet dir
Der Freund ein Musterstück,
Ideen gibst du bald dafür
Ihm tausendfach zurück.«

An Schiller mit einer mineralogischen Sammlung

» ... Bologna, den 20. (Oktober 1786) abends.
... Kaum nahe ich mich den Bergen, so werde ich schon wieder vom Gestein angezogen. Ich komme mir vor wie Antäus, der sich immer neu gestärkt fühlt, je kräftiger man ihn mit seiner Mutter Erde in Berührung bringt.
Ich ritt nach Paderno, wo der sogenannte Bologneser Schwerspat gefunden wird, woraus man die kleinen Kuchen bereitet, welche kalziniert im Dunkeln leuchten, wenn sie vorher dem Lichte ausgesetzt gewesen, und die man hier kurz und gut Fosfori nennt.
... Nun stieg ich in den Schluchten des bröcklig aufgelösten Gebirgs hinauf ... und fand zu meiner Freude den gesuchten Schwerspat häufig, meist in unvollkommener Eiform, an mehreren Stellen des eben zerfallenden Gebirgs hervorschauen, teils ziemlich rein, teils noch von dem Ton, in welchem er stak, genau umgeben ... Das schwerste Stück, welches ich gefunden, wiegt siebzehn Lot ... Und ich wäre nun also schon wieder mit Steinen belastet! Ein Achtelszentner dieses Schwerspats habe ich aufgepackt. «

Italienische Reise

Tiefe aufgestiegenen Schmelzen auskristallisiert. Abraham Gottlob Werner (1750–1817) dagegen, Voigts Lehrer, war der vehement vertretenen Ansicht, die Basalte hätten sich aus der wäßrigen Lösung eines Urmeeres durch Kristallisation herausgebildet. Voigt hoffte in dieser recht scharf ausgetragenen Kontroverse auf die Zustimmung und den Beistand Goethes, mit dem er schließlich über die vulkanische Bildung der Basalte der Rhön vor dem Konflikt noch einer Meinung gewesen war. Doch dieser bekannte sich unter dem Eindruck der Persönlichkeit Werners als »Neptunist« reinsten Wassers. Im September 1789 kam es zu einer persönlichen Begegnung mit Werner, und Goethe formulierte danach seine »Vergleichsvorschläge, die Vulkanier und Neptunier über die Entstehung des Basalts zu vereinigen«.[25] Er legte dar, daß sich die Basalte in früheren Erdepochen aus einem noch heißen Urozean abgeschieden hätten, die Lava eines Vulkanes jedoch aus der noch heißen unterirdischen Basaltmaterie emporquelle. Diese recht lau vorgetragene, nicht veröffentlichte These setzte sich dementsprechend nicht durch, und Goethe wurde in der Folge zum reinen Neptunisten. Doch so schön klar, wie sich die Wernersche Theorie auch präsentierte, auf die Dauer ließ sie sich nicht halten. Unter dem Eindruck der Forschungen Alexander von Humboldts bekannte Goethe im März 1823 gegen Ende seines Lebens: »Die Verlegenheit kann vielleicht nicht größer gedacht werden als die, in der sich gegenwärtig ein fünfzigjähriger Schüler und treuer Anhänger der so wohl gegründet scheinenden, als über die ganze Welt verbreiteten Wernerschen Lehre finden muß, wenn er, aus seinen ruhigen Überzeugungen aufgeschreckt, von allen Seiten das Gegenteil derselben zu vernehmen hat...«[26]

Dieses aufschreckende Gegenteil ruhiger Überzeugungen resultierte aus der Beobachtung des weiteren Aufsteigens der skandinavischen Halbinsel über das Meeresniveau sowie des Durchbruches des Tiroler Porphyrs durch den Kalk der Alpen bei gleichzeitiger Hochführung des Dolomits. Goethes Gegenargument, kein Aug und kein Ohr hätten je dergleichen wahrgenommen, wirkte reichlich rückständig, und offensichtlich war ihm selbst klar, daß seine Ansichten einer bereits vergangenen Epoche angehörten. Dennoch – und dies bleibt wahrhaft bewunderungswürdig – ließ sich »der alte Herr« den Spaß an seinen ununterbrochenen mineralogisch-geologischen Beobachtungen nicht rauben. Eine Ahnung, daß diese Forschungen wesentlicher Teil eines lustvoll zelebrierten, höchst persönlichen Lebensgefühls und freudvoll bewußt gelebten Stils waren, vermittelt der Bericht des Polizeirates Joseph Sebastian Grüner (1780–1864) aus Eger über eine der letzten Exkursionen Goethes im August 1823: »... Nach eingenommenem Gabelfrühstück und mitgenommenem Proviant fuhren wir früh 9 Uhr nach Boden, um den Rehberg zu untersuchen, Goethe blieb auf der Höhe sitzen und schlürfte aus einer vergoldeten Pilgrimschale von Silber den hineingegossenen Rheinwein. Ich ging um den Rehberg herum...«[27] Auf allen Seiten des Berges fand Grüner nur Tonschiefer und berichtete Goethe, der Berg bestünde nur aus diesem Gestein. Doch da wurde er belehrt: »...›Es kann nicht der Schluß gezogen werden, daß, weil am Fuße des Berges... jenes Gestein vorkommt, die ganze Unterlage des Berges daraus besteht; denn es mag etwas dazwischen liegen. Ebenfalls ist nicht richtig, daß, weil mich das Mädchen den ersten und dritten Tag geküßt hat, sie den zweiten Tag nicht einen andern geküßt haben kann‹...«[28]

Tatsächlich fand Grüner bei genauerem Nachforschen denn auch Olivin in Basaltschlacken: »...›Woher, Freund, haben Sie diese schönen Schlacken?‹ fragte Goethe, erhob sich in diesem Moment rasch wie ein Jüngling und sagte: ›Das müssen wir an Ort und Stelle untersuchen‹...«[29] So führte die Kutsche den alten Goethe und seinen stets mit Schaufel und Hacke und schon legendärem Bastkorb ausgerüsteten Diener noch zu manchem freudig aufgenommenen Fund.

Zu den auf seinen Schweiz-Reisen gewonnenen wissenschaftlichen Bekanntschaften gehörte auch der berühmte Geologe D. Gratet de Dolomieu (1750–1801), nach dem später das Mineral »Dolomit« und der Gebirgszug der »Dolomiten« benannt wurden. Goethe bescheinigte auf seiner zweiten Reise in die Schweiz Dolomieu »... viele und gute mineralogische Kenntnisse...«

❞ Hauy gehört zu den wiederkäuenden Tieren, wie die Newtonianer sind, bei denen der Schlund sich in lauter aufeinanderfolgende Magen zusammenfaltet. Das Newtonische Heu schlucken sie hinunter; aber sie können's im Magen weder verdauen noch sonst loswerden. Sie ruminieren es also durch alle Magen herauf und können's immer nicht digerieren, dahingegen andere, edlere Tiere das ihrem Magen Widerspenstige gleich von sich geben.
Den Hauy müsste man in ein Ragout zerpflücken – diszerpieren – und ihn recht zierlich auf einem silbernen Teller über einer Lampe à la* zurechtemachen. ❞

* Anm.: Gemeint ist offenbar eine Art Fleisch-Fondue, vielleicht eine Reminiszenz Goethes an seine Schweizer Reisen.

Schriften zur Naturwissenschaft

NATÜRLICHES SYSTEM DER ERZE NACH OKEN.

»Flinze, wenig Erz enthalten's
Halde! Nu! die sind gesalzen's,
Malme, sind gut durchgesotten,
Gelfe, hätten's bald getroffen.
So, mit mancherlei Gescherze,
Hätten wir die alten Erze.«

Weder den französischen Mineralogen René Just Hauy (oben) noch den Naturforscher und Philosophen Lorenz Oken (1779–1851, unten) konnte Goethe besonders leiden. Hauy war ihm als Anhänger Newtons verhaßt, seinem Gebrauch eines Goniometers zum Messen von Kristallwinkeln, wie auf diesem Portrait dargestellt, konnte er keinen Geschmack abgewinnen. Oken hatte Goethe durch die Entwicklung einer neuen geologischen Nomenklatur gegen sich aufgebracht sowie durch die Tatsache, daß er ein besonders unzuverlässiger Benutzer der Bibliotheken in Weimar und Jena war. Auch behagte ihm dessen romantische Naturphilosophie nicht. Oken gründete 1822 die noch heute bestehende »Gesellschaft Deutscher Naturforscher und Ärzte«.

❞ ... Die Mineralogie ist daher eine Wissenschaft für den Verstand, für das praktische Leben, denn ihre Gegenstände sind etwas Totes, das nicht mehr entsteht, und an eine Synthese ist dabei nicht zu denken ... ❞

Eckermann, 1829

❞ So auch hat die Mineralogie nur in einer doppelten Hinsicht Interesse für mich gehabt: Zunächst nämlich ihres großen praktischen Nutzens wegen, und dann, um darin ein Dokument über die Bildung der Urwelt zu finden ... ❞

Eckermann, 1827

Philipp Matthäus Hahn und die Wunder der Mechanik

Herzog Carl August und Goethe unternahmen im Herbst 1779 eine Reise in die Schweiz, die zu einem Zusammentreffen mit Lavater führte, über das Goethe an Charlotte von Stein Ende November berichtete: »... Die Bekanntschaft von Lavatern ist für den Herzog und mich, was ich gehofft habe, Siegel und oberste Spitze der ganzen Reise und eine Weide an Himmelsbrot, wovon man lange gute Folgen spüren wird ...« [1]

Eine dieser »guten Folgen« war eine Empfehlung Lavaters an die beiden Reisenden, sich bei der Rückkehr in die Heimat des Rentkammerexpeditionsrates Johann Georg Hartmann als einer Art Führer durch das Stuttgarter Geistesleben zu bedienen, sobald sie durch diese Residenzstadt kämen. Hartmanns gastfreies Haus war so etwas wie der Mittelpunkt der damaligen intellektuellen und literarischen Kreise Stuttgarts. In den Lebenserinnerungen Hartmanns heißt es über den Besuch des Herzogs und Goethes: »... Ich war täglich um sie, ihr Gast und Begleiter in die Akademie, ins Schauspielhaus, auf die in der Gegend der Solitude ihnen angewiesene Jagd, nach Ludwigsburg, nach Hohenasperg zu Schubart, nach Kornwestheim zu Pfarrer Hahn ...« [2]

Am 13. Dezember hatte Hartmanns Vetter, Israel Hartmann, Goethe kennengelernt und die Begegnung in seinem Tagebuch festgehalten: »... Wir redeten von Hahn und seinen Werken, Goethe war sehr begierig, Hahn zu sehen und zu sprechen ...« [3] Am Nachmittag des 15. Dezember unternahm man eine Besichtigung des Ludwigsburger Militärwaisenhauses, wo sie von Israel Hartmann geführt wurden. Offenbar fuhr die Reisegesellschaft unmittelbar von Ludwigsburg nach Kornwestheim, denn der Hauslehrer der Kinder Hahns, Thomas Wizenmann, schrieb in einem Brief vom 17.12.1779: »... Vorgestern Abends neun Uhr kam der Herzog von Sachsen-Weimar mit Goethe bei uns an und bewunderte die astronomische und die Rechenmaschine ...« [4]

Goethe selbst scheint diesen Besuch bei Hahn in seinen Schriften nicht dokumentiert zu haben. Doch läßt sich zeigen, daß es schon vor dieser ersten Begegnung indirekte Kontakte gegeben hatte. In der Kornwestheimer Werkstatt Hahns wurden Sonnenuhren, verschiedene Arten von Waagen, Rechenmaschinen, Taschenuhren und ein breites Programm von astronomischen Uhren hergestellt, zum Beispiel Bodenstanduhren mit astronomischen Anzeigen bis hin zu sogenannten »Weltmaschinen«, bei denen es sich um mit Uhren gekoppelte Planetarien und Tellurien handelte. Hahns astronomische Uhren dürfte Goethe aber schon vor seinem Aufenthalt in Stuttgart wenigstens indirekt gut gekannt haben. 1774 bestellte der Zürcher Arzt Diethelm Lavater, der jüngere Bruder des berühmten Johann Kaspar, bei Hahn eine astronomische Bodenstanduhr. Die Bestellung war von Johann Kaspar abgewickelt worden. Im August 1774 waren Hahn und der ältere Lavater erstmals zusammengetroffen, wobei Lavater Hahns große Weltmaschine, die sich im Besitze Carl Eugens, des Herzogs von Württemberg, befand, in der Bibliothek des Schlosses Ludwigsburg besichtigte. Anschließend besuchte Lavater Hahn in dessen Pfarrhaus in Kornwestheim: »... Wir stiegen bei dem großen Mechaniker Pfarrer Hahn ab, besahen die astronomische Wunderuhr, an der er arbeitete.

In seinen »Physiognomischen Fragmenten« gab J. K. Lavater folgende Beschreibung von Philipp Matthäus Hahn (1739–1790): »... Ein ganz außerordentlich mechanisches, mathematisches und astronomisches Genie, das immer erfindet, immer schafft – mit ausharrender, allüberwindender Geduld, zum letzten Ziele alles ausführt. Er schafft Welten, und freut sich einfältig seiner stillen Schöpferkraft ...«

Da kann man lernen, admirari oder nil admirari ... Er zeigte uns noch verschiedene astronomische und mechanische Instrumente, eine hydrostatische Waage, eine Sonnenuhr etc. Ich kaufte davon um acht Gulden das Stück ...« [5]

Besonders beeindruckt war Lavater von der Hahnschen Rechenmaschine: »... Ist Leibnizens zehnjährlichen Bemühungen unmögliche Ma-

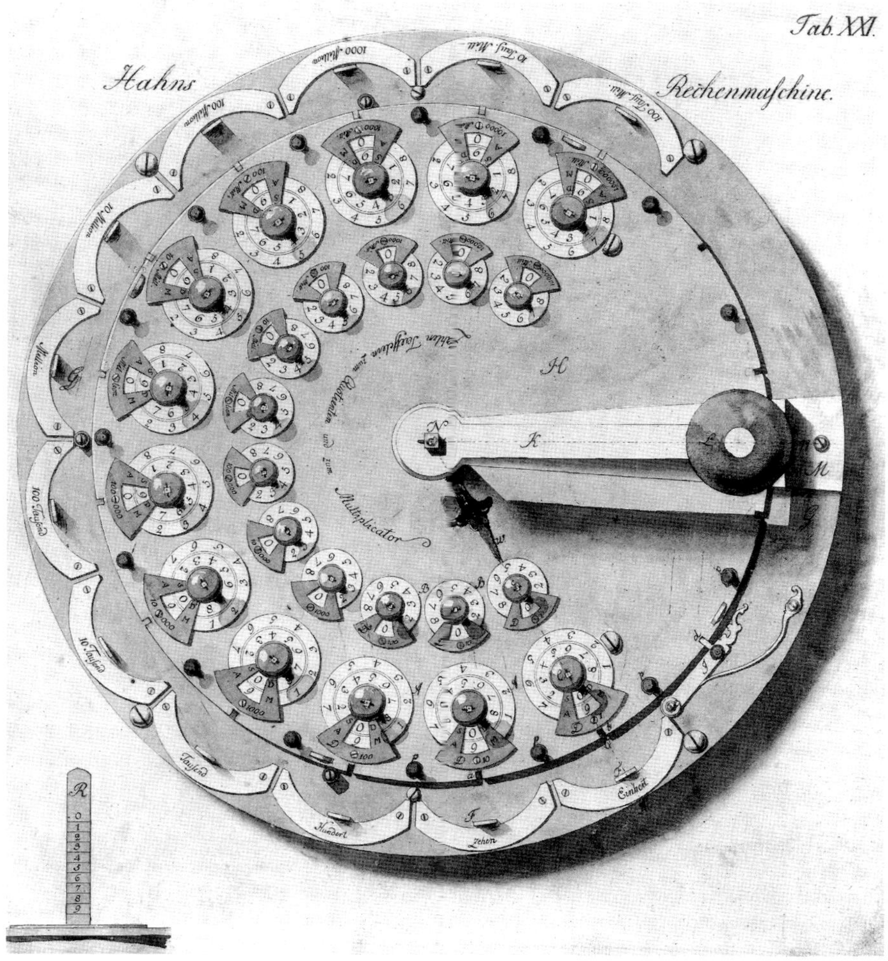

Die Rechenmaschine Hahns war – um einen Ausspruch H. M. Enzensbergers aufzugreifen – ein »Gedicht aus Messing«, wie man auf diesen Beispielen von 1770 sehen kann. Aufbauend auf Konstruktionen von Gottfried Wilhelm Freiherr von Leibniz (1646 bis 1716) war es Hahn gelungen, ein tatsächlich funktionierendes Instrument zu bauen. Goethe sollte 1805 bei seinem Besuch bei Professor Beireis in Helmstedt abermals einer Hahnschen Rechenmaschine begegnen.

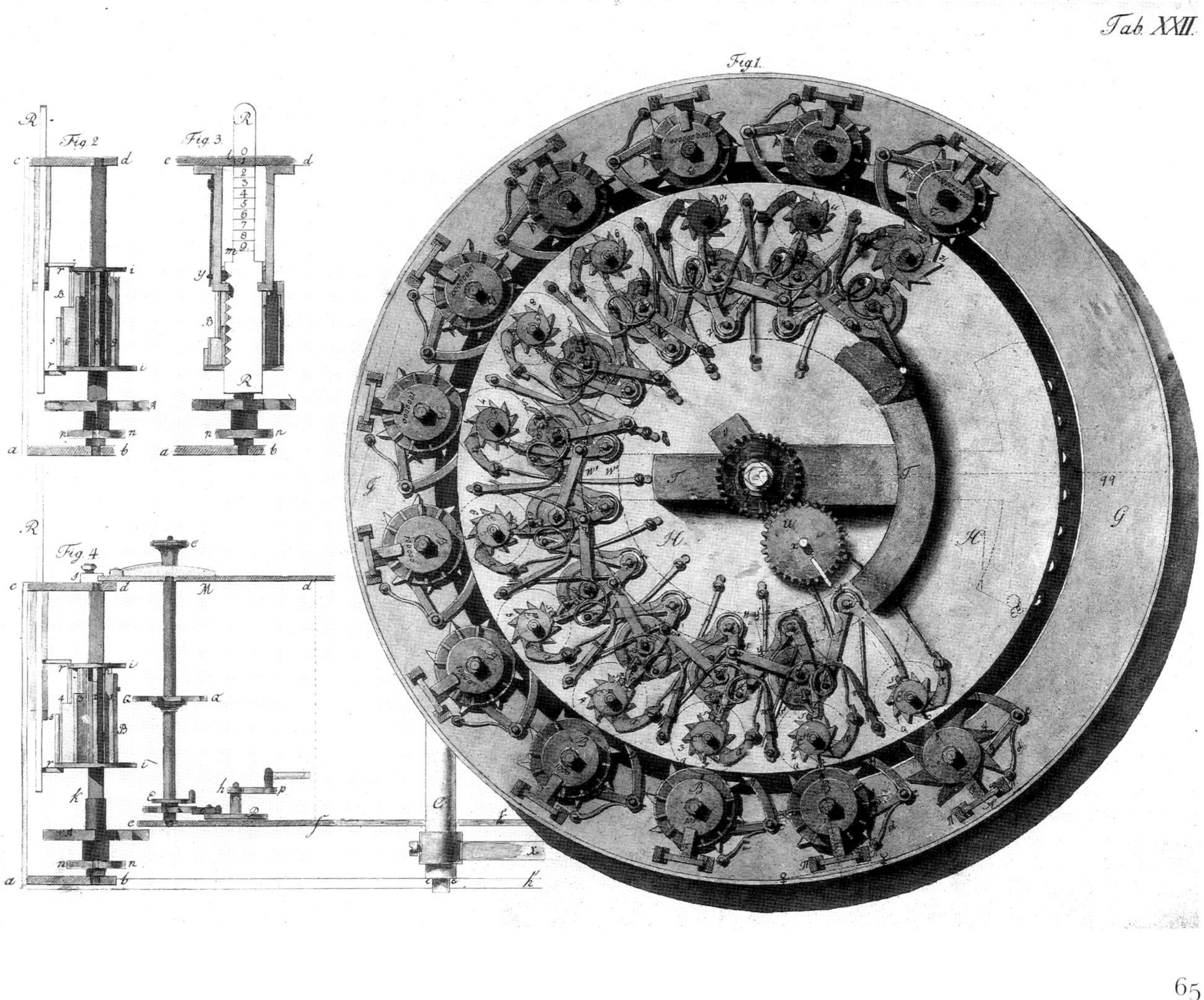

schine ins Werk gesetzt und zehnmal vollständiger. Er will für die erste 20000 Gulden haben...«[6]

Zur Zeit des Besuches Goethes in der Schweiz befand sich die hier erwähnte Uhr jedoch schon nicht mehr im Besitz des jüngeren Lavater. Sie wurde bereits 1775 auf einer Wohltätigkeitsveranstaltung der Naturforschenden Gesellschaft versteigert und gelangte später in die Zürcher Sternwarte.

Bei genauerer Betrachtung des Lebensweges von Philipp Matthäus Hahn (1739–1790) wird man bald bemerken, daß dessen Beziehungen zu Goethe in Wahrheit sehr eng gewesen sein dürften. Schon in seinen Onstmettinger Jugendjahren baute Hahn, Sohn eines armen württembergischen Pfarrers, Sonnenuhren und trieb astronomische Studien. Bereits im Alter von knapp 14 Jahren studierte er den »Auszug aus den Anfangsgründen aller mathematischen Wissenschaften« des Mathematikers und Philosophen Christian Wolff (1679–1754), eines Schülers von Gottfried Wilhelm Leibniz (1646–1716). Hahns Studien- und Vikariatszeit währte von 1756 bis 1764. Auch im Rahmen seiner theologischen Studien beschäftigte er sich mit Mathematik, Physik, Astronomie und Metaphysik, wobei er das letzte Fach sogar bei einem Leibniz-Schüler, Professor Gottfried Philipp Ploucquet (1716 bis 1790), hörte.

Für die geistige Beziehung zwischen Goethe und Hahn ganz besonders interessant ist dessen Aufenthalt als Vikar in der Pfarrei Herrenberg. Er vertrat dort 1762 ein halbes Jahr lang den erkrankten Prälaten Oetinger, der im Zusammenhang mit Goethes Beziehungen zur Alchemie schon ausführlich Erwähnung fand. Oetinger führte Hahn in die naturwissenschaftlich-spekulative Richtung des württembergischen Pietismus ein, der die Naturwissenschaften als einen wesentlichen Teil der Theologie betrachtete. Oetinger unternahm selbst chemische Experimente und besaß eine umfangreiche Bibliothek mit naturwissenschaftlichen Werken, die auch Hahn benutzen durfte, der sich insbesondere mit chemischen und alchemistischen Büchern auseinandersetzte.

Daß Hahn zu einem der ganz großen Erbauer von astronomischen Uhren und Rechenmaschinen werden konnte, lag an seinem durch Oetin-

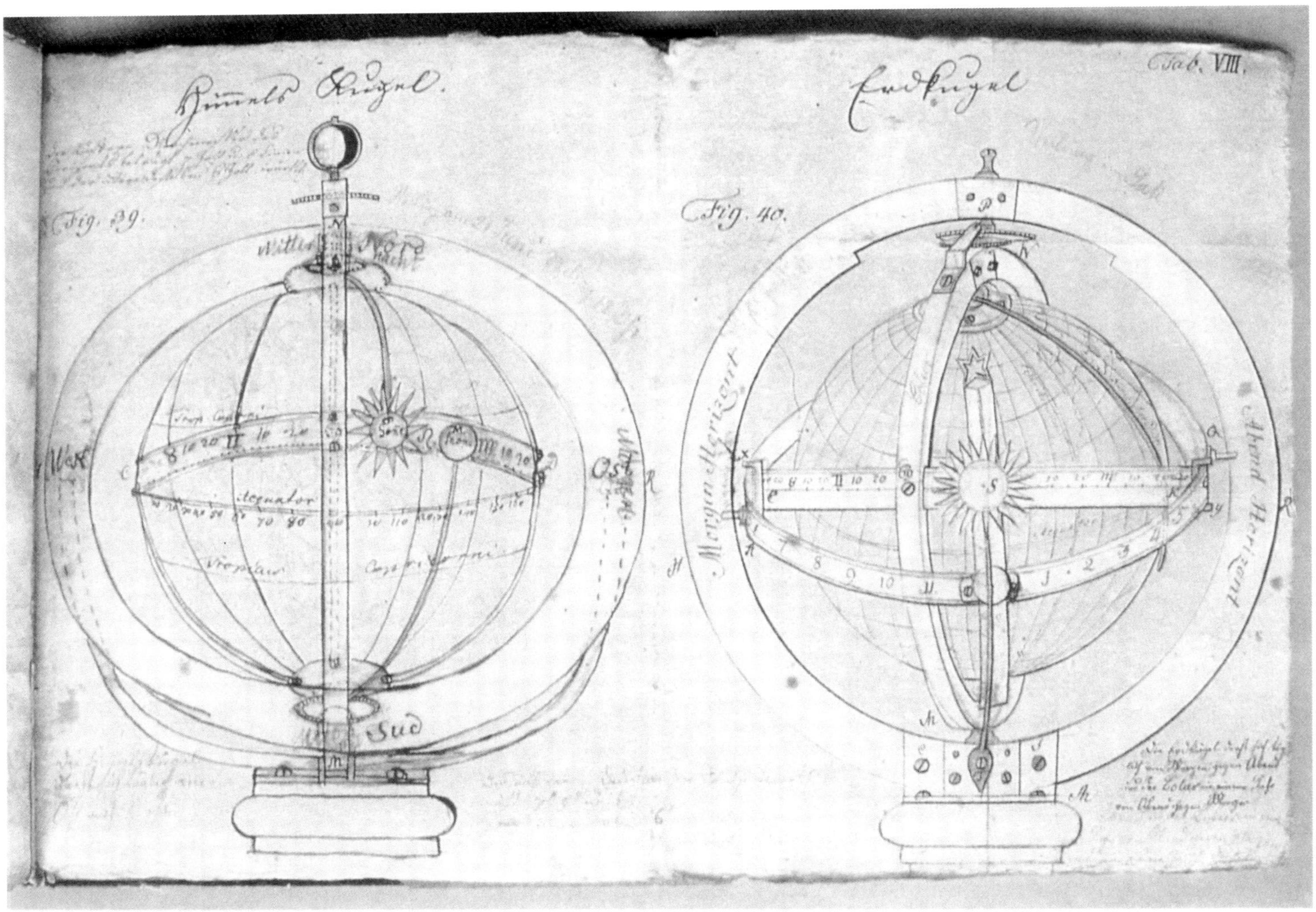

Vermutlich stammt diese Konstruktionszeichnung der beiden Globen einer Doppelglobusuhr von Hahn selbst. Württ. Landesbibliothek, Stuttgart.

»Nürnberger Weltmaschine« Hahns. Solch großen astronomischen Uhren gaben Hahn und seine Zeitgenossen den beziehungsreichen Namen »Weltmaschine«. Eine ähnliche Uhr stand in der Bibliothek des Schlosses Ludwigsburg und wurde dort sicherlich auch von Goethe gesehen, als er dieses Schloß im Dezember 1797 vor seiner Begegnung mit Pfarrer Hahn besuchte. Für den Bau solcher astronomischer Uhren waren Unmengen von Berechnungen vonnöten, die damals nur mit Tinte, Feder und Papier mühsamst ausgeführt werden konnten. Eine funktionierende Rechenmaschine mußte die Berechnungszeit drastisch abkürzen. Württ. Landesbibliothek, Stuttgart.

ger geförderten physikotheologischen Denkansatz. In den Jahren 1764 bis 1770, in denen er als Pfarrer in der Gemeinde Kornwestheim wirkte, beschloß er, den Himmelsbau in einer beweglichen Maschine darzustellen, um seinen Pfarrkindern das Wunder der Schöpfung und das Ende aller irdischen Zeitlichkeit nahezubringen. Da er über eine beachtliche naturwissenschaftliche und mathematische Ausbildung verfügte, gleichzeitig ein begabter Bastler war und großes Geschick im Führen einer Werkstatt und dem Anwerben der erforderlichen Mitarbeiter bewies, entwickelte er sich zu einem der größten Uhren- und Instrumentenbauer seines Jahrhunderts. Die technischen Bedürfnisse seiner Werkstatt förderten seine Beschäftigung mit der praktischen Chemie. So war er gezwungen, sich mit der Herstellung von Lacken, Firnissen und Legierungen auseinanderzusetzen. Er experimentierte mit »Spanischem Wachs«, das heißt Siegellack, bei dem es sich technikhistorisch betrachtet um eine Art frühen Kunststoff handelt, der von Instrumentenbauern des 18. und 19. Jahrhunderts gerne als Befestigungskitt oder Isoliermasse bei elektrischen Instrumenten benutzt wurde, dessen Sprödheit und mangelnde Haltbarkeit aber immer zu Problemen führten.

In Hahns Tagebuch heißt es unter dem 13.12.1776: »... Mittags wieder nichts als Chymica gelesen, auch nachts ...«[7] Dank der erhalten gebliebenen Exzerpte wissen wir auch, was Hahn las. Der Ludwigsburger »Chymicus« Zimmermann hatte ihm Werke von Michael Sendivogius (1566–1636), Johann Joachim Becher (1635–1682) und anderen beschafft. Biographen Hahns haben es bedauert, daß er sich nie mit der Chemie seiner eigenen Zeit auseinandersetzte und daß die bahnbrechenden Entdeckungen seiner Zeitgenossen, wie Priestley oder Lavoisier, an ihm vorübergegangen seien. Im Gegenteil, Hahn mühte sich mit ausgesprochen alchemistischen Prozessen ab, ja unternahm sogar den verlockenden Versuch, Gold zu machen, was ihm andererseits doch wohl auch theologisches Unbehagen bereitete. So hielt er in seinem Tagebuch am 7.8.1774 eine Art Rechtfertigung für sein eigenes Gewissen fest: »... Vielleicht gibt Gott Heil durch meine Hand. Man braucht das Gold freilich nicht hauptsächlich. Jeder kann ohne dasselbe leben. Aber doch kann man drukken, Kupferstiche stechen lassen, verschenken, Schulanstalten machen; und wenn es nicht ist, lerne ich die Natur erkennen und aus solcher Gott und die Menschen ...«[8]

Zwar mag man aus heutiger Sicht diese Hinwendung zur Alchemie bedauern, doch entsprach hier Hahn der Tradition der damaligen prote-

Ph. M. Hahn und Ph. G. Schaudt bauten diese Globusuhr um 1770 in Onstmettingen. Sie zeigt besonders deutlich die theologische Bedeutung, die solche Uhren für Hahn hatten, denn sie trägt an der Seite einen »Jahreszähler«, um entsprechend der kosmologischen Chronologie des pietistischen Pfarrers Bengel die »Weltzeit« anzuzeigen und so drastisch vor Augen zu führen, daß mit jedem abgelaufenen Jahr der »jüngste Tag« unwiderruflich näher rückt. Hessisches Landesmuseum, Darmstadt.

Ph. M. Hahn und sein Bruder Georg David schufen 1780 in Kornwestheim diese später nach ihrem Standort »Gothaer Weltmaschine« benannte Uhr. Das Gehwerk treibt über drei Wellen das im linken Gehäuse installierte Tellurium, im rechten Teil das kopernikanische Weltsystem und den über dem Mittelteil aufgesetzten, sogenannten großen Himmelslauf mit dem Sternenglobus und dem Ring der Tierkreiszeichen. Goethe kannte diese Uhr sicherlich, denn sie stand auf Schloß Friedenstein und gehörte Herzog Ernst II. von Gotha, in dessen Laboratorium Goethe zeitweilig experimentierte und sich physikalische Instrumente auslieh. Schloßmuseum Gotha.

stantischen, württembergischen Esoterik. Und genau hierauf beruhte die Querbeziehung zu Goethe. Das eigentliche Zentrum des pietistisch-alchemistischen Kreises, dessen Mitglied Susanna Katharina von Klettenberg war, bildete der Prälat Oetinger, seinerseits der alchemistische Lehrer Hahns. Die pietistischen Zirkel pflegten trotz räumlicher Entfernung einen regen geistigen Austausch durch Übersendung von Manuskripten. Zumindest durch die Vermittlung der »Cordata«, des Fräulein von Klettenberg, dürften Hahn und seine geistige Welt Goethe schon vor seinem Besuch bekannt gewesen sein. Doch es muß noch mehr Verbindungslinien gegeben haben: Seit 1775 wirkte in Offenbach Johann Ludwig Ewald (1747–1822) als Pfarrer der deutsch-reformierten Gemeinde. Ewald unterhielt eine rege Korrespondenz mit Hahn, in der sie sich wiederholt mit Oetingers Gedanken und Schriften auseinandersetzten. Für diesen Pfarrer Ewald dichtete aber Goethe anläßlich dessen Hochzeit 1775 sein »Bundeslied«, das er selbst zusammen mit seiner damaligen Braut Lili Schönemann vortrug, und übergab ihm sein Gedicht »Sehnsucht«, das erstmals 1795 in Ewalds Zeitschrift »Urania« gedruckt wurde. Und natürlich bildete Lavater ein weiteres Bindeglied zwischen beiden. Lavater hatte Hahns Silhouette in seiner »Physiognomie« eine fast schon hymnische Personenbeschreibung beigegeben und 1774 in seinem Reisetagebuch festgehalten: »...Pfarrer Hahn... der große unvergleichliche Weltenschöpfer und Allbeherrscher der Mechanik...«[9]
Dies bedeutet, daß geistige Herkunft und intellektueller Lebenskreis beider über weite Bereiche ziemlich identisch waren, ihre Begabungen dagegen sehr verschieden. Es ist anzunehmen, daß die recht komplexen und nicht auf den ersten Blick durchschaubaren Schöpfungen des großen Mechanikers Hahn Goethe bei dessen innerer Ablehnung komplizierter, zusammengesetzter Experimente doch wohl eher Unbehagen verursacht haben dürften.
Doch wurde gerade auf Betreiben Goethes 1798 der Bruder eines Mitarbeiters und Schülers Hahns, Johann Georg Auch, als »Hofmechanikus« nach Weimar berufen. Auch stellte in seiner Werkstatt bemerkenswerte chronometrische und astronomische Pendeluhren mit rostförmigen Kompensationspendeln zur Beseitigung des Temperatureinflusses auf die Pendellänge und damit auf die Ganggenauigkeit der Uhren her, deren Achsen auf gebohrten Diamanten gelagert waren. Goethe gebrauchte die Hilfe Auchs bei astronomischen Studien. Am 21. August 1799 notierte er in seinem Tagebuch: »...Diese Woche bin ich wider meine Gewohnheit meist bis Mitternacht aufgeblieben, um den Mond zu erwarten, den ich durch das Auchische Teleskop mit vielem Interesse betrachte...«[10]
Als Goethes Freund Knebel ein großes Teleskop erbte, versprach dieser, ihm beim Verkauf des Instrumentes zu helfen: »...so habe ich in meinem Hause wohl Gelegenheit, es aufzustellen und durch unsern geschickten Mechanikus Auch, der sich aus Schwaben hierher begeben hat, in vollkommene Ordnung bringen zu lassen. Vielleicht verspräche man einem solchen Manne einige Prozente, wenn das Werk durch sein Zutun verkauft würde...«[11]
Tatsächlich kam es in seinem Gartenhaus an der Ilm zu einer Aufstellung dieses nach der Konstruktion Sir William Herschels (1738–1822) gebauten Spiegelteleskopes mit einer beachtlichen Brennweite von immerhin sechs Fuß. Offenbar hatte Auch aber größte Schwierigkeiten mit der Justierung und Scharfeinstellung des Instrumentes, woraufhin Goethe den originellen Einfall hatte, am Hause des Hofkoches Gullon in einiger Entfernung am anderen Ufer der Ilm Schriftzeichen anbringen zu lassen, um so ein definiertes Beobachtungsobjekt zu gewinnen. Die Aufzeichnungen Goethes erwähnen später den Erwerb einer Auchischen Uhr.

Goethes Briefpartner, der Physiker G. Ch. Lichtenberg, hatte 1775 in Göttingen diese Mondkarte von Tobias Mayer (1723–1762) postum veröffentlicht; Johann Hieronymus Schröter (1745–1816) übernahm sie in der Folge in seine »Selenotopographischen Fragmente zur genauern Kenntnis der Mondfläche...«, diesem auch von Goethe benutzten und überaus geschätzten Werk.

Ein Passageinstrument nach Ramsden, wie es auch in der Jenenser Sternwarte Verwendung fand.

Der Weimarer Hofmechanikus J. G. Auch schuf diese einzigartige astronomische Taschenuhr, die mit nur fünfzehn Rädern und Trieben ein Höchstmaß an Anzeigendichte und Präzision erreicht. Auf der Vorderseite kann man die Zeit und den Kalender ablesen. Auf der Rückseite befindet sich ein heliozentrisches Kleinplanetarium mit geozentrischem Sichtpunkt.

❞ ...Durch das Steinische Spiegelteleskop habe ich einen Besuch auf dem Monde gemacht. Die Klarheit, mit welcher man die Teile sieht, ist unglaublich; man muß ihn im Wachsen und im Abnehmen beobachten, wodurch das Relief sehr deutlich wird... ❞

Brief an Friedrich von Schiller

❞ Es ist eine sehr angenehme Empfindung, einen so bedeutenden Gegenstand, von dem man vor kurzer Zeit so gut als gar nichts gewußt, um so viel näher und genauer kennen zu lernen. Das schöne Schröterische Werk, die Selenotopographie ist freilich eine Anleitung, durch welche der Weg sehr verkürzt wird. Die große nächtliche Stille hier außen im Garten hat auch viel Reiz, besonders da man morgens durch kein Geräusch geweckt wird... ❞

Brief an Friedrich von Schiller

Diese Bleistiftzeichnung eines anonymen Künstlers aus dem Jahr 1800 zeigt Ernst Florens Chladni (1756–1827) bei der Demonstration der nach ihm benannten »Chladnischen Klangfiguren« vor einer Gesellschaft des Fürsten von Thurn und Taxis in Regensburg. Das gleiche Experiment führte Goethe 1788 Frau von Stein und Charlotte von Kalb vor: »... Goethe stand am Fenster, hatte eine Glasscheibe in der Hand und einen Bogen, zeigte, wie bei jeder Bewegung des Bogens der Sand auf dem Glase verschiedene Figuren bildete ...«

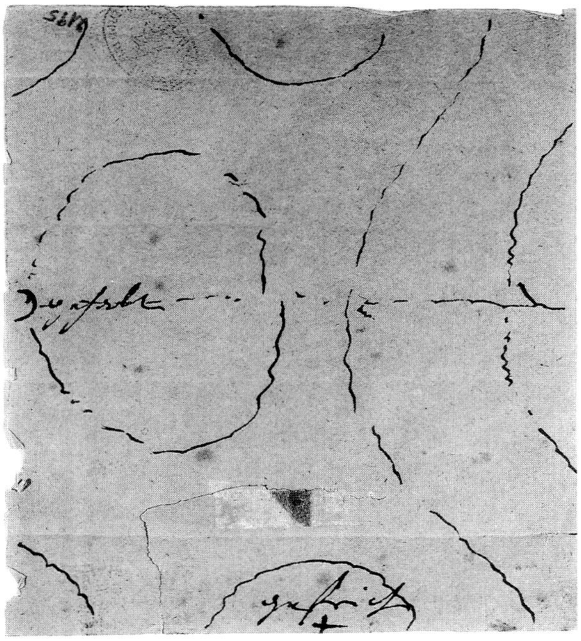

Von Goethe gezeichnete »Chladnische Klangfigur«.

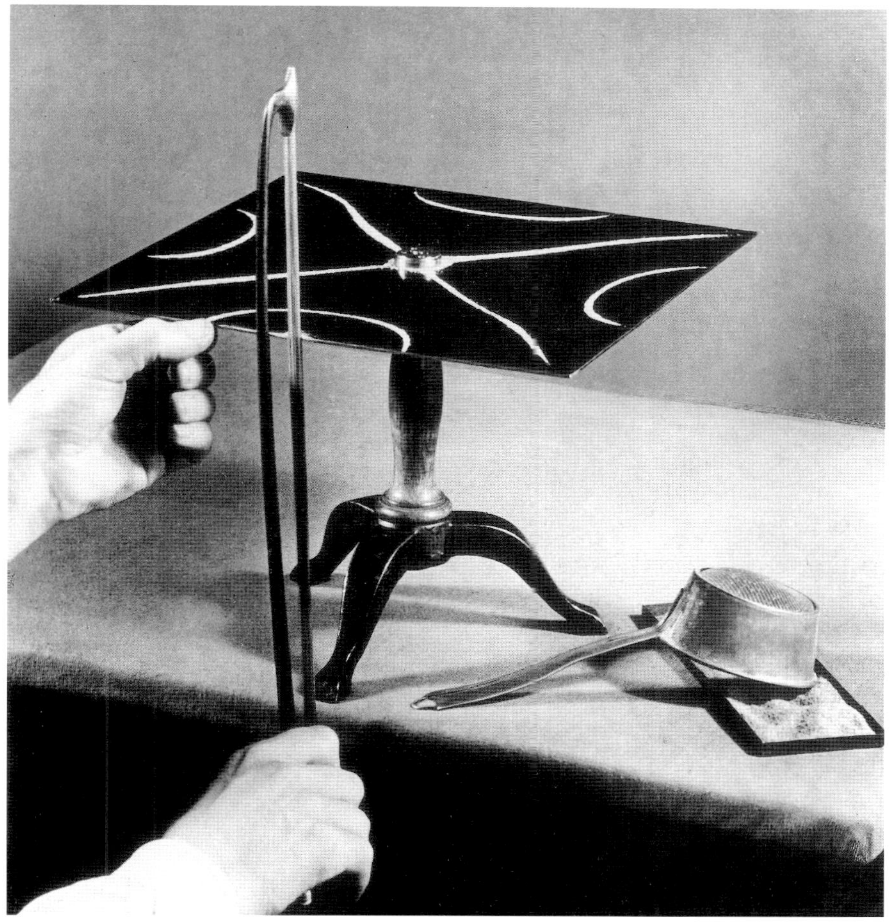

Moderne Vorführung der »Chladnischen Klangfiguren«.

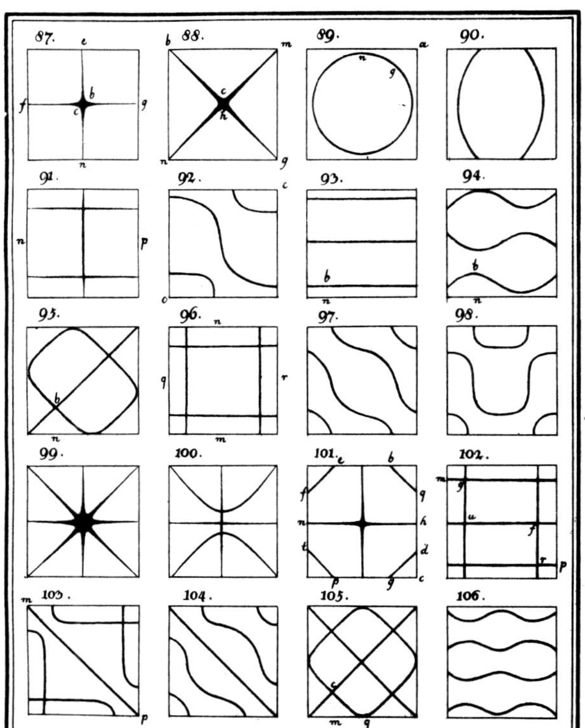

Systematische Darstellung »Chladnischer Klangfiguren«. Bestreut man eine schwingende Platte mit feinem Sand, so ordnet sich dieser zu Figuren, die die Lage der Schwingungsbäuche und -knoten sichtbar machen.

›› ... Doktor Chladni ist angekommen und hat seine ausgearbeitete Akustik in einem Quartbande mitgebracht. Ich habe sie schon zur Hälfte gelesen ... über Inhalt, Gehalt, Methode und Form manches Erfreuliche ... Er gehört ... unter die Glückseligen, welche auch nicht eine Ahnung haben, daß es eine Naturphilosophie gibt, und die nur, mit Aufmerksamkeit, suchen die Phänomene gewahr zu werden, um sie nachher so gut zu ordnen und zu nutzen, als es nur gehen will und als ihr angebornes, in der Sache und zur Sache geübtes Talent vermag ... ‹‹

Brief an Schiller

Der Luftballon und die Chemie der Gase

Goethe hat in späteren Jahren seine Aufzeichnungen über naturwissenschaftliche Experimente vernichtet, die er während seiner frühen Weimarer Zeit unternahm. Allerdings läßt sich anhand von Andeutungen doch einiges rekonstruieren. Herzog Ernst II. von Sachsen-Gotha (1745–1804) besaß ein »physikalisches Kabinett«, in dem Goethe zeitweilig experimentierte und aus dem er sich häufig Apparate auslieh, die er von Gotha nach Weimar kommen ließ. Anfang Juni 1780 stieß ihm ein kleines Mißgeschick zu: Er experimentierte in Gotha gemeinsam mit Ludwig Christian Lichtenberg (1738–1813), »Herzoglich Gothaischer Geheimer Archivar zu Friedenstein«, dem Bruder des großen Physikers Georg Christoph Lichtenberg (1742–1799), und es entglitt ihm ein »dreifach zusammengefügtes« Glas – wohl zu optischen Versuchen gehörend – und splitterte. Der Archivar Lichtenberg war Goethe auch bei der Beschaffung eines Sonnenmikroskopes und einer Camera obscura behilflich. Er betreute das Laboratorium von Herzog Ernst II. und veranstaltete zeitweilig selbst eine öffentliche physikalische Experimentalvorlesung.

Man kann als absolut sicher unterstellen, daß Goethe der Theorie der Verbrennung und der Chemie der Gase, die gerade in den letzten Jahrzehnten des 18. Jahrhunderts intensivst erforscht wurden, tiefes Interesse entgegenbrachte. Schließlich gehörte es zu seinen Pflichten als Mitglied des »Geheimen Consiliums«, wenn irgendwo in der Umgebung Weimars Feuer ausbrach, sich auf das Pferd zu schwingen und zur Koordinierung der Löscharbeiten, zur Tröstung der geschädigten Untertanen und zur Feststellung des Schadens zur Brandstelle zu eilen. So fand Goethe reichlich Gelegenheit, sich von Amts wegen mit dem Problem der Verbrennung zu beschäftigen – auch am Sonntag, dem 25. Juni 1780, als in Großbrembach, nördlich von Weimar, Feuer ausbrach: »... Meine Augenbrauen sind versengt, und das Wasser, in meinen Schuhen siedend, hat mir die Zehen gebrüht ...«[1]

Im Herbst 1783 unternahm Goethe zusammen mit Carl August und Fritz von Stein (1772 bis 1844), einem Sohn Charlottes, den er unter seine besondere Obhut genommen hatte, eine Reise durch den Harz nach Göttingen. Hier nahmen sie an einer privatissime Vorlesung teil, die Professor Georg Christoph Lichtenberg, Bruder des Archivars und Physiker, für seine prominenten Gäste hielt. Lichtenberg schrieb darüber: »... Am ... Abend habe ich einer sehr illustren Gesellschaft ein Collegium gelesen. Dem alten Grafen von Hardenberg ..., seiner Gemahlin ..., und dem berühmten Herrn Geheimen Rat von Goethe aus Weimar, der noch zwei junge Leute bei sich hatte ... Indessen machte die Sache Aufsehen ...; daß ich der dephlogistierten Luft nicht geschont habe ...«[2]

Lichtenberg hat seinen Gästen offensichtlich Verbrennungs- bzw. Explosionserscheinungen mit Wasserstoff oder Knallgas vorgeführt. Er zeigte auch Oxidationsreaktionen mit Sauerstoff,

Zeitgenössische Karikatur des Physikers G. Ch. Lichtenberg (1742–1799), den Goethe als Schriftsteller schätzte, dessen Ablehnung seiner Farbenlehre ihn aber sehr ärgerte. Goethe hatte 1783 an einer Experimentalvorlesung Lichtenbergs teilgenommen und zu Beginn seiner Weimarer Jahre längere Zeit zusammen mit Lichtenbergs Bruder Ludwig Christian in Gotha experimentiert und sich bei diesem physikalische Instrumente ausgeliehen.

wie aus dem Bericht eines Teilnehmers hervorgeht: »... er (d. h. Goethe) ... sah eine Uhrfeder in reinem Sauerstoff brennen, wobei Blendungsnachbilder entstehen mußten ...«[3] Dieses prächtige Experiment war erst wenige Monate zuvor von dem niederländischen Naturforscher Jan Ingenhousz (1730–1799) entwickelt worden, der Eisendrähte in Sauerstoffatmosphäre brennen ließ. Lichtenberg hatte herausgefunden, daß die Leuchterscheinung noch wesentlich eindrucksvoller wird, wenn man statt des dünnen Drahtes eine breite stählerne Uhrfeder verwendet. Dieser Versuch ist bis heute ein Glanzpunkt jeder Experimentalvorlesung. Dieses Zitat belegt aber auch, daß Goethe von den optischen Nebenerscheinungen, d.h. der Blendung des Auges, noch mehr beeindruckt war als von dem Experiment selbst. Man darf unterstellen, daß Lichtenberg in dieser Vorlesung auch sein damals berühmtestes physikalisch-chemisches Experiment dargeboten hat, das Steigenlassen von mit Wasserstoff gefüllten Seifenblasen. Er hatte diesen Versuch bereits 1782, möglicherweise sogar vor dem Briten Joseph Black (1728–1799) und dem neapolitanischen Privatgelehrten Tiberio Cavallo (1749–1809) entwickelt, es aber verabsäumt, den zugrundeliegenden Gedanken bis zu einer lasten- oder sogar menschentragenden »Maschine« weiterzuentwickeln. So kamen ihm andere zuvor. »... Wie werden einmal unsere Namen hinter den Erfindern des Fliegens ... vergessen werden ...«[4], vertraute er bald nach der verpaßten Gelegenheit seinem »Sudelbuch« an.

„... Die Nachricht von Feuer in Groß Brembach jagte mich fort, und ich war geschwind in den Flammen. Nach so lang trockenem Wetter, bei einem unglücklichen Wind war die Gewalt des Feuers unbändig. Man fühlt da recht, wie einzeln man ist ... Ich habe ermahnt, gebeten, getröstet, beruhigt und meine ganze Sorgfalt auf die Kirche gewendet, die noch in Gefahr stand, als ich kam ... Ich bin noch zu keinem Feuer in seiner ganzen Aktivität gekommen als zu diesem ... Aus dem Teich wollte niemand schöpfen, denn vom Winde getrieben schlug die Flamme der nächsten Häuser wirbelnd hinein. Ich trat dazu und rief ›es geht, es geht Kinder!‹ und gleich waren ihrer wieder da, die schöpften, aber bald mußte ich meinen Platz verlassen, weils allenfalls nur wenig Augenblicke auszuhalten war. Meine Augenbrauen sind versengt, und das Wasser, in meinen Schuhen siedend, hat mir die Zehen gebrüht ...“

Brief an Charlotte von Stein, 1781

Die beiden französischen Papierfabrikanten Joseph Michel Montgolfier (1740–1810) und sein Bruder Jacques Etienne (1745–1799) hatten sich die nicht ganz alltägliche Frage vorgelegt, ob man nicht durch Umhüllung von Wolken, insbesondere Gewitterwolken, mit dünnem Papier oder ähnlichem zu flugtüchtigen Apparaten gelangen könne. In Verfolgung ihrer komplizierten, von heute her gesehen nicht übertrieben richtigen Ideen entdeckten sie das »Montgolfierische Gas«, das bei der Verbrennung von Stroh und

Der schottische Physiker und Chemiker Joseph Black (1728 bis 1799) beschäftigte sich mit der Chemie der Gase und gilt als der eigentliche Entdecker des Kohlendioxids. Er war einer der Wegbereiter des Gasluftballons.

Erster Aufstieg einer bemannten Charliere, gefüllt mit »brennbarer Luft«, von ihrem Erbauer Professor Jacques Alexandre César Charles (1746–1823) am 1. Dezember 1783 selbst geführt. Auf diesem Flug erreichte Charles erstmalig die damals unglaubliche Höhe von 1524 Klafter, ungefähr 3000 Meter.

Papier entstehend in der Lage war, einen Ballon nicht nur aufzublähen, sondern diesen sogar in die Höhe zu heben. Zwar handelte es sich nur um warme Luft, aber die Sache funktionierte, und der Start einer ersten »Montgolfiere« am 5. Juni 1783 machte die Gebrüder Montgolfier unsterblich. Zunächst gelang es ihnen, ihre Methode – also die Anwendung der »Montgolfierischen

Luft« – geheimzuhalten. Der Pariser Physiker Jacques Alexandre César Charles (1746–1823) nahm irrigerweise an, die Gebrüder Montgolfier hätten ihren Ballon mit Wasserstoff gefüllt. Daß dieser leichter sei als Luft, hatte schon der englische Aristokrat Henry Cavendish (1731–1810) herausgefunden. Am 27. August 1783 ließ Charles erfolgreich die erste »Charliere«, gefüllt mit Wasserstoff, steigen. Diese ersten Ballons waren unbemannt oder führten Tiere als Passagiere mit.

Aus einem Brief von Samuel Thomas v. Sömmerring (1755–1830) an Merck wissen wir, daß Sömmerring und Goethe am 13. November 1783 vergeblich versuchten, einen kleinen Ballon, offenbar mit Wasserstoff-Füllung – denn nur bei diesen sprach man von »Blasen« – zum Fliegen zu bringen. Doch der Versuch mißlang. Es »... war Goethe hier, und da hatte ich schon einen Kubus von ¾ Ellen in der Arbeit. Der gute Mann (das heißt Goethe) half mir noch füllen, allein die Übereilung machte den Versuch nicht gelingen ...«[5]

Damals war es üblich, Wasserstoff durch die Reaktion von Eisenfeile und Schwefelsäure darzustellen, der dementsprechend von Säuretröpfchen gereinigt hätte werden müssen. Säurehaltiger Wasserstoff griff die Ballonhüllen an, wodurch Löcher entstanden. Erst am 20. November gelang es Lichtenberg, in seiner Wohnung und tags darauf in seiner Vorlesung »... eine außerordentliche Schweinsblase 14 Zoll hoch und 10 Zoll weit ...«[6] zum Steigen zu bringen. Bald fand er, daß sich das Amnion von Kälbern besser als Material für die Hülle eignen würde. Er ging sogar so weit, sich von einer Hebamme menschliches Amnion geben zu lassen.

Den ersten bemannten Ballonflug wagte der Verwalter des naturgeschichtlichen Kabinetts des Grafen der Provence, Jean François Pilâtre de Rozier (1756–1785), der am 21. November 1783 erstmals die Türme von Notre-Dame von oben sah. In Weimar war man zur gleichen Zeit lange nicht so erfolgreich. Der Hofapotheker »... Buchholz peinigt vergebens die Lüfte, die Kugeln wollen nicht steigen. Eine hat sich einmal gleichsam aus Bosheit bis an die Decke gehoben und nun nicht wieder. – Ich habe selbst in meinem Herzen beschlossen, stille anzugehen, und hoffe auf die Montgolfiers Art eine ungeheure Kugel gewiß in die Luft zu jagen ...«[7], schrieb Goethe Ende Dezember an Knebel. Etwa gleichzeitig teilte er Lavater mit: »... Ergötzen nicht auch die Luftfahrer? Ich mag den Menschen gar zu gerne so etwas gönnen. Beiden, den Erfindern und den Zuschauern ...«[8]

Goethe muß diese Ballonversuche sehr ernst genommen haben, denn als er später eine Gliederung für seine autobiographischen Aufzeichnungen niederschrieb, hieß es: »... Die Luftballone werden entdeckt. – Wie nah ich dieser Entdekkung gewesen. – Einiger Verdruß, es nicht selbst entdeckt zu haben. – Baldige Tröstung ...«[9]

Es gibt keinen Grund, an diesem Bekenntnis zu zweifeln. Allerdings legt es nahe, daß sich Goethe in dieser Zeit experimentell mit Gaschemie beschäftigt hat. Die schon früher erwähnten Versuche mit »Metallvegetationen« (1785)[10] stützen die These, er habe in diesen Jahren auch chemisch gearbeitet, ebenso wie die Tatsache, daß sich in Goethes umgangssprachliche Äußerungen gelegentlich chemische Fachausdrücke einschlichen. Man darf annehmen, daß er damals intensive Anregungen von dem Erfurter Statthalter des Hochstiftes Mainz, Karl von Dalberg (1744–1817), erfahren hat, einem vielseitig begabten und umfassend gebildeten Kirchenfürsten mit eigenem chemischem Laboratorium. Goethe, der ihn zeitweilig täglich in Weimar erlebte, erinnerte sich später dankbar: »... Karl von Dalberg ... Man traf ihn stets rührig, teilnehmend fördernd, und wenn man sich auch seine Vorstellungsart im ganzen nicht zueignen konnte, so fand man ihn doch im einzelnen jeder-

Links:
Der Papierfabrikant Joseph Montgolfier (1740–1810) entwikkelte, ausgehend von Versuchen mit heißluft- oder rauchgefüllten Papiersäcken, zusammen mit seinem Bruder Etienne (1745–1799) 1783 den Heißluftballon, die »Montgolfiere«. Dieser Erfolg wurde von König Ludwig XVI. durch die Ritterwürde des heiligen Michael belohnt.

Rechts:
Der Marquis d'Arlandes wagte zusammen mit Jean François Pilâtre de Rozier (1756–1785) am 21. November 1783 den ersten bemannten Ballonflug mit einer Montgolfiere vor dem Schloß »La Muette«.

zeit geistreich überhelfend. Bei aller wissenschaftlichen Arbeit bin ich ihm viel schuldig geworden, weil er das mir eigentümliche Hinstarren auf die Natur zu bewegen, zu beleben wußte. Denn er hatte den Mut, durch gewisse gelenke Wortformeln das Angeschaute zu vermitteln, an den Verstand heran zu bringen ...«[11]
Die Ballonleidenschaft hatte Goethe erfaßt. Am

19. Mai 1784 schrieb er an Charlotte von Stein: »... Ich hoffe, du bleibst meinem Garten und mir getreu. Vielleicht versuchen wir den kleinen Ballon mit dem Feuerkorbe. Sage aber niemandem etwas ...«[12] Am 9. Juni desselben Jahres teilte Goethe Sömmerring mit: »... haben wir einen Ballon auf Montgolfierische Art steigen lassen, 42 Fuß hoch und 20 im größten Durchschnitt. Es ist ein schöner Anblick, nur hält sich der Körper nicht lange in der Luft, weil wir nicht wagen wollen, ihm Feuer mitzugeben. Das erste Mal legte er eine Viertelstunde Wegs in ungefähr 4 Minuten zurück, das zweite Mal blieb er nicht so lange ...«[13] Goethe war vom Luftballon dermaßen begeistert, daß er ihn auch zuweilen als Metapher verwendete: »... Höhe des Geistes, nicht Hoheit. Man kann ihn einem Luftballon vergleichen, der sich durch eine eigene Luftart über alles weg schwingt und da Flächen unter sich sieht, wo wir Berge sehn ...«[14]
Die Begeisterung für Gaschemie ging sogar so weit, daß er am 5. August 1784 in Gesellschaft in Tiefurt Experimente mit »dephlogistierter« Luft unternahm, und darüber die Zeit so sehr vergaß, daß er ein Rendezvous mit Charlotte von Stein verpaßte. Es beleuchtet die Unterhaltungsfunktion, die die Naturwissenschaft damals in höfi-

„Wer die Entdeckung der Luftballone mit erlebt hat, wird ein Zeugnis geben, welche Weltbewegung daraus entstand, welcher Anteil die Luftschiffer begleitete, welche Sehnsucht in soviel tausend Gemütern hervordrang, an solchen längst vorausgesetzten, vorausgesagten, immer geglaubten und immer unglaublichen, gefahrvollen Wanderungen teilzunehmen, wie frisch und umständlich jeder einzelne glückliche Versuch die Zeitungen füllte, zu Tagesheften und Kupfern Anlaß gab; welchen zarten Anteil man an den unglücklichen Opfern solcher Versuche genommen. Dies ist unmöglich selbst in der Erinnerung wieder herzustellen ...“

Maximen und Reflexionen

schen Kreisen zu erfüllen hatte, wenn man bedenkt, daß selbst auf Schloß Tiefurt, zu dieser Zeit Sommersitz der Herzogin Anna Amalia, in einem lieblichen, von Goethe mitgestalteten Park an der Ilm gelegen, in anmutig höfischem Rahmen ein wenig Chemie getrieben wurde. Die Herzogin versammelte in ihrem »Tiefurter Kreis«, in dem man kulturelle Veranstaltungen und gesellige Zusammenkünfte arrangierte, die Leuchten des klassischen Weimar wie Goethe, Wieland, Herder und Schiller um sich. Eine Zeitlang gab man auch eine handgeschriebene kleine Zeitschrift heraus, das »Journal oder Tagebuch von Tieffurth«, in dem Goethe unter anderem einen beachtenswerten Aufsatz über »Die Natur« publizierte.
Goethe war beglückt, als sich ihm plötzlich durch den Wegzug der Familie von Einsiedel die Chance bot, sich die Mitbenutzung eines professionellen chemischen Labors zu sichern, das auch von Göttling gebraucht werden sollte. Johann Friedrich August Göttling (1755–1809), Schüler und persönlicher Freund des Professors Lichtenberg, war zunächst Provisor in der Hofapotheke von Wilhelm Heinrich Sebastian Buchholz (1734–1798) gewesen und stieg später zum Professor für Chemie an der Universität Jena, zum Bergrat und zum chemischen Berater Goethes auf. Dem Hofapotheker Buchholz glückte es am 10. Mai, einen großen, wenn auch unbemannten Ballon in Anwesenheit des Hofes von der Neuen Terrasse im Welschen Garten steigen zu lassen.

Jean-Pierre Blanchard (1753–1809) war der erste Berufsluftschiffer. Zusammen mit dem Amerikaner J. Jeffries überquerte er 1785 erstmals den Ärmelkanal mit einem Ballon. Auf ausdrücklichen Wunsch Goethes war sein Zögling Fritz von Stein im September 1785 bei Blanchards Aufstieg in Frankfurt unter den Zuschauern. Die Ehefrau Blanchards, Marie-Madeleine Sophie (1778 bis 1819) war die erste Berufsluftschifferin. Am 6. Juli 1819 verunglückte sie bei dem Versuch, mit einem Fallschirm abzuspringen und dabei ein bengalisches Feuer zu entzünden, tödlich; ihre Fackel entzündete den Ballon, der brennend auf die Dächer der Rue de Provence stürzte.

Am 7. Januar desselben Jahres hatte der französische Luftschiffer Jean-Pierre Blanchard (1753–1809) erfolgreich den Ärmelkanal überquert und durchstreifte anschließend Europa, um gegen Geld – gewissermaßen als Artist – überall den bemannten Ballonflug vorzuführen. Goethe hielt ein solches Ereignis immerhin für so sehenswert, daß er seinen jungen Schützling Fritz von Stein Anfang September 1785 nach Frankfurt schickte, damit dieser »... Blanchard in die Luft steigen sehe ...«[15] Goethe selbst erlebte zunächst keinen bemannten Aufstieg. Zwar ritt er am 26. Mai 1786 zusammen mit Freunden zu dem Startplatz einer Montgolfiere, aber bis er eintraf, war der Ballon bereits verbrannt.
Goethe verfolgte aufmerksam die weitere Entwicklung der Gaschemie, und so hielt er Ende Juni 1791 fest: »... ein Versuch von Göttling mit der dephlogistierten Salzsäure (das heißt mit Chlor). Er hat gedrucktes Papier ... wieder zu Brei gemacht, mit seinem Wasser (das heißt mit Chlorwasser) alle Schwärze heraus gezogen und wieder Papier daraus machen lassen ... Es ist eine sehr schöne Entdeckung und kann viel Einfluß haben. – Bei dieser Gelegenheit hat sich eine alte Idee: hier eine gelehrte Gesellschaft zu errichten und zwar den Anfang ganz prätentionslos zu machen, in mir wieder erneuert ...«[16] Damit wurden Göttlings Chlorversuche zum Anstoß für die Gründung der »Freitagsgesellschaft«, in der Goethe selbst oft vortragen sollte, und die in seinem eigenen Haus oder im Palais der Herzoginwitwe Anna Amalia tagte. Dabei handelte es sich um eine für die zweite Hälfte des 18. Jahrhunderts typische private Wissenschafts-Vereinigung, in deren Statuten ausgeführt wurde: »... Endesunterzeichnete (das heißt die acht Gründer) vereinigen sich, jeden Monats einmal zusammen zu kommen, und drei Stunden einer gemeinsamen Unterhaltung ... zu widmen ... es mögen Aufsätze sein aus dem Feld der Wissenschaften, Künste, Geschichte ... oder Demonstrationen physikalischer und chemischer Experimente ...«[17] Im November 1795 schrieb Goethe: »Die Freitagsgesellschaft hat wieder angefangen, so daß also das Licht der Kenntnisse ... wenigstens ... (gelegentlich) ... in meinem Hause leuchtet ...«[18]
Chemische Experimente wurden in erster Linie von dem Hofapotheker dargeboten: »... Bergrat Buchholz zeigte die merkwürdige Wirkung gepulverter Kohlen auf faulendes Wasser in einigen Versuchen ...«[19] Er demonstrierte also die Absorption von gelöstem Schwefelwasserstoff-Gas an Holzkohle (9. September 1791). Dieses Experiment muß die Mitglieder der Freitagsgesellschaft und ihre Gäste außerordentlich beeindruckt haben, denn am 17. Februar 1792 wiederholte Buchholz diesen Versuch gewissermaßen im Großen:
»... Buchholz verband hierauf mit einer kleinen Vorlesung ein chemisches Experiment. Eine Flasche mit faulem Selterwasser erfüllt das ganze

Zimmer mit häßlichem faulen Eiergeruch... Durch Zuschlag von Kohlenstaub ward sogleich dieser Geruch getilgt...«[20]
Es versteht sich fast von selbst, daß auch andere Höhepunkte der experimentellen Gaschemie im Hause Goethes gezeigt wurden, so auch die »chemische Harmonika«: »...durch das Auf- und Niederschieben eines oben und unten offenen Glaszylinders über einem Flämmchen aus brennbarer Luft (das heißt Wasserstoff) der Zylinder selbst einen harmonikaartigen Glockenton, solange das Glas noch nicht erwärmt ist, von sich gibt... Vermutung Goethes, bei welchem wir... diesen Versuch probiert hatten, daß sich wirklich Akkorde herausbringen lassen würden, wenn man recht viele Zylinder nacheinander anwenden könnte...«[21], schrieb ein Teilnehmer 1795.
Daß die Flamme des brennenden Wasserstoffgases, des »Lumen philosophicum«, wie man damals sagte, in einem Rohr tönt, war bereits 1777 von Bryan Higgins (1737?–1818) entdeckt worden. Dieses gar nicht so einfach zu deutende Phänomen, das auf einer dichten Folge kleiner Knallgasexplosionen beruht, beschäftigte alle großen Naturwissenschaftler jener Epoche.
Die Prophezeiung Goethes, man könne daraus ein musikalisches Instrument entwickeln, sollte sich übrigens in den 80er Jahren des vorigen Jahrhunderts bewahrheiten. Mit Hilfe von Manualen, elektrisch gesteuerten Wasserstoffventilen und vielen Glasrohren entwickelte man in Frankreich orgelähnliche Gasleuchter – das damalige Stadtgas bestand zum großen Teil aus Wasserstoff –, die sogenannten »Lustres chantantes«, die sich indessen letztlich doch nicht durchzusetzen vermochten.

1882 kamen in Paris sogenannte »Lustres chantantes« in den Handel, große orgelähnliche Tasten-Instrumente mit gläsernen Röhren oder entsprechende Deckenleuchten gleicher Konstruktion, in denen in Luft brennende Wasserstoff-Flammen Töne erzeugten. Damit hatte sich eine siebenundachtzig Jahre zurückliegende physikalische Prophezeiung Goethes erfüllt. Diese seltsamen Instrumente konnten sich – wohl wegen der unvermeidlichen Gefahr einer Knallgas-explosion – aber nicht durchsetzen.

Die Metamorphose der Tiere

Mit Anatomie begann sich Goethe bereits während seiner Studentenjahre in Leipzig zu beschäftigen, wo er das Klinikum des ». . . älteren Doktor Ehrmann, so wie die Lektionen der Entbindungskunst seines Sohnes . . .« besuchte ». . . in der doppelten Absicht, alle Zustände kennenzulernen und mich von aller Apprehension gegen widerwärtige Dinge zu befreien . . .«[1] In den folgenden Jahren scheint er, bedingt durch seine juristischen Betätigungen in Wetzlar und Frankfurt, keine anatomischen Studien unternommen zu haben. Doch erhielt er in dieser Zeit entscheidende Anregungen durch seine Mitarbeit an den »Frankfurter Gelehrten Anzeigen«.

Links: Johann Heinrich Merck (1741–1791) regte Goethe zu anatomischen Studien und Untersuchungen fossilen Knochenmaterials an, wurde aber auch als Konkurrent empfunden (s. Zitat auf Seite 81).

Im Dezember 1771 hatte man die »Direktion« dieser Zeitschrift Goethes späterem Freund Johann Heinrich Merck (1741–1791) übertragen, einem jugendlichen Feuergeist, der mit seinem Blatt ». . . den Staub von den Perücken der Kahlköpfe . . .«[2] fegen wollte. Binnen kurzem gelang es Merck, den von ihm als ». . . jungen übermütigen Lord mit entsetzlich scharrenden Hahnenfüßen . . .«[3] beschriebenen Goethe als Mitarbeiter zu gewinnen. Merck war ein erstaunlich umfassend gebildeter und überaus tätiger Mann, der sich neben dem Betrieb eines kleinen Verlages, in dem auch Goethes Erstling »Götz« erschien, intensiven Studien in Anatomie, Zoologie, Paläontologie und Mineralogie hingab. Mit vielen prominenten Forschern, die später auch zum Kreis der naturwissenschaftlichen Freunde Goethes zählten, wechselte er Briefe, tauschte Bücher und Präparate. In Wielands »Teutschem Merkur« rezensierte er von 1776 an Veröffentlichungen aus der Botanik, Mineralogie, Physik, Chemie und allgemeinen Naturgeschichte. Seine eigenen Forschungen galten der vergleichenden Osteologie, in die er auch fossiles Material wie Nashorn- und Elefantenknochen einbezog, die man westlich von seinem Wohnort Darmstadt im Rheinschotter gefunden hatte. Seine Betrachtungen legte er in einer Reihe von Veröffentlichungen dar, unter denen die drei »Knochenbriefe« (1782, 84 und 86) eine gewisse Berühmtheit erlangten. Es liegt nahe anzunehmen, daß Goethe durch Merck entscheidende Anregungen erfuhr. Über die Beziehung der beiden zueinander ist wenig dokumentiert, da Goethe sechs Jahre nach dem Selbstmord Mercks die in seinem Besitz befindlichen Briefe vernichtet hat. In einem erhalten gebliebenen Schreiben Goethes an Merck vom 27. Oktober 1782 heißt es: ». . . Deine Knochenuntersuchungen haben mir viel Vergnügen gemacht . . .«[4]

Goethe begann nun in Weimar Anatomie zu treiben. Im Oktober 1781 schrieb er an Charlotte von Stein: ». . . Loder erklärt mir alle Beine und Muskeln, und ich werde in wenigen Tagen vieles fassen . . .«[5] Und in einem Brief an Carl August freute er sich, daß seine anatomische Ausbildung nicht nur im Theoretischen stecken blieb: ». . . Mir hat er (das heißt Prof. Justus Christian Loder [1753–1832]) Osteologie und Myologie durch demonstriert. Zwei Unglückliche waren uns eben zum Glück gestorben, die wir denn auch ziemlich abgeschält und von ihrem sündigen Fleische geholfen haben . . .«[6]

Anfänglich scheint Goethe in der Anatomie mehr eine Hilfswissenschaft für Maler und Bildhauer gesehen zu haben, denn er teilte Carl August des weiteren mit, daß er selbst begonnen habe, Anatomie für Zeichner zu unterrichten. ». . . Auf den Mittwoch fang ich auf der (Zeichen-) Akademie . . . an, das Skelett den jungen Leuten . . . zu erklären, und sie zur Kenntnis des menschlichen Körpers anzuführen. Ich tue es zugleich um meinet- und ihretwillen . . .«[7]

Rechts: Der französische Zoologe und Paläontologe Georges Baron de Cuvier (1769–1832) wurde zum Begründer der vergleichenden Anatomie und Osteologie und bekämpfte sowohl die Deszendenztheorie als auch die idealistische Naturphilosophie durch seine sogenannte »Katastrophentheorie«, in der er von einer sich stets wiederholenden Vernichtung und Neuschöpfung allen Lebens ausging.

Rechts unten: Fossile Stoßzähne aus der Sammlung Goethes.

» ...Johann Heinrich Merck, als Kriegszahlmeister im Hessen-Darmstädtischen angestellt, verdient auf alle Weise hier genannt zu werden. Er war ein Mann von unermüdeter geistiger Tätigkeit, die sich nur deswegen nicht durch bedeutende Wirkungen auszeichnete, weil er, als talentvoller Dilettant, nach allen Seiten hingezogen und getrieben wurde. Auch er ergab sich der vergleichenden Anatomie mit Lebhaftigkeit, wo ihm denn auch ein zeichnerisches Talent, das sich leicht und bestimmt auszudrücken wußte, glücklich zu Hilfe kam... Mit habsüchtiger Liebhaberei bemächtigte er sich mancher vorzüglicher Exemplare (Erg.: fossiler Knochen), deren Sammlung nach seinem Ableben in das Großherzoglich-Hessische Museum geschafft und eingeordnet und auch daselbst durch den einsichtigen Kustos von Schleiermacher sorgfältig verwahrt und vermehrt worden. «

Principes de Philosophie Zoologique

Diese zusätzliche Facette seiner Tatkraft ist um so mehr zu bewundern, als Goethe dem Weimarer Hof nicht nur als Minister, sondern auch als eine Art Maître de Plaisir diente, als Organisator von Theateraufführungen und Bällen, als einer, der »den Kreisel treibt«.[8]
Durch Merck angeregt, beschäftigte sich Goethe auch mit Paläontologie. In seinem Brief vom 27. Oktober 1782 erläuterte er Merck, wie er sich das Zustandekommen fossiler Funde an bestimmten Fundorten erklärte. Beachtenswert dabei ist der Versuch, seine Hypothese im Einklang mit seinen geologischen Gedankengängen zu halten, deren Kernstück ja bekanntlich das Zurückgehen der Weltmeere war: »... Alle die Knochentrümmer,... die in dem obern Sande des Erdreichs überall gefunden werden, sind, wie ich völlig überzeugt bin, aus der neuesten Epoche, welche aber doch gegen unsere gewöhnliche Zeitrechnung ungeheuer alt ist. In dieser war das Meer schon zurückgetreten ... Zu derselbigen Zeit setzte sich der Sand mit Lehm gemischt in allen breiten Tälern nieder... (und es) waren die Elephanten und Rhinozerosse auf den entblößten Bergen bei uns zu Hause, und ihre Reste konnten gar leicht die Waldströme in jene großen Stromtäler oder Seeflächen heruntergespült werden, wo sie mehr oder weniger mit dem Steinsaft durchdrungen sich erhielten...«[9] Eine wirklich fundierte Paläontologie gab es zur Zeit Goethes noch nicht, sie sollte erst ab etwa 1812 durch die Arbeiten von Georges Cuvier (1769–1832) begründet werden. So wagte Goethe eine Voraussage, die sich zwanzig Jahre später noch zu seinen

Lebzeiten erfüllen sollte. »... Es wird nun bald die Zeit kommen, wo man Versteinerungen nicht mehr durcheinander werfen, sondern verhältnismäßig zu den Epochen der Welt rangieren wird ...«[10] Auch er selbst begann Fundstücke zu sammeln. Im März 1783 schrieb er seinem Freund Carl Ludwig von Knebel (1744–1834): »... Könntest du mir nicht eine gute Beschreibung von dem Altdorfer Marmorbruch ... verschaffen, auch vielleicht einige merkwürdige Versteinerungen, die dort brechen. Gar zu gerne möchte ich eine Zeichnung des versteinerten Krokodilskopfes ... sehen, denn wahrscheinlich ist es der Kopf eines Physeters, dergleichen mehr versteinert vorkommen ...«[11] Tatsächlich gelang es Knebel, Goethe den gewünschten Kopf zur Ansicht übersenden zu lassen. Doch nun gerieten die beiden Freunde Merck und Goethe unvermeidbar in Konkurrenz zueinander. In einem Brief an Merck bedauerte Goethe, daß es ihm nicht geglückt sei, das fossile »Krokodil mit dem langen Schnabel« zu erwerben: »... Du bist zu loben, daß du ihn weggeschnappt hast ...«[12] Die Freundschaft der beiden sollte nicht ungetrübt bleiben. Beide begannen nach höheren Forschungszielen zu greifen, und Goethe sollte gegenüber Merck im weiteren Verlauf kein ganz offenes Spiel treiben. Jahrzehnte später resümierte er die eigenen Bemühungen: »Über die Forschung nach einer Urform der Säugetiere. Tägliches Gespräch mit Herder über die Uranfänge der Erde, das seine mühselige qualvolle Nachforschung erleichtert, ja versüßt ...«[13]

Der Schriftsteller Johannes Daniel Falk (1768–1826) überlieferte einen Ausspruch Goethes: »... Im ersten Bande von Herders ›Ideen zur Philosophie der Geschichte der Menschheit‹ sind viele Ideen, die mir gehören, besonders im Anfange. Diese Gegenstände wurden damals gemeinschaftlich durchgesprochen. Dazu kam, daß ich mich zu sinnlicher Betrachtung der Natur geneigter fühlte als Herder, der immer schnell am Ziele sein wollte und die Idee ergriff, wo ich kaum noch einigermaßen mit der Anschauung zustande war, wiewohl wir gerade durch diese wechselseitige Aufregung uns gegenseitig förderten ...«[14]

In der damaligen Zoologie wurde ein beunruhigendes Problem diskutiert: Nach der Schöpfungsgeschichte, die als buchstäblich wahr unterstellt wurde, hatte der Schöpfer jedwedes Lebewesen einzeln erschaffen. Überraschenderweise hatte er sich aber grundlegender Baupläne bedient, wobei die Anatomie des Menschen eine bestürzende Ähnlichkeit mit der anderer Säugetiere, insbesondere der der Affen, zeigte. Zwar glaubte auch Herder nicht an eine in Stufenfolgen gegliederte Entwicklung der Tiere, wohl aber an eine Abfolge der Gestaltungspläne der Schöpfung. Auf der Suche nach Unterschieden im Skelettbau zwischen Tier und Mensch hatte sich das besondere Augenmerk der damaligen Anatomie auf den Zwischenkieferknochen gerichtet. Nicht bei allen Säugetieren ist der Oberkiefer eine starre Einheit, oder wie Goethe sich ausdrückte, »ein Knochen«, sondern die Schneidezähne, oder ein Teil von ihnen, sind unabhängig vom übrigen Gebiß beweglich. Bei vielen höheren Tieren sind aber die drei Kieferteile zu einem verwachsen und die ursprüngliche Dreiteilung nur an den Nähten, den »Suturen«, zu erkennen. Da Goethe dem Bauplan des menschlichen Skeletts keine Sonderstellung einzuräumen bereit war, unternahm er eifrig osteologische Studien, um den mehr oder weniger verwachsenen Zwischenkieferknochen bei allen höheren Säugetieren nachzuweisen. Am 27. März 1784 schrieb er an Herder: »... muß ich Dich auf das eiligste mit einem Glück bekannt machen, das mir zugestoßen ist. Ich habe gefunden weder Gold noch Silber, aber was mir eine unsägliche Freude macht – das os intermaxillare am Menschen! Ich verglich mit Lodern Menschen- und Tierschädel, kam auf die Spur und siehe, da ist es. Nur bitt ich Dich, laß Dich nichts merken, denn es muß geheim behandelt werden. Es soll Dich auch recht herzlich freuen, denn es ist wie der Schlußstein zum Menschen, fehlt nicht, ist auch da! ...«[15]

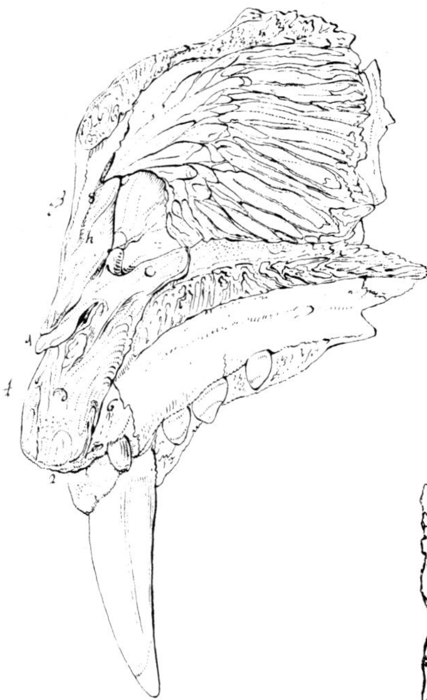

Zeichnung Goethes eines Zwischenkieferknochens in einem menschlichen Oberkiefer.

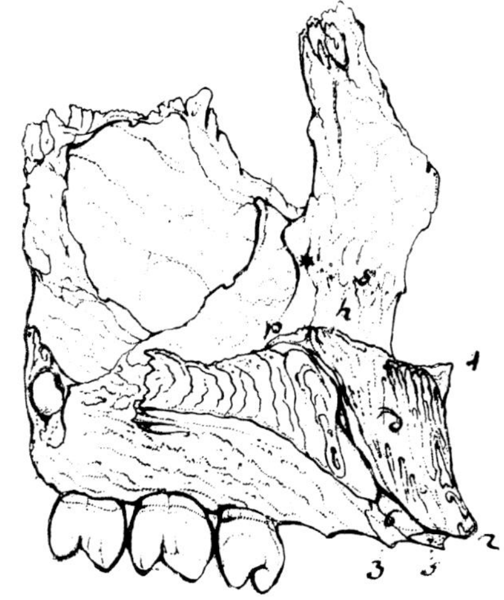

Wenn auch die Zeitgenossen leugneten, daß es im Gebiß des Menschen tatsächlich ein »Os intermaxillare«, einen Zwischenkieferknochen, geben könne, so war die Fachwelt doch bereit, Goethe die Entdeckung des Zwischenkieferknochens am Walroß zuzugestehen, wie ihn Goethe hier festgehalten hat.

Rechts unten: Menschlicher Kiefer mit Zwischenkieferknochen, Detailzeichnung von Goethes Hand.

Rechts außen: In diesen drei etwa um 1790 entstandenen Zeichnungen verglich Goethe die Zwischenkieferknochen an Prosimier-, Feliden- und Caniden-Schädeln.

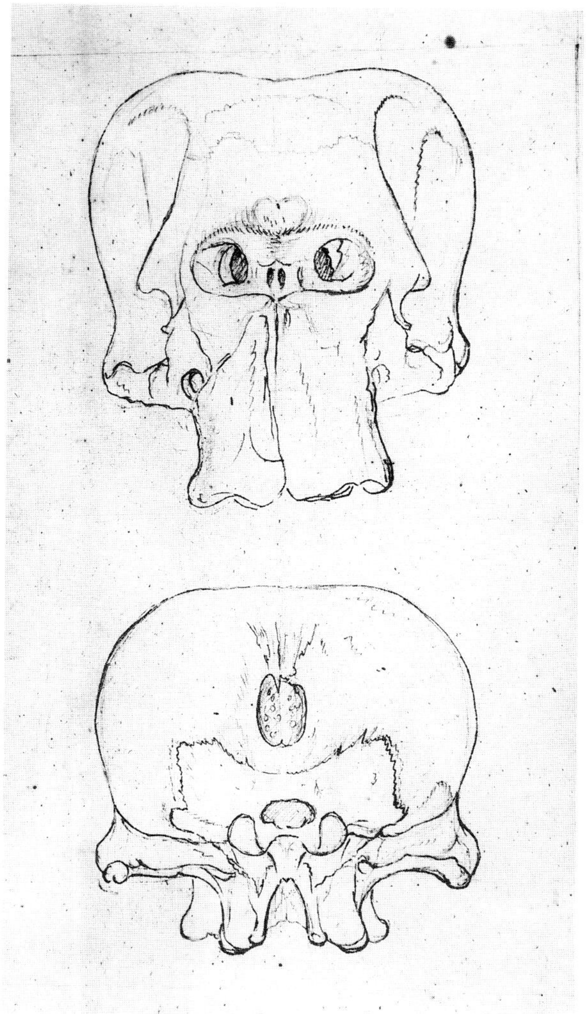

Zwischenkieferknochen am Schädel eines jungen Elefanten. Kupferstich von J. D. Schubert nach Goethe.

❞ ... ein ausgezeichneter Mann, Johann Friedrich Blumenbach, der sich mit Glück der Naturwissenschaft gewidmet, auch besonders die vergleichende Anatomie durchzuarbeiten begonnen, trat in seinem Kompendium auf Campers Seite und sprach dem Menschen den Zwischenknochen ab. Meine Verlegenheit wurde dadurch aufs höchste gesteigert, indem ein schätzbares Lehrbuch, ein vertrauenswürdiger Lehrer meine Gesinnungen, meine Absichten durchaus beseitigen sollte ... Aber ich bin ihm ... eine teilnehmende Belehrung schuldig geworden, indem er mich benachrichtigte, daß der Zwischenknochen bei wasserköpfigen Kindern von der obern Kinnlade getrennt, auch bei dem doppelten Wolfsrachen als krankhaft abgesondert sich manifestiert ... ❞

Principes de Philosophie Zoologique

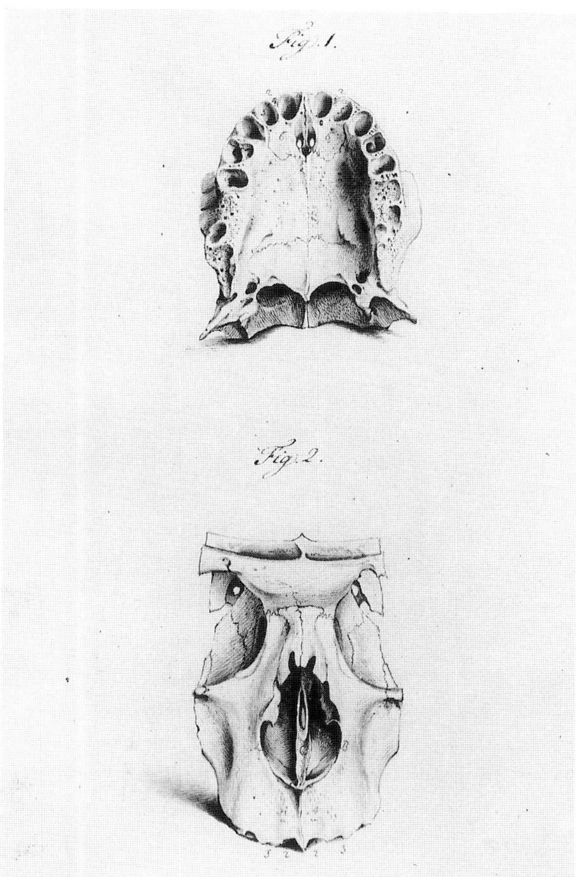

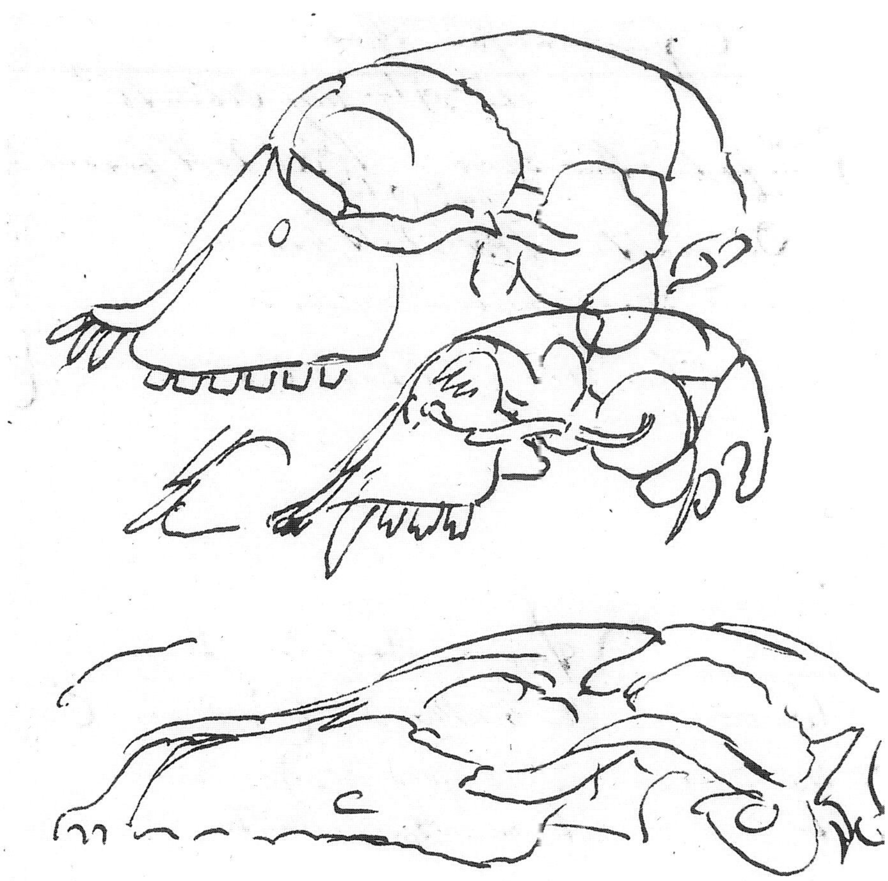

Charlotte von Stein ereilte ein eher vorsichtiger Brief: »... Es ist mir ein köstliches Vergnügen geworden, ich habe eine anatomische Entdekkung gemacht, die wichtig und schön ist. Du sollst auch dein Teil daran haben. Sage aber niemand ein Wort ...«[16]

Aus Merck versuchte er zusätzliches Beobachtungsmaterial herauszulocken, ohne ihm fairerweise die Entdeckung zu offenbaren: »... Schreibe mir doch, wie sitzt eigentlich das Horn des Rhinozeros auf dem Nasenknochen? ...«[17]

Goethes Einfluß auf seine unmittelbare Umgebung war beachtlich, wie einem Brief der Frau von Stein vom 1. Mai 1784 an Knebel zu entnehmen ist: »... Herders neue Schrift macht wahrscheinlich, daß wir erst Pflanzen und Tiere waren; was nun die Natur weiter aus uns stampfen wird, wird uns wohl unbekannt bleiben. Goethe grübelt jetzt gar denkreich in diesen Dingen, und jedes, was erst durch seine Vorstellung gegangen ist, wird äußerst interessant. So sind mirs durch ihn die gehässigen Knochen geworden und das öde Steinreich ...«[18] Ob Charlotte von Stein hier Herders Ideen recht großzügig interpretierte, oder ob – wie dieses Zitat anzudeuten scheint – Goethes Vorstellungen zu diesem Zeitpunkt über Herders Ansichten weit hinausreichten, ist umstritten. Die Beschaffung zusätzlichen Beobachtungsmaterials nahm zuweilen abenteuerliche Züge an und wurde auch auf Reisen betrieben. Aus Eisenach schrieb Goethe im Juni 1784 an Charlotte von Stein: »... Zu meiner großen Freude ist der Elephantenschädel von Kassel hier angekommen, und was ich suche, ist über meine Erwartung dran sichtbar. Ich halte ihn im innersten Zimmerchen versteckt, damit man mich nicht für toll halte. Meine Hauswirtin glaubt, es sei Porzellan in der ungeheuren Kiste ...«[19]

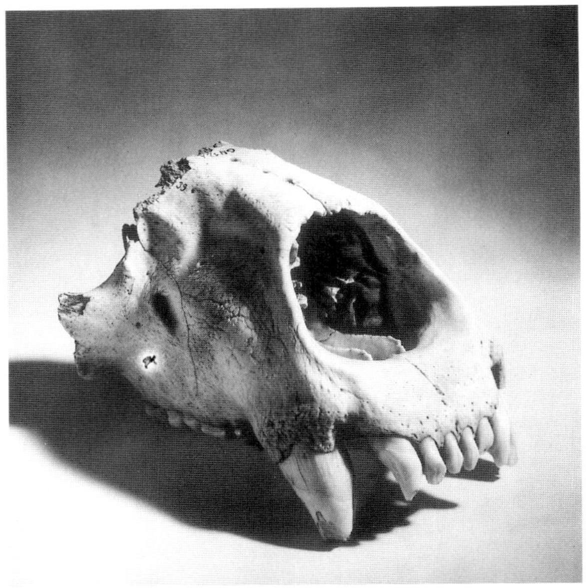

Drei Tierschädel aus der osteologischen Sammlung Goethes zur Demonstration des Zwischenkieferknochens im Schädel aller Säugetiere. Ein Eisbärenschädel (oben), Oberkiefer eines Löwen (unten links), Schädel eines Fuchses (unten rechts).

Das Doppelspiel gegen Merck fand seine Fortsetzung: »... Schicke mir den Schädel Deiner Myrmecophaga so bald als möglich ... Ich brauche ihn zu meiner Inauguraldisputation, durch welche ich mich bei Eurem docto corpore zu legitimieren gesonnen bin. Das eigentliche Thema halte ich noch geheim, um Euch eine angenehme Überraschung vorzubereiten ...«[20] Zwar ist nicht auszuschließen, daß Goethe tatsächlich an die Erwerbung eines weiteren akademischen Grades dachte, wahrscheinlicher ist allerdings, daß er hier zu einer List griff. Von Sömmerring erbat sich Goethe Schädel der Wildkatze, des Löwen, des Bären, des Ameisenbären, des Kamels, des Dromedars und des Seelöwen, um auch an ihnen »... den famosen Knochen ...« nachzuweisen, »... dessen Mangel dem Menschen einen Vorzug vor dem Affen geben soll ...«[21]

Den Inhalt seiner Abhandlung »Dem Menschen wie den Tieren ist ein Zwischenknochen der

Rechts:
Dieses von G. Dawe 1819 gemalte Portrait ist eine der wenigen Darstellungen, die nicht den in sich ruhenden »Olympier« Goethe zeigen, sondern auch etwas von seiner inneren Unruhe, seinem nie rastenden Getriebensein nach Wissen vermitteln.

obern Kinnlade zuzuschreiben«[22] faßte Goethe in einem Brief vom 17. November 1784 an Knebel zusammen: »... Ich habe mich enthalten, das Resultat, worauf auch Herder in seinen Ideen deutet, schon jetzo merken zu lassen, daß man nämlich den Unterschied des Menschen vom Tier in nichts Einzelnem finden könne. Vielmehr ist der Mensch aufs nächste mit den Tieren verwandt. Die Übereinstimmung des Ganzen macht ein jedes Geschöpf zu dem, was es ist, und der Mensch ist Mensch, so gut durch die Gestalt und Natur des letzten Gliedes seiner kleinen Zehe Mensch. Und so ist jede Kreatur nur ein Ton, eine Schattierung einer großen Harmonie, die man auch im ganzen und großen studieren muß, sonst ist jedes einzelne ein toter Buchstabe ...«[23] Offenbar wollte Goethe der geistlichen Obrigkeit nicht unangenehm auffallen.

Merck hatte anfänglich die allgemeine Lehrmeinung geteilt, beim Menschen würde der Zwischenkieferknochen fehlen. Nachdem er jedoch eine Abschrift von Goethes Aufsatz erhalten hatte, handelte er selbst den Zwischenkieferknochen in zwei Traktaten ab. Arglos nahm er offenbar an, diese Entdeckung bei seinen Arbeiten selbst gemacht zu haben, die Goethe wiederum nur aus seinen Briefen entnommen haben konnte. Da Goethe später die Briefe Mercks verbrannte, läßt sich hier zur Wahrheitsfindung nichts mehr beitragen. Jedenfalls nahm Goethe dann diese Kontroverse übel, und die Freundschaft blieb für immer getrübt.

Es war Goethe nicht vergönnt, die Fachwelt zu überzeugen. Der berühmte Anatom Petrus Camper (1722–1789) gestand ihm zwar die Entdekkung des Zwischenkieferknochens beim Walroß zu – was ja bezogen auf die religiöse Komponente dieses Problems ganz unbedenklich war –, leugnete aber wie die meisten Zeitgenossen die Existenz des Zwischenkieferknochens beim Menschen. Da Goethe seine Arbeit erst Jahrzehnte später (1820) in Druck gab, und sie zunächst nur als Handschrift zirkulierte, zeitigte seine Erkenntnis vorerst keine sonderliche Wirkung.

Goethe weitete seine biologischen Forschungen aus und wandte sich dem intensiven Studium der Infusionstierchen zu. Außerdem beteiligte er sich an einer Fülle von anatomischen Einzeluntersuchungen, von denen Makaber-Ergötzliches überliefert ist. Im Dezember 1785 schrieb Loder an Knebel, es habe sich ergeben, »... daß sich um Michael im Altenburgischen ein im sechsten Monat schwangeres Mädchen ersäufte, deren Kadaver ich aufs anatomische Theater bekam. Ich demonstrierte daran zuerst der halben Welt und konservierte dann den ganzen Leib mit dem Uterus und Kind in einem zinnernen

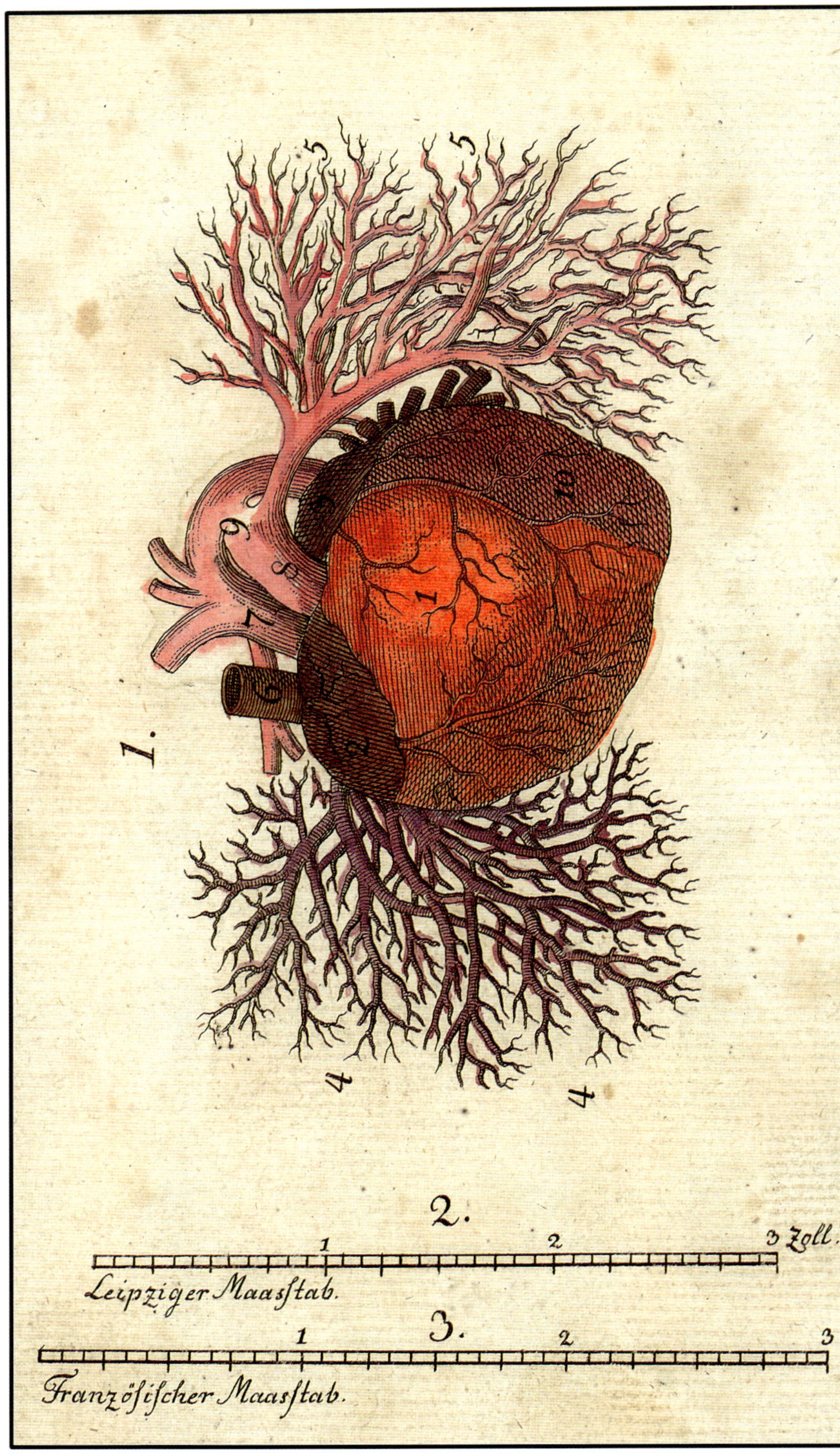

Besondere Aufmerksamkeit widmeten die Zoologen und Anatomen in der Epoche Goethes der Präparierung und Konservierung von Gefäßen, Gefäßsystemen und ganzen Organen durch Ausspritzen mit versteifenden und konservierenden Massen, wie hier am Herzen und Blutsystem eines kleinen Nagers demonstriert. Auch an solchen Experimenten beteiligte sich Goethe, als Nikolaus Meyer 1799 im Hause am Frauenplan mit seiner Hilfe an der Dissertation »Vorläufige Bemerkungen zur Anatomie der Mäuse« arbeitete.

„ ... Gestern haben die Ratten zu maneuvrieren angefangen; da ich nun auf alle solche in- und ausländischen Tiere sehr präpariert bin, habe ich mich sogleich einiger bemächtigt, sie seziert, um ihren innern Bau kennen zu lernen, die andern hab ich wohl beobachtet, und ihre Art, die Schwänze zu tragen, bemerkt, daß ich gute physiologische Rechenschaft davon werde geben können. Ich hoffe in diesen wenigen Tagen noch einige Szenen, um die Erscheinung recht rund zu kriegen. Ich erstaune, wie das Plumpste so fein, das Feinste so plump zusammenhängt. So still bin ich lange nicht gewesen, und wenn das Auge Licht ist, wird der ganze Körper licht sein et vice versa ... "

Brief an Charlotte von Stein

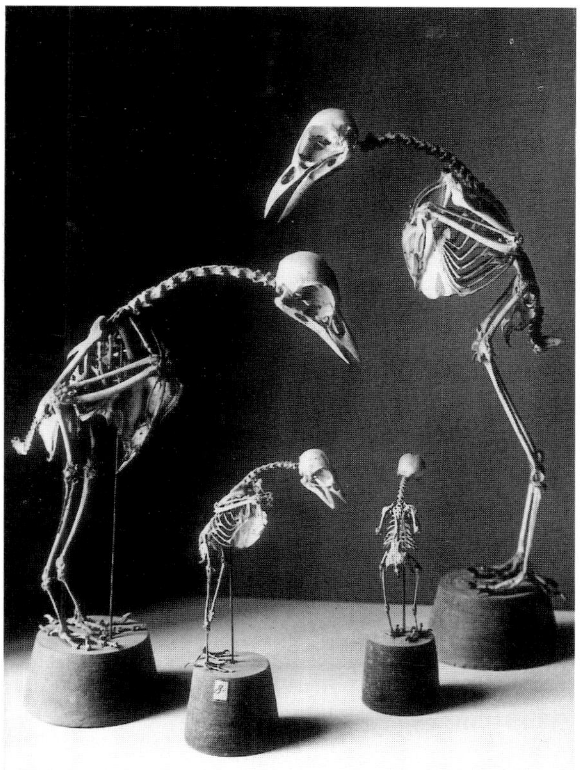

Vogelskelette aus der Sammlung Goethes. Die meisten dürfte er wohl selbst präpariert haben. Jedenfalls wäre er dazu in der Lage gewesen, wie wir aus einem Brief vom 11. März 1781 wissen, in dem er seine anatomischen Studien nach einer Rattenjagd beschrieb (siehe obenstehendes Zitat).

„ ... Landesverräter mögen gevierteilt werden, aber gefallene Mädchen in tausend Stücke anatomisch zu zerfetzen, will sich nicht mehr ziemen ... Ein kleiner Italiener, der zu einer in London wohlbekannten Gesellschaft wandernder Sänger gehörte, war seit einigen Tagen verschwunden. Vergeblich stellten seine Verwandten Nachforschungen nach ihm an, als man auf einmal seinen Leichnam in einem Hospitale wiedererkannte, durch Hilfe einiger Zöglinge aus demselben, an welche die Reserrectionisten – Auferstehungsmänner, Leichendiebe – ihn als einen frisch aus dem Grabe aufgescharrten Leichnam verkaufen wollten. Da man an der Leiche des unglücklichen Kindes fast keine Spur eines gewaltsamen Todes entdecken konnte, so lag kein Zweifel vor, daß es lebend in die Hände der Ersticker gefallen sei und daß es so der Gegenstand der furchtbarsten Spekulation geworden sei ... "

Schriften zur Kunst

Kasten voll Branntwein, worin alles, wie Herr Geheimer Rat von Goethe sagt, in einer Sauce schwimmt ...«[24]

Die Begegnung mit der Kunst der Antike auf der Italienischen Reise entfachte das Interesse an der ästhetischen Seite der Anatomie. Am 20. Januar 1787 notierte Goethe: »... In dem großen Lazarett San Spirito hat man den Künstlern zulieb einen sehr schönen Muskelkörper dergestalt bereitet, daß die Schönheit desselben in Verwunderung setzt. Er könnte wirklich für einen geschundenen Halbgott ... gelten ...«[25]

In Rom widmete sich Goethe erneut dem anatomischen Zeichnen, diesmal jedoch nicht zur Vertiefung entsprechender Kenntnisse, sondern zur besseren Einschätzung der Proportionen klassischer Statuen und zur Vervollkommnung seiner eigenen Zeichenkunst. Auch nach seiner Rückkehr setzte er diese Studien bei Professor Loder in Jena fort. Seinen Arbeiten über die »Metamorphose der Pflanzen« wollte er eine ebensolche über die »Metamorphose der Tiere« gegenüberstellen. Schon im Februar 1790 hielt er fest: »... Im Studio bin ich viel weiter vorwärts und hoffe übers Jahr eine Schrift über die Gestalt der Tiere herauszugeben ...«[26] Der geringe Widerhall seiner botanischen Studien bei der Fachwelt ließ ihn resignierend hinzufügen: »... Ich brauche aber wahrscheinlich Zeit und Mühe, eh ich mit meiner Vorstellungs Art werde durchdringen können ...«

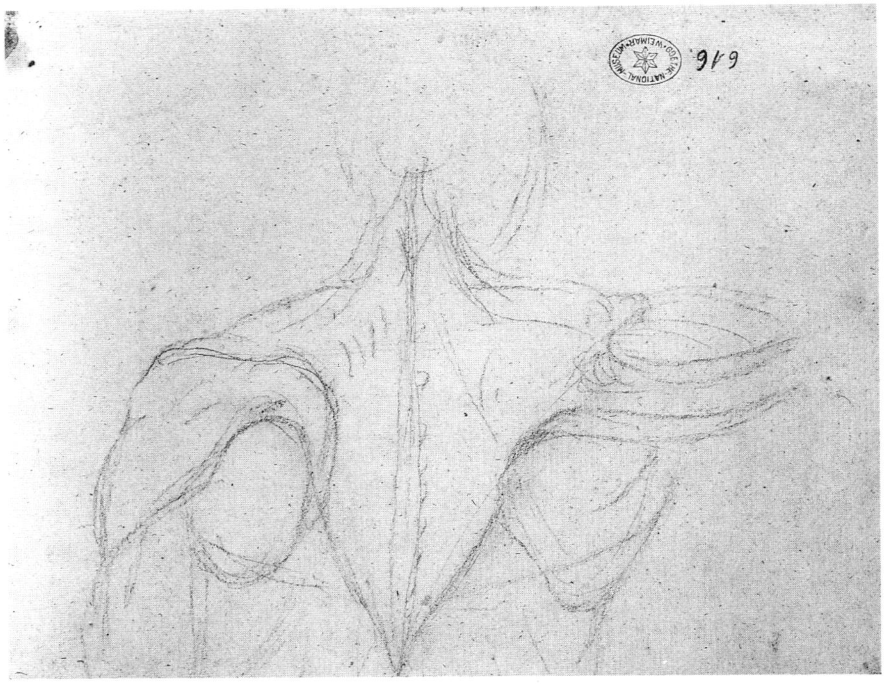

Studie der Rückenmuskulatur eines Mannes aus dem anatomischen Skizzenbuch, das Goethe auf der großen Italienischen Reise führte.

Der Frühling des Jahres 1790 führte Goethe abermals nach Italien, um die von Rom kommende Herzoginmutter Anna Amalia von Venedig zurück nach Weimar zu geleiten. Am 30. April schrieb er an Charlotte von Kalb: »... Sagen Sie Herdern, daß ich der Tiergestalt und ihren mancherlei Umbildungen um eine ganze Formel näher gerückt bin und zwar durch den sonderbarsten Zufall. Auch habe ich durch die Betrachtung der Fische und Seekrebse viel gewonnen ...«[27]

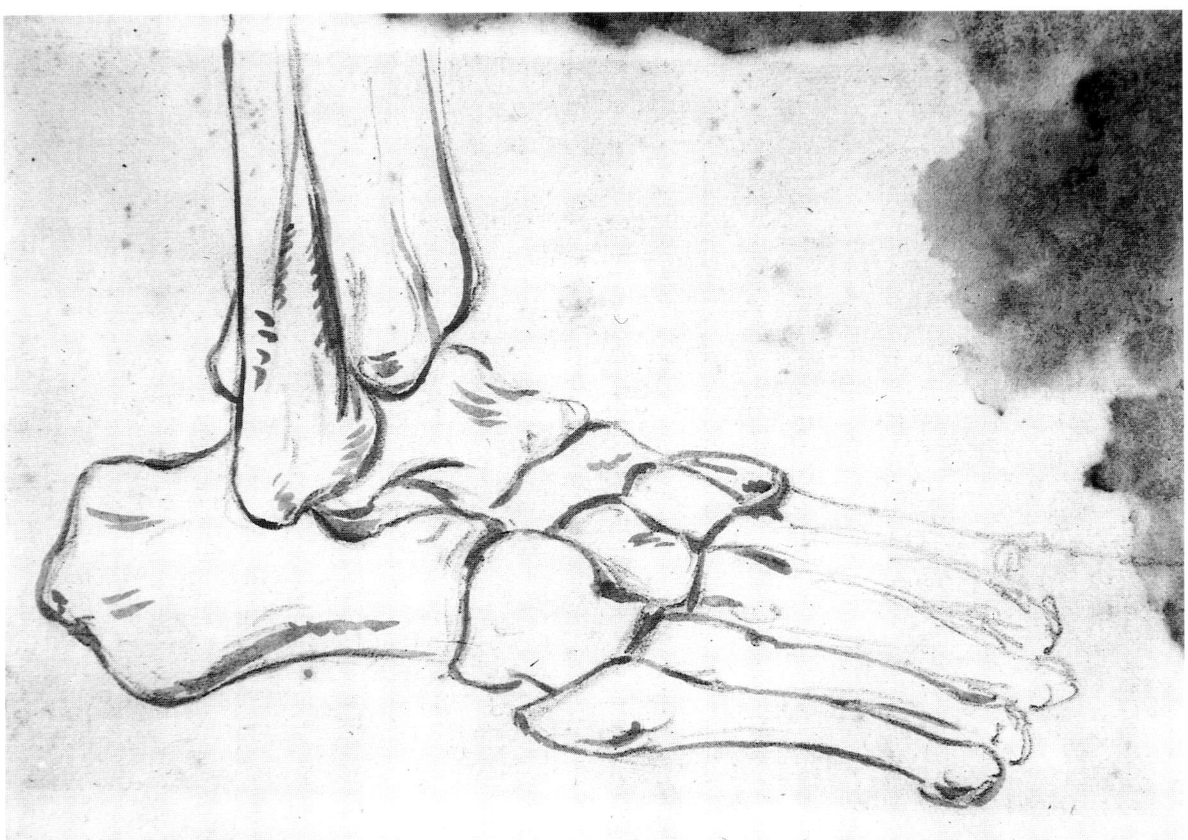

Fußknochen aus demselben Skizzenbuch.

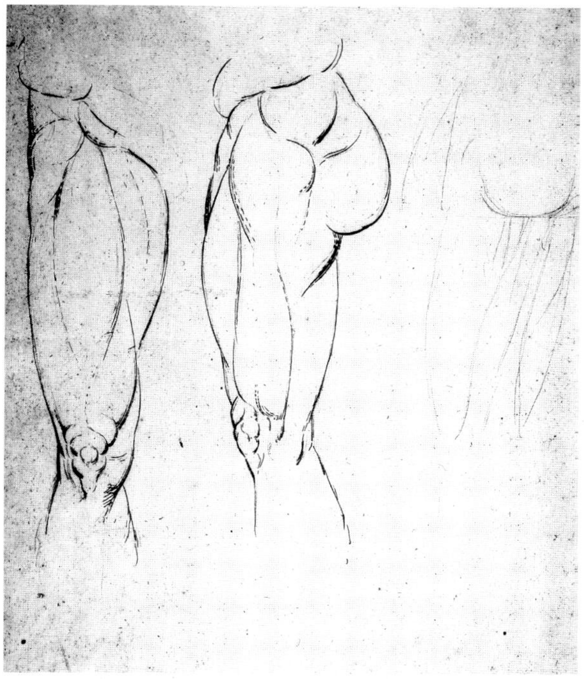

Gesäß- und Beinmuskulatur aus dem anatomischen Skizzenbuch der Italienischen Reise.

Kniemuskulatur aus diesem Skizzenbuch.

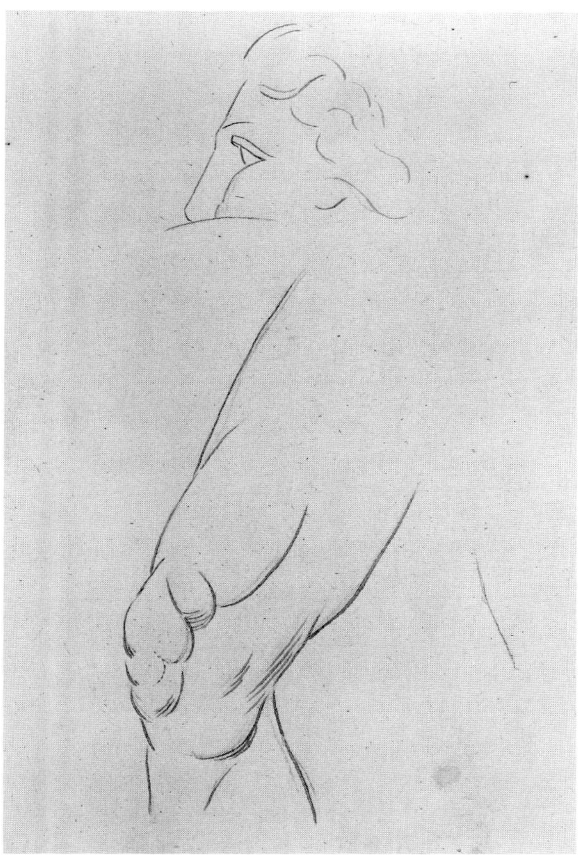

METAMORPHOSE DER TIERE

»... Zweck sein selbst ist jegliches Tier, vollkommen entspringt es
Aus dem Schoß der Natur und zeugt vollkommene Kinder ...
Doch im Innern befindet die Kraft der edlern Geschöpfe
Sich im heiligen Kreise lebendiger Bildung beschlossen.
Diese Grenzen erweitert kein Gott, es ehrt die Natur sie;
Denn nur also beschränkt war je das Vollkommene möglich.

Doch im Inneren scheint ein Geist gewaltig zu ringen,
Wie er durchbräche den Kreis, Willkür zu schaffen den Formen
Wie dem Wollen; doch was er beginnt, beginnt er vergebens.
Denn zwar drängt er sich vor zu diesen Gliedern, zu jenen,
Stattet mächtig sie aus, jedoch schon darben dagegen
Andere Glieder, die Last des Übergewichtes vernichtet
Alle Schöne der Form und alle reine Bewegung.
Siehst du also dem einen Geschöpf besonderen Vorzug
Irgend gegönnt, so frage nur gleich, wo leidet es etwa
Mangel anderswo, und suche mit forschendem Geiste,
Finden wirst du sogleich zu aller Bildung den Schlüssel.
Denn so hat kein Tier, dem sämtliche Zähne den obern
Kiefer umzäunen, ein Horn auf seiner Stirne getragen,
Und daher ist den Löwen gehörnt der ewigen Mutter
Ganz unmöglich zu bilden und böte sie alle Gewalt auf;
Denn sie hat nicht Masse genug, die Reihen der Zähne
Völlig zu pflanzen und auch Geweih und Hörner zu treiben.
Dieser schöne Begriff von Macht und Schranken, von Willkür
Und Gesetz, von Freiheit und Maß, von beweglicher Ordnung,
Vorzug und Mangel, erfreue dich hoch ...«

Gott und Welt

Goethes Schreiber und Diener Georg Paul Götze (1761–1835) hatte sich beim Besuch des Lido von Venedig einen wenig geschmackvollen Scherz erlaubt: »... Durch einen sonderbar glücklichen Zufall, daß Götze zum Scherz auf dem Judenkirchhof ein Stück Tierschädel aufhebt und ein Späßchen macht, als wenn er mir einen Judenkopf präsentierte, bin ich einen großen Schritt in der Erklärung der Tierbildung vorwärts gekommen. Nun stehe ich wieder vor einer andern Pforte, bis mir auch dazu das Glück den Schlüssel reicht ... Sobald ich nach Hause komme, fange ich an zu schreiben und hoffe, daß unterm Schreiben mir noch manches darbieten soll ...«[28], teilte Goethe am 4. Mai 1790 Herders Frau Karoline mit. Und aufjubelnd fügte er später in seinen Tag- und Jahrheften an: »... meinen alten, durch Erfahrung bestärkten Glauben wieder auffrischte, welcher sich fest darauf begründet, daß die Natur kein Geheimnis habe, was sie nicht irgendwo dem aufmerksamen Beobachter nackt vor die Augen stellt ...«[29]

Einen solchen »sonderbar glücklichen Zufall« pflegte Goethe ein »Aperçu« zu nennen. In seiner »Geschichte der Farbenlehre« führte er später in dem Kapitel »Galileo Galilei«, nach lobenden Worten über Galileis Beobachtungen an einem schwingenden Kirchenlüster, aus: »... Alles kommt in der Wissenschaft auf das an, was man ein Aperçu nennt, auf ein Gewahrwerden dessen, was eigentlich den Erscheinungen zum Grunde liegt. Und ein solches Gewahrwerden ist bis ins Unendliche fruchtbar.«[30]

Goethes Forschungen lagen im Trend seiner Zeit. Der französische Gelehrte Etienne Geoffroy Saint-Hilaire (1772–1844) war Anhänger einer Deszendenztheorie, die im wesentlichen Jean Baptiste de Monet, Chevalier de Lamarck (1744–1829), entwickelt hatte. Geoffroy lehrte, daß die gegenwärtig lebenden Tiere von den ausgestorbenen Arten, die man anhand fossiler Funde untersuchen könne, durch eine Reihe von Umwandlungsprozessen allmählich verschieden geworden seien. Dabei vertrat er die Behauptung, daß es so etwas wie einen allen Tieren gemeinsamen Bauplan gäbe, dessen sich die Natur selbst bei sehr entfernt verwandten Arten bedienen würde. Diesen Ansichten widersprach Cuvier, der 1830 vehement gegen die Theorie von der »Einheit des Bauplans« auftrat. Es folgte eine erbitterte, sich über zwei Jahre hinziehende Auseinandersetzung im Schoße der Pariser Akademie der Wissenschaften, die als »Pariser Akademiestreit« in die Wissenschaftsgeschichte einging. Die beiden Kampfhähne waren gefährlich aneinandergeraten, und Goethe stellte verwundert fest: »... In diesem Heiligtum der Wissenschaften, wo alles in Gegenwart eines zahlreichen Publikums auf das anständigste vorzugehen pflegt, wo man mit der Mäßigung, ja der Verstellung wohlerzogener Menschen sich begegnet, die Verschiedenheit der Meinungen nur mit Maß erwidert, das Zweifelhafte eher beseitigt als bestreitet, hier ereignete sich über einen wissenschaftlichen Punkt ein Streit, der persönlich zu werden droht, aber genau besehen weit mehr bedeuten will.«[31] Kurz, es flogen die Fetzen.

Goethe, der diese Auseinandersetzung aufmerksam verfolgte, erkannte, daß es sich hier letztlich um eine Kontroverse zwischen der »induktiven« und der »deduktiven« Naturforschung handelte. Er versuchte 1832, in seinem letzten Lebensjahr, in einer später berühmt gewordenen Abhandlung »Principes de Philosophie zoologique«[32] zwischen den beiden Standpunkten zu vermitteln und schlug vor, statt des Begriffes »Bauplan« die Bezeichnung »Typus« zu verwenden und weder die »Form eines Organs« wie Geoffroy, noch die »Funktion« wie Cuvier als etwas Bestimmendes anzusehen, sondern die Wechselwirkung beider. Nach Meinung von Historikern der Biologie[33] fand Goethe eine zeitlos gültige grundsätzliche Charakteristik der beiden diametral entgegengesetzten Forschungsrichtungen: »... Es offenbart sich hier der immerfortwährende Konflikt zwischen den zwei Denkweisen, in die sich die wissenschaftliche Welt schon lange trennt ... jener (das heißt Cuvier) geht aus dem Einzelnen in ein Ganzes, welches zwar vorausgesetzt, aber nie als erkennbar betrachtet wird; dieser (das heißt Geoffroy) hegt das Ganze im inneren Sinne und lebt in der Überzeugung fort: das Einzelne könne daraus nach und nach entwickelt werden ... Was aber den Zwiespalt unheilbar macht, dürfte wohl folgendes sein. Da der Unterscheidende durchaus sich mit Faßlichem abgibt, das, was er leistet, belegen kann, keine ungewöhnlichen Ansichten fordert, niemals was paradox erscheinen möchte vorträgt, so muß er sich ein größeres, ja ein allgemeineres Publikum erwerben; dagegen sich jener mehr und mehr als Eremiten findet, der selbst mit denjenigen, die ihm beipflichten, sich nicht mehr zu vereinigen weiß ...«[34] Ein wenig läßt dieses Zitat erahnen, daß sich Goethe wissenschaftlich eher auf der Seite des Eremiten sah.

Die ungeheure Bedeutung, die diese Auseinandersetzung für Goethe hatte, belegt eine Aufzeichnung Johann Peter Eckermanns (1792 bis 1854), seit 1823 Vertrauter und literarischer Gehilfe Goethes, vom 2. August 1830. Soeben hatte Eckermann vom Ausbruch der Juli-Revolution in Frankreich erfahren. Eckermann begab sich mit dieser Neuigkeit zu Goethe, der dem Eintretenden entgegenrief: »... Der Vulkan ist zum Aus-

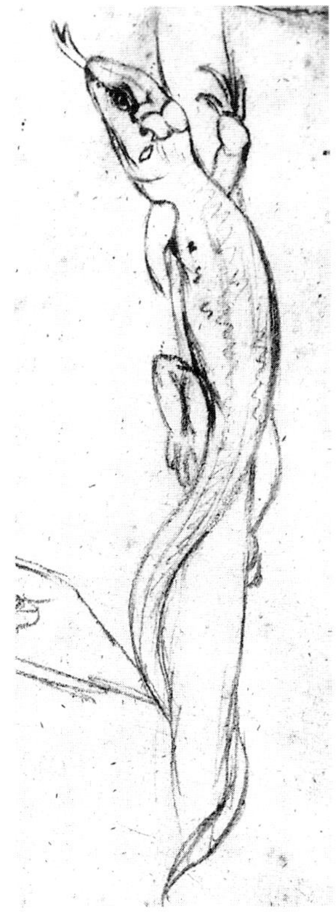

Eine Tagebucheintragung Goethes läßt vermuten, daß er diese Eidechse am 9. März 1797 zeichnete.

Rechts:
Ansicht eines Delphinschädels von oben. In der Mitte ist der Zwischenkieferknochen zu erkennen.

Besonders akkurat ausgeführte Zeichnung eines menschlichen Rückenwirbels. Goethe stellte die Theorie auf, der Schädel von Säugetieren habe sich aus drei Wirbeln herausgebildet. Diese Aussage hat sich in dieser einfachen Form nicht halten können.

bruch gekommen; alles steht in Flammen, und es ist nicht ferner eine Verhandlung bei geschlossenen Türen!« Eckermann wähnte, diese Auslassungen bezögen sich auf die Revolution und gab eine langatmige politische Analyse zum Besten: »Wir scheinen uns nicht zu verstehen...«, erwiderte Goethe, »... Ich rede von dem in der Akademie zum öffentlichen Ausbruch gekommenen, für die Wissenschaft so höchst bedeutenden Streit zwischen Cuvier und Geoffroy de Saint-Hilaire«.[35]

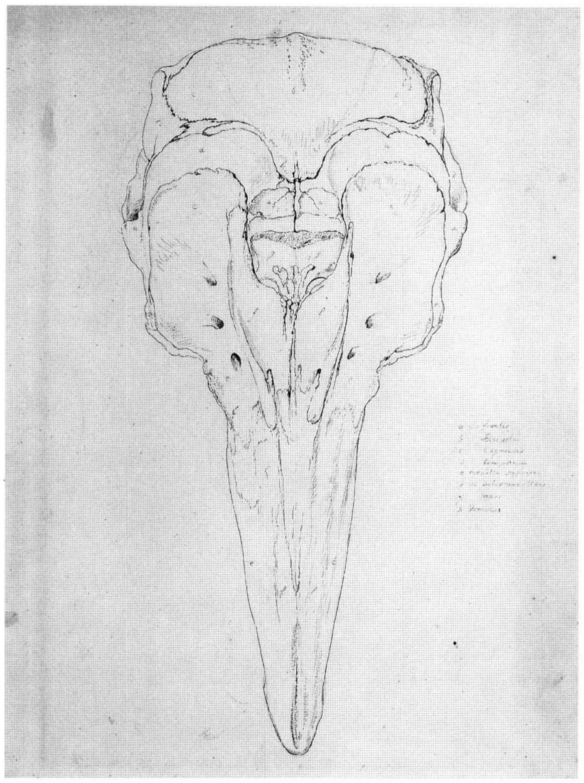

” ... Die drei hintersten erkannt ich bald, aber erst im Jahre 1791, als ich aus dem Sand des dünenhaften Judenfriedhofs von Venedig einen zerschlagenen Schöpsenkopf aufhob, gewahrt' ich augenblicklich, daß die Gesichtsknochen gleichfalls aus Wirbeln abzuleiten seien, indem ich den Übergang vom ersten Flügelbeine zum Siebbeine und den Muscheln ganz deutlich vor Augen sah; da hatt' ich denn das ganze im Allgemeinsten beisammen ... ”

Italienische Reise

” Wenn jemand zu unserer Zeit seine Überzeugung ausspricht: daß noch jetzt eine Entstehung neuer Organismen stattfinde und fortwähre, so werden ihm gewiß viele beistimmen; denn durch die Vorstellung einer sukzessiven Schöpfung, welche jetzt ihre Bekenner hat, wird eine immer fortdauernde schon eingeleitet. Auch sollte, da man neue entstehende Welten in den unendlichen Räumen annimmt, die Entstehung neuer Tiere und Pflanzen auf unserm beschränkten Erdkörper nicht allzu paradox erscheinen.

Jede Idee hat das Recht, sich an der Erfahrung zu prüfen, aber es ist zu wünschen, daß solches nicht streng dogmatisch und in Form scharfen Beweises geschehe. Stelle der Naturfreund seine Ansichten ruhig dar, als wenn sie individuell wären, und erwarte die Beistimmung von Geistesverwandten. Nötigen läßt sich doch niemand zum Beifall, und jede Überzeugung ist nach Beweisen auf Beweise doch zuletzt ein Akt des Willens ... ”

Konzept zu einem Brief an den Privatgelehrten August Michael Tauscher

»... Das Pflanzenreich rast einmal wieder in meinem Gemüte, ich kann es nicht einen Augenblick loswerden, mache aber auch schöne Fortschritte ...«

Die Metamorphose der Pflanzen

In Goethes Nachlaß fand sich ein »Schema« als Entwurf zu einem dann doch nicht verfaßten Artikel »Ästhetische Pflanzen Ansicht«, in welchem er sein Studium der Botanik mit dem wesentlichen Antrieb »... von Kindheit auf in bezug mit Staffeleimalern, besonders einem Blumenmaler ...«[1] begründete.

Aus der kleinen Schrift »Der Verfasser teilt die Geschichte seiner botanischen Studien mit«[2] erfährt man Goethes weitere Motivation zur Erforschung der Pflanzenkunde: »In das tätige Leben jedoch sowohl als in die Sphäre der Wissenschaft trat ich eigentlich zuerst, als der edle Weimarische Kreis mich günstig aufnahm; wo ... mich der Gewinn beglückte, Stuben- und Stadtluft mit Land-, Wald- und Gartenatmosphäre zu vertauschen.«[3]

An den kleinen Höfen jener Zeit spielte die Jagd eine beherrschende Rolle. Der jugendlich ungebärdige Herzog Carl August, Goethe und der Statthalter von Erfurt, Karl Theodor von Dalberg, durchstreiften gemeinsam das Land: »... Schon der erste Winter gewährte die raschen geselligen Freuden der Jagd, von welchen ausruhend man die langen Abende nicht nur mit allerlei merkwürdigen Abenteuern der Wildbahn, sondern auch vorzüglich mit Unterhaltung über die nötige Holzkultur zubrachte ...«[4]

In dem wirtschaftlich darniederliegenden Herzogtum war Holz ein wichtiger Faktor, doch nicht überall gedieh guter Hochwald. Goethe erkannte, daß das Vorkommen bestimmter Waldpflanzen vom jeweiligen Standort abhing, was sein Interesse an der Bodenkunde vertiefte, »... zumal, da auch die angehende Geologie in jugendlicher Bestrebsamkeit sich bemühte, Rechenschaft von dem Grund und Boden zu geben, worauf diese uralten Wälder sich angesiedelt ...«[5]

Doch der Wald bedeutet ja nicht Holz allein. Die vielfältige Nutzung dieser pflanzlichen Lebensgemeinschaft erregte Goethes Interesse: Die Gewinnung des Terpentins zum Beispiel durch Destillation des gezielt geernteten Harzes ließ ihn darüber nachsinnen, welche Aufgaben diesen »balsamischen Säften« wohl im lebenden Baum zukämen. Auch das Treiben der Enzianbrenner, »... geheimnisvoll nach Rezepten arbeitende Laboranten ...«,[6] und die Herstellung von Likören, Schnäpsen und sonstigen heilenden »Balsamen« vermochten ihn zu fesseln. Überhaupt war für Goethe die Botanik eng mit Geologie, Pharmazie und Chemie verbunden. Es nimmt daher nicht wunder, daß er seinem frühen pharmazeutisch-chemischen Ratgeber ausgerechnet in der Geschichte seiner botanischen Studien ein literarisches Denkmal setzte: »... Dr. Buchholz, Besitzer

Der Kupferstich von Georg Melchior Kraus (1733–1806) »Bey Tiefurth« stellt das Denkmal für Herzog Leopold von Braunschweig dar, der 1785 ertrunken war.

In dem Stich »An der Klause im Herzogl. Park bey Weimar« von Georg Melchior Kraus, ist das »Luisenkloster« dargestellt, errichtet nach Goethes Intentionen zum sogenannten »Luisenfest« am 9. Juli 1778 anläßlich des Namenstages der Herzogin. Beide Abbildungen Goethe-Museum, Düsseldorf.

der damals einzigen Apotheke, wohlhabend und lebenslustig, richtete mit ruhmwürdiger Lernbegierde seine Tätigkeit auf Naturwissenschaften ... Chemie und Botanik gingen damals vereint aus den ärztlichen Bedürfnissen hervor, und wie der gerühmte Dr. Buchholz von seinem Dispensatorium sich in die höhere Chemie wagte, so schritt er aus den engen Gewürzbeeten in die freiere Pflanzenwelt ...«[7]
Carl August – »... der junge, schon früh den Wissenschaften sich hingebende Regent ...«[8] – regte die Gestaltung eines kleinen botanischen Gartens an, was Goethe wiederum veranlaßte, sich noch intensiver mit Botanik zu beschäftigen. So vertiefte er sich zunächst in die Werke der großen naturkundlichen Schriftsteller seiner Zeit: »... war auch ich genötigt, über botanische Dinge immer mehr und mehr Aufklärung zu suchen. Linnés Terminologie, die Fundamente, worauf das Kunstgebäude sich stützen sollte, Johann Geßners Dissertationen zur Erklärung Linnéischer Elemente, alles in einem schmächtigen Hefte vereinigt, begleiteten mich auf Wegen und Stegen ... Linnés Philosophie der Botanik war mein tägliches Studium ...«[9]
In seinem Garten an der Ilm gab sich Goethe der praktischen Botanik hin. Mit großer Ausdauer und Liebe gartelte er und verschenkte gern das von ihm gezogene Obst und die selbst geernteten Feldfrüchte. Reichlich oft bekam Charlotte von Stein von Goethe »gestoppelten« Spargel, offenbar sein Lieblingsgemüse. Die Zeit war geprägt von höchster Gartenkultur. Gewissermaßen unter den Augen Goethes – der Hof von Weimar unterhielt freundschaftliche Beziehungen zu Fürst Leopold III. von Anhalt-Dessau – schuf der Architekt Friedrich Wilhelm Freiherr von Erdmannsdorff, einer der bedeutendsten Vertreter des Frühklassizismus, in den Jahren 1769 bis 1773 Schloß Wörlitz und dessen berühmten Garten. Landschaftskompositionen dieser Anlage verwendete Goethe später als Kulisse für Romanszenen seiner »Wahlverwandtschaften«. In seinem dramatischen Gedicht »Der Triumph der Empfindsamkeit«[10] machte er sich allerdings über diesen Garten lustig, obgleich ihn dies wiederum nicht hinderte, an der Ausgestaltung der Parkanlagen in Weimar lenkend teilzunehmen, ja zuweilen sogar selbst Hand anzulegen.
In der Stichwortsammlung zur »Ästhetischen Pflanzen Ansicht« setzte er Botanik und Kunst in Zusammenhang: »Blumistische Gärtner. Höchster Wert auf die Schönheit der Kronen, ihre regelmäßige Zeichnung, Glanz und Fülle gerichtet. Dem Künstler vorgearbeitet. Ihm einen würdigen Gegenstand verschafft ... Die Kunstliebhaber sind zugleich Botanophile ...«[11]

„... Am meisten freut mich jetzt das Pflanzenwesen, das mich verfolgt; und da ists recht, wie einem eine Sache zu eigen wird. Es zwingt sich mir alles auf, ich sinne nicht mehr darüber, es kommt mir alles entgegen, und das ungeheure Reich simplifiziert sich mir in der Seele, daß ich bald die schwerste Aufgabe gleich weglesen kann ...“

An Charlotte von Stein

„... Vorwärts und rückwärts ist die Pflanze immer nur Blatt, mit dem künftigen Keime so unzertrennlich vereint, daß man eins ohne das andere nicht denken darf ...“

Italienische Reise III

„... Die Gliederung der edleren Pflanze ist hier nicht eine fortgesetzte Wiederholung des unveränderten Selbigen ins Unendliche. Gliederung ohne Steigerung gibt uns kein Interesse, wir landen da, wo uns am meisten zugesagt ist: gesteigerte Gliederung, sukzessive gegliederte Steigerung, dadurch Möglichkeit einer Schlußbildung, wo denn abermals das Viele vom Vielen sich sondert, aus dem einen das Viele hervortritt. Mit diesem Wenigen sprechen wir das ganze Pflanzenleben aus ...“

Fragmente zur Botanik

„... Nach einer Übereinkunft mit ihm (Anmerkung: Prof. Voigt) habe das Gartenhaus zur oberaufsichtlichen Wohnung genommen und sehe also täglich, was geschieht und was Not ist. Genau betrachtet erscheint diese Anstalt so klein, daß außer dem Direktor ein gelernter Kunstgärtner eher hinderlich als förderlich wird. Voigt ist jetzt immer im Garten, ordnet an, alles geschieht nach seinem Sinne und keine Mißhelligkeit ist denkbar. Die Studenten wenden sich an ihn, sie attachieren sich an den Lehrer, weil keine Mittelsperson Entfremdung verursacht ...“

Brief an Carl August

Einen kenntnisreichen und anregenden Gesprächspartner fand Goethe in August Karl Batsch (1761–1802), später Professor in Jena, den er bei dem von ihm selbst in Weimar eingeführten Schlittschuhlaufen, »... damals dem Versammlungsort guter Gesellschaft ...«,[12] kennengelernt hatte. Wegweisend sollte auch die Auseinandersetzung mit den Gedanken des in der Fülle seiner Bibliothek fast erdrückten Hofrates Christian Wilhelm Büttner (1716–1801) werden, da dieser an den starren Schemata Linnés seine Zweifel hatte und daher »... dessen System niemals angenommen, vielmehr sich bemüht habe, die Anordnung der Gewächse nach Familien zu bearbeiten, von den einfachsten fast unsichtbaren Anfängen in das Zusammengesetzteste und Ungeheuerste fortschreitend. Ein Schema hiervon zeigte er gern ..., worin die Geschlechter nach diesem Sinne gereiht erschienen, mir zu großer Erbauung und Beruhigung ...«[13]
Die damalige Brisanz solcher Betrachtungen ist heute schwer nachvollziehbar. Man muß sich vergegenwärtigen, daß die Amtskirchen immer noch in der recht schlichten Vorstellung verharrten, der Schöpfungsbericht der Bibel sei buchstäblich wahr, die Fülle aller Pflanzen mithin von Anfang an vorhanden gewesen und deren Ähnlichkeiten untereinander demnach nur eine Art Laune des Schöpfers. Die Vorstellung einer Pflanzenwelt, die sich, ausgehend von einfachen Entwicklungsstufen, noch nach der Schöpfung gleichsam aus sich selbst heraus zu komplizierteren und höheren Gebilden entfaltete, widersprach den damaligen kirchlichen Dogmen. Infolgedessen äußerten sich Zweifler, zu denen auch Buffon gehörte, überaus zaghaft. Nach Goethe waren es die botanischen Studien von Jean-Jacques Rousseau (1712–1778), die eine Bresche schlugen: »... Seine Methode, das Pflanzenreich ins Engere zu bringen, neigt ... offenbar zur Einteilung nach Familien; und da ich zu jener Zeit auch schon zu Betrachtungen dieser Art hingeleitet war, so machte sein Vortrag auf mich einen desto größeren Eindruck ...«[14]
Verständlich, daß sich Goethe beeindruckt fühlte, machte ihm doch die Bestimmung der Pflanzen nach Linnés System zu schaffen: »... so fand ich doch bei der versuchten genauen Anwendung die Hauptschwierigkeit in der Versatilität der Organe. Wenn ich an demselben Pflanzenstengel erst rundliche, dann eingekerbte, zuletzt beinahe gefiederte Blätter entdeckte, die sich alsdann wieder zusammenzogen, vereinfachten, zu Schüppchen wurden und zuletzt gar verschwanden, da verlor ich den Mut ...«[15] Das Erscheinungsbild einer Pflanze schien Goethe somit nicht so statisch, wie Linné dies sah.

Gottfried von Herder (1744–1803) verfaßte in den Jahren 1784 bis 1791 seine berühmten »Ideen zur Philosophie der Geschichte der Menschheit«. Welch intensiven schöpferischen Anteil Goethe an der Entstehung dieses Werkes nahm, liest man bei

In den Beeten der Malerin Angelika Kauffmann (1741–1807), die Goethe 1787 in Rom kennengelernt hatte, – ... »Angelika – die ein Engel an Conduite und Verstand ist ...« – beobachtete er keimende Pflanzen (siehe das Zitat auf Seite 95). Schattenriß von Luise Duttenhofer.

ihm selbst: »Meine mühselige, qualvolle Nachforschung ward erleichtert, ja versüßt, indem Herder die Ideen zur Geschichte der Menschheit aufzuzeichnen unternahm. Unser tägliches Gespräch beschäftigte sich mit den Uranfängen der Wasser-Erde (!) und der darauf von altersher sich entwickelnden organischen Geschöpfe. Der Uranfang und dessen unablässiges Fortbilden ward immer besprochen, und unser wissenschaftlicher Besitz, durch wechselseitiges Mitteilen und Bekämpfen, täglich geläutert und bereichert.«[16] Zwar nahm auch Herder an, daß, »... als die Tore der Schöpfung geschlossen wurden ...«, die Natur keine neuen Gebilde mehr hervorgebracht habe, Ähnlichkeiten zwischen verschiedenen Pflanzen demnach nicht in unzähligen Generationsfolgen entstandene Abwandlungen einer früheren Pflanze seien, sondern lediglich Variationen eines Grundmusters, durch das sich allerdings der strukturelle Bauplan der Schöpfung studieren ließe. Entsprechend der fundamentalen Baupläne der pflanzlichen Welt müßten sich unendliche Variationen eines »Prototyps« ergeben. Die entscheidende Erkenntnis gewann Goethe im botanischen Garten von Padua, den er auf seiner großen Italienischen Reise im September 1786 besuchte. Das Erscheinungsbild einer bestimmten Pflanze faszinierte ihn: »... Eine Fächerpalme zog meine

Ein besonders herausragendes Beispiel für Goethes Anteilnahme an der Gestaltung von Parkanlagen ist die »Felsentreppe bei der Sternbrücke im Herzoglichen Park bei Weimar«, die er zum Andenken an die Selbstmörderin Christiane von Laßberg schuf, die, einen Band des »Werther« bei sich tragend, in der Ilm ertrank.

18. 1. 1778: »... ich erfand ein seltsam Plätzchen, wo das Andenken der armen Christel verborgen stehen wird... Ich habe mit Jentschen ein gut Stück Felsen ausgehöhlt... Wir haben bis in die Nacht gearbeitet, zuletzt noch ich allein bis in ihre Todes Stunde... Orion stand so schön am Himmel...« Kolorierte Radierung von G. M. Kraus. Goethe-Museum, Düsseldorf.

❝ ...In Rousseaus Werken finden sich ganz allerliebste Briefe über die Botanik, worin er diese Wissenschaft auf das faßlichste und zierlichste einer Dame vorträgt. Es ist recht ein Muster, wie man unterrichten soll und eine Beilage zum Emil. Ich nehme daher den Anlaß, das schöne Reich der Blumen meinen schönen Freundinnen aufs neue zu empfehlen... ❞

Brief an Carl August

❝ ...Pinienkerne gingen gar merkwürdig auf, sie huben sich, wie in einem Ei eingeschlossen, empor, warfen aber diese Haube bald ab und zeigten in einem Kranze von grünen Nadeln schon die Anfänge ihrer künftigen Bestimmung. Vor meiner Abreise pflanzte ich das schon einigermaßen erwachsene Vorbildchen eines künftigen Baumes in den Garten der Madame Angelika, wo es zu einer ansehnlichen Höhe durch manche Jahre gedieh. Teilnehmende Reisende erzählten mir davon zu wechselseitigem Vergnügen. Leider fand der nach ihrem Ableben eintretende Besitzer zu wunderlich, auf seinen Blumenbeeten eine Pinie ganz unörtlich hervorgewachsen zu sehen, und verbannte sie sogleich... ❞

Geschichte botanischer Studien

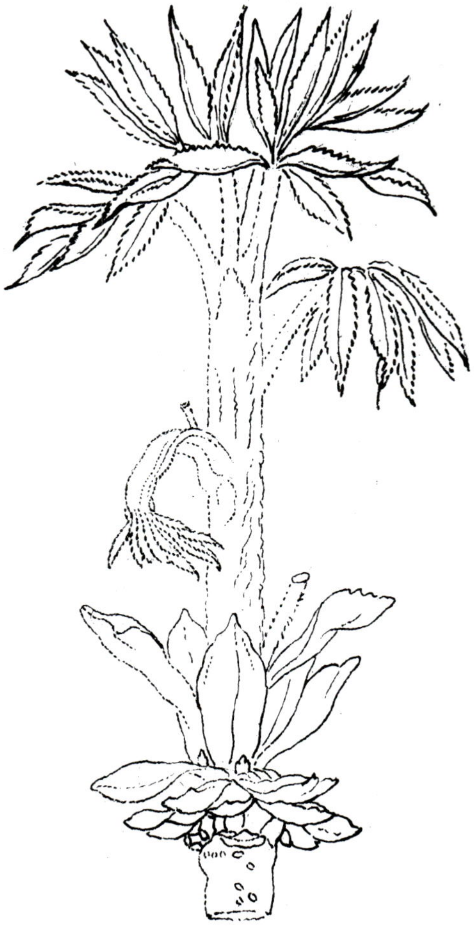

Wahrscheinlich unter Goethes Beteiligung entstandene Tuschfederzeichnung – von Goethes Hand beschriftet – einer aufgebrochenen Knospe der Roßkastanie, die wohl die Analogie dieses Kastanientriebes zur Blattfolge einjähriger Blütenpflanzen demonstrieren soll.

Aquarellierte Variante der vorangegangenen Tafel.

Aquarell eines Tulpenblütenteils mit einem blütenblattähnlichen Hochblatt. Der Stempel ist sichtbar, da die eigentlichen Blütenblätter entfernt wurden.

Aquarell einer Tulpenblüte, an der ein Laubblatt mit einem Blütenblatt verwachsen ist. Diese Darstellung soll die Blattnatur der Blütenorgane erläutern.

Rechts:
Die Erscheinung des »Durchwachsens« von Blüten war in Goethes Theorie der »Metamorphose der Pflanzen« ein besonders wichtiges Beweisstück.

DIE METAMORPHOSE DER PFLANZEN

»Dich verwirret, Geliebte, die tausendfältige Mischung
Dieses Blumengewühls über dem Garten umher;
Viele Namen hörest du an, und immer verdränget
Mit barbarischem Klang einer den andern im Ohr,
Alle Gestalten sind ähnlich, und keine gleichet der andern;
Und so deutet der Chor auf ein geheimes Gesetz,
Auf ein heiliges Rätsel. Oh, könnt' ich dir, liebliche Freundin,
Überliefern sogleich glücklich das lösende Wort!
Werdend betrachte sie nun, wie nach und nach
sich die Pflanze,
Stufenweise geführt, bildet die Blüten und Frucht.
Aus dem Samen entwickelt sie sich, sobald ihn der Erde
Stille befruchtender Schoß hold in das Leben entläßt,
Und dem Reize des Lichts, des heiligen, ewig bewegten,
Gleich den zärtesten Bau keimender Blätter empfiehlt.
Einfach schlief in dem Samen die Kraft;
ein beginnendes Vorbild
Lag, verschlossen in sich, unter der Hülle gebeugt,
Blatt und Wurzeln und Keim, nur halb geformet und farblos;
Trocken erhält so der Kern ruhiges Leben bewahrt,
Quillet strebend empor, sich milder Feuchte vertrauend,
Und erhebt sich sogleich aus der umgebenden Nacht.
Aber einfach bleibt die Gestalt der ersten Erscheinung;
Und so bezeichnet sich auch unter Pflanzen das Kind.
Gleich darauf ein folgender Trieb, sich erhebend, erneuet,
Knoten auf Knoten getürmt, immer das erste Gebild.
Zwar nicht immer das gleiche; denn mannigfaltig erzeugt sich,
Ausgebildet, du siehst's immer das folgende Blatt ...«

Gott und Welt

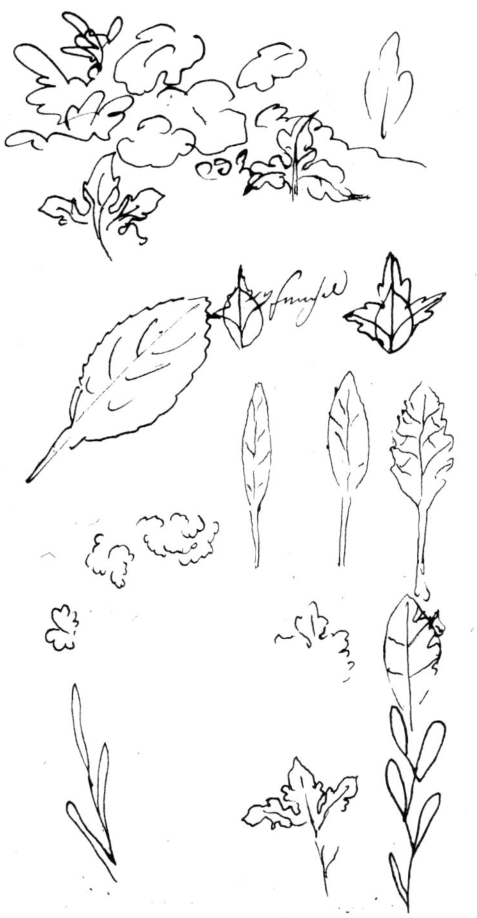

Links:
Dieses Aquarell einer von unten gezeichneten Blüte einer gefüllten Tulpe demonstriert das Verwachsen der Blätter zwischen Laub- und Blütenorganen. Die Übergänge zwischen Blütenblättern, Staubfäden und Stempel zeigen die unteren Detailzeichnungen.

Oben:
Auf dem Umschlag eines Briefes aus dem Jahre 1789, den Professor Loder an Goethes Freund Knebel geschrieben hatte, hielt Goethe auf der einen Seite eine Bemerkung zu »Tasso« fest, auf der anderen skizzierte er die Ableitung komplizierterer Blattformen aus einfacheren. Als Beispiel notierte er Fenchel.

ganze Aufmerksamkeit auf sich; glücklicherweise standen die einfachen, lanzenförmigen ersten Blätter noch am Boden, die sukzessive Trennung derselben nahm zu, bis endlich das Fächerartige in vollkommener Ausbildung zu sehen war. Aus einer spathagleichen Scheide zuletzt trat ein Zweiglein mit Blüten hervor, und erschien als sonderbares, mit dem vorhergehenden Wachstum in keinem Verhältnis stehendes Erzeugnis, fremdartig und überraschend ...«[17] Ein gefälliger Gärtner schnitt »... die Stufenfolge dieser Veränderungen sämtlich ab ...«, und Goethe verleibte sie seinem Herbar ein. Diese Pflanze brachte ihn zur energischen Abkehr von der alten Schöpfungslehre: »... Das Wechselhafte der Pflanzengestalten, dem ich längst auf seinem eigentümlichen Gange gefolgt, erweckte nun bei mir immer mehr die Vorstellung: die uns umgebenden Pflanzenformen seien nicht ursprünglich determiniert und festgestellt, ihnen sei vielmehr, bei einer eigensinnigen, generischen und spezifischen Hartnäckigkeit, eine glückliche Mobilität und Biegsamkeit verliehen, um in so vielen Bedingungen, die über dem Erdkreis auf sie einwirken, sich zu fügen und darnach bilden und umbilden zu können ...«[18]
Die verursachenden Faktoren dieser Umbildung sah Goethe in der Verschiedenheit von Klima und Boden, der sich die Pflanzen anzupassen trachteten, so »... kann das Geschlecht zur Art, die Art zur Varietät, und diese wieder durch andere Bedingungen ins Unendliche sich verändern ...«[19]
Im botanischen Garten von Palermo kam Goethe angesichts »der sinnlichen Form«[20] der allenthalben üppigst gedeihenden Pflanzen die Idee zu einer »übersinnlichen Urpflanze«: »... Ich ging allen Gestalten, wie sie mir vorkamen, in ihren Veränderungen nach, und so leuchtete mir am letzten Ziel meiner Reise, in Sizilien, die ursprüngliche Identität aller Pflanzenteile vollkommen ein, und ich suchte diese nunmehr überall zu verfolgen und wieder gewahr zu werden ...«[21]
So notierte er als Hypothese den oft zitierten Satz: »Alles ist Blatt.«[22]
Wieder in Rom, schrieb Goethe am 8. Juni 1787 in einem fröhlichen Brief an Charlotte von Stein: »... Sage Herdern, daß ich dem Geheimnis der Pflanzenzeugung und Organisation ganz nah bin, und daß es das einfachste ist, was nur gedacht werden kann ... Sage ihm, daß ich den Hauptpunkt, wo der Keim stickt, ganz klar und zweifellos entdeckt habe ... Die Urpflanze wird das wunderlichste Geschöpf von der Welt, über welches mich die Natur selbst beneiden soll. Mit diesem Modell und dem Schlüssel dazu kann man alsdann noch Pflanzen erfinden, die konsequent sein müssen, das heißt: die, wenn sie auch nicht existieren, doch existieren könnten und nicht etwa malerische oder dichterische Schatten und Scheine sind, sondern eine innerliche Wahrheit und Notwendigkeit haben. Dasselbe Gesetz wird sich auf alles ... Lebendige anwenden lassen.«[23]
An seinen Freund Carl Ludwig von Knebel schrieb er am 18. August 1787 aus Rom: »... Ich hoffe, Du wirst auch dereinst an meiner Harmonia Plantarum, wodurch das Linnéische System aufs Schönste erleuchtet wird, alle Streitigkeiten über die Form der Pflanzen aufgelöst, ja sogar alle Monstra erklärt werden, Freude haben. Hier ist es bei der Nelkenflor etwas gewöhnliches, daß aus einer Sorte gefüllter Nelken eine andere gefüllte, völlige Blume herauswächst ...«[24]
Es folgte eine Zeit des Sammelns von möglichst eindrucksvollen Beispielen, die Goethe mit Batsch diskutierte. Vermutlich hätte er mit einer

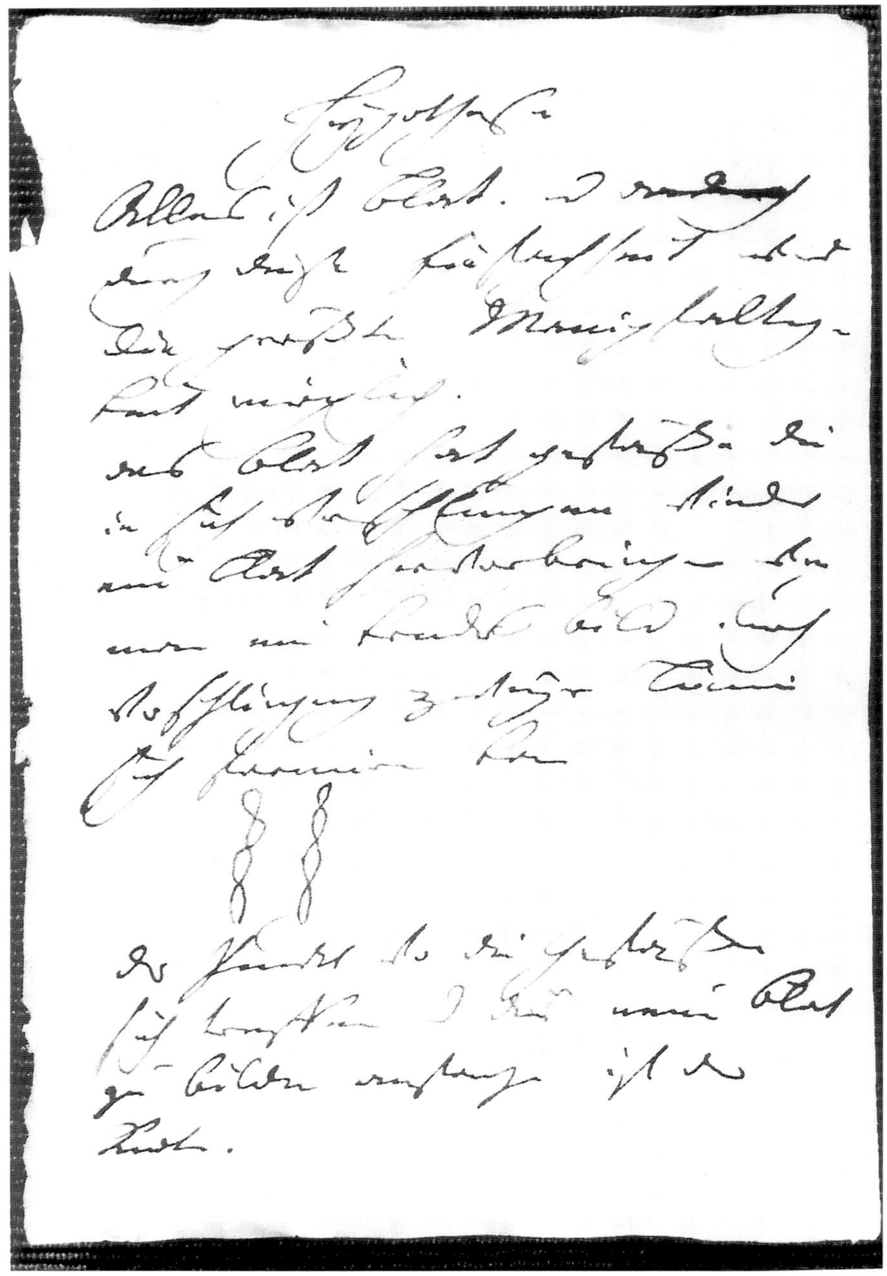

Der berühmte Notizzettel Goethes, der so etwas wie sein pflanzenmorphologisches Glaubensbekenntnis enthält, mit der grundlegenden These zu seiner Urpflanze: »Alles ist Blatt ...«

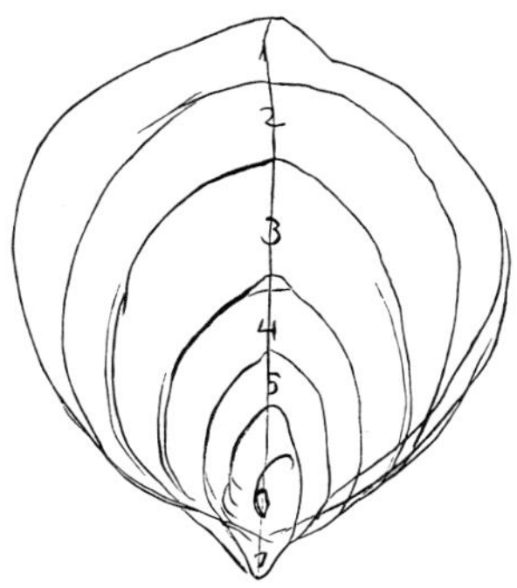

Goethe beschriftete diese Skizze mit »Regionen des Blattes« und versuchte, die Beziehung von Metamorphose und Blattgestalt darzustellen. Er gliederte das Blatt in verschiedene Zonen, um die Keim-, Laub- und Blütenblätter miteinander vergleichen zu können.

❞ … Hatte Batsch durch unglaubliche Regsamkeit eine naturforschende Gesellschaft in Tätigkeit gesetzt … Ihren periodischen Sitzungen wohnte ich gewöhnlich bei; einstmals fand ich Schillern daselbst, wir gingen zufällig beide zugleich hinaus. Ein Gespräch knüpfte sich an … Wir gelangten zu seinem Hause, das Gespräch lockte mich hinein; da trug ich die Metamorphose der Pflanzen lebhaft vor und ließ mit manchen charakteristischen Federstrichen eine symbolische Pflanze vor seinen Augen entstehen. Er vernahm und schaute das alles mit großer Teilnahme …, als ich aber geendet, schüttelte er den Kopf und sagte: ›Das ist keine Erfahrung, das ist eine Idee.‹ Ich stutzte, verdrießlich einigermaßen; … der alte Groll wollte sich regen; ich nahm mich aber zusammen und versetzte: ›Das kann mir sehr lieb sein, daß ich Ideen habe, ohne es zu wissen, und sie sogar mit Augen sehe‹ … ❞

Erste Bekanntschaft mit Schiller

Veröffentlichung noch lange gezögert, wenn nicht Christian Konrad Sprengel (1750–1816) das Erscheinen seines Werkes »Versuch, die Konstruktion der Blumen zu erklären« angekündigt hätte. Goethe wähnte irrtümlich, Sprengel würde seinen Gedanken vorgreifen: »… Indessen bin ich auch angespornt worden, meine botanischen Ideen zu schreiben. Es hat den Schein, daß ein auf Ostern angekündigtes Buch mir zuvorkommen könnte …«[25], schrieb er an Carl August. Im Januar 1790 war die Arbeit fertig und ging bereits Anfang Februar in Druck. Seine erste naturwissenschaftliche Publikation trug den Titel »J. W. von Goethe/ Herzoglich Sachsen-Weimarischen Geheimraths/ Versuch/ die Metamorphose/ der Pflanzen/ zu erklären«. Goethe mußte schmerzlich erfahren, daß weder Verleger noch Publikum von seinem naturwissenschaftlichen Erstling besonders erbaut waren. Sein Verleger Georg Joachim Göschen lehnte ab. Karl Wilhelm Ettinger in Gotha nahm nur an in der Hoffnung, fürderhin auch Goethes Dichtun-

Studien Goethes über die unterschiedlich komplizierten Blattformen der gefüllten Nelke. Er sah in dieser Darstellung eine stufenweise ablaufende Metamorphose: »… wie ein Flügelmann, der uns die Metamorphose vorexerziert …«

Modell zur Spiraltendenz des Pflanzenwachstums nach Martius. Universität, Wien.

Goethe sammelte eifrig Beispiele pathologischen Pflanzenwachstums, wie hier diese Pflanzenteile mit abnormem Breitenwachstum und Drehung.

Skizze Goethes aus dem Jahr 1829 zur »allgemeinen Spiraltendenz der Vegetation« bei dreizähligen und fünfzähligen Blütensystemen.

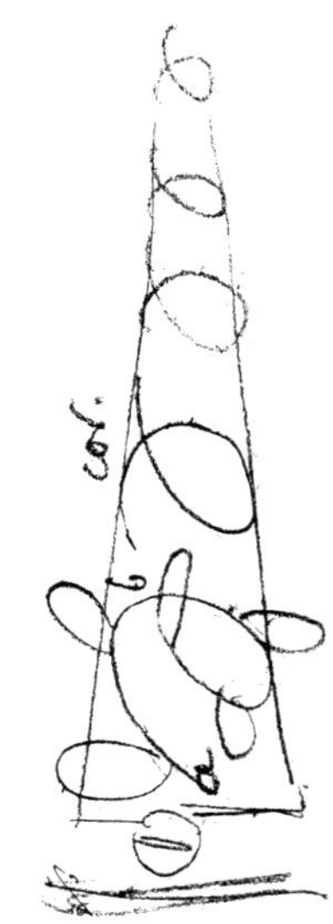

gen verlegen zu dürfen. Die Öffentlichkeit reagierte desinteressiert bis ablehnend, wohl wegen seines vermeintlichen Mangels an Kompetenz als Fachgelehrter, wie Goethe selbst meinte. So erfuhr er viel Kritik und wenig Zustimmung: »... Einen Freund und Gönner jedoch, welcher, während der Arbeit so wie nach deren Vollendung, treulich eingewirkt, muß ich an dieser Stelle rühmen. Karl von Dalberg war es ...«[26]
Zwar gibt es in Goethes Nachlaß viele Herbare und Notizen zu zahlreichen und vielfältigsten botanischen Beobachtungen, aber außer wiederholten und mit zusätzlichen Betrachtungen erweiterten, fast trotzigen Neuausgaben der »Metamorphosen« hat Goethe weiter nichts Botanisches in Druck gegeben: »... Im bewegten Leben, durch fremdartige Beschäftigungen, Zerstreuungen und Leidenschaften hin und wieder getrieben, begnügte ich mich, das Erworbene bei mir selbst zu bearbeiten und für mich zu nutzen. Mit Vergnügen folgte ich dem Grillenspiel der Natur. Die großen Bemühungen Humboldts, die ausführlichen Werke sämtlicher Nationen gaben Stoff genug zu stiller Betrachtung ...«[27] (1817). Und resignierend fügte er hinzu: »... Wenn ich nun aber gegenwärtig, abermals nach so manchen Jahren, auf dasjenige hinschaue, was mir von jenen Bemühungen geblieben, und betrachte, was mir an getrockneten und sonst bewahrten Pflanzen und Pflanzenteilen, Zeichnungen und Kupferstichen ... vorliegt; so läßt sich recht gut übersehen, daß der Zweck, den ich vor Augen hatte, für mich, in meiner Lage, bei meiner Denk- und Handelnsweise, unerreichbar bleiben mußte ...«[28]
Doch dieses scheinbar resignierende Resümee hielt Goethe nicht davon ab, noch im Herbst 1831, wenige Monate vor seinem Tode, einen umfangreichen Aufsatz zu diktieren: »Allgemeine Spiraltendenz der Vegetation, wodurch in Verbindung mit dem vertikalen Streben Bau und Bildung der Pflanzen nach dem Gesetze der Metamorphose vollbracht wird«.[29] Dieser Arbeit folgten noch »Weitere Studien zur Spiraltendenz«.[30] Daß Goethe in seinen Ansichten über die Morphologie der Pflanzen den wahren Gesetzlichkeiten näher kam als die Mehrheit seiner Zeitgenossen, sollte sich in unseren Tagen mit der Erforschung der Desoxyribonucleinsäure, der Dechiffrierung des genetischen Codes und der Entwicklung der Molekularbiologie und Gentechnologie erweisen. Am genetischen Stammbaum biochemischer Moleküle jedenfalls hätte Goethe gewiß seine helle Freude gehabt.

Rechts:
Ein bemerkenswertes Studienobjekt für die »Metamorphose der Pflanzen« war für Goethe auch dieser monströse Baldrian »... abnorm gebildet, hohler aufgeblähter Stengel mit Blättern und Blüten« aus der Mappe »Zehn kolorierte Handzeichnungen zur Erläuterung der Metamorphose der Pflanzen nach Goethe«.

1807 übersandte Humboldt Goethe seine »Ideen zu einer Geographie der Pflanzen, nebst einem Naturgemälde der Tropenländer«. »Die schmeichelhafte Zueignung … erfüllte mich mit Vergnügen und Dankbarkeit …«, schrieb Goethe später und zeichnete selbst eine Illustration, die dann 1813 bei F. J. Bertuch publiziert wurde. »… um zu bedeuten, daß wir … von der Meeresfläche zu zählen anfingen, ließ ich unten (rechts!) ein Krokodil herausblicken, das zu dem Übrigen etwas kolossal geraten sein mag …«

Goethes botanisches Besteck zum Präparieren von Pflanzen enthielt eine Lupe sowie zwei Skalpelle und eine Pinzette.

Ginkgo biloba.

Dieses Baums Blatt, der von Osten
Meinem Garten anvertraut,
Giebt geheimen Sinn zu kosten,
Wie's den Wissenden erbaut.

Ist es Ein lebendig Wesen,
Das sich in sich selbst getrennt,
Sind es zwey die sich erlesen,
Daß man sie als Eines kennt.

Solche Frage zu erwiedern
Fand ich wohl den rechten Sinn,
Fühlst du nicht an meinen Liedern
Daß ich Eins und doppelt bin.

d. 15. S. 1815

Der Ginkgobaum, letzter Überlebender einer bis ins Erdaltertum zurück verfolgbaren, ansonsten ausgestorbenen Pflanzenfamilie, faszinierte Goethe mit seiner entwicklungsgeschichtlich altertümlichen Anatomie. Durch die Übersendung des nebenstehenden, mit Ginkgoblättern geschmückten Gedichtes an Marianne von Willemer (1784–1860) – als »Suleika« Objekt, aber auch Koautorin des »West-östlichen Divans« – begründete Goethe eine eigenartige Tradition. Zur Freude der Juweliere Weimars pflegen noch heute literarisch gebildete junge Herren die Damen ihres Herzens mit Ginkgo-Blatt-Broschen zu beschenken.

Im Spannungsfeld zwischen Neptunismus und Plutonismus

Sir William Hamiltons Schützling Pietro Fabris stach und aquarellierte unter dessen Anleitung diese Darstellung der an den Flanken des Vesuvs im Schnee fließenden Lava – ein seltenes Ereignis in Neapel – für Sir Williams »Campi Phlegraei…« (1776). Sir William und Fabris schufen mit den drei Foliobänden, gedruckt auf bestem Papier und mit eigens in Venedig besorgten edlen Typen und seinen zahlreichen illuminierten Kupfern ein bibliophiles Meisterwerk von ganz ungewöhnlicher Schönheit.

Keineswegs immer in seinem Leben war Goethe vom Glück begünstigt worden. Sicherlich war es für seinen wissenschaftlichen Nachruhm von Nachteil, daß es ihm, obwohl es zumindest anfänglich eine Phase des Schwankens gegeben hatte, nicht vergönnt war, sich bei seinen geologischen Ansichten aus den Fesseln der falschen oder doch zumindest einseitigen Anschauungen des Neptunismus zu befreien. Zwar führte seine große Italienreise 1787 zu einem Zusammentreffen mit dem englischen Gesandten in Neapel, Sir William Hamilton (1730–1803), der dank seiner Studien über die Ausbrüche des Vesuves in die Geschichte der Naturwissenschaften eingehen sollte, doch gelang es Sir William nicht, Goethe zum Vulkanismus zu bekehren. Offensichtlich hatte die Autorität Abraham Gottlob Werners (1750–1817) es vermocht, Goethes geologisch-mineralogisches Weltbild dermaßen zu festigen, daß dieser zeitlebens ein gläubiger Neptunist blieb.

Goethes und Werners Begabungen und Vorlieben entsprachen sich in einem erstaunlich hohen Umfang. Werner wurde am 25. September 1750 in der Nähe von Görlitz geboren und war so mit Goethe gleichaltrig. 1765 gründete die kurfürstlich sächsische Regierung in Freiberg in Sachsen eine Bergakademie, an der Werner vier Jahre später ein Studium der Bergbaukunde begann. Zu Ostern 1771 verließ er Freiberg, um seine Studien an der Universität Leipzig fortzusetzen. Er hörte Vorlesungen über Logik und Geschichte und beschäftigte sich seit 1773 intensiv mit Astronomie, Astrologie, Mineralogie, Anthropologie und Psychologie und erlangte beachtliche Kenntnisse in der italienischen, englischen, französischen und vor allem in der lateinischen Sprache. Ohne es damals ahnen zu können, hatte er damit jene breite Allgemeinbildung erworben, die es ihm später leicht machen sollte, Berater und Vertrauter Goethes zu werden.

Es war der Leipziger Professor Johann Samuel Traugott Gehler (1751–1795) gewesen – dessen berühmtes Handbuch der Physik Goethe 1792 auf der Kampagne in Frankreich begleiten sollte –, der Werner dazu angeregt hatte, sich intensiv

Über eine Begegnung mit dem Mineralogen und Geologen Abraham Gottlob Werner (1750–1817) schrieb Goethe im September 1789: »... ich habe nun den ganzen Umfang seiner Meinung über die Vulkane erfaßt...«

»Erlauchter Gegner aller Vulkanität!
Entsetze Dich nicht, wenn dieser Solennität
Sich wilde Feuerberg' und Laven
Gewaltsam eingedrungen haben.

Ein Fürst, der, immer von gutem Mut,
Auch andern gern anmutig tut,
Bestellt' es, Dich von falschen Lehren,
Wofern es möglich, zu bekehren.
Neptunus aber bleibt beiseit'.
Ergötz' er sich im Meere weit,
Dort mag er unumschränkt gebieten.
Du laß nur glühen, sprühen, wüten;
Es deutet auf gelinde Lehren,
Zum Plutus und Pluto dich zu bekehren;
Und überdies den schönsten Sold;
Gold – aber diesmal mehr als Gold.«

An Bergrat Lenz
am Tage der Jubelfeier seiner fünfzigjährigen Dienstzeit

Karte der auch von Goethe durchreisten »Phlegräischen Gefilde« aus Sir William Hamilton:

»Beobachtungen über den Vesuv...« Goethe fand dort »siedende Wasser, schwefelaushauchende Grüfte, dem Pflanzenleben widerstrebende Schlackenberge, kahle widerliche Räume und dann doch zuletzt eine immer üppige Vegetation...«

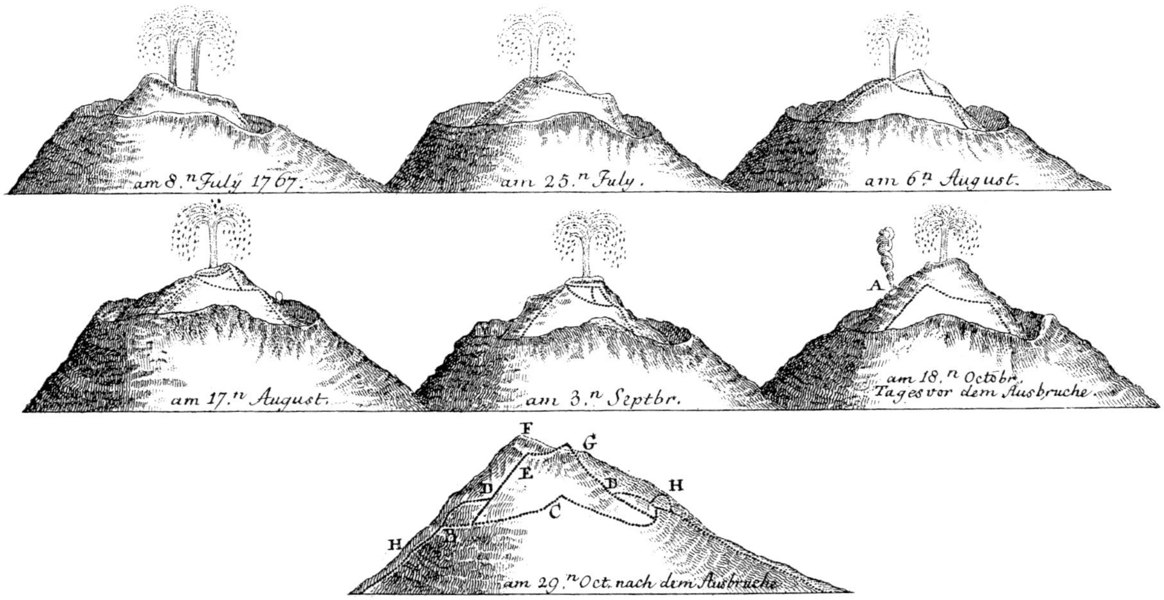

»Vorstellung des allmählichen Anwachsens des kleinen Bergs innerhalb des alten Craters; und der jetzigen Gestalt des Bergs Vesuv« in Sir William Hamiltons »Beobachtungen über den Vesuv...«

Doch Sir Williams Sammelleidenschaft entflammte aufs neue, und es gelang ihm, eine zweite Sammlung zustande zu bringen, die die erste an Erlesenheit noch übertraf. Es handelte sich um jene im Aufbau begriffene Sammlung Hamiltons, die Goethe zu sehen bekam. Als 1798 revolutionäre französische Truppen Neapel bedrohten, sandte Sir William sie auf dem Kriegsschiff »Colossus« nach England, das aber unterwegs Schiffbruch erlitt. Unter Anleitung und Mitarbeit des von Goethe vermittelten Malers Johann Heinrich Wilhelm Tischbein (1751 bis 1829) war ein Katalog auch dieser Sammlung publiziert worden. Als Hamiltons herausragende Erfolge als Kunsthändler gelten die Verbringung eines riesigen Marmorkraters nach England – der heute als »Warwick-Vase« bekannt ist – sowie der Verkauf einer wohlerhaltenen antiken Glasvase, die noch jetzt als »Portlandvase« höchsten Ruhm genießt, an die Herzogin von Portland. Der Mensch und der Sammler Hamilton war also wohl geeignet, Aufmerksamkeit und Anteilnahme Goethes zu ernten, doch wie stand es mit dem Geologen Hamilton?

1766 brach der Vesuv mit einer seit Jahrzehnten nicht mehr gekannten Heftigkeit aus, und dieses einzigartige Naturwunder erregte sofort das Interesse des englischen Gesandten. Er bestieg häufig den Vulkan und beobachtete ihn mit Fernrohren von seinen besonders günstig gelegenen Villen aus. Gleichzeitig sammelte er Literatur über Vulkanausbrüche. In den ersten vier Jahren der Beobachtung bestieg Hamilton den Vesuv zweiundzwanzigmal, um es bis zum Ende seiner Amtszeit auf 58 Besteigungen zu bringen. Dabei kam ihm seine Sportlichkeit sehr zugute. Durch Geistesgegenwart und Beweglichkeit gelang es ihm, ernsthafteren Verletzungen durch fallende Gesteinsbrocken zu entgehen, und seine Begeisterung für Vesuvausbrüche nahm eher noch zu.

Da er Mitglied der Royal Society war, schien es naheliegend, dieser seine Beobachtungen zuzuschicken. Hamiltons Briefe wurden in den »Transactions« der Royal Society publiziert und schließlich 1772 als Buch »Observations of Mount Vesuvius, Mount Aetna and other volcanos...« herausgegeben. 1776 brachte Sir William auf der Basis der »Observations...« eine englisch-französische Prachtausgabe unter dem Titel »Campi Phlegraei, being an account of the great eruption of mount Vesuvius...« heraus. Dieses Werk enthielt 54 handkolorierte Ansichten vulkanischer Landschaften, von Lavaströmen, von Kraterseen erloschener Vulkane sowie Zeichnungen von Gesteinsschichtungen und vulkanischen Mineralien. So war ein bibliophiles Meisterwerk der Vulkanologie entstanden, das später auch Goethe in Weimar benutzte, und dem in den folgenden Jahrzehnten bis zur Mitte

„…Breislacks, zu Mailand, geologisches Werk gibt zu mancherlei Betrachtungen Anlaß. Werners ruhige Seele war kaum von uns geschieden, als die Flöz-Trapp-Formation, die uns bisher beschwichtigte, auf einmal wieder in feurigen Tumult geriet. Alles eilt, wieder zu den Fahnen des Vulkanismus zu schwören, und weil einmal eine Lava sich säulenförmig gebildet hat, sollen alle Basalte Laven sein, als wenn nicht alles Aufgelöste, durch wässerige, feurige, geistige, luftige oder irgends eindringende Mittel in Freiheit gesetzt, sich so schnell als möglich zu gestalten suchte. Wenn ich Zeit finde, so setze ich hierüber mein Glaubensbekenntnis auf…"

Brief an Carl Cäsar von Leonhard

Zeichnung Goethes mit Blick von den Monti Rossi, den Seitenkratern des Aetna, auf die Bucht von Taormina.

des vorigen Jahrhunderts nichts wirklich Vergleichbares nachfolgen sollte. Goethe erwähnte dieses damals in ganz Europa berühmte Werk zwar nicht in seiner »Italienischen Reise«, man kann jedoch als sicher unterstellen, daß der Verfasser es Goethe vorgewiesen haben wird.

Dank Sir William Hamilton, aber insbesondere durch Alexander von Humboldt wurden Vulkane auch in das Blickfeld der Maler gerückt. So entstand in den ersten Jahrzehnten des 19. Jahrhunderts eine Fülle von Werken, die detailliert Vulkanausbrüche mit ihren Rauchwolken, fließenden Laven und ausgeschleuderten Gesteinsbrocken festhielten, wie hier einen Ausbruch des Vesuv im Jahre 1826 durch den Norweger Johann Christian Dahl (1788–1851). Städelsches Kunstinstitut, Frankfurt.

Seine vulkanologischen Studien führten Hamilton zu erdgeschichtlichen Erkenntnissen, die Werners Anschauungen diametral entgegengesetzt waren: Nach Hamilton entstehen Berge aus Vulkanen, nicht Vulkane aus Bergen. Vulkane haben eine verfolgbare Geschichte: Aus Gestalt, Größe und Schichtenfolge kann man auf das ungefähre Alter und eventuell auch auf die zukünftigen Entwicklungen schließen. Vulkane sind untereinander ähnlich. Zwar speien sie manchmal verschiedene Produkte – nicht immer Lava und Asche gleichzeitig –, aber man kann einen erloschenen Vulkan an seinen Auswurfprodukten erkennen. Basalte sind ausschließlich vulkanischen Ursprungs – ein Sachverhalt, der ja von Werner und Goethe geleugnet wurde. Alle Vulkane, auch die erloschenen, verdanken ihre Existenz unterirdischen Feuern. Bei Auszählung der Folgen der durch Oberflächenverwitterung entstandenen Böden und Reste der Humus- in Abwechslung mit den Lavaschichten kann man die Zahl der Eruptionen in der Vergangenheit ermitteln. Das Feuer eines Vulkanes befindet sich nicht im Bergkegel selbst, sondern in einiger Tiefe darunter. Dies kann man aus der Menge der ausgeworfenen Lava und Vulkanasche schließen. Kämen diese enormen Massen aus oberflächennahen Bereichen, wäre der entstandene Hohlraum so groß, daß der Vulkan in Ruhezeiten zusammenbrechen müßte.

Darüber hinaus führte Hamilton aus, daß das »vulkanische Feuer« die Phlegräischen Gefilde nicht zerrissen, sondern ganz im Gegenteil aus dem Meer heraus erst aufgebaut habe.

Diese Schlüsse Hamiltons trugen wesentlich zum Aufkommen jener Lehrmeinung bei, die als Plutonismus in die Geschichte einging. Schon Hamiltons begeistertster Anhänger, der Abbé Giraud-Soulavie (1752–1813), sagte 1781 – also noch vor dem Besuch Goethes bei Hamilton – von der Erde: »... Erst nach einer langen Dauer ihres glühenden und brennenden Zustandes, der sie zu einem Aufenthalt organisierter lebender Wesen unfähig machte, kühlte sie allmählich ab ...«

Eigentlich sollte man als Historiker erwarten, daß ein Zusammentreffen von Goethe mit Hamilton zu überaus lehrreichen Diskussionen der beiden hätte führen müssen, deren scharfsinnige Exegese zahlreiche historische Arbeiten hätte zeitigen können. Doch leider ist die Geschichte anders verlaufen. Die Sensation, die man hätte erwarten dürfen, blieb aus.

Obwohl wir aus anderen Quellen wissen, daß Hamilton und Goethe schon zu Beginn von dessen Aufenthalt in Neapel zusammengetroffen waren, unternahm Goethe seine drei Besteigungen des Vesuves allein bzw. in Begleitung Tischbeins. Offenkundig war Goethe der Ansicht, daß die Arbeiten von Sir William keineswegs das letzte Wort seien und er bei eigenen und besseren Beobachtungen zu anderen Schlüssen kommen müsse (13. März 1787): »... Die vesuvianischen Produkte hab' ich nun auch gut studiert; es wird doch alles anders, wenn man es in Verbindung sieht. Eigentlich sollt' ich den Rest meines Lebens auf Beobachtung wenden; ich würde manches auffinden, was die menschlichen Kenntnisse vermehren dürfte ...«[2]

So müssen wir die befremdliche Tatsache hinnehmen, daß Goethe Hamilton zwar gut kannte und schätzte, daß ihm aber dessen vulkanologische Forschungen fehlerhaft und verbesserungsbedürftig erschienen. Was Goethe am meisten an dem »alten Ritter Hamilton« bewunderte, war nicht dessen Wissenschaftlichkeit, sondern der seigneurale Lebensstil, und fast noch mehr faszinierte ihn dessen junge Geliebte Emma Hart, die spätere zweite Gattin Sir Williams: »... man vergißt sich und die Welt, und für mich ist es eine wunderliche Empfindung, nur mit genießenden Menschen umzugehen. Der Ritter Hamilton, der ... als englischer Gesandter hier lebt, hat nun, nach so langer Kunstliebhaberei, nach so langem Naturstudium, den Gipfel aller Natur- und Kunstfreude in einem schönen Mädchen gefunden. Er hat sie bei sich, eine Engländerin von etwa 20 Jahren. Sie ist sehr schön und wohlgebaut. Er hat ihr ein griechisches Gewand machen lassen, das sie trefflich kleidet: dazu löst sie ihre Haare auf, nimmt ein paar Shawls und macht eine Abwechslung von Stellungen, Gebärden, Mienen u.s.w., daß man zuletzt wirklich meint, man träume ... Der alte Ritter hält das Licht dazu und hat mit ganzer Seele sich diesem Gegenstand ergeben ...«[3]

Schichtenfolgen erstarrter Lava in der Nähe von Neapel aus Sir William Hamiltons »Campi Phlegraei ...«

Sizilianische Schwefeltherme aus Sir William Hamiltons »Campi Phlegraei ...«

Alexander von Humboldt

Auch im Leben eines Genies gibt es unerfüllte große Träume. Über viele Jahre hinweg schwebte Goethe eine Dichtung vor Augen, die die Natur in ihrer Gesamtheit verherrlichen sollte. Doch über Fragmente dieses »Naturgedichtes« – oder Romanes – sollte er nie hinaus gelangen. So lag die Bedeutung Alexander von Humboldts (1769–1859) für Goethe allein schon in seinem wiederholt geäußerten Sehnen nach einem Naturforscher, der es noch einmal wagen würde, ein wirklich allumfassendes naturwissenschaftliches Bild dieser Welt zu zeichnen. So heißt es in einem Brief an Merck vom Frühjahr 1780: ». . . Die Epochen de la nature von Buffon sind ganz vortrefflich . . . Es soll mir keiner gegen ihn im Einzelnen sagen, als der ein größeres und zusammenhängenderes Ganzes machen kann . . .«[1]
Aber ein Forscher, der die Gesamtschau, die George Louis Leclerc, Comte de Buffon (1707–1788), Direktor des »Jardin du Roi« in Paris, in seiner 36bändigen(!) »Histoire de la Nature . . .« geboten hatte, zu übertreffen in der Lage gewesen wäre, war eben nicht in Sicht. In einem Brief an Charlotte von Stein im September 1780 formulierte Goethe erneut diese Sehnsucht: Wir sind ». . . in die Tiefen der Erde eingekrochen und möchten gar zu gerne der großen formenden Hand nächste Spuren entdecken. Es kommt gewiß noch ein Mensch, der darüber klar sieht. Wir wollen ihm vorarbeiten . . .«[2]

Vier parallel geschaltete Leidener Flaschen. Sie stellen die älteste Form elektrischer Kondensatoren dar und bestehen aus zylindrischen Glasgefäßen, die innen und außen mit Stanniol belegt sind.

Goethes langjähriger Briefpartner und wissenschaftlicher Freund, Samuel Thomas von Sömmerring (1755 bis 1830), mit diesem besonders durch seine Arbeiten zur vergleichenden Anatomie verbunden, erfand 1809 diesen ersten, auf der Elektrolyse von Wasser beruhenden galvanoelektrischen Telegraphen. Er stellte ihn als eine Art Hommage für den Dichter und Naturforscher Goethe an dessen Geburtstag in der Bayerischen Akademie der Wissenschaften der Öffentlichkeit vor.

Links:
Goethe stand in Weimar eine Reihe von Elektrisiermaschinen zur Verfügung, so wie diese kleine Scheibenelektrisiermaschine, die auf einem Tisch montiert ist, der seinerseits auf drei isolierenden gläsernen Füßen ruht.

Unten:
Alessandro Graf Volta (1745–1827) erfand das elektrische Feuerzeug, bei dem sich aus Zink und Säure Wasserstoff entwickelt, den ein Funke eines gleichzeitig mit dem Gashahn betätigten Voltaschen Elektrophors entzündet. Dieses Gerät ist die Vorstufe zu dem späteren Feuerzeug Döbereiners, in dem der Wasserstoff genauso selbstregulierend hergestellt und aufbewahrt, aber katalytisch gezündet wird.

❞ Goethe beschrieb später seine eigene Faszination: Es »... bringt ... die Gegenwart des jüngeren v. Humboldt, die allein hinreichte eine ganze Lebensepoche interessant auszufüllen, alles in Bewegung, was nur chemisch, physisch und physiologisch interessant sein kann, so daß es mir manchmal recht schwer ward, mich in meinen Kreis zurück zu ziehen ... so, daß man manchmal nicht wissen mag, wo einem der Kopf steht ... ❞

Dichtung und Wahrheit

❞ Die intensiven Diskussionen mit den Brüdern wirkten ermutigend: »... die beiden Gebrüder v. Humboldt ... nahmen beiderseits in diesem Augenblick an Naturwissenschaften großen Anteil, und ich konnte mich nicht enthalten, meine Ideen über vergleichende Anatomie und deren methodische Behandlung im Gespräch mitzuteilen. Da man meine Darstellungen zusammenhängend und ziemlich vollständig erachtete, ward ich dringend aufgefordert, sie zu Papier zu bringen, welches ich auch sogleich befolgte, indem ich an Max Jacobi das Grundschema einer vergleichenden Knochenlehre, gegenwärtig wie es mir war, diktierte, den Freunden genüge tat und mir selbst einen Anhaltspunkt gewann, woran ich meine weiteren Betrachtungen knüpfen konnte ... ❞

Tag- und Jahreshefte, 1795

Und in einem Brief an Merck vom Oktober 1780 heißt es wiederum: »... ich bin überzeugt, daß ... ein einziger großer Mensch ... diesen seltsamen zusammengebauten Ball ein vor allemal erkennen und beschreiben könnte, was vielleicht schon Buffon im höchsten Sinne getan hat ...«[3]

Ab 1793 beschäftigte sich Goethe selbst intensiv mit der Elektrizitätslehre; im Februar dieses Jahres lieferte ihm die Firma Hoffmann die »Abhandlung über die Kräfte der tierischen Elektrizität und die Bewegung der Muskeln« (1793) von Aloisio Luigi Galvani (1737–1798), Professor für Anatomie in Bologna, der die weltbewegende Entdeckung gemacht hatte, daß ein präparierter Froschschenkel zuckt, wenn Nerven- und Muskelenden durch zwei verschiedene, miteinander verbundene Metalle berührt werden. Goethe war also gut vorbereitet auf die erste Begegnung mit Alexander von Humboldt am 9. März 1794, denn dieser hatte sich intensiv und teilweise auch in überaus schmerzhaften Selbstversuchen mit dem Galvanismus beschäftigt. Alexander besuchte seinen Bruder Wilhelm, der sich mit seiner Familie in Jena niedergelassen hatte. In seinen Tag- und Jahresheften hielt Goethe später für das Jahr 1794 fest: »... Alexander von Humboldt längst erwartet, von Bayreuth ankommend, nötigte uns ins Allgemeinere der Naturwissenschaft ...«[4]

Die Gebrüder Humboldt und Goethe trieben gemeinsame anatomische Studien und besuchten – ebenfalls gemeinsam – die Lodersche Anatomievorlesung, wo sich Goethe über die Abwesenheit der Medizinstudenten ärgerte: »... Hofrat Loder eben die Bänderlehre las, den höchst wichtigsten Teil der Anatomie: denn was vermittelt wohl Muskeln und Knochen als die Bänder? Und doch ward durch eine besondere Verrücktheit der medizinischen Jugend gerade dieser Teil vernachlässigt. Wir ... wandelten des Morgens im tiefsten Schnee, um in einem fast leeren anatomischen Auditorium diese wichtige Verknüpfung aufs deutlichste nach den genauesten Präparaten vorgetragen zu sehen ...«[5]

Bei den sich länger hinziehenden, gemeinsamen galvanischen Versuchen dürfte es sich um eine Wiederholung mit Variationen jener fast dreitausend Experimente gehandelt haben, die Humboldt schon in seiner Zeit als Bergrat in Bayreuth unternommen hatte. Es war ihm dabei gelungen, einen der später sogenannten »Voltaischen Säule« nahekommenden Versuchsaufbau zu realisieren, ohne jedoch die grundsätzliche Bedeutung hintereinander geschalteter Plattenpaare verschiedener Metalle zu erkennen. Diese Entdeckung blieb 1799 Alessandro Graf Volta (1745–1827)[6] vorbehalten.

Im Mai 1795 schenkte Humboldt Goethe seine bisher erschienenen Werke, die »Aphorismen aus der chemischen Physiologie der Pflanzen« (1794), das »Florae Fribergensis specimen ...« (1793) mit seiner berühmten Beschreibung der kryptogamen Pflanzen in den Bayreuther Bergwerken und die »Mineralogischen Beobachtungen über einige Basalte am Rhein« (1790). Im Dankschreiben Goethes heißt es: »... Ich habe sie gleich gelesen, studiert und mir manches daraus angeeignet, wie Sie in der Folge bemerken werden ...«[7]

Alexander von Humboldt hatte sich intensiv mit der Analyse von Grubenluft befaßt, die häufig gefährliche Mengen von Methan, Kohlendioxid und Kohlenmonoxid – in heutigem Sprachgebrauch – enthält. Deren Ergebnisse hatten ihn zur Konstruktion einer »Sicherheitslampe zum Aufenthalt in nichtatembarer Luft« und eines »Atmungsgerätes zur Rettung verunglückter Bergleute« veranlaßt, deren gemeinsames Konstruktionsmerkmal ein Vorratsbehälter für Luft

Elektrisiermaschine mit auswechselbaren Reibkugeln.

Goethe war äußerst geschmeichelt, als Humboldt ihm 1805 seine »Ideen zu einer Geographie der Pflanzen« widmete. Er ließ das Widmungsblatt von Bertel Thorvaldsen (1770–1844) zeichnen, der Goethe in Gestalt eines Apollo festhielt, der durch seine »Metamorphose der Pflanzen« die »Natur« entschleiert. Vielleicht inspirierte diese Darstellung Goethe später zu den Gedichten »Groß ist die Diana der Epheser« und »Genius, die Büste der Natur enthüllend«.

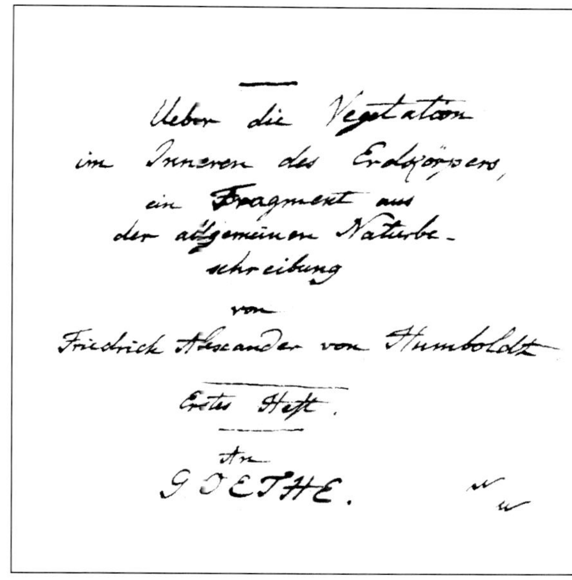

Ueber die Vegetation
im Inneren des Erdkörpers,
ein Fragment aus
der allgemeinen Naturbe-
schreibung
von
Friedrich Alexander von Humboldt
Erstes Heft.
An
GOETHE.

Alexander von Humboldt verfaßte 1793/94 diesen handschriftlichen Entwurf einer Widmung an Goethe für eine höhlenbotanische Arbeit.

bzw. Sauerstoff war. Die Schwierigkeiten bei dem Betrieb des Bergwerkes in Ilmenau und die Gefahren, denen die Bergleute dort nach dem Zusammenbruch der Bewetterung ausgesetzt waren, ließen in Goethe den Wunsch entstehen, die Humboldtsche Sicherheitslampe in Ilmenau zu erproben, und so schrieb er im Dezember 1796 an Professor Göttling: »... Ew. Wohlgeboren haben, wie ich höre, sich mit Untersuchung und praktischer Ausbildung der von Herrn v. Humboldt vorgeschlagenen Lampe beschäftigt, ich wünsche gar sehr zu vernehmen, inwiefern Sie glaubten, daß der Gedanke ausführbar sei. Es findet sich eben jetzt eine Gelegenheit, wo wir sie... zum Recognoszieren an Orten, wo die Lichter nicht lange brennen, brauchen möchten...«[8] Goethe bedauerte sehr, daß es zu einer geplanten gemeinsamen Erprobung in Ilmenau dann nicht kommen sollte.

Die Übereinstimmung der geistigen Vorstellungen Goethes und Humboldts zeigt sich besonders in einem Brief Alexanders an Schiller vom August 1794: »... Die allgemeine Harmonie in der Form, das Problem, ob es eine ursprüngliche Pflanzenform gibt, die sich in tausenderlei Abstufungen darstellt, die Verteilung dieser Formen über den Erdboden, die verschiedenen Eindrücke der Fröhlichkeit und der Melancholie, welche die Pflanzenwelt im sinnlichen Menschen hervorbringt, der Kontrast zwischen der toten unbewegten Felsmasse ... und der belebten Pflanzendecke, die gleichsam das Gerippe mit milderndem Fleische sanft bekleidet; Geschichte und Geographie der Pflanzen, oder historische

---

„Keine Gluthen, keine Meere
Geb' ich in dem Innern zu;
Doch allherrschend waltet Schwere,
Nicht verdammt zu Tod und Ruh.
Vom lebendigen Gott lebendig,
Durch den Geist, der alles regt,
Wechselt sie, nicht unbeständig,
Immer in sich selbst bewegt.

Seht nur hin! Ihr werdet's fassen!
Wenn Mercur sich hebt und neigt,
Wird im Anziehn, im Entlassen,
Atmosphäre schwer und leicht."

Zahme Xenien

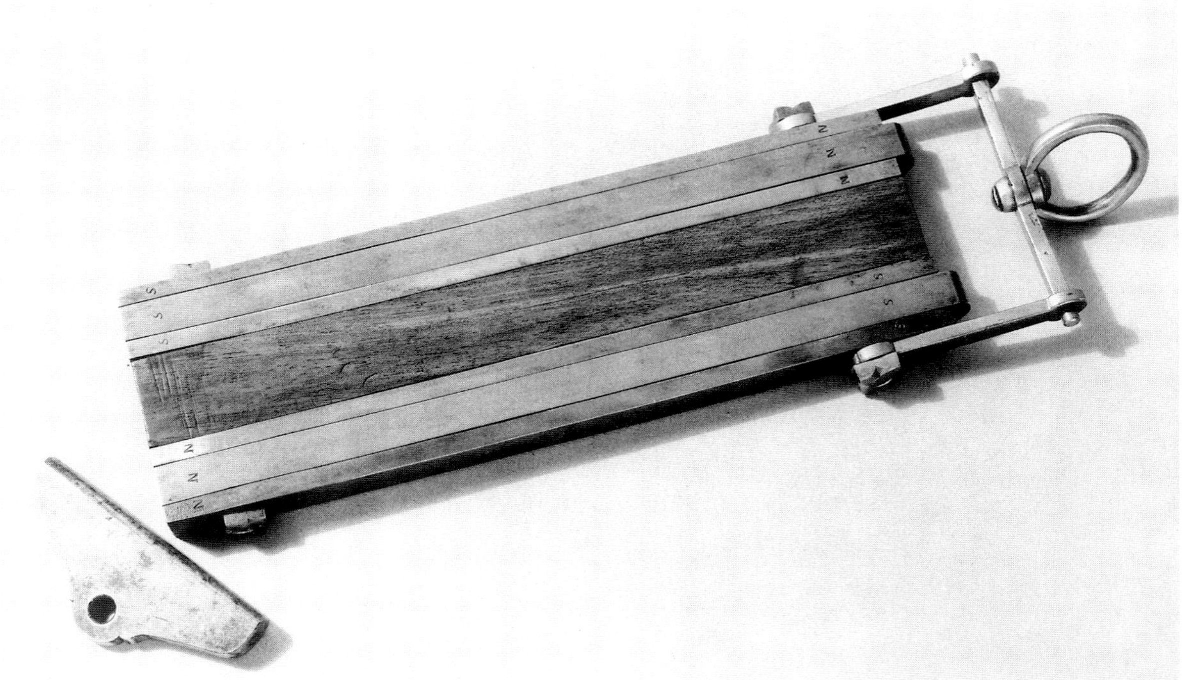

Von Goethe benutzter, zusammengesetzter und armierter Magnet.

Darstellung der allgemeinen Ausbreitung der Kräuter über den Erdboden, ein unbearbeiteter Teil der allgemeinen Weltgeschichte – das scheinen mir Objekte, die des Nachdenkens wert und fast unberührt sind. Ich beschäftige mich ununterbrochen mit ihnen...«[9]
Dies könnte ebenso Goethe geschrieben haben, der von Humboldt entsprechend begeistert war: »... Bergrat v. Humboldt ... Ein wahrhaftes Cornu Copiae (d. h. Füllhorn) der Naturwissenschaften. Sein Umgang ist äußerst interessant und lehrreich. Man könnte in 8 Tagen nicht aus Büchern herauslesen, was er einem in einer Stunde vorträgt...«[10] Alexander von Humboldt scheint der einzige Zeitgenosse gewesen zu sein, dem sich Goethe geistig unterlegen fühlte, was aus einem Brief an Knebel im März 1797 herauszulesen ist: »... Unglaublich aber ist's, was für ein Treiben die wissenschaftlichen Dinge herumpeitscht und mit welcher Schnelligkeit die jungen Leute, das was sich erwerben läßt, ergreifen...«[11] Unter dem Einfluß Alexanders wandte sich Goethe dermaßen intensiv den Naturwissenschaften zu, daß Schiller von einer tiefen Abneigung gegen Humboldt ergriffen wurde.
Im April 1797 verbrachte Humboldt eine ganze Woche in Goethes Haus am Frauenplan und regte diesen – Humboldt hatte zuvor den Bergmagnetismus entdeckt – zu eigenen magnetischen Studien an: »... Polarität ohne Attraktion. Der Humboldtische Serpentinstein bewegt die Magnetnadel sehr stark, zieht aber nicht den geringsten Eisenfeil auf...«[12] Diese magnetischen Beobachtungen beschäftigten Goethe sehr. Sogar Schiller machte mit. Mitte Juli 1798 schrieb Goethe an Wilhelm von Humboldt: »... habe ich die magnetischen Phänomene auf meine Art zusammengestellt. Schiller nimmt an diesen Studien immer mehr Anteil, und Sie wissen, was sein Anteil heißt...«[13] Die Anregung zur naturwissenschaftlichen Arbeit, die Goethe durch Alexander von Humboldt erfuhr, ist unübersehbar. In ihm erkannte er auch jenen heiß ersehnten Mann, der das Lebenswerk Buffons mit seinem Versuch einer naturwissenschaftlichen Gesamtdarstellung dieser Welt noch einmal – und übrigens bis heute zum letzten Mal – übertreffen sollte.
Doch was gewann Humboldt aus dieser Beziehung? Die einen sahen in ihm einen Schüler Goethes und Vollender seines naturwissenschaftlichen Denkens, die anderen hielten dagegen, daß Humboldts wissenschaftliche Persönlichkeit schon vor seiner ersten Begegnung mit Goethe voll entfaltet war, diese also allenfalls eine Ermutigung dargestellt habe, den einmal eingeschlagenen Weg des Forschungsreisenden auch durchzuhalten. Die letztlich nicht ganz ergründbare Wahrheit dürfte wohl dazwischen liegen.
Diese Prophezeiung Goethes sollte sich voll erfüllen. Humboldt wiederum bekannte im Mai 1806 nach seiner Rückkehr aus Südamerika seine Dankesschuld an Goethe in einem überaus poetisch formulierten Brief an Caroline von Wolzogen (1763–1847): »... In den Wäldern des Amazonenflusses wie auf dem Rücken der hohen Anden erkannte ich, wie von einem Hauche beseelt, von Pol zu Pol nur ein Leben ausgegossen ist in Steinen, Pflanzen und Tieren und in des Menschen schwellender Brust. Überall ward ich von dem Gefühle durchdrungen, wie mächtig jene Jenaer Verhältnisse auf mich gewirkt, wie

Zu den genialsten Leistungen Humboldts gehört die Schaffung des Begriffes der Isothermen mit ihrer bildhaften graphischen Darstellung der Wärmeverteilung auf der Erde (1817), basierend auf der an 53 verschiedenen Orten gemessenen durchschnittlichen Jahrestemperatur.

GENIUS, DIE BÜSTE DER NATUR ENTHÜLLEND

»Bleibe das Geheimnis teuer!
Laß den Augen nicht gelüsten!
Sphinx-Natur, ein Ungeheuer,
Schreckt sie dich mit hundert Brüsten.

Suche nicht verborgne Weihe!
Unter'm Schleier laß das Starre!
Willst du leben, guter Narre,
Sieh nur hinter dich in's Freie.

Anschaun, wenn es dir gelingt,
Daß es erst in's Innre dringt,
Dann auch außen wiederkehrt,
Bist am herrlichsten belehrt.«

» ... Bei seinem Genie, seinem Talent, seiner Tätigkeit, ist der Vorteil seiner Reise für die Wissenschaften ganz inkalkulabel, ja man kann behaupten, daß er über die Schätze, deren Gewinnst ihm bevorsteht, künftig dereinst selbst erstaunen wird. Wäre es möglich, von Zeit zu Zeit etwas von seinen Entdeckungen zu erfahren ... «

Brief an Wilhelm von Humboldt

» ... Die Gegenwart des Herrn Bergrat v. Humboldt macht mir ... eine ganz besondere Epoche ... ich darf ihn wohl in seiner Art einzig nennen, denn ich habe niemanden gekannt, der mit einer so bestimmt gerichteten Tätigkeit eine solche Vielseitigkeit des Geistes verbände, es ist inkalkulabel, was er noch für die Wissenschaft tun kann ... «

Brief an Johann Friedrich Unger

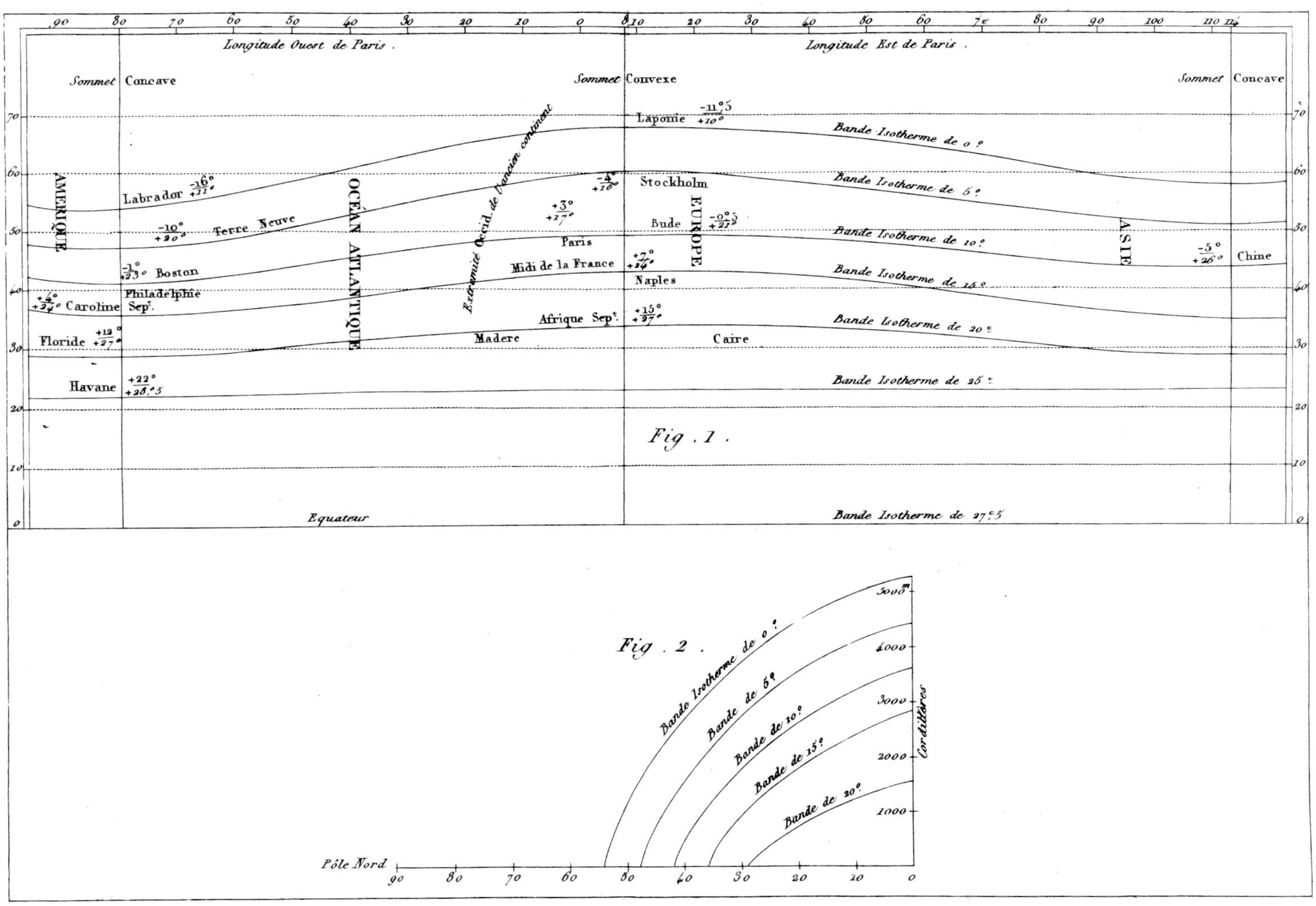

ich, durch Goethes Naturansichten gehoben, gleichsam mit neuen Organen ausgerüstet worden war ...«[14]

Selbst ein nur flüchtiges Studium von Humboldts Werken läßt nächst dem Streben nach Gesamtschau und möglichst allumfassender Beschreibung der Natur das literarische Werk erkennen, entsprechend der Ansicht Goethes, eine naturwissenschaftliche Abhandlung müsse letztlich ebenso ein literarisches Kunstwerk sein, ein Werk der Poesie. Es ist kaum zu bezweifeln, daß Präzision und Anmut der Sprache Humboldts, mit der er in seinem langen Leben nie ermüdend, liebevoll in Tausenden von Druckseiten die Natur beschrieb, eine Frucht seiner Begegnung mit Goethe war. Dabei wuchs er in einem ganz wesentlichen Punkt deutlich über Goethe hinaus, dem zeit seines Lebens komplizierte und nicht unmittelbar auf den ersten Blick leicht durchschaubare wissenschaftliche Experimente verdächtig blieben. Sozusagen bereiteten ihm indirekt gewonnene Ergebnisse Unbehagen.

Alexander von Humboldt war hierin völlig anders. Er dürfte der erste Forschungsreisende überhaupt gewesen sein, der für seine Instrumente eine eigene Logistik aufbaute. Anders als Goethe versorgte er sich stets mit den allermodernsten Meßgeräten.

Um ein Höchstmaß an Exaktheit der Beobachtungen zu erreichen, wurden sie selbst in fernsten Ländern turnusgemäß ausgetauscht, um Ungenauigkeiten durch Abnützung auszuschalten, wobei die Meßfehler der neuen sowie der auszutauschenden Instrumente verglichen und in komplizierten Fehlerrechnungen minimiert wurden. Überlegungen dieser Art begegnet man bei den Forschungen Goethes nie, der sich mathematischen Betrachtungen gerne verschloß. Der überragende Erfolg der Forschungsreisen Humboldts ist jedoch wohl gerade im einzigartigen Zusammenwirken von an Goethe geschulter Darstellung und durch ihn beeinflußter Weltsicht mit der Anwendung damals modernster Instrumenten- und Beobachtungstechnik begründet.

Rechts: Friedrich Georg Weitsch (1758–1828) malte Alexander von Humboldt 1806 in idealisierter Tropenlandschaft mit Blick aufs Meer. Staatl. Museen Preußischer Kulturbesitz, Berlin.

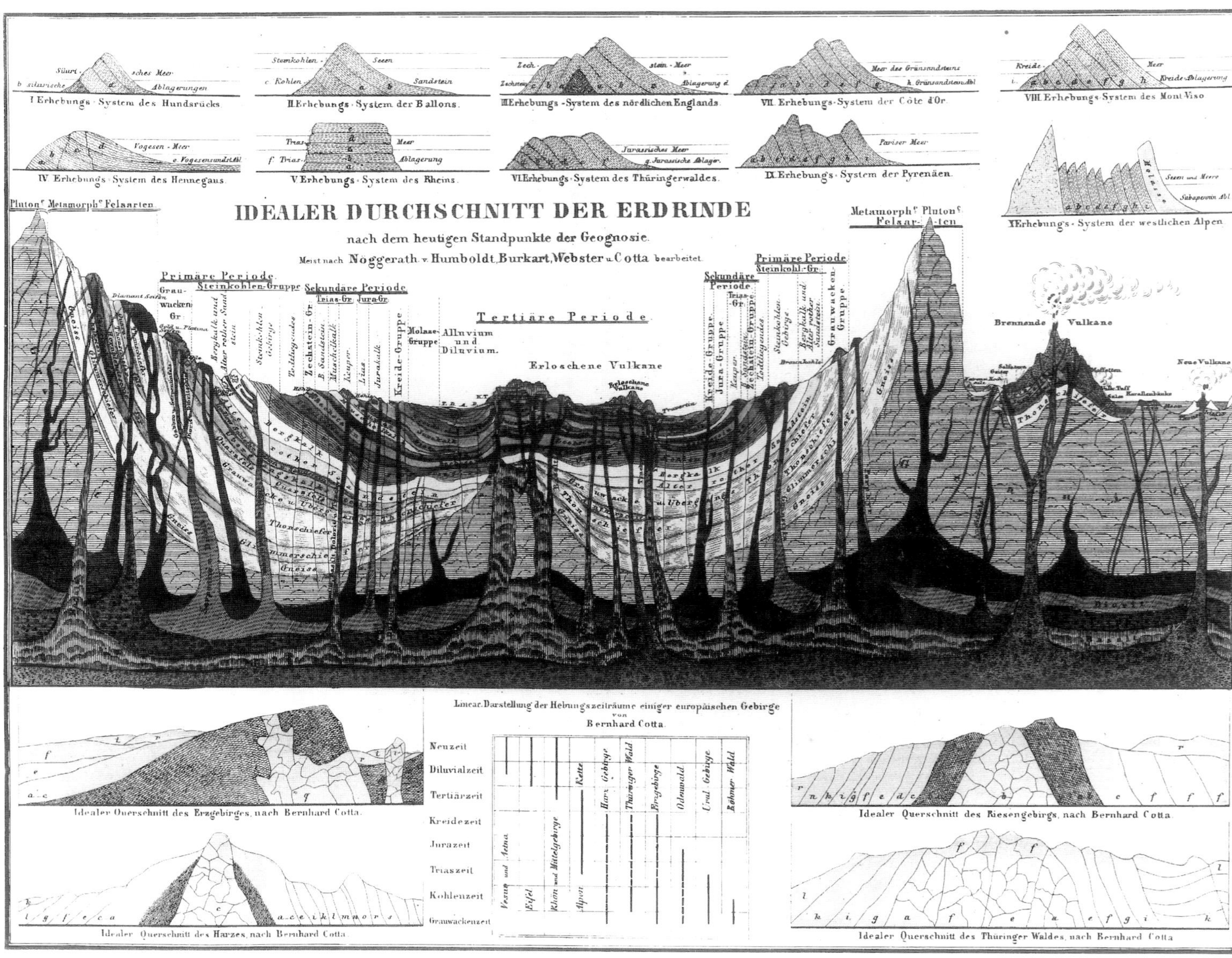

Unten: Hinter Humboldts vergleichend-geographischen Betrachtungen wie diesem »Idealen Durchschnitt der Erdrinde« wird eine Anregung Goethes vermutet.

»... mit Leib und Seele zu Hause ... in Karlsbad zwischen dem grünen Papagei und den drei Karpfen ...«

Der Naturwissenschaftler Goethe im Bad

Goethe hatte eine erstaunliche Fähigkeit, sich Kenntnisse anderer nutzbar zu machen. So war ihm in Jena der zwanzigjährige Friedrich Gottlieb Dietrich (1768–1850) als botanisches Naturtalent aufgefallen (1785): »... er hatte ihn angehalten, ihm Namen und Merkmale der gesammelten Pflanzen abgefragt, und nachdem er ihn als erfahrenen Pflanzenkenner erprobt, ihm ohne weiteres die Frage gestellt, ob er ihn sofort als Botanikus nach Karlsbad begleiten wolle ...«[1] Der junge Mann stimmte spontan zu und erwies sich als ein wandelndes botanisches Lexikon. Wie Goethe selbst mitteilte, »... brachte er mit eifrigem Spürsinn alles Blühende zusammen, und reichte mir die Ausbeute womöglich an Ort und Stelle sogleich in den Wagen herein und rief dabei nach Art eines Herolds die Linnéischen Bezeichnungen, Geschlecht und Art mit froher Überzeugung aus, manchmal auch mit falscher Betonung ...«[2]

Obwohl zunächst erkrankt und zeitweilig von Schüttelfrost und Zahnweh geplagt, führte Goethe auf dieser Reise ein »Geologisches Reisetagebuch«. Wie immer vermochte ihn Chemisch-Technisches zu faszinieren, und so besichtigte er unterwegs eine Zeugfabrik und eine Alaunsiederei.

Der Badebetrieb in Karlsbad hatte für Goethe einen eigenen Reiz, der auch bei den vielen späteren Aufenthalten nicht verlorengehen sollte: »... Jeder kommt mit seinem Töpfchen frühmorgens an den Sprudel und genießt das heiße Wasser ...«[3] Diese erste Brunnenkur brachte Goethes höchstpersönlichen Reisestil zur Entfaltung, jene für ihn typische Mischung von naturwissenschaftlichen Studien und geselligem Leben. So schrieb er am 15. August 1785 an Carl August: Ich bin »... in eine solche Feneantise verfallen ... Die Wasser bekommen mir sehr wohl, und auch die Notwendigkeit, immer unter

Diese Darstellung des Treibens der Brunnengäste, die mit ihren Bechern zum Neubrunn in Karlsbad pilgern, vermittelt etwas von dem bunten Bäderleben jener Epoche, an dem Goethe so gerne als »... Brunnengast, Geolog und Spaziergänger ...« teilnahm. Gemälde von Ludwig Graf Buguoy (ca. 1815–1820).

Der Wasser-, Dampf- und Kohlendioxid-Druck des Karlsbader Sprudels konnte in manchen Jahren derart hoch werden, daß in einer plötzlichen Eruption gewaltige Wassermassen ausgeworfen wurden, die Tonnen von Erdreich mit sich rissen und einen Teil der Brunnengebäude zerstörten. Goethe schrieb über seine 1810 angefertigte Zeichnung der Zerstörungen durch den Sprudelausbruch vom 13. 12. 1809: »… In Karlsbad betrachtete ich die Verwüstung, die der Sprudel angerichtet, mit großem Interesse. Aus den hintern Fenstern des Weißen Hirschen zeichnete ich diesen seltsamen Zustand sorgfältig nach der Wirklichkeit und überließ mich der Erinnerung vieljähriger Betrachtungen und Folgerungen …« (Ausschnitt)

Wahrscheinlich entstand diese Zeichnung Goethes der Kurgebäude von Karlsbad während einer der zahlreichen kleinen geologischen Exkursionen auf den Tschirlstein im Juli 1808.

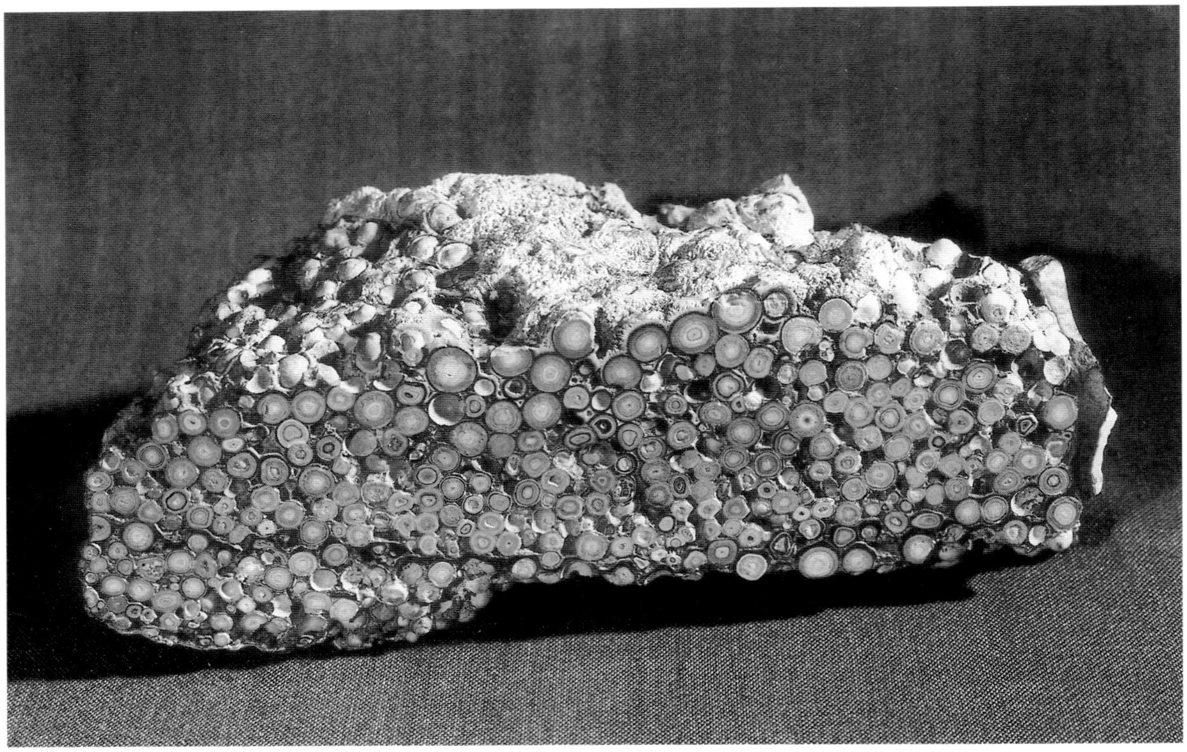

Die Mineralwässer von Karlsbad sind außerordentlich kalkhaltig. Daher scheiden sich an darin liegenden Objekten wie Ästen, Blättern und dergleichen sowie an Gesteinen dicke Schichten von Kalksinter ab. So entstehen die typischen Sprudelsteine, wie man an diesem seitlich angeschliffenen schönen Stück aus Goethes Sammlung sehen kann.

Menschen zu sein, hat mir gut getan ... Vom Granit durch die ganze Schöpfung durch bis zu den Weibern. Alles hat beigetragen, mir den Aufenthalt angenehm und interessant zu machen ...«[4]
Es blieb auch bei den zahlreichen Badereisen der kommenden Jahre die Geologie – neben den Frauen –, die Goethe am meisten beschäftigte. Als er im Sommer 1786 zum zweiten Mal nach Karlsbad fuhr, freundete er sich mit einem Kenner der lokalen Geologie und Mineralogie an, mit dem es im Laufe der Jahre zu einer regelrechten Zusammenarbeit kommen sollte. In seinen »Annalen oder Tag- und Jahresheften« bezieht sich Goethe auf die Zeit, in der er bedingt durch die Napoleonischen Kriege eine Weile am Reisen gehindert worden war und hält für das Jahr 1806 fest: »... Zu Förderniß geologischer Studien hatte in den Jahren, da ich Karlsbad nicht besucht, Joseph Müller treulich vorgearbeitet. Dieser wackere Mann, von Turnau gebürtig, als Steinschneider erzogen, hatte sich in der Welt mancherlei versucht und war zuletzt in Karlsbad einheimisch geworden. Dort beschäftigte er sich mit seiner Kunst und geriet auf den Gedanken, die Karlsbader Sprudelsteine in Tafeln zu schneiden und reinlich zu polieren, wodurch denn diese ausgezeichneten Sinter nach und nach der naturliebenden Welt bekannt wurden. Von diesen Produktionen der heißen Quellen wendete er sich zu andern auffallenden Gebirgserzeugnissen, sammelte die Zwillingskristalle des Feldspates ...«[5]
Man weiß heute nicht mehr allzu viel von Joseph Müller (1727–1817). Er muß aber ein Autodidakt mit kräftigem Selbstbewußtsein gewesen sein, denn Goethe gelang es nur mit Mühe, ihn von seinem selbstentwickelten Ordnungsprinzip abzubringen: »... Schon vor Jahren hatte er an unseren Spaziergängen Teil genommen ..., und in der Folge hatte er Zeit und Mühe nicht gespart, um eine mannigfaltige charakteristische Sammlung aufzustellen, sie zu numerieren und nach seiner Art zu beschreiben. Da er nun dem Gebirg gefolgt war, so hatte sich ziemlich, was zusammengehörte, auch zusammengefunden, und es bedurfte nur weniges, um sie wissenschaftlichen Zwecken näher zu führen, welches er sich denn auch, obgleich hie und da mit einigem Widerstreben, gefallen ließ.«[6]
Es kam zu einer fruchtbaren Zusammenarbeit zwischen dem Steinschneider und dem Dichterfürsten. Goethe war sich sicher, daß es Müller sogar geglückt sei, die Ursachen für die chemische Zusammensetzung des Karlsbader Sprudels zu entdecken.
Der Steinschneider und Goethe marschierten, kletterten und fuhren emsig gemeinsam in der Gegend herum und unternahmen zahlreiche Exkursionen: »... Der Klimatsteinfelsen ward bestiegen und beklopft ...«[7]
Nach zehnjähriger Zusammenarbeit der beiden, wenn auch unterbrochen durch lange Winter und viele Kriegsjahre, kam es schließlich zu einem gemeinsamen Werk. Goethe schrieb einen erläuternden Aufsatz über die in und um Karlsbad vorkommenden Gesteine und Mineralien, deren Proben Joseph Müller jeweils als kleine Sammlung in Kartons zusammenstellte, und bei-

Unten:
Zeichnung Goethes eines »Karlsbader Zwillings«, eines »Feldspat-Zwillings-Kristalls«, wie ihn Goethe in der Umgebung von Karlsbad, aber auch 1821 auf der Fahrt von Marienbad nach Eger vielfach einsammelte. Unter Feldspat versteht man heute Mischkristalle aus Kalium-, Natrium- oder Calcium-Aluminosilikaten wechselnder Zusammensetzung.

Rechts:
Der Mineraloge Ch. S. Weiß überlieferte von seiner Begegnung mit Goethe im Spätsommer 1818, daß dieser keinerlei Schwierigkeiten hatte, die beiden Möglichkeiten der räumlichen Kristallkonfiguration zu durchschauen: »... Und damit schlug er die Hände zusammen, erst wie gewöhnlich, mit der innern Seite gegeneinander, dann, nachdem er sie umgewendet, beide wieder mit den Handrücken gegeneinander...«

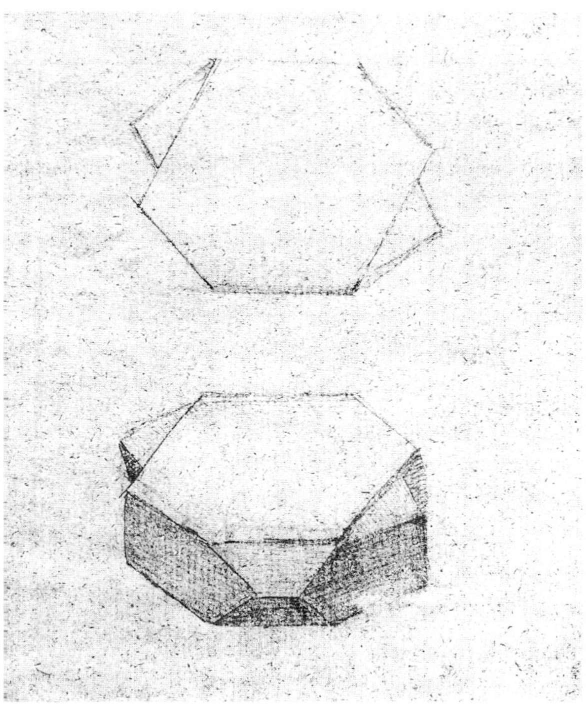

❛❛ ...Die Karlsbader Feldspat-Zwillingskristalle sind bekannt; über Eger bis nach dem Fichtelberg zu kommen sie gleichfalls vor. Noch in flächeren Tafeln, denjenigen ähnlich, die Sie mir übersendet haben. In Karlsbader Graniten kommen sie klein aus rotem Ton gebildet vor, andere sind grün und haben ein talkartiges Aussehen. Ferner über der Eger sind sie weiß und fast schon in Porzellanerde übergegangen, diese sind die kleinsten. Alle benannten, die ich kenne, machen Bestandteile des Granites aus, daß sie nun auch im Tonporphyr entdeckt sind, ist sehr interessant, und deutet auf eine Hartnäkkigkeit der Natur, bei solchen Formen zu verharren, wenn sie dieselben einmal geliebt hat. Der Übergang von der vierseitigen Säule zur sechsseitigen Tafel wird sehr deutlich durch die Exemplare, welche Sie mir gesendet haben ... ❜❜

Brief an J. C. W. Voigt

des wurde – um einen heutigen Begriff zu gebrauchen – gemeinsam als »Set« vertrieben.
Bei seiner Wiederkehr nach Karlsbad im Sommer 1807 verfaßte Goethe seine Abhandlung zur »Joseph Müllerschen Sammlung«, die jedoch vor Veröffentlichung noch eine kleine Schwierigkeit zu überwinden hatte: »... Ehe der kleine Aufsatz nun abgedruckt werden konnte, mußte die Billigung der obern Prager Behörde eingeholt werden; und so hab' ich das Vergnügen, auf einem meiner Manuskripte das Vidi der Prager Zensur zu erblicken.«[8]

Doch Goethe nahm dies hin, bot sich ihm doch so die Gelegenheit, »... gewisse geologische Untersuchungen in der Wissenschaft einzuschwärzen ...«[9] Diese Arbeit war jedoch nur ein Auftakt, und Goethe publizierte später noch einen Nachtrag: »Ferneres über Joseph Müller und dessen Sammlung«[10] und 1820 eine weitere Ergänzung: »Produkte böhmischer Erdbrände«.[11] Eine ähnliche Studie schrieb er 1808: »Der Kammerberg bei Eger«,[12] die allerdings weniger Berühmtheit erlangte, da Goethe am Kammerberg kein Joseph Müller zur Seite stand. Darum bekannte er selbst: »... Die hier zum Grunde gelegte Sammlung ist in das Kabinett der mineralogischen Sozietät zu Jena gebracht worden, wo man sie jedem Freunde der Natur mit Vergnügen vorzeigen wird, der sich solche übrigens, wenn er den Kammerbühl besucht, nach gegenwärtiger Anleitung leicht selbst wird verschaffen können...«[13] Die geologisch-mineralogischen Ausbeuten von Goethes Reisen in böhmische Bäder fanden darüber hinaus ihren Niederschlag in einer Reihe von Aufsätzen: »Zur Geologie, besonders der böhmischen« (1820)[14], »Marienbad überhaupt, und besonders in Rücksicht auf Geologie« (1821)[15] und »Zur Geognosie und Topographie von Böhmen« (1821).[16] Eine Fahrt nach Eger führte zu dem Werk »Uralte, neuentdeckte Naturfeuer- und Glutspuren« (1823).[17] Im gleichen Jahr erschien »Der Wolfsberg«[18], mit einer kurzen »Nachschrift« (1824).[19]

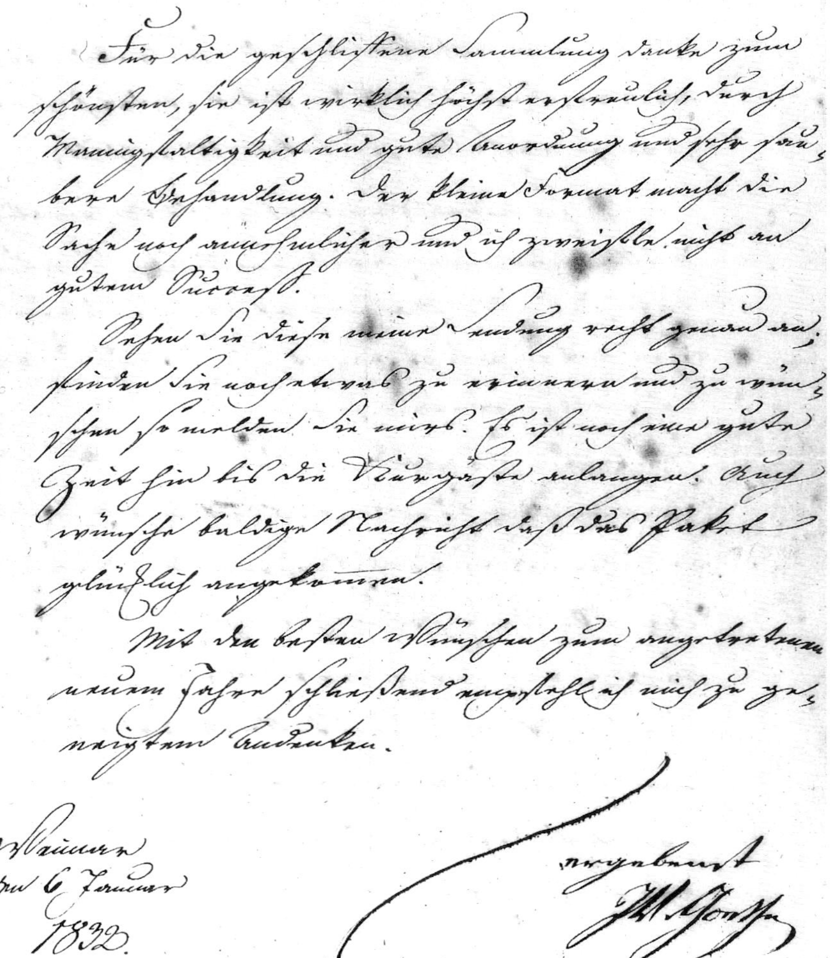
Für die geschickten Sammlung danke zum schönsten, sie ist wirklich höchst erfreulich durch Mannigfaltigkeit und gute Anordnung und sehr saubere Behandlung. Das kleine Format macht die Sache noch angenehmer und ich zweifle nicht an gutem Absatz.

Wollen Sie diese meine Sendung recht genau ansehen, finden Sie noch etwas zu erinnern und zu wünschen so melden Sie mirs. Es ist noch eine gute Zeit hin bis die Kurgäste anlangen. Auch wünsche baldige Nachricht daß das Paket glücklich angekommen.

Mit den besten Wünschen zum angetretenen neuen Jahre schließend empfehl ich mich zu geneigtem Andenken.

Weimar den 6 Januar 1832.

ergebenst
JWvGoethe

Einem Schreiber diktierte Goethe den von ihm selbst gezeichneten Brief an David Knoll, den Karlsbader Geschäftsnachfolger des verstorbenen Steinschneiders Müller.

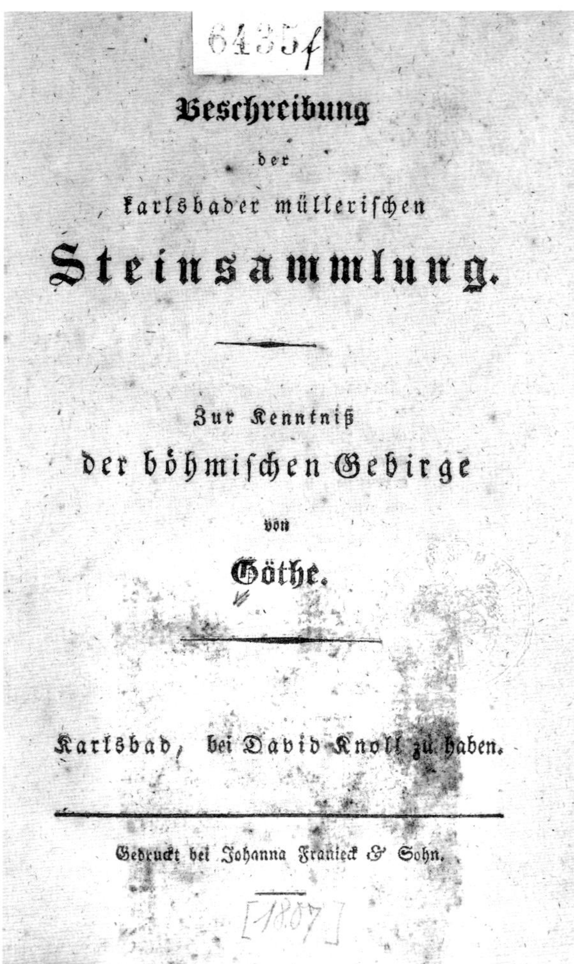
6435 f

Beschreibung
der
Karlsbader müllerischen
Steinsammlung.

Zur Kenntniß
der böhmischen Gebirge
von
Göthe.

Karlsbad, bei David Knoll zu haben.

Gedruckt bei Johanna Franieck & Sohn.

[1807]

Zur »Karlsbader Müllerschen Steinsammlung« gehörten ein kleines, von Goethe verfaßtes Büchlein sowie mehrere Pappkästen mit Sprudelsteinen und Mineralien, wie auf Seite 10 zu sehen.

Der schwedische Naturforscher Jacob Berzelius und Goethe weilten 1822 zu einer Brunnenkur in Eger. Berzelius berichtete recht kritisch über die Begegnung: »... Dieser (das heißt Goethe) empfing mich mit einer Miene und Gebärde, als sei er von der neuen Bekanntschaft nicht gerade sehr entzückt... Er lud uns zum Mittagessen... Wäh-

Rechts:
Der schwedische Chemiker J. J. Berzelius lernte Goethe 1822 während einer Brunnenkur in Eger kennen und führte ihm dabei die Vorteile der Lötrohranalyse vor. Berzelius hatte eine spezielle Form des Lötrohrbestecks kreiert, bei dem die Gerätschaften in einem Lederfutteral eingewickelt wurden. Schubfach aus einem Lötrohrbesteck der zwanziger Jahre des vorigen Jahrhunderts mit typischen Gerätschaften wie einer Waage nach Hauy, um die elektrostatischen Eigenschaften von Mineralien zu testen, ein Versuch, den offenbar auch Goethe am Turmalin ausführte.

JAC. BERZELIUS.

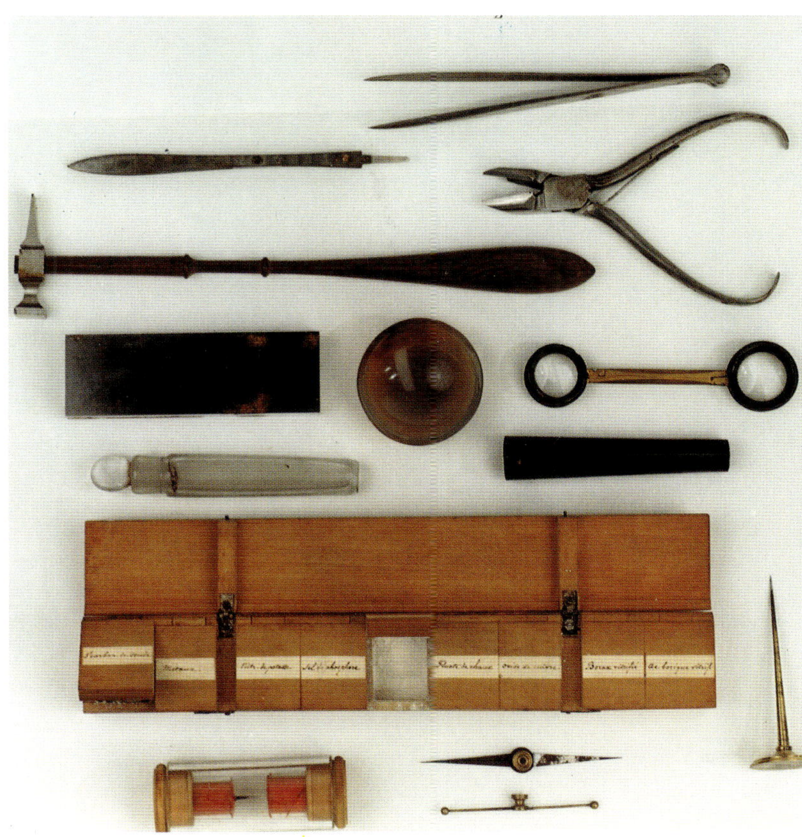

Dieser vom Karlsbader Glasarbeiter Mattini gefertigte Becher war in mehrfacher Hinsicht für Goethe ein bedeutender Gegenstand: einmal als Erinnerung an die dortigen Wasserkuren, zum anderen zeigte er sein »chromatisches Urphänomen«, die Entstehung von Farbe aus dem Trüben. Bedingt durch seine milchige Grundfärbung und durch feinste, in der erstarrten Glasschmelze eingelagerte Teilchen, zeigt das Glas dieses Bechers je nach Beleuchtungssituation verschiedene Farben. Bei aufscheinendem Licht vor dunklem Grunde sieht man es blau, vor hellem Licht dagegen durchscheinend gelb. In der Schlange könnte man einen Anklang an Goethes Erzählung »Das Märchen« erblicken.

rend desselben wurde beschlossen ..., einen Spaziergang nach dem Kammerbühl zu machen ... er hatte einige Jahre vorher eine kleine Broschüre über denselben herausgegeben, in der er darzutun versuchte, daß es sich um einen vulkanischen Ausbruch von Asche und Rapilli, aber ohne Krater- und Lavabildung, der unter Wasser stattgefunden hatte, handle... suchte ich Goethe zu überzeugen, daß der Krater dicht unter der Spitze des kleinen Berges... liegen müsse... Der 70jährige Naturforscher hörte mir aufmerksam zu, doch bemerkte er, daß hier kein Mensch Lava finden würde. Ich antwortete, ... daß wir jetzt, da die Stelle festgestellt sei... auch dort danach suchen müßten. Er rief nun seinen Diener, der auf den geologischen Exkursionen des alten Herrn stets einen großen Hammer und eine Hacke mitführen mußte. Dieser räumte Moos und die Grasnarbe weg und stieß dann auf Gestein, von dem ich ein Stück abschlagen ließ. An der Bruchfläche fand sich ein Olivin. Das war nun deutlich Lava. Goethe war über den Fund ganz entzückt ...«

Doch Goethe kurte nicht nur in Böhmen: Am 18. Juni 1799 hielt er in seinem Tagebuch fest: »Fing ich an, Pyrmonter zu trinken ...«[20] Der Genuß Pyrmonter Mineralwassers wurde ihm fast zur Gewohnheit. Als er von einer sehr schweren Gesichtsrose, die ihn zusammen mit einem Krampfhusten beinahe das Leben gekostet hatte, mühsamst wieder genesen war, brach er am 5. Juni 1801, früh um fünf, zu einem Kuraufenthalt in Bad Pyrmont auf. Diese Reise empfand er als glücklich und beglückend, nicht zuletzt deshalb, weil der Hin- und Rückweg über die so sehr geschätzte Universitätsstadt Göttingen mit ihrer großen Bibliothek führte. Goethe besuchte reihum alle bedeutenden Professoren der Naturwissenschaften. Zum Beispiel: »... um 3 Uhr zu ... Blumenbach, dessen Schädelsammlung näher durchgesehen ...«[21]

Begleitet von seinem Sohn August und einem Diener traf er am 14. Juni in Bad Pyrmont ein und erschreckte die dortigen Torschreiber mit der Eintragung: »Goethe Vater, Sohn und Geist«.[22] Eine Zeitgenossin schilderte das von ihm erweckte Interesse, aber auch die Beunruhigung, die von ihm ausging: »... Den neugierigen Brunnengästen war es nicht angenehm, gegen alle Ideale, die sie sich von dem gewandten feinen Dichter gemacht hatten, einen ernsten majestätischen Mann zu finden, der, die Hände in beiden Rocktaschen, mit quer in die Breite stehendem Hute, in mäßigem gleichen Schritte die Allee auf- und abwandelte, ohne auf die Sterblichen um ihn her zu achten ...«[23] Die Sterblichen hatten aber ihrerseits keine besonders große

Mit schwarzer Kreide, Feder, Tusche und Sepia hielt Goethe um 1820/23 den Tempel des Kreuzbrunn in Marienbad fest.

»Wie es dampft und braust und sprühet
Aus der unbekannten Gruft!
Von geheimem Feuer glühet
Heilsam Wasser, Erd und Luft.

Hilfsbedürftige Schar vermehrt sich
Täglich um den Wunderort,
Und im Stillen heilt und nährt sich
Unser Herz an Freundes Wort.«

Dank- und Sende-Blätter

DER KORB AUS MARIENBAD

» ... Ich habe ihn aus Marienbad mitgebracht, wo man solche Körbe in allen Größen hat, und ich bin so an ihn gewöhnt, daß ich nicht reisen kann, ohne ihn bei mir zu führen. Sie sehen, wenn er leer ist, legt er sich zusammen und nimmt wenig Raum ein; gefüllt, dehnt er sich nach allen Seiten aus und faßt mehr, als man denken sollte. Er ist weich und biegsam und dabei so zähe und stark, daß man die schwersten Sachen darin fortbringen kann ... er ist nicht allein so vernünftig und zweckmäßig als möglich, sondern er hat auch dabei die einfachste, gefälligste Form, so daß man also sagen kann: er steht auf dem höchsten Punkt der Vollendung. Auf meinen mineralogischen Exkursionen in den böhmischen Gebirgen ist er mir besonders zustatten gekommen ... «

Eckermann 1827

Chance, Goethe zu übersehen. Der stets Aktive konnte es nicht lassen, sich die Zeit durch aufsehenerregende chemische Experimente zu verkürzen, die seine naturwissenschaftlich nicht besonders ausgebildeten Zeitgenossen ganz ungeheuer beeindrucken mußten: »... Die merkwürdige Dunsthöhle in der Nähe des Ortes, wo das Stickgas (das heißt CO_2), welches, mit Wasser verbunden, so kräftig heilsam auf den menschlichen Körper wirkt, für sich unsichtbar eine tödliche Atmosphäre bildet, veranlaßte manche Versuche, die zur Unterhaltung dienten. Nach ernstlicher Prüfung des Lokals und des Niveau's jener Luftschicht (das heißt der Oberfläche des am Boden der Dunsthöhle liegenden CO_2), konnte ich die auffallenden und erfreulichen Experimente mit sicherer Kühnheit anstellen. Die auf dem unsichtbaren Element lustig tanzenden Seifenblasen, das plötzliche Verlöschen eines flakkernden Strohwisches, das augenblickliche Wiederentzünden, und was dergleichen sonst noch war, bereitete staunendes Ergötzen solchen Personen, die das Phänomen noch gar nicht kannten, und Bewunderung, wenn sie es noch nicht im Großen und im Freien ausgeführt gesehen hatten.«[24]

Eine mit normaler Luft, also einem Gemisch von Stickstoff und Sauerstoff gefüllte Seifenblase ist spezifisch schwerer als die sie umgebende Luft und würde zu Boden sinken. Da sie jedoch deutlich spezifisch leichter ist als das in der Quelle entweichende Kohlendioxid, bleibt sie auf der Grenzschicht zwischen CO_2 und Luft schweben. Dies ist auch deshalb bemerkenswert, weil ein Luftballon, sich selbst überlassen, aus physikalischen Gründen stets entweder steigt oder sinkt, aber eben nie in einer definierten Höhe schweben kann.

Die Pyrmonter Brunnenverwaltung und die Kurgäste müssen ungeheuer beeindruckt gewesen sein. Noch heute begibt sich zu bestimmten Tageszeiten ein Beamter der Pyrmonter Brunnenverwaltung in einem stets gleichen Ritual in die Dunsthöhle und wiederholt unter Berufung auf den großen Dichter die hier geschilderten Experimente – eine einzigartige Hommage für den Experimentator Goethe.

Dieser brachte, wenn auch im Kleinen, die Experimente mit in sein Haus am Frauenplan: »... Und als ich nun gar dieses geheimnisvolle Agens (das heißt CO_2), in Pyrmonter Flaschen gefüllt, mit nach Hause trug und in jedem anscheinend leeren Trinkglas das Wunder des auslöschenden Wachsstocks wiederholte, war die Gesellschaft völlig zufrieden und der ungläubige Brunnenmeister so zur Überzeugung gelangt, daß er sich bereit zeigte, mir einige dergleichen wasserleere Flaschen den übrigen gefüllten mit beizupacken, deren Inhalt sich auch in Weimar noch völlig wirksam offenbarte ...«[25] Dies zeigt, daß Goethe mit den experimentellen Tricks der Gas-Chemie beziehungsweise -Physik seiner Zeit voll vertraut war. Das Experiment mit dem auf Kohlendioxid schwebenden Kleinballon beziehungsweise einer Seifenblase geht auf den Physiker Lichtenberg zurück. Entweder bei diesem selbst oder bei dessen Bruder in Gotha dürfte es Goethe gesehen haben. Übrigens ist es gar nicht so leicht, drucklose Gase in mit Luft gefüllte Flaschen überzuleiten. Nach Volta gelingt dies, indem man die Flasche zunächst eben nicht mit Luft, sondern zum Beispiel mit Hirsekörnern oder Sand füllt. Leert man eine solche Flasche in CO_2-Atmosphäre aus, so wird das Volumen des ausrinnenden Sandes durch CO_2 ersetzt.

Die von Goethe nicht beherrschte Technik des Lötrohrblasens: Mit einem kleinen Lötblasrohr bläst man in eine kleine Flamme, meist eine Spiritusflamme oder eine brennende Kerze. Es entsteht eine scharfe Stichflamme mit einer definierten oxidierenden Hülle und einem reduzierenden Flammenkern. Hält man eine Probe, etwa ein Mineral, in den Flammensaum oder -kern, kann man ohne weitere chemische Hilfsmittel Oxidations- oder Reduktions-Reaktionen im kleinen Maßstab ausführen.

Links:
Noch heute führen Mitarbeiter der Brunnenverwaltung Bad Pyrmont Goethes Experimente vor – wie hier das Schweben von Seifenblasen auf der Kohlendioxidschicht.

Goethe war durch den Kuraufenthalt aber noch nicht völlig geheilt. Eine gewisse leichte Reizbarkeit war zurückgeblieben, die soweit ging, daß er von seinem Sohn gesammelte Versteinerungen nach lästigen Hunden warf, ein für Goethe unerhörter Vorgang: »... eine Hundeschar versammelte sich um das Eckhaus, deren Gebell anhaltend unerträglich war. Sie zu verscheuchen, griff man nach dem ersten besten Werfbaren, und da flog denn manches Ammonshorn des Hainsberges, von meinem Sohne mühsam herbeigetragen, gegen die unwillkommenen Ruhestörer, und gewöhnlich umsonst ...«[26]
Doch die reichen Bestände der Bibliothek und die Höflichkeit und Hilfsbereitschaft der dort Tätigen versöhnten ihn reichlich: »Es sei nun, daß die Bibliothek und das akademische Wesen, indem sie mich wieder in eine zweckmäßige Tätigkeit, nach meiner Art, versetzten, mir zur besten Kur gediehen ...«[27]
Goethe wähnte also, seine Studien zur Geschichte der Farbenlehre an der Göttinger Bibliothek seien für ihn heilsamer gewesen als das Schlürfen Pyrmonter Wassers. Wieder machte er die Runde bei allen bedeutenden Professoren: »... Ich sah bei ihm (das heißt bei Professor Hoffmann) mit Bewunderung die Erzeugnisse kolossaler Farnkräuter, die das sonst nur durch Mikroskope Sichtbare dem gewöhnlichen Tagesblick entgegen führten ...«[28]
Als dann am 14. August endgültig die Heimreise nach Weimar angetreten wurde – unter anderem besuchte man noch eine Bleiweiß-Fabrik –, schrieb Goethe ganz wehmütig von sich und seinem Sohn: »... fühlten wir beide, daß wir Göttingen ungern verließen, wo es uns in manchem Sinne so wohl ergangen ...«[29] Eine für Goethe typische Erholungsreise war zu Ende.

❞ Der Sprudel quillt in einem hölzernen Kasten, der unmittelbar auf den Riß der Decke aufgesetzt ist, gewaltsam herauf und läuft in einer Rinne ab, so daß die Becher untergehalten werden. Es ist ein großer Anblick, diese ungeheure siedende Gewalt zu sehen, die man sonst sehr philisterhaft gezwungen hatte, Männerchen zu machen; woher, genau betrachtet, alles frühere und spätere Unglück gekommen ist. ❞

Brief an Carl August

❞ In der Tiefe des Tals, zwischen Gibacht und Siehdichfür, ließ Fürst Metternich einen hohen Brückenbogen errichten, um der Chaussee von beiden Seiten gelinderen Abgang geben zu können; alles ist noch im Werden, außer der Brücke. Als wir uns nun derselben näherten, fanden wir einen großen, länglich-viereckten Block des festesten Sandsteins mitten im Wege abgeladen, den wir sogleich als ein Erzeugnis außerböhmischer Formation erkannten. Auf Erkundigung erfuhren wir, daß diese Masse von Berneck aus dem Bayrischen hierhergeschafft sei, bestimmt, auf der Brücke aufgestellt zu werden ... Die Schwierigkeit des Transports dieser Masse war groß, wie sie denn auch bei Eger schon einmal strandete. Wir freuten uns der geologischen Einsicht, daß wir diese Steinart sogleich ausländisch angesprochen und als uns Kefersteins Karte in den bunten Sandstein wies, fanden wir uns durchaus befriedigt. ❞

Tagebuch, 1821

❞ In Karlsbad fand man sich wieder zu herkömmlichen geologischen Betrachtungen genötigt. Die Erweiterung des Raumes um den Neubrunnen, ein kühnes, vielleicht in früherer Zeit nicht denkbares Vornehmen, bestärkte in den bisherigen Vorstellungen; ein merkwürdiges Gestein ward daselbst gewonnen, starkes Wasser der Tepl und heftiges Aufbrausen der heißen Quellen trafen zusammen, Umstände, welche auf die Hypothese hinzudeuten schienen: diese große Naturwirkung sei als ein ungeheures galvanisches Experiment anzusehen. ❞

Tag- und Jahreshefte, 1812

»Was ich dort gelebt, genossen,
Was mir alldorther entsprossen,
Welche Freude, welche Kenntnis,
Wär' ein allzulang Geständnis!
Mög es jeden so erfreuen,
Die Erfahrenen, die Neuen!«

Rhein und Main

Gottfried Christoph Beireis und die Welt der Automaten

Am 12.8.1805 schrieb Goethe an Charlotte von Stein: »... Der wunderliche Beireis ist schon so alt, daß man sich eilen muß, um ihn und seine Besitzungen noch zusammen zu finden ... Er ist seit langer Zeit deswegen merkwürdig, daß er Sammlungen aller Art zusammengebracht hat und zwar von einem solchen Umfange und von solcher Kostbarkeit, daß sie das Vermögen eines Particuliers zu überschreiten scheinen. Ich bin neugierig, alles mit eigenen Augen zu sehen ...«[1] Offenbar plante der Sammler Goethe eine Art Erholungsreise zu einem berühmten sammelnden Zeitgenossen. Die erste Hälfte des Jahres 1805 war für Goethe sehr schwer gewesen. Während er selbst mit einer bedrohlichen Krankheit darniederlag, starb am 9. Mai Friedrich Schiller. Nur mühsam riß sich Goethe aus seiner Niedergeschlagenheit. Am 10. August fand am Lauchstädter Theater die Trauerfeier für Schiller statt. Bereits drei Tage später holte Goethe zusammen mit seinem sechzehnjährigen Sohn August den Altphilologen Friedrich August Wolf (1759 bis 1824) in Halle ab, und machte sich auf die Reise nach Helmstedt in der Hoffnung »... auf ein angenehmes Abenteuer ...«.[2] Die drei wohnten im »Erbprinzen« nahe dem Marktplatz und blieben bis zum 25. August.

Ein wenig war Goethe zunächst enttäuscht. Die damals weltberühmte Automatensammlung des Professors Gottfried Christoph Beireis (1730 bis 1809) war in keinem guten Zustand. Das Haus, in dem Beireis lebte, war recht geräumig und enthielt noch einen Hörsaal – damals pflegten Professoren in ihren eigenen Wohnungen zu lesen – und ein recht stattliches Laboratorium. Es war ein wenig feucht, und allenthalben wurden die Sammlungen von Motten bedroht, zu deren Bekämpfung er Schwefel verbrannte, was sich zwar als fast wirkungslos erwies, wohingegen der überall wahrnehmbare Schwefelgeruch Beireis' Ansehen als geheimnisvoller Alchemist beträchtlich erhöhte. Einen Teil seiner Automaten hatte er in einem Gartenpavillon untergebracht, was ihnen nicht gut bekommen war. Auch fehlte es in Helmstedt an geschickten Mechanikern, so daß fast nichts wirklich funktionierte. Dabei handelte es sich um Objekte, die noch heute in jeder Geschichte der Technik erwähnt werden.

Jacques de Vaucanson (1709–1782) hatte als Inspekteur der französischen Seidenmanufakturen eine Seidenspinnmaschine und den ersten mechanischen Webstuhl konstruiert und daneben, wie es dem verspielten Geist des Rokoko entsprach, eine Reihe von geradezu legendären mechanischen Spielwerken gebaut. Drei der berühmtesten davon hatte Beireis in seinen Besitz gebracht: einmal den mechanischen Flötenspieler, von dem die Legende fälschlich behauptete, er könne jede Melodie, die man ihm vorlegen würde, vom Blatt spielen; dann den provençali-

Links:
Um auf der Sommerbühne in Bad Lauchstädt dieselben Kulissen und Versatzstücke wie winters verwenden zu können, hatte Goethe in seiner Eigenschaft als Leiter des Weimarer Theaters eine gewisse Normung der Maße und der Bühnentechnik eingeführt. Die damals gebaute Bühnenmaschinerie wird noch heute benutzt.

Oben:
Die pietistische Obrigkeit verbot in Halle den Besuch eines Theaters. Daher spielte die Weimarer Truppe in Bad Lauchstädt sommers Theater. 1825 zeichnete Goethe aus der Erinnerung die Giebelfront des 1802 erneuerten alten Theaters.

„Der wunderliche, in manchem Sinne viele Jahre durch schon bekannte problematische Mann, Hofrat Beireis in Helmstedt, war mir schon oft genannt, seine Umgebung, sein merkwürdiger Besitz, sein sonderbares Betragen sowie das Geheimnis, das über allem diesem waltete, hatte schon längst auf mich und meine Freunde beunruhigend gewirkt, und man mußte sich schelten, daß man eine so einzig merkwürdige Persönlichkeit, die auf eine frühe vorübergehende Epoche hindeutete, nicht mit Augen gesehen, nicht im Umgang einigermaßen erforscht habe. Professor Wolf war in demselbigen Falle, und wir beschlossen, da wir den Mann zu Hause wußten, eine Fahrt nach ihm, der wie ein geheimnisvoller Greif über außerordentlichen und kaum denkbaren Schätzen waltete... Nicht groß, wohl und beweglich gebaut, konnte man eben die Legenden seiner Fechterkünste gelten lassen; eine unglaublich hohe und gewölbte Stirn, ganz in Mißverhältnis der untern, fein zusammengezogenen Teile, deutete auf einen Mann von besonderen Geisteskräften, und in so hohen Jahren konnte er sich fürwahr einer besonders munteren und ungeheuchelten Tätigkeit erfreuen...“

Tag- und Jahreshefte, 1805

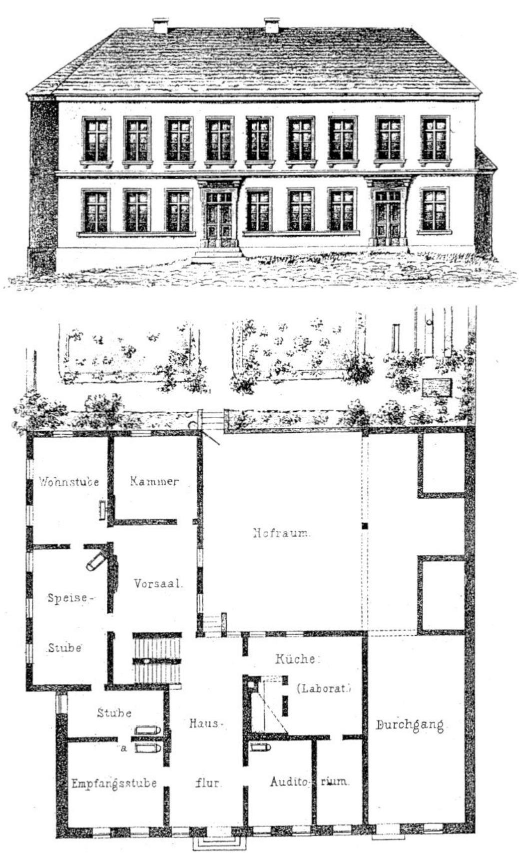

Vorderansicht und Plan des Hauses von Professor Beireis in Helmstedt. Der Weg durch das Haus führte zwangsweise an der großen, gleichzeitig als Laboratorium dienenden Küche vorbei. Am 1. 9. 1806 berichtete Arnim an Goethe: »... die öde Rumpelkammer von Haus, ein wüstes Gärtchen voll Unkraut, in dem sich ein paar magere Katzen sonnten, einen Herd, wo statt des Essens eine krumme Retorte langsam destillierte ...« Der Professor und Arzt G. Ch. Beireis (1730 bis 1809) schrieb über sich selbst: »Niemand kennt mich, als der, dem die dankbare Träne des armen / Wieder Genesten mit Liebe mich nennt; da mein Leben im Stillen, / Wie durch Blumen der Bach, ins Meer der Vergessenheit hinfließt.« Dank Goethe, der 1806 A. v. Arnim riet, Beireis zu besuchen, und durch E. T. A. Hoffmann wurde »das Meer der Vergessenheit« nicht allzu tief. Arnim nahm Beireis zum Vorbild für den »wunderbaren Doktor« in »Armut, Reichtum, Schuld und Buße der Gräfin Dolores«, und E. T. A Hoffmann verewigte ihn und seine Automaten in der Gestalt des Coppelius und der Puppe Olympia. Beide Figuren wurden in Jacques Offenbachs Oper »Hoffmanns Erzählungen« übernommen, so daß noch immer ein Stück des alten Zauberers über die Bühnen der Welt geistert.

schen Pfeifer und Trommelschläger sowie die noch berühmtere fressende und das Gefressene auch wieder verdauende mechanische Ente. Darüber hinaus besaß Beireis die auf Zuruf reagierende Zauberuhr von Pierre Jaquet-Droz (1721–1790), einem Schweizer Mechaniker aus La Chaux-de-Fonds, der Pendeluhren, Automaten und Androiden wie Schreiber, Zeichner und Klavierspielerinnen gebaut hatte. Solche Androiden erfreuten sich damals im Umfeld des philosophischen Materialismus, wie er von Julien Offray de La Mettrie (1709–1751) entwickelt worden war, größter Beliebtheit.

Auch begegnete hier Goethe zum zweiten Mal einer Rechenmaschine von Hahn. Im September 1791 hatte Beireis eine Luftpumpe aus dem Nachlaß Otto von Guerickes (1602–1686) erworben, die später in den Besitz der Technischen Hochschule Braunschweig geriet. Es handelte sich dabei um ein Exemplar der dritten und letzten von Guericke konstruierten Variante einer senkrecht auf einem Dreifuß aufgebauten Luftpumpe, baugleich mit einem zweiten Exemplar, das sich heute im Deutschen Museum in München befindet. Beireis nannte zwei bemerkenswerte Magnete sein eigen: einen künstlichen gebogenen, der 35 Pfund und 19 Lot Eisen zu tragen imstande war, sowie einen extrem starken natürlichen Magneten, der das 147fache seines Eigengewichtes halten konnte.

Besonders hervorzuheben waren die anatomischen Präparate des in Berlin praktizierenden Arztes Johann Nathaniel Lieberkühn (1711 bis 1756), die von Kurt Sprengel 1818 beschrieben worden waren: »...mit unglaublicher Gewandtheit wußte er unsichtbare Gefäße der zartesten Organe auszuspritzen und solche Präparate dergestalt unvergänglich zu machen, daß er sie in Gips modellierte, diesen rot brennen ließ, wodurch das Wachs vernichtet wird, hierauf das Modell mit Silber ausgoß und eigens zu einem

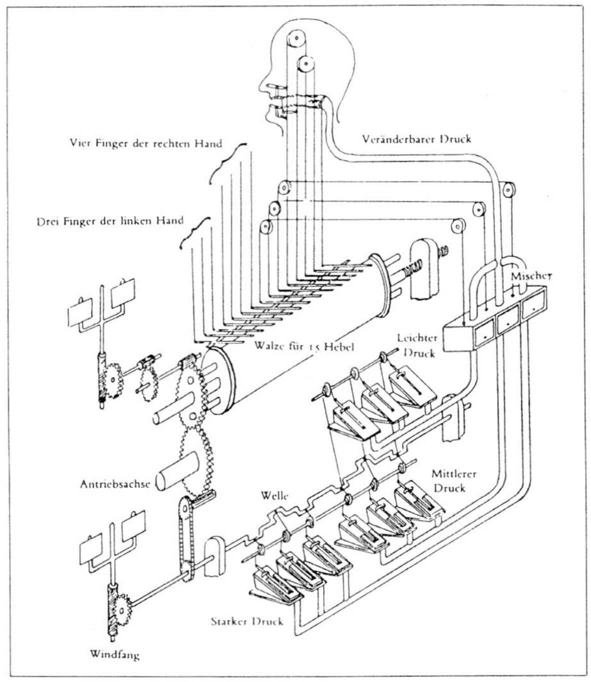

Professor Beireis besaß, als Goethe ihn besuchte, den berühmten mechanischen Flötenspieler, den der Mechaniker und Inspekteur der französischen Seidenmanufakturen, Jacques de Vaucanson (1709–1782) erbaut hatte. Zwar waren die Seidenspinnmaschine und der erste mechanische Webstuhl dieses genialen Konstrukteurs weitaus wichtiger, doch die Zeitgenossen bewunderten mehr die trickreiche Mechanik des Flötenspielers, von dem eine – falsche – Legende behauptete, er könne sogar Noten vom Blatt spielen.

jeden Präparat gefertigte katadioptische Mikroskope arbeiten ließ...«[3]

Da Goethe selbst anatomische Studien trieb, kann die Erwähnung dieser Präparate in seinem Bericht weiter nicht verwundern. Beireis selbst, berühmt dafür, allzeit den Mund reichlich voll zu nehmen, pflegte über sie zu sagen: »...Solange Helmstedt diesen Schatz besitzt, wird man außer Helmstedt keinen Arzt bilden können...«[4]

Die Reise muß Goethe viel Vergnügen bereitet haben, denn breit und behaglich stellt er uns den Alchemisten und Chemiker Beireis vor Augen und erzählt dazu folgende, an Paracelsus gemahnende Geschichte: »...Als er uns nun eines Tages mit einem ganz wohlbestellten Gastmahle bewirtete, so mußte man eine reichliche Schüssel besonders großer Krebse in einer so bach- und wasserarmen Gegend höchst merkwürdig finden... Schalkhafte Freunde behaupteten, Beireis habe auch sonst wohl zu verstehen gegeben, er wüßte durch das Universale, ausgesuchte Maikäfer in junge Krebse zu verwandeln, die er dann auch nachher durch besonders spagyrische Nahrung (das heißt nach alchemistischen Rezepten zubereitet) zu merkwürdiger Größe heraufzufüttern verstünde...«[5] Beireis rühmte sich, er habe

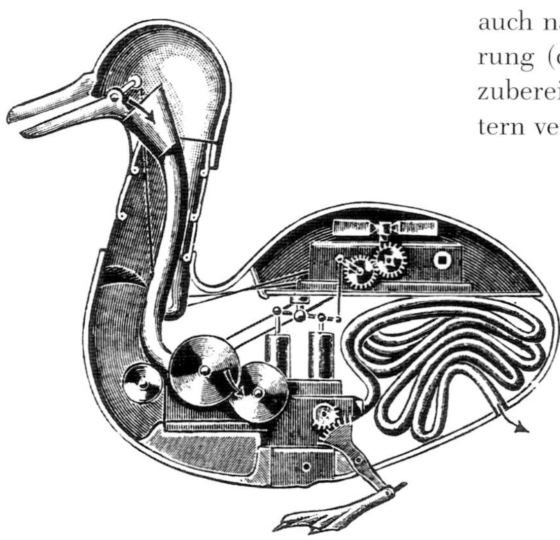

Als Goethe sie sah, hatte Vaucansons berühmte mechanische Ente ihr Gefieder schon verloren, sie konnte zwar noch fressen, aber nicht mehr verdauen.

einen ausnehmend großen und schönen Rohdiamanten, dessen Reste er Goethe vorwies, teilweise im offenen Feuer verbrannt: »... er erzählte die oft wiederholte Geschichte, wie er den Stein unter einer Muffel geprüft und über das herrliche Schauspiel der sich entwickelnden Flamme das Feuer zu mildern und auszulöschen vergessen, so daß der Stein über eine Million Taler an Wert in kurzem verloren habe, dem ungeachtet pries er sich glücklich, daß er ein Feuerwerk gesehen, welches Kaiser und Könige versagt worden ...«[6]

Beireis beherrschte überaus eindrucksvolle Schauexperimente. Der Historiker Friedrich von Raumer (1781–1873) überlieferte in seinem »Historischen Taschenbuch« folgende Anekdote: »... Beireis erschien im Jahre 1757 in Braunschweig, und um sich gleich bei der ersten Aufwartung dem Herzog zu empfehlen, soll er, so erzählte man sich, in einem schwarzen Rock erschienen sein, der seine Farbe während der Tafel allmählich in die rote, damals beliebte, veränderte ...«[7]

Beireis galt als phantastisch reich. So besaß er eine große Bildersammlung, deren Glanzstück, Dürers Selbstportrait, Goethe begeisterte, wenn er sich auch über die zahlreichen Fälschungen, die sie enthielt, ärgerte. Die Münz- und Medaillensammlungen erregten dagegen seine uneingeschränkte Bewunderung. Goethe nahm wie auch andere Zeitgenossen an, dieser Wohlstand habe chemische Ursachen: »... Die möglichen oder wahrscheinlichen Mittel, wie Beireis zu solchen Gütern gelangt, werden einstimmig und einfach angegeben. Er soll eine Farbe erfunden haben, die sich an die Stelle der Cochenille setzen konnte; er solle vorteilhaftere Gärungsprozesse als die damals bekannten an die Fabrikherren mitgeteilt haben ... Sollte Beireis nicht etwa zeitig auf die Veredelung des Krapps gekommen sein ...«[8]

Beireis' Biograph J. J. H. Bücking behauptete 1927 hingegen, daß dieser jene Farbe »aus dem Mineralreiche« heraus entwickelt habe. Zu den technisch-chemischen Erfolgen von Beireis führte Bücking noch aus: »... In diese Kategorie gehörte auch eine, den Indigo vollkommen ersetzende blaue Farbe auf Tuch und ein chemischer Prozeß, der aus dem Kobalte ging ... eine Methode, ohne Pottasche blau zu färben, eines vorzüglich schönen roten und blauen Siegellacks; sowie die Fabrikation eines wohlfeilen und guten Essiges und eines Branntweins, welcher an Geschmack und Geiste von echtem Franzbranntewein nicht zu unterscheiden war ...«[9] Stets umgab sich Beireis, der 1759 Professor an der Universität Helmstedt geworden war und dort neben

---

„ ... Das magische Orakel jedoch war verstummt; Beireis hatte geschworen, die gehorsame Uhr nicht wieder aufzuziehn, die auf seine, des Entferntstehenden, Befehle bald still hielt, bald fortging. Ein Offizier, den man wegen Erzählung solcher Wunder Lügen gestraft, sei im Duell erstochen worden, und seit der Zeit habe er sich fest vorgenommen, seine Bewunderer nie solcher Gefahr wieder auszusetzen, noch die Ungläubigen zu so übereilten Greueltaten zu veranlassen ... “

Tag- und Jahreshefte, 1805

„ ... Gar manches von seinen früheren Besitzungen, das sich dem Namen und dem Ruhme nach lebendig erhalten hatte, war in den jämmerlichsten Umständen; die Vaucansonischen Automaten fanden wir durchaus paralysiert. In einem alten Gartenhause saß der Flötenspieler in sehr unscheinbaren Kleidern; aber er flötete nicht mehr, und Beireis zeigte die ursprüngliche Walze vor, deren erste einfache Stückchen ihm nicht genügt hatten. Dagegen ließ er eine zweite Walze sehen, die er von jahrelang im Hause unterhaltenen Orgelkünstlern hatte unternehmen lassen, welche aber, da jene zu früh geschieden, nicht vollendet und an die Stelle hatte gesetzt werden können, weshalb denn der Orgelspieler gleich anfangs verstummte ... “

Tag- und Jahreshefte, 1805

„ ... Die Ente, unbefiedert, stand als Gerippe da, fraß den Haber noch ganz munter, verdaute jedoch nicht mehr; an allem dem ward er (das heißt Beireis) aber keineswegs irre, sondern sprach von diesen veralteten halbzerstörten Dingen mit solchem Behagen und so wichtigem Ausdruck, als wenn seit jener Zeit die hölzerne Mechanik nichts frisches Bedeutenderes hervorgebracht hätte ... “

Tag- und Jahreshefte, 1805

Medizin und Naturwissenschaften unzählige Fächer vortrug, mit dem Ruch des Geheimnisvollen. Zwar sagte er nie direkt, daß er wirklich Alchemist sei, doch ließen seine geheimnisvollen Andeutungen daran eigentlich keinen Zweifel. Jedenfalls soll er damals offiziell bestätigt haben, er besitze ein goldenes Geschirr, dessen Material er selbst aus Silber hergestellt habe. Auf sein Goldmacherrezept angesprochen, pflegte er zu verkünden, daß dieser alchemistische Prozeß so teuer und gefährlich sei, daß es sicherer und billiger wäre, sich das Gold zu kaufen. Allerdings handelte es sich bei dieser trickreichen Mitteilung bei näherem Hinsehen um nichts anderes als Beireis' klare Behauptung, er könne tatsächlich Gold machen.

Häufig überließ Beireis seine Gäste – und so auch Goethe und dessen Reisegefährten – sich selbst, denn er wurde, wiewohl schon hoch an Jahren, oft zu ärztlichen Konsultationen am Krankenbett abberufen. So widersprüchlich Beireis' Bild von den Chronisten auch geschildert wurde, in einem Punkt waren sich alle und auch Goethe einig: Beireis war ein ebenso erfolgreicher wie liebevoller Arzt. »... Ihm, dem schon achtzigjährigen Greise, war kein Weg zu weit, keine Nacht zu dunkel, keine Stunde zu unbequem, ... um ... mit gleicher Freundlichkeit, mit gleichem Eifer, augenblicklich Hilfe zu bringen ...«[10], schrieb Bücking über ihn.

Doch Goethe empfand Beireis schon als eine Figur aus einer anderen, vergangenen Epoche: »Die Kommunikation der Weltbürger ging noch nicht so schnell wie gegenwärtig, noch konnte jemand, der an entfernten Orten oder auf einer beschränkten Universität wie Beireis seinen Aufenthalt nahm, immer die beste Gelegenheit finden, sich in geheimnisvolles Dunkel zu hüllen, Geister zu berufen und am Stein der Weisen zu arbeiten ...«[11]

Goethes Reise nach Helmstedt hat das Interesse der Literaturhistoriker nicht auf sich zu ziehen vermocht. Auch er selbst hat uns bei aller Ausführlichkeit seines Reiseberichtes nicht überliefert, worin denn sein Gewinn bei der Begegnung mit Beireis gelegen habe. Doch rufen wir uns noch einmal die Konturen des Polyhistors Beireis zurück, der als Arzt wirkend, Medizin, Physik, Chemie und eine Fülle weiterer Fächer lehrend, mehrere Musikinstrumente spielte, den Musikkreis der Hochschule leitete, ja, selbst komponierte, der als Sammler von Münzen, Gemmen, Gemälden, Büchern, Altertümern und Raritäten in die Kulturgeschichte einging, und der zuweilen – und dann gar nicht einmal immer schlecht – dichtete, so könnte doch der Verdacht entstehen, Beireis habe zu dem wahrscheinlich nicht besonders großen Repertoire von »faustischen« Menschen gehört, die in einem gewissen Umfang Goethe als menschliches Anschauungsmaterial bei der Gestaltung seiner Faust-Dichtung gedient haben könnten. Tatsache ist jedenfalls, daß zum Beispiel E. T. A. Hoffmann Beireis in der Gestalt des Coppelius in seiner Novelle »Der Sandmann« ein Denkmal setzte. Achim von Arnim lieh sich bei Beireis einige Züge für unheimliche Gestalten seiner Werke und verfaßte eine Beschreibung seines Besuches in Helmstedt, vier Jahre vor Goethe: »... Als ich bei Beireis in Helmstedt war und ich mit ihm an allen den Schätzen bei der Küche vorbeiging, wo statt gewöhnlicher Kochtöpfe einige Retorten langsam destillierten, und ging durch den kleinen wüsten Garten ... da ist es mir so jämmerlich einsam geworden und wieder so herrlich wunderbar ...«[12]

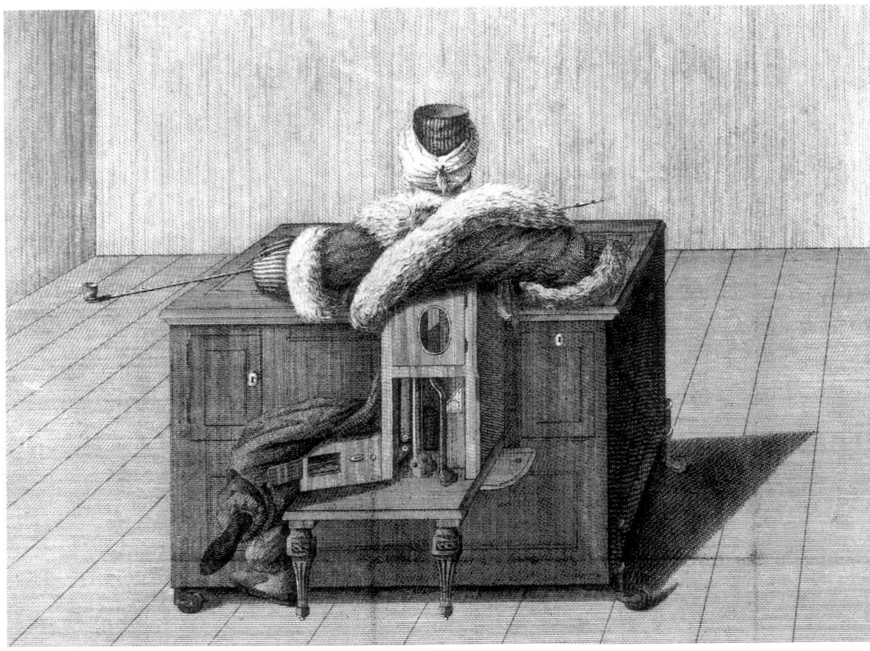

Unten:
Am 12. Juni 1797 schrieb Goethe über eine Kopie der Sprechmaschine des Hofrates Kempelen. Sie sah wohl genauso aus wie dieser zeitgenössische Nachbau im Deutschen Museum, München:
»... Kempelens Sprachmaschine ..., die zwar nicht sehr beredt ist, doch aber verschiedne kindische Worte ... ganz artig hervorbringt, ist hier ... recht gut nachgemacht worden ...«

Das größte mechanische »Wunder« der Goethezeit – leider nur ein fauler Schwindel – war der mechanische Schachspieler des Hofrates Wolfgang von Kempelen (1734–1804). In Wahrheit saß im Innern des Mechanismus ein lebender Schachspieler, der mit Hilfe von Magnetnadeln die Züge der eisenbewehrten Schachfiguren im Innern des Schach-Türken verfolgen konnte.

Auch Goethe gehörte zu denjenigen, die von den mechanisch-theoretischen Überlegungen des Barons W. v. Kempelen beeindruckt waren. So sandte er am 15. Februar 1799 Kempelens Werk über Sprachorgane an Herder. Den Zeitgenossen war der mechanische Schachspieler von Kempelen »ein Kunstwerk, so der berühmten Maschine des Flötenspielers von Vaucanson an die Seite gesetzt zu werden verdient...«

Jedenfalls war der »Schachautomat« auch Gegenstand der Lustspieldichtung. So inszenierte das Weimarer Hoftheater 1799 unter der Direktion Goethes das Schauspiel »Die Schachmaschine« von Heinrich Beck.

Josef Karl Stieler (1781–1858), Johann Wolfgang von Goethe, Aquarell, farbige Kreide, 1828. Bayer. Staatsgemäldesammlungen, Neue Pinakothek, München.

Rechts:
Professor Beireis besaß ein Exemplar einer stehenden Luftpumpe des bedeutenden Physikers und Politikers Otto von Guericke (1602–1686), die Goethe bei seinem Besuch in Helmstedt 1805 zu sehen bekam. Diese Luftpumpe war baugleich mit der hier gezeigten, die sich heute im Deutschen Museum, München, befindet. Guericke hatte die Möglichkeit, Luft zu pumpen, als erster gefunden und unternahm, gestützt auf diese Entdeckung, seine berühmten Versuche mit den »Magdeburger Halbkugeln«, die evakuiert durch den Luftdruck zusammengepreßt werden.

»Wohl dem, der jetzt ohne Eigensinn, Handwerksgeist, Grille und Dünkel auf einem so herrlichen Schauplatz wirken kann ...«

Die Chemie in Weimar und Jena

In den sechs Jahrzehnten, in denen Goethe dem Herzogtum Sachsen-Weimar diente, lag ihm das Schicksal chemischer Laboratorien, vornehmlich jener der Universität Jena, ganz besonders am Herzen. Schon im Oktober 1784 empfahl er Carl August den Ankauf des Laboratoriums des Bergrates August von Einsiedel, der sich in niederländische Dienste begeben hatte: »... Die Einsiedels, die nun abgegangen sind, um sich Afrika zu nähern, haben in Oberweimar ein gar wohleingerichtetes Laboratorium zurückgelassen ... Nun wäre mein Vorschlag, Sie kauften es als Fond zur zukünftigen Ausstattung Göttlings ... Ich würde es diesen Winter auch gebrauchen können ..., meine mineralogischen Ideen aufzuklären und mich zum Hüttenwesen vorzubereiten ...«[1]

Ob Goethe in diesem Laboratorium je selbst gearbeitet hat, läßt sich nicht feststellen, jedoch gelang der Ankauf, worunter offenbar in erster Linie der Erwerb der Gerätschaften zu verstehen ist. Diese Transaktion war übrigens skandalumrahmt, denn es hieß, eine Dame der Weimarer Gesellschaft habe sich, ihren eigenen Tod vortäuschend, scheintot gestellt und sei ihrem Geliebten, dem Bergrat August von Einsiedel (1754–1837), heimlich gefolgt. Goethe fand ein solches Verhalten ebenso erheiternd wie unzeitgemäß und schrieb im Juni 1785 an Charlotte von Stein: »... Der kleinen Werthern wollt ich auch lieber eine Wohnung bei ihrem Geliebten in Afrika als im Grabe gönnen. Ich glaub es nicht. Zu unserer Zeit ist ein solcher Entschluß seltener ...«[2]

Der französische Maler d'Ailly hielt 1818 ein typisches Apotheken-Laboratorium jener Jahre fest. Prinzipal und Gehilfe beobachten eine Filtration durch ein Tuch. Die Anwesenheit eines Mopses würde man heute nicht mehr dulden.

Goethe tat alles, um den jungen Provisor des Hofapothekers Buchholz, Johann Friedrich August Göttling (1755–1809), für die Übernahme einer Professur vorzubereiten. Er sah in ihm einen zukünftigen Hochschullehrer für »Scheide- und Arzneikunst« sowie der »Gewerbekunde« und ermöglichte ihm mit Carl Augusts Unterstützung ab 1785 ein Studium in Göttingen. Im Januar 1789 promovierte Göttling in Jena und wurde im selben Jahr zum außerordentlichen Professor für Philosophie ernannt und mit einem Lehrauftrag für Chemie, Pharmazie und Technologie betraut. Die akademische Position Göttlings und sein bescheidenes Gehalt wurden in den folgenden Jahrzehnten einige Male verbessert, doch gelang es nie, ihn finanziell wirklich abzusichern. Göttlings Not hatte eigenartige Konsequenzen und hinterließ sozusagen literaturhistorische Spuren: Um ein wenig zusätzlich Geld zu verdienen, brachte er »Vollständige chemische Probiercabinette zum Handgebrauch für Scheidekünstler, Ärzte, Mineralogen ... und Naturliebhaber« mit jeweils zwei kleinen Experimentierkästen in den Handel. Die beiden Kästchen waren nur zwölf Zoll lang und neun Zoll breit und hoch und konnten übereinander gesetzt werden. Im unteren wurden ein kleiner gläserner Mörser und vierzehn Reagenzgläser mit verschiedenen Chemikalien sowie einige gläserne

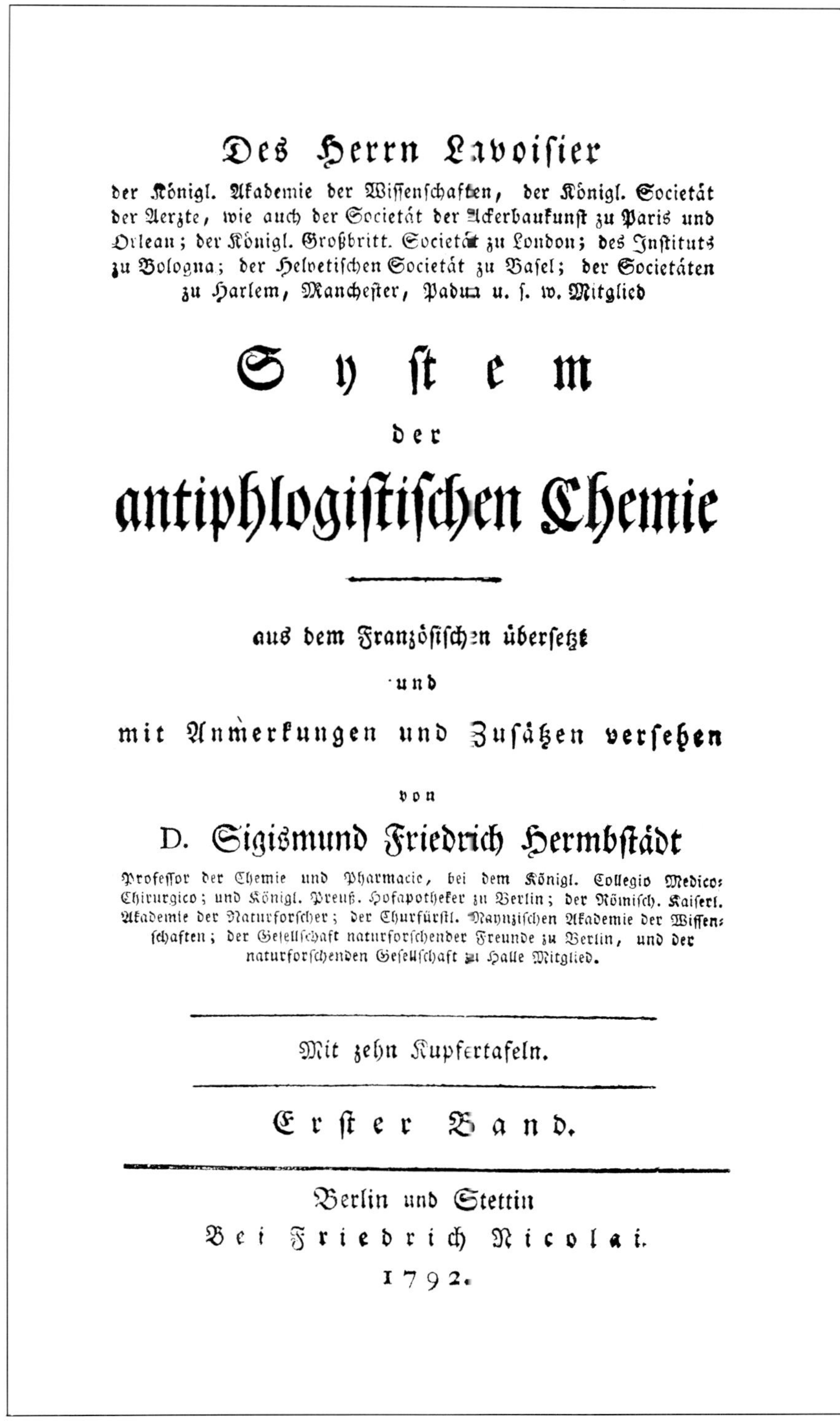

Des Herrn Lavoisier

der Königl. Akademie der Wissenschaften, der Königl. Societät der Aerzte, wie auch der Societät der Ackerbaukunst zu Paris und Orlean; der Königl. Großbritt. Societät zu London; des Instituts zu Bologna; der Helvetischen Societät zu Basel; der Societäten zu Harlem, Manchester, Padua u. s. w. Mitglied

System

der

antiphlogistischen Chemie

aus dem Französischen übersetzt

und

mit Anmerkungen und Zusätzen versehen

von

D. Sigismund Friedrich Hermbstädt

Professor der Chemie und Pharmacie, bei dem Königl. Collegio Medico-Chirurgico; und Königl. Preuß. Hofapotheker zu Berlin; der Römisch. Kaiserl. Akademie der Naturforscher; der Churfürstl. Maynzischen Akademie der Wissenschaften; der Gesellschaft naturforschender Freunde zu Berlin, und der naturforschenden Gesellschaft zu Halle Mitglied.

Mit zehn Kupfertafeln.

Erster Band.

Berlin und Stettin

Bei Friedrich Nicolai.

1792.

Trichterchen, Gewichte und Indikatoren aufbewahrt. Im oberen Kasten befanden sich ein Lötrohr, eine kleine Waage, das Pistill für den Mörser sowie weitere einundzwanzig Reagenzgläser mit Chemikalien. Dieses »Experimentier-Set« war für vier Friedrich d'or zu haben. Im Handlungsverlauf von Goethes Roman »Die Wahlverwandtschaften« begegnet man diesem kleinen »chemischen Probier-Cabinett« wieder. Goethe erwarb zwar selbst die Werke Göttlings, wie aus einer Tagebucheintragung im Juni 1792 hervorgeht: »... Von der Hoffmannischen Buchhandlung bezogen: Göttling physikalische Chemie ...«[3], doch

Das Lebenswerk von Sigismund Friedrich Hermbstädt (1760 bis 1833) war typisch für seine Zeit und beeinflußte auch die Chemie in Weimar und Jena. Ebenso wie J. F. A. Göttling war er ein Anhänger des französischen Chemikers A. L. Lavoisier und dessen antiphlogistischer Chemie. Auf seine »Anleitung zur praktisch-ökonomischen Fabrikation des Zuckers aus Runkelrüben« dürften die entsprechenden Versuche im Umfeld Goethes zurückzuführen sein.

bereitete es ihm offenbar Schwierigkeiten, den großen Auseinandersetzungen der damaligen theoretischen Chemie zu folgen. Im April 1794 übersandte Göttling seine Hauptveröffentlichung, die ihn dank seines Eintretens gegen die Phlogiston-Theorie in die Chemiegeschichte eingehen lassen sollte: »Beytrag zur Berichtigung der antiphlogistischen Chemie auf Versuche gegründet«. Goethes Dankschreiben signalisiert eine gewisse Hilflosigkeit: Sie »... haben mir mit übersendetem Buche ein sehr angenehmes Geschenk gemacht. So aufmerksam ich schon lange auf die neue französische Chemie auch war, so litten es doch meine Umstände nicht, daß ich ihr anders als nur gleichsam von weitem hätte folgen können ...«[4]

Eineinhalb Jahrzehnte später wird er diesen Gedanken in seinem Roman »Die Wahlverwandtschaften« wieder aufnehmen: »... ›Es ist schlimm genug‹, rief Eduard, ›daß man jetzt nichts mehr für sein ganzes Leben lernen kann. Unsre Vorfahren hielten sich an den Unterricht, den sie in ihrer Jugend empfangen; wir aber müssen jetzt alle fünf Jahre umlernen, wenn wir nicht ganz aus der Mode kommen wollen‹ ...«[5]

Mit besonderer Aufmerksamkeit vertiefte sich Goethe allerdings in jene Passagen in Göttlings Werk, die in irgendeiner Beziehung zu der von ihm so sehr geliebten Theorie der Farben standen: »... Alles was uns von dem Lichtstoff und seinen Verwandtschaften zu andern Körpern nähern Unterricht gibt, muß mir doppelt interessant sein, da ich immer fortfahre, diese Erscheinungen zu studieren ...«[6]

Mit der Lückenhaftigkeit seiner Kenntnisse der klassischen Chemie sah sich Goethe wohl öfter konfrontiert. Schon im August 1786 hatte er an Charlotte von Stein geschrieben: »... In der Mineralogie kann ich ohne Chemie nicht einen Schritt weiter, das weiß ich lange und habe sie auch darum beiseite gelegt, werde aber immer wieder hineingezogen und gerissen ...«[7]

Bei »chemischen Farbversuchen« mußte Göttling in den folgenden Jahren Goethe noch oft zuarbeiten. So hielt zum Beispiel ein Zeuge Ende Januar 1795 fest: »... Machte er (das heißt Goethe) mit Göttling chemische Versuche, um die achromatische Flüssigkeit herauszubringen, die jüngst im Reichsanzeiger aus England angezeigt war ...«[8]

An den Versuchen Göttlings, Zucker aus Rüben zu gewinnen, nahm Goethe selbstverständlich begeistert Anteil. Doch trotz seiner und Carl Augusts intensivster Unterstützung gelang es Göttling nicht, hinreichende Mengen Zucker wohlfeil zu gewinnen, was wahrscheinlich an der Unzulänglichkeit seiner Apparaturen, am fehlenden Startkapital und wohl auch am geringen Zuckergehalt der damals noch nicht durch Züchtung optimierten Rüben lag. Im übrigen blieb Göttling bis zu seinem frühen Tode ein treuer und kundiger Berater Goethes. Er veranstaltete ein Abendkränzchen, das Goethe gerne besuchte. Auch der Assistent Göttlings, der aus Rußland stammende Alexander Nikolaevich Scherer (1771–1824), wurde von Carl August und Goethe systematisch zum Hochschullehrer aufgebaut, insbesondere nachdem ihn die Gebrüder Humboldt sozusagen

In Weimar verwendete Mittagskanone, eine verkleinerte Kopie jener, die im Palais Royal in Paris Verwendung fand. An der Wende vom 18. zum 19. Jahrhundert gab es eine Reihe physikalisch-chemischer spielerischer Versuche mit Miniatur-Kanonen. Sie wurden mit Pulver geladen und so aufgestellt, daß genau um 12 Uhr mittags der Brennpunkt eines Strahlenbündels einer in der Sonne stehenden großen Sammellinse in die Zündpfanne fiel und dort die Lunte entzündete. So krachte exakt um 12 Uhr das Kanönchen los.

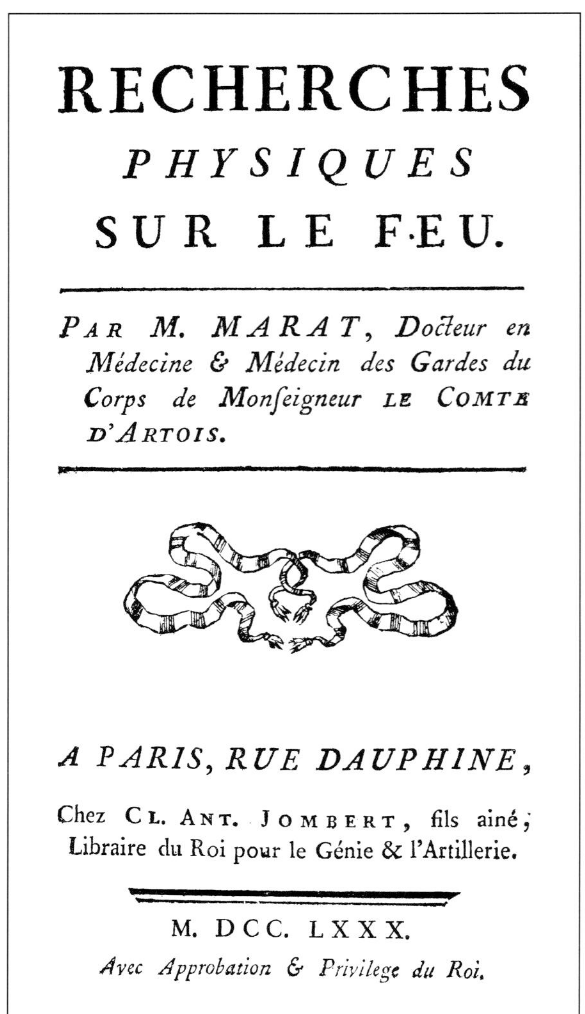

RECHERCHES
PHYSIQUES
SUR LE FEU.

Par M. Marat, Docteur en Médecine & Médecin des Gardes du Corps de Monseigneur le Comte d'Artois.

A PARIS, RUE DAUPHINE,
Chez Cl. Ant. Jombert, fils ainé, Libraire du Roi pour le Génie & l'Artillerie.

M. DCC. LXXX.
Avec Approbation & Privilege du Roi.

Ein von Goethe geschätzter Naturwissenschaftler war der Arzt und Politiker Jean-Paul Marat (1744–1793). Goethe interessierte sich insbesondere auch für dessen Studien zur Theorie der Farbe. Marat war Präsident des Jakobinerklubs in Paris und wurde von Charlotte Corday im Bad erstochen.

entdeckt und eindringlich empfohlen hatten. Goethe entwarf einen detaillierten Plan für eine Bildungsreise Scherers und regte an, dessen Laboratorium im Belvedere unterzubringen.
1798 gründete Scherer zusammen mit anderen das »Allgemeine Journal der Chemie«, das 1834 in »Journal für praktische Chemie« umbenannt wurde und heute noch erscheint. Ein Stipendium Carl Augusts ermöglichte ihm eine Reise nach England und Schottland. Der Literat Joseph Rückert hinterließ eine köstlich-boshafte Schilderung dessen, was sich hinterher begab: »... Herr Scherer ... erhielt bald nach seiner Rückkehr aus England ... den Befehl, wöchentlich, sonnabends von vier bis fünf Uhr, chemische Vorlesungen für alle Stände zu halten ... Der Saal füllte sich mit einer großen Menge Zuhörer, worunter sich auch Damen aus beiden Ständen befanden. Der Herzog selbst mit seinen Prinzen erschien öfters in den unterhaltenden Stunden ... Nah am Parke wurde ihm für seine Präparate und Experimente die untere Hälfte eines großen, schönen Gebäudes eingeräumt, und der Herr Bergrat übte sich so stark und belagerungsmäßig, daß die Bewohnerin des oberen Teils des Hauses eine Bittschrift für die Erhaltung ihres Lebens bei dem Regenten einzureichen für gut fand, weil sie jeden Augenblick in die Luft gesprengt zu werden fürchtete. Umsonst! ... Man sprach jetzt in Weimar von nichts als von Gas, Oxigena, brennbaren Stoffen, leicht und strengflüssigen Dingen. Alle Weimaraner und Weimaranerinnen schienen Chemiker und Weimar ein großer Schmelzofen werden zu wollen, als auf einmal, wie durch einen geheimen Zauberschlag, alle jene brennbaren Stoffe verloschen ... Und endlich liefen einige seiner Versuche so übel ab, daß ein großer Teil der Umstehenden mit verbrannten Gesichtern und Kleidern nach Hause zu gehen den Verdruß hatten ...«[9] Scherer wurde zum Kummer Goethes im September 1800 nach Halle berufen.
Schon früh muß in Goethe der Gedanke entstanden sein, chemische Reaktionen und deren Aufeinanderfolge als dramatisch-literarisches Handlungsmodell zu sehen. In einem Brief vom 23. Oktober 1799 – acht Jahre vor der Niederschrift der »Wahlverwandtschaften« – hielt er fest: »... Und habe mich jetzt an den Crebillon[10] begeben ... Er behandelt die Leidenschaften wie Kartenbilder, die man durcheinander mischen und wieder ausspielen kann, ohne daß sie sich im geringsten verändern. Es ist keine Spur von der zarten chemischen Verwandtschaft, wodurch sie sich anziehen und abstoßen, vereinigen, neutralisieren, sich wieder scheiden und herstellen ...«[11]
Persönliche und politische Schicksalsschläge

DAS NEUSTE IN DER CHEMIE

»Irgend ein Anteil der Luft gehört zum Atmen und Brennen,
Dies ist der Säure Grund, Nahrung des Lebens und Brands.«

NICHTS NEUES UNTER DER SONNE

»Mayow wußte das schon vor hundert Jahren, und half sein
Buch, das Säculum durch, wohl dem Chemisten zum Sinn?«

Aus dem Nachlaß, Xenien

Georg Ernst Stahl (1660–1734) schuf die »Phlogiston-Theorie«, in der die Verbrennung, Verkalkung, Atmung und Verwesung durch den Gehalt der Lebewesen und Substanzen an Phlogiston, dem Prinzip des Verbrennlichen, gelenkt wurde. Dank Lavoisier gelang in der Goethe-Zeit die Überwindung dieser Ansicht, wie dies auch in den »Wahlverwandtschaften« seinen Niederschlag fand.

G. E. Stahls
zufällige Gedancken
und
nützliche
Bedencken
über den Streit/
Von dem so genannten
SVLPHVRE,
und zwar
sowol dem gemeinen/ verbrenn-
lichen/ oder flüchtigen/
als
unverbrennlichen/ oder fixen.
HALLE/
In Verlegung des Wäysenhauses. 1718.

sollten eine baldige literarische Umsetzung dieses Gedankens vereiteln. 1805 kam es zu einer gesundheitlichen Krisis. In Weimar hatte sich ein Chemiker namens Dr. Fries niedergelassen, dessen private Vorlesung Goethe besuchte. »... Abends Dr. Fries' chemische Stücke ...«[12], vermerkte er am 11. Januar in seinem Tagebuch, und für den folgenden Tag notierte er: »... befand mich nicht wohl ...«[13] Den herannahenden körperlichen Zusammenbruch beschrieb Friedrich Wilhelm Riemer (1774–1845) am 18. Januar in einem Brief: »... Goethe ist gar nicht wohl. Die chemische Stunde ist ihm schlecht bekommen. Es war sehr stark eingeheizt: er ging zu Fuß nach Hause, und es war kalt. Dies brachte ihm Halsweh und Katarrh ...«[14] Die Erkältung weitete sich schnell zu einer lebensbedrohenden Lungenentzündung und Gesichtsrose aus. »... Ich habe da ein Experiment gemacht, das beinahe schlimm abgelaufen wäre ...«[15], bekannte Goethe nach seiner mühsamen Genesung.

Nun brach das napoleonische Unwetter auch über das kleine Herzogtum Sachsen-Weimar-Eisenach herein. Nach der verlorenen Schlacht bei Jena und Auerstedt wurde Weimar von den Franzosen besetzt und geplündert. Eine Auseinandersetzung mit marodierenden Soldaten hätte Goethe beinahe abermals das Leben gekostet. Seine energisch dazwischentretende und rechtzeitig Hilfe herbeiholende Lebensgefährtin Christiane Vulpius (1765–1816) rettete ihm das Leben und wurde daraufhin dankbar geehelicht. Rückschauend beschrieb Goethe im Januar 1807 die Katastrophe: »... Von Preußen zertreten, von Franzosen geplündert, von Süddeutschen verhöhnt zu werden, und das alles zusammen in etwa 14 Tagen, das war denn doch eine ziemlich rauhe Probe ...«[16]

Es gibt Hinweise, daß Goethe bereits im Sommer 1807 während seines Kuraufenthaltes in Karlsbad über seine alte Idee eines sich an Chemie orientierenden Romanes nachdachte, und zum Jahresende 1807 nahm er sich vor: »... Jetzt bin ich im Sinnen und Entschließen, womit ich künftiges Jahr anfangen will ... Ich denke, es wird mein alter Roman werden ...«[17]

Links:
Sir Humphry Davy (1778–1829) war Direktor der »Royal Institution« und Professor der Chemie in London, als er durch Elektrolyse geschmolzener Alkalien und Erdalkalien ab 1807 nacheinander als erster die Metalle Kalium, Natrium, Calcium, Magnesium, Barium und Strontium darstellte und damit Goethe tief beeindruckte.

Thomas Johann Seebeck (1770–1831), der später zum Entdecker der Thermoelektrizität wurde und Mitentdekker des ultravioletten Lichtes war, arbeitete im Frühjahr 1808 die von H. Davy gefundene elektrolytische Darstellung der Alkali- und Erdalkali-Metalle nach und führte diese Experimente auf Wunsch Goethes in dessen Haus in Weimar vor.

Goethes Begeisterung für Chemie wurde gerade zu diesem Zeitpunkt durch eine wissenschaftliche Sensation zusätzlich angeheizt: Sir Humphry Davy (1778–1829) war im Oktober 1807 die Darstellung von metallischem Natrium und Kalium geglückt. Begeistert schrieb Goethe im Dezember desselben Jahres an Caroline von Wolzogen (1763–1847): »... Dagegen kann ich Ihnen vielleicht bald jene famosen Versuche von Davy mit Augen sehen lassen. Dr. Seebeck in Jena hat sie glücklich nachexperimentiert. Er ist weiter gegangen, nicht allein Kali und Natron, sondern auch die eigentlichen Erden hat er der Aktion der Säule ausgesetzt, und diese, wenig angefeuchtet, verpuffen alle ...«[18]

Goethe besaß einige Voltaische Säulen, mit denen er selbst noch im Januar in seiner sogenannten Mittwochsgesellschaft einer Schar ausgewählter Damen galvanische Experimente vorgeführt hatte. Sofort wollte er Thomas Johann Seebeck (1770–1831) ermöglichen, unter noch günstigeren Bedingungen zu experimentieren und so wies er ihn darauf hin, daß »... noch ein paar ältere, kleinere galvanische Säulen bei mir liegen. Wollte man den Zink umgießen lassen und das Kupfer gegen größere Platten vertauschen, so könnten Sie zu dem Apparat, dessen Sie sich schon gegenwärtig bedienen, vielleicht noch ein Dutzend (zu ergänzen: Plattenpaare) hinzufügen...«[19]

Im März besah sich Goethe diese Versuche bei Seebeck in Jena und war von diesen dermaßen angetan, daß er sie auch in seiner Mittwochsgesellschaft vorzeigen lassen wollte. Bei den damaligen schlechten Straßenverhältnissen gestaltete sich jedoch der Transport der Gerätschaften einigermaßen schwierig, wie Goethes Brief vom 21. März 1808 an Seebeck zu entnehmen ist: »... Sie packten Ihren Apparat auf's beste zusammen, so daß er etwa auf einem Schubkarren, wie ich schon mehreres herüber transportiert habe und auf welche Weise die geringste Erschütterung ist, könnte hierher gebracht werden... Dienstags bauten wir die Säulen auf und könnten alsdann Mittwochs, Donnerstags und Freitags den Wissens- und Schaulustigen dienen...«[20]

Die folgenden Monate gehörten der Niederschrift der »Wahlverwandtschaften«. »... Die sittlichen Symbole in den Naturwissenschaften – zum Beispiel das der Wahlverwandtschaft, vom großen Bergmann erfunden und gebraucht – sind geistreicher und lassen sich eher mit Poesie, ja mit Sozietät verbinden, als alle übrigen...«[21]

Die Handlung gemäß der chemischen Gleichung:

$$AB + CD \rightarrow AC + BD$$

hat Friedrich Gottlieb Welcker (1784–1868) in einem Brief an Caroline von Humboldt wohl am prägnantesten beschrieben: »... Der Titel spricht den Zusammenhang der Geschichtsfabel aus; denn wie sich zwei verbundene Körper chemisch trennen und sich jeder einen andern wählt, so verliebt sich ein vergnügtes klarsehendes Ehepaar in mittleren Jahren in andre Herzen und, so wohl auch die Frau mit Resignation und Klugheit lenken möchte, so ist doch des Mannes Verlangen unwiderstehlich und die festliebende, aber später darin Schuld gewahrende Ottilie stirbt ihm voran...«[22] Goethe hatte die Affinitätslehre des Schweden Torbern Olof Bergman (1735–1784) – »De attractionibus electivis« (1775, deutsch: 1785) – aufmerksam gelesen und muß dessen chemische Symbolik in einem hohen Maße verinnerlicht haben, denn nach eigenem Bekunden zeigt der Roman ausgeprägte autobiographische Züge. 1829 hielt Johann Peter Eckermann (1792–1854) ein Bekenntnis Goethes fest: Es

Torbern Olof Bergman (1735–1784), Professor der Chemie in Uppsala, gilt als der größte Analytiker des 18. Jahrhunderts und als Begründer der mineralogischen Chemie. Darüber hinaus war er ein bedeutender Theoretiker, der mit seinem Werk »Disquisitio de attractionibus electivis« der späteren Lehre von der »Triebkraft chemischer Reaktionen« den Weg wies und Goethe zur Disposition seines Romanes »Die Wahlverwandtschaften« anregte.

»... Das chemische Laboratorium zog billig eine vorzügliche Aufmerksamkeit auf sich, da dieses, seiner Natur nach, einer beständigen Tätigkeit gewidmet sein muß. Bergrat Döbereiner unterläßt nicht durch Verfolgung neuer Versuche seiner Geschicklichkeit Ehre zu machen, wie er denn auch in dem Schweiggerischen Journal Notiz davon zu geben Gelegenheit nimmt, weil denn doch von einem akademischen Lehrer vorzüglich verlangt wird, daß er seine Talente durch den Druck bekannt mache.

Wenn er anzeigt, daß seine Versuche kostspielig sind, so ist ihm wohl zu glauben; denn da er mit Kohlen, Salzen und Geistern zu tun hat, die sich mehr oder weniger verändern oder verflüchtigen, so ist der Chemiker derjenige Naturforscher, der am meisten auf einen billigen Zuschuß Anspruch machen kann...

Brief an C. G. V. Voigt

Journal der Pharmacie für Aerzte, Apotheker und Chemisten von D. Johann Bartholmä Trommsdorff Professor auf der Universität zu Erfurt, wie auch Apotheker daselbst. Der Römisch-kayserlichen Gesellschaft der Naturforscher, der kurfürstlich-maynzischen Akademie nützlicher Wissenschaften zu Erfurt, der naturforschenden Gesellschaft zu Jena, der botanischen Gesellschaft zu Regensburg, der medicinisch-chirurgisch-pharmaceutischen Societät zu Brüssel, und der Schweizerischen Gesellschaft correspondirender Aerzte und Wundärzte Mitglied.

Dritter Band.

Leipzig 1796.
bey Siegfried Lebrecht Crusius.

»...ist in den Wahlverwandtschaften überall keine Zeile, die ich nicht selber erlebt hätte...«[23] Diese Aussage untermauerte Goethe nach Eckermann in dem darauffolgenden Jahr: Die »...Wahlverwandtschaften ... darin kein Strich enthalten, der nicht erlebt, aber kein Strich so, wie er erlebt worden...«[24]
Obwohl sich viele Zeitgenossen über die gewissermaßen naturwissenschaftliche Begründung eines Ehebruches kräftig moralisch entrüsteten –

oder vielleicht gerade deswegen –, wurde das Buch ein großer finanzieller und buchhändlerischer Erfolg. Goethe selbst verwendet den Ausdruck »Wahlverwandtschaften« fortan immer dann, wenn sich in seiner Nähe schwierige menschliche Beziehungsverschiebungen ergeben, so bei dem letztlich erfolgreichen Versuch der Geliebten Carl Augusts, Karoline Jagemann (1777–1848), ihm im Frühjahr 1811 Sänger des Hoftheaters, die sonntags bei ihm zu singen pflegten, abzuwerben: »...Niemand merkte einige Veränderung, aber es hatten sich gewisse Wahlverwandtschaften eingefunden, die mir sogleich gefährlich schienen...«[25]
Der frühe Tod Göttlings am 1. September 1809 brachte die Universität Jena in nicht geringe Verlegenheit. Die Zerstörungen durch die napoleonische Besatzung waren noch nicht voll beseitigt und die Mittel äußerst knapp. Einen prominenten Chemiker für Jena zu gewinnen, war angesichts des äußerst mäßigen Gehaltes, das man zu bezahlen imstande war, nicht möglich. Goethe hatte lange gehofft, Johann Bartholomä Trommsdorff (1770–1837) aus Erfurt zu gewinnen, aber vergeblich. Schließlich wurde Carl August ungeduldig und wandte sich an Adolf Ferdinand Gehlen (1775–1815), der als »akademischer Chemiker« in München wirkte. Dieser empfahl einen völlig Unbekannten, den gelernten Apotheker Johann Wolfgang Döbereiner (1780–1849), der sich durch berufliche Schicksalsschläge und angesichts einer kinderreichen Familie in dermaßen schlechten Verhältnissen befand, daß ihm der ärmlich dotierte Ruf nach Jena als unverhofftes Geschenk des Himmels erschien. Um Döbereiner ein brauchbares Laboratorium einzurichten, hatte man den Nachlaß des inzwischen verstorbenen Dr. Fries sowie die chemische Hinterlassenschaft Göttlings angekauft. Trotzdem blieben viele Wünsche offen, doch gelang es Goethe, von der Erbprinzessin, der Großfürstin Maria Pawlowna, einen Zuschuß von 1000 Talern zum Ankauf wertvoller Instrumente zu erbetteln. Döbereiner stattete 1812 seinen Dank mit einem Schauexperimentieren in seinem Laboratorium für Maria Pawlowna und den Hof ab.
Es gelang ihm bald, das in ihn gesetzte Vertrauen zu rechtfertigen. Durch die napoleonische Kontinentalsperre durfte kein Rohrzucker mehr aus den Kolonien nach Kontinentaleuropa gelangen. Die heimlich erhältliche Schmuggelware war unerschwinglich teuer. Döbereiner glückte es, aus Kartoffelmehl gewonnene Stärke im Digestor unter Druck bei Zusatz von Säure in Zucker zu spalten. Dieser »neue Stärkenzucker« bewegte Goethe ganz außerordentlich: »...Döbereiner

Links oben:
Gerne hätte Goethe den Apotheker Johann Bartholomäus Trommsdorff (1770–1837), Professor der Chemie und Pharmazie in Erfurt und Begründer der ersten deutschen Zeitschrift für Pharmazie, als Nachfolger des früh verstorbenen Professors Göttling nach Jena berufen. Goethe dürfte Trommsdorff sehr gut gekannt haben, da dieser naturwissenschaftliche Kontakte zu dem mit Goethe befreundeten Erfurter Statthalter, dem Erzbischofkoadjutor K. T. v. Dalberg, unterhielt, der unter anderem die Stellung von Preisausschreiben in Trommsdorffs Journal beeinflußte.

Rechts:
Goethes Schreibtisch in seinem Arbeitszimmer. Gut zu erkennen sind im linken Regal die Pappkartons seines Herbars sowie die versiegelte Flasche mit ihren Goethe einst besonders beeindruckenden wohlausgebildeten Weinstein-Kristallen.

Links unten:
Als »...grenzenlos willig...« hat Goethe den 1810 auf Wunsch von Herzog Carl August als Professor der Chemie und Technologie nach Jena berufenen J. W. Döbereiner (1780 bis 1849) charakterisiert, der ihm fast ein Vierteljahrhundert als wissenschaftlicher Berater diente.

Am 27. 7. 1823 beobachtete J. W. Döbereiner, daß durch Glühen von Platinsalmiak erhaltenes schwammförmiges Platin ein Gemisch der Gase Wasserstoff und Sauerstoff bei normaler Temperatur entzündet. Diese Erscheinung nutzte er bei der Konstruktion des »Döbereinerschen Feuerzeuges«. Aus Zink und Säure entsteht in der inneren, nach unten offenen Glasglocke Wasserstoff, dessen Menge sich durch Hinausdrücken oder Einlassen der Schwefelsäure aus der Glocke in das äußere Gefäß und umgekehrt selbst reguliert. Drückt man mit dem Finger auf den Hahn, bläst Wasserstoffgas gegen den feinen Platindraht in dem kleinen, beidseitig offenen Blechzylinderchen auf dem Deckel oben links und entzündet sich. Der Deckel liegt nur lose auf. Diesem Feuerzeug war ein ungeheurer Erfolg beschieden, so daß es bald in zehntausenden Exemplaren zu einem typischen Gegenstand biedermeierlicher Wohnkultur wurde.

beschäftigt sich sehr emsig mit der Zuckerfabrikation aus Stärke, sie ist ihm gleich gelungen... wir haben... Lust, eine Subskription zu eröffnen, wodurch mehrere Familien in Weimar und Jena mit Herrn Döbereiner contrahieren können... Der Unterschied des Preises ist so groß, daß es töricht ist, an der Qualität zu mäkeln, wie schon manche zu tun anfangen...«[26]
Unter dem Schutz Goethes und mit dessen und des Hofes finanzieller Beteiligung gründete Döbereiner eine Fabrik zur Herstellung von Stärkezucker, die aber den Zusammenbruch der Napoleonischen Herrschaft und die Aufhebung der Kontinentalsperre nicht lange überleben sollte.
Goethe entwickelte sich zu einem sendungsbewußten Propheten und schrieb im Mai 1812 von seinem Kuraufenthalt in Karlsbad an Carl August: »... Das Stärckezucker Evangelium habe ich mit Macht gepredigt, und schon sind die Töpfer beschäftigt, große glasierte Häfen zu drehen, damit die einfachste Art (das bedeutet, nur durch Säurezusatz, ohne Druck!) diese Operation versucht werde...«[27]
Besonders bemerkenswert ist, daß Goethe seinen Kuraufenthalt nutzte, um offenbar selbst in Karlsbad Kartoffelmehl zu verzuckern. Am 14. Mai notierte er in seinem Tagebuch: »... Bestellung eines irdenen Topfes zum Stärkezucker und andere Vorbereitungen zu dieser Operation...«[28] Am 26. Mai trug er ein: »... Zu Hause. Stärkezuckerfabrikation...«[29]
Nicht immer gereichten Goethes naturwissenschaftliche Wunschvorstellungen auch Döbereiner zum Vorteil, so etwa die langgehegte Hoffnung auf eine chemische Begründung seiner Farbenlehre. Mit größter Ausdauer suchte Döbereiner so etwas wie eine chemische Stöchiometrie »chemischer« Farben, das heißt Körper-Farben der Pigmente, aufzubauen – ein Ziel, das erst in diesem Jahrhundert dank der Quantentheorie erreicht werden konnte, und auch dann nicht in besonders eingängiger Form. In einem Entwurf zu einem Brief an Döbereiner vom September 1812 schrieb Goethe: »... Es ist mir sehr angenehm, daß Sie den Grundsätzen, auf die meine Farbenlehre gebaut ist, Aufmerksamkeit und Beifall schenken. Auch seit dem Drucke meines Buches habe ich nicht aufgehört, zu untersuchen und zu prüfen, und die schon öffentlich geäußerte Hoffnung, daß man von chemischer Seite endlich eine haltbare und brauchbare Farbentheorie aufbauen werde, belebt mich jeden Tag aufs neue. Ein Streifchen Lackmuspapier spricht mehr aus als alles Gerede von der verschiedenen Brechbarkeit...«[30] Mitte Januar des folgenden Jahres nahm Goethe diesen Gedanken in einem Brief an Seebeck wieder auf: »Der Hoff-

„Unter dem wohleingerichteten Wohngebäude senkt sich ein Garten terrassenweis hinab, wovon ein Teil älteren und neuen Fabrikgebäuden aufgeopfert ist. Hier wird im Großen das schwefelsaure Quecksilber mit zugesetztem Kochsalz bereitet (Muriate suroxigene de Mercura). Das zurückbleibende Natron wird zur Glasfabrikation verwendet. Auch kristallinische Weinsteinsäure wird auf das Reinlichste im Großen verfertigt. Die sämtliche Arbeit geht immer fort; das Ganze ist so eingerichtet, daß, nach handelsmännischen Bestellungen, die größten Partien in kurzer Zeit gefertigt werden können. Das Quecksilber beziehen sie von Idria und Mexiko, das Vitriolöl von Straßburg, das schon gereinigte Weinsteinsalz von Wien. An dem neuen Anbau des Fabrikgebäudes, der so groß ist als das alte, kann man ermessen, daß das Geschäft im raschen Gange einem sicheren Zweck entgegen gehe...“

Tagebuch, 1822, Besuch bei der chemischen Fabrik Fikentscher in Marktredwitz

DEM PROFESSOR DÖBEREINER
IM NAMEN SEINER KINDER,
ZUM GEBURTSTAGE

»Wenn wir dich, o Vater, sehen
In der Werkstatt der Natur,
Stoffe sammeln, lösen, binden,
Als seist du der Schöpfer nur,

Denken wir: der solche Sachen
Hat so weislich ausgedacht,
Sollte er nicht Mittel finden
Und die Kunst, die fröhlich macht?

Und dann schauend auf nach oben,
Wünschen, bester Vater, wir,
Was die Menschen alle loben,
Glück und Lebensfreude dir...«

nung, den Magnetismus an die elektrischchemischen und folglich auch an die Farbenwirkungen anzuschließen, kann ich nicht ganz entsagen... (Es) wär die ganze Naturforschung für immer geborgen, wenn dies gelänge...«[31]

Mit wahrer Begeisterung verfolgte Goethe, wie Döbereiner daran ging, eine Sammlung chemischer Präparate zusammenzustellen. Er ermöglichte den Ankauf von Zuckergläsern mit eingeschliffenen Stöpseln und der dazugehörigen Schränke. In einem Brief an Seebeck beschrieb er eindringlich den Zwiespalt zwischen dem Augenmenschen und dem Theoretiker in sich: »... Worauf ich mich besonders freue, ist eine chemische Präparatensammlung, deren erste Anfänge aus einigen hundert Gläsern bestehend, schon höchst reizend und unterrichtend sind. Die neue Chemie wird dem Liebhaber immer unzugänglicher, indem das Gedächtnis die unendliche Nomenklatur nicht mehr fassen, die Einbildungskraft so viel vorübergehende Verwandlungen nicht verfolgen, und das Urteil mit dem unzähligen Gegebenen nicht mehr spielen und gebahren kann. Mir ist es indessen sehr merkwürdig, daß die Wissenschaft, die in ihrem eingehüllten Ursprunge erst ein Geheimnis ist, wieder, in ihrer unendlichen Entfaltung, zum Geheimnis werden muß. In diesen Rücksichten kommt eine solche Präparatensammlung sehr zu statten. Form und Farbe eines jeden Gegenstands prägen sich ein, und die Einbildungskraft kommt dem übrigen Vermögen zu Hilfe...«[32]

Aus dem Bericht Goethes über die »Jenaischen wissenschaftlichen Anstalten« für das Jahr 1813 ist bekannt, daß ein Teil der Arbeiten Döbereiners vom Großherzog diktiert wurde. So erbat Carl August eine Erläuterung der physikalisch-chemischen Grundlagen der Gewinnung von Wasserdampf, um Kostenvoranschläge für eine neue Heizung der Gewächshäuser im Park von Schloß Belvedere berechnen zu können.

1816 wünschten »Serenissimus« die Füllung einiger kleiner Luftballons mit Wasserstoff, für dessen Darstellung Döbereiner im Schloßhof zu Jena – im Schloß befand sich damals auch sein Laboratorium – einen Ofen nach Lavoisier bauen ließ, um durch die Reaktion von Wasser mit glühendem Eisen reinen Wasserstoff darzustellen. Carl August regte auch Versuche zur Gewinnung von Leuchtgas im gleichen Ofen an. Döbereiner inszenierte eine Beleuchtung des Schloßhofes mit Gas, der Carl August höchstderoselbst beiwohnte. Wie leider immer in Sachsen-Weimar reichte das vorhandene Kapital nicht aus, um aus den erfolgreichen Experimenten im Kleinen auch technische Nutzanwendungen im Großen zu ziehen. Döbereiner hatte die glückliche Idee, die Wasserstofferzeugung nach Lavoisier und das Destillieren der Steinkohle zur Gaserzeugung gewissermaßen in einem Experiment zu vereinigen, indem er das glühende Eisen durch glühende Kohle ersetzte und so durch Eingießen von Wasser zum Entdecker des Wassergases wurde, einem Gemisch aus Wasserstoff und Kohlenmonoxid. Auch hier erzielte Döbereiner kein wirtschaftlich brauchbares Ergebnis, nicht zuletzt weil eine Explosion den Ofen zerstörte, und Goethe wohl keine Lust hatte, Geld für den Wiederaufbau aus Maria Pawlownas Börse zu beschaffen.

Trotzdem verdankte Döbereiner letztlich Maria Pawlowna die Entdeckung seines Lebens. Die Großfürstin hatte aus Rußland nicht unbeträchtliche Mengen des damals neuen Edelmetalles Platin mitgebracht. Im Juli 1823 gelang es Döbereiner, durch Glühen von Platinsalmiak schwammförmiges Platin zu erhalten und mit diesem ein Gemisch der Gase Wasserstoff und Sauerstoff schon bei Raumtemperatur zu entzünden. Auf die Erfindung des auf dieser Reaktion basierenden und bald zu Tausenden gehandelten »Döbereinerschen Feuerzeuges« nahm er zu seinem späteren Bedauern und gegen den ausdrücklichen Rat Goethes kein Patent.

Über Jahrzehnte hinweg blieb er der treue chemische Berater Goethes, dem er oft »privatissime« Vorlesungen halten mußte.

In den Museen Europas haben sich Döbereinersche Feuerzeuge in einer ungeheuren Vielzahl erhalten. Dieses schlichte, schmucklose und seinerzeit sicherlich wohlfeile Exemplar, das sich jetzt im Deutschen Museum in München befindet, war wohl für die tägliche Benutzung durch weniger Betuchte bestimmt.

Rechts:
Durch die Erbprinzessin Maria Pawlowna (1786–1859), eine russische Großfürstin, gelangte Döbereiner an beträchtliche Mengen russischen Platins, das er auch zum Verspiegeln von Glas einsetzte und mit dessen Hilfe er seine sogenannte Duftlampe konstruierte, eine kleine permanent brennende Nachtlampe, die den Duft aromatischer Öle im Raume verbreitete. Hier sieht man Fragmente einer solchen Duftlampe, die heute in Weimar aufbewahrt werden.

„…Unser Professor der Chemie, Döbereiner in Jena, macht seine Sachen sehr gut, er ist jung, tätig, hat viele technische Einsicht und Fertigkeit, so daß er sich auch schon als Oberaufseher unserer Bierpfannen und Branntweinblasen sehr wacker gezeigt hat. Durch die Fortschritte des Galvanismus ist die Erfahrung selbst zur Theorie geworden und so geht alles einen sichern und klaren Gang."

Brief an v. Trebra

„…Was mein Vergnügen… vollkommen macht, ist die vortreffliche Art, mit der sich Professor Döbereiner benimmt. Es ist unglaublich, wie rasch er, sowohl in praktischer Fertigkeit als in theoretischer Einsicht, nicht weniger in literarischer Kenntnis vorschreitet. Ich habe seit mehreren Jahren manchen vorzüglichen jungen Mann… auf diesem Wege gesehen, aber keinen, der mich so sehr gefreut, der mir nach meiner innigsten Überzeugung soviel Hoffnung gegeben hätte…"

Brief an F. A. G. v. Ende

Friedlieb Ferdinand Runge in Jena

Es muß in der zweiten Hälfte des vorigen Jahrhunderts eine große Auszeichnung vor der übrigen Menschheit bedeutet haben, wenn man von sich sagen konnte, man habe zu jenen Auserlesenen gehört, die Goethe selbst gesehen, ja mit ihm sogar geredet hatten. So schrieb Friedlieb Ferdinand Runge noch 1866 voller Begeisterung über seinen fast schon ein halbes Jahrhundert zurückliegenden Besuch bei Goethe im letzten seiner »Hauswirtschaftlichen Briefe« [1]:

»Mein Besuch bei Goethe im Jahre 1819. Schon oft bin ich gefragt worden, ob ich der Runge sei, von dem Goethe im zweiten Band seiner Schriften, Stuttgart bei Cotta 1837, S. 619 sagte: ›Sodann lernte ich noch einen jungen Chemikus, namens Runge, kennen, der auf gutem Wege zu sein schien.‹ [2] Allerdings bin ich dieser Runge, und ich gewähre gern ... genauere Auskunft über die für mich ewig denkwürdige Zusammenkunft mit dem großen Manne ...« [3]

Friedlieb Ferdinand Runge wurde 1795 in Billwärder bei Hamburg als Kind eines Pastors geboren. Die Pfarrersfamilie lebte in ärmlichen Verhältnissen. 1810 trat er als Lehrling in die Ratsapotheke in Lübeck ein, wo er bis zur Mitte des Jahres 1816 blieb. In dem Laboratorium dieser Apotheke machte er jene Entdeckung, die seine spätere wissenschaftliche Laufbahn ebnen und auch Goethe außerordentlich beeindrucken sollte: Er fand die pupillenerweiternde Wirkung des Bilsenkrautsaftes. In dem Bericht über seine Begegnung mit Goethe schilderte er die Entdekkung und ihre erste menschenfreundliche Anwendung so: »... Im Jahre 1810 wurde ich, ein Pfarrerssohn vom Lande bei Hamburg, nach Lübeck gesandt und in die Ratsapotheke in die Lehre getan. Es war eine kriegerisch bewegte Zeit, und Napoleon bereitete seinen Einfall in Rußland vor. Alle irgend Wehrfähigen wurden unter die Fahne gerufen, und bei der Widerwilligkeit, unter dem Wüterich zu dienen, wurde es immer schwerer, sich einen Stellvertreter zu erkaufen. Durch die Empfehlung meines Oheims hatte ich Zutritt in einige vornehme Familien erhalten, und der Sohn einer derselben wurde bald mein Freund. Eines Abends kam er in großer Bestürzung in die Apotheke und klagte mir sein Leid, daß er übermorgen sich stellen und, da er ohne allen körperlichen Fehler sei, wahrscheinlich Soldat werden müsse. ›Ich möchte mir die Hand verstümmeln, um nicht in diesen schändlichen Krieg zu ziehen‹, seufzte er. – ›Das ist nicht nötig‹, bemerkte ich. ›Vertrauen Sie mir, ich glaube im Stande zu sein, Sie auf kurze Zeit ohne Schaden zu verstümmeln, daß man Sie ohne weiteres laufen läßt ... Ich mache Sie blind auf 24 Stunden‹ ...« [4]

Ob dieser Bericht, den Runge Goethe vortrug, diesem bei dessen tiefer Verehrung für Napoleon und bei seiner doch wohl eher konservativen Weltanschauung als hoher Beamter und Minister gefallen hat, wissen wir leider nicht. Weder Goethe noch Runge haben uns dies überliefert.

Nun erzählte Runge die eher zufällige Entdekkung: »... Vor etwa acht Wochen hatte ich nach ärztlicher Vorschrift eine Arznei zu bereiten, wo eingekochter Bilsensaft in Wasser aufzulösen war. Es geschah dies in einer Reibschale, und aus Unvorsichtigkeit spritzte mir ein Tropfen der Auflösung in's Auge. Ich empfand keinen Schmerz und bemerkte anfangs keine Veränderung, bis endlich ein Jucken und Flimmern im Auge mich zum Spiegel trieb. Wie groß war mein Erstaunen, als ich die eingetretene Veränderung meines Auges sah! Die Regenbogenhaut war fast gänzlich verschwunden, und das Auge sah genau so aus wie das eines Menschen, der am schwarzen Star leidet. Auch die Sehkraft war ungemein

Friedlieb Ferdinand Runge (1795–1867) war eine der originellsten Gestalten der Chemie-Geschichte. Er promovierte 1819 in Jena über Belladonna. Später wurde er einer der Leiter der »Chemischen Produktenfabrik zu Oranienburg«. Er war der erste, der Chinin, Catechin, Purpurin und Coffein isolierte. Seine Untersuchung des Steinkohlenteers ab 1831 führte zur Auffindung von Anilin, Pyrrol, Chinolin, Phenol und den ersten synthetischen organisch-chemischen Farben und gilt heute als die Begründung des Zeitalters der Teer- und Teerfarbenindustrie. Besonders liebenswert sind seine »Hauswirtschaftlichen Briefe«, in denen der Junggeselle Runge Ratschläge für eine wissenschaftsgestützte Haushaltsführung gab.

geschwächt ... Endlich kam die Sehkraft wieder ...«[5]

Für Runges Freund war diese Entdeckung von größtem Nutzen: »... Nach einigen leicht beseitigten Einwürfen entschloß sich mein Freund zu dieser, damals gewiß verzeihlichen Betrügerei und rettete dadurch sein Leben; denn von allen, die aus Lübeck mit nach Rußland geschleppt wurden, sind nur wenige wiedergekehrt ...«[6]

1816 begann Runge seine medizinischen Studien in Berlin, um dann 1818 nach Göttingen zu gehen und noch im selben Jahr nach Jena, wo er bei Johann Wolfgang Döbereiner privatissime Analytische Chemie hörte. Zu diesem Zeitpunkt entschloß sich Runge, der Medizin zu entsagen und sich nur noch mit Chemie zu beschäftigen. Auf Döbereiner machten die Untersuchungen des jungen Runge über die Wirkung der Gifte auf das lebende Auge einen solchen Eindruck, daß er seinem Förderer Goethe davon berichtete. Dieser war mit seinen Versuchen zur Farbenlehre beschäftigt und von daher an Problemen der Augenphysiologie höchst interessiert. Von seinem Besuch bei Goethe hat Runge eine köstliche Schilderung hinterlassen, aus der bereits zwei Passagen zitiert wurden: »... Ich kannte bis dahin von Goethe's Leistungen nur Weniges, aber seinen Faust wußte ich auswendig, und dieses war übergenug, den unschätzbaren Wert des Wunsches dieses Mannes zu würdigen, der sich herabließ, einem unbedeutenden Studenten, mit seiner Katze unter'm Arm, Audienz zu geben.«[7]

Runge hatte im Laboratorium Döbereiners herausgefunden, daß das Katzenauge ein äußerst geeignetes Studienobjekt war. Tropfte man eine unverfängliche Pflanzenlösung, zum Beispiel Spinatsaft, ins Katzenauge, so blieb dessen Pupille ein senkrechter Strich. Bei Pflanzenlösungen mit bestimmten Alkaloiden – wie heute bekannt –, zum Beispiel bei Atropin oder Strychnin, weitete sich die Pupille ganz beträchtlich.

»... Als ich nachmittags im entliehenen schwarzen Frack – damals eine Seltenheit in Jena –, mit einem auf gleiche Weise angeschafften Philisterhut mit einer Katze unterm Arm über den Marktplatz schritt, wurde ein allgemeiner Aufstand. Die Burschen, die gruppenweise herumstanden, kehrten auf den Ruf: ›Dr. Gift!‹ sich gegen mich und vertraten mir in meinem höchst abenteuerlichen Aufzuge den Weg. ›Laßt mich zufrieden‹, sagte ich mit einem Ernste, wie er mir in späteren Jahren nie wieder gelungen ist, zu zeigen, ›ich habe einen wichtigen Gang, ich gehe zu Goethe!‹ Man ließ mich gehen, ohne auch nur einen schlechten Witz mir nachzurufen ... Zu meinem Glück wußte ich gar nicht, daß Goethe Wirklicher Geheimer Staatsminister war, und hatte

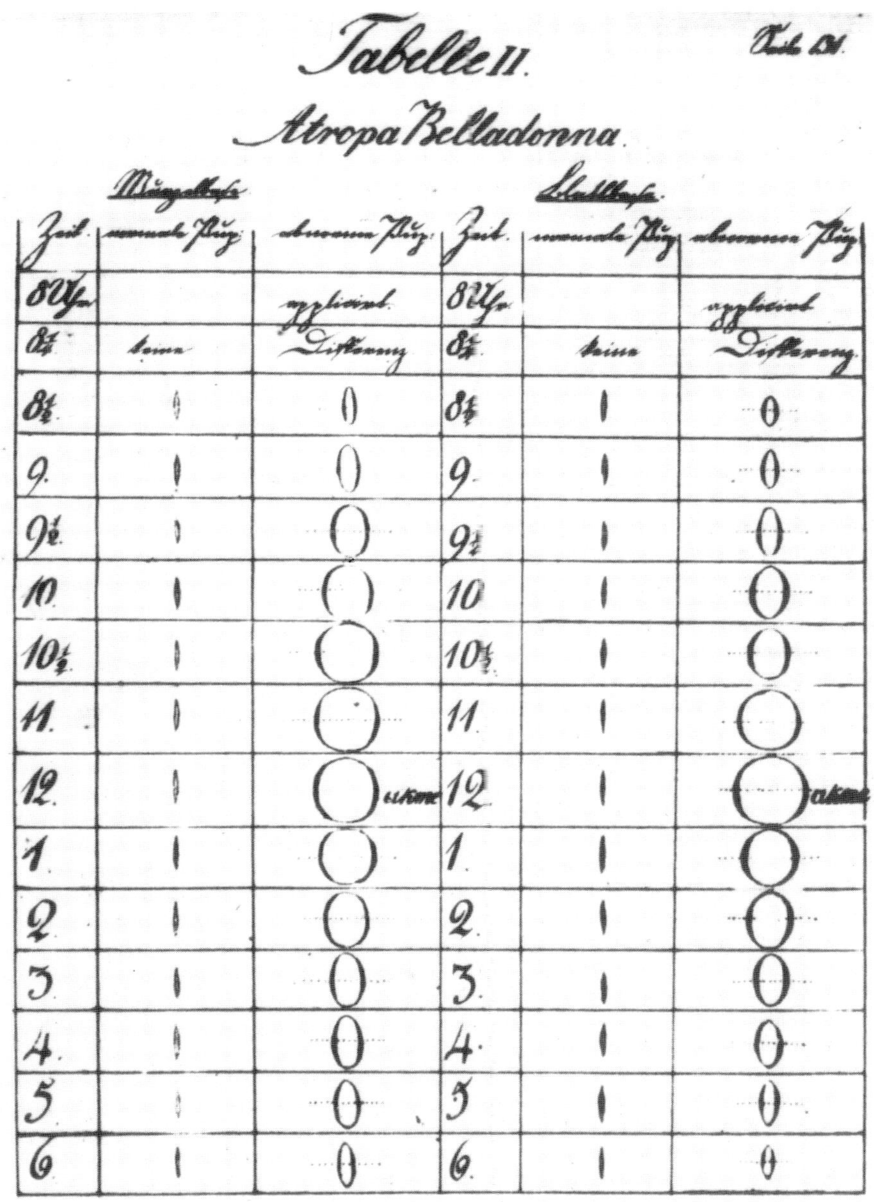

Diese 1820 veröffentlichte Tabelle verfolgt den zeitlichen Ablauf der Pupillenerweiterung im Auge einer Katze, so wie sie Runge auch Goethe, aber nicht mit Tollkirschen-, sondern mit Stechapfel-Extrakt vorführte. Jeweils um 8 Uhr morgens träufelte er hier eine Lösung von »2 Gran des narcotischen Extractivstoffes in 1 Drachme Wasser« aus den Wurzeln oder den Blättern der Pflanze gewonnen, der Katze ins Auge und hielt in halb- oder einstündigen Abständen die Pupillenöffnung fest. Der Höhepunkt der Wirkung trat vier Stunden nach der Applikation ein.

DER TELEOLOG

»Welche Verehrung verdient der Weltenschöpfer, der gnädig,
Als er den Korkbaum schuf, gleich auch den Stöpsel erfand!«

Xenien

---

auch, obgleich man mir gesagt hatte, ich müßte ihn Exzellenz nennen, gar keinen Begriff von dem, was man Hofzwang oder Etikette nennt... Die schöne, hohe, mächtige Gestalt trat mir mit einem so überwältigenden Eindruck entgegen, daß ich ihm zitternd die Katze hinreichte, gleichsam, als wollte ich mich damit verteidigen. ›Ach so‹, sagte er, ›das ist also der künftige Schrecken der Giftmischer? Zeigen Sie doch!‹

Ich bog nun den Katzenkopf so, daß die Tageslicht-Beleuchtung beide Augen gleichmäßig traf, und mit Erstaunen bemerkte Goethe den Unterschied an beiden Augen... ›Womit haben Sie diese Wirkung hervorgebracht?‹ fragte Goethe – ›Mit Bilsenkraut, Exzellenz! Ich habe den unvermischten Saft des zerstampften Krauts in's Auge gebracht, darum ist die Wirkung so stark.‹ ›Döbereiner hat mir gesagt‹, bemerkte Goethe, ›daß die Arten der Gattung Belladonna und Datura auf ganz gleiche Weise wirken wie die von Hyoscyamus, und daß Sie gefunden haben, der das Auge so sehr verändernde Stoff befinde sich in allen Teilen der Pflanze, von der Wurzel bis zur Blüte, Frucht und Samen. Wie verhält es sich mit anderen Pflanzen, besonders solchen, die eine verwandtschaftliche Gestalt haben?‹ – ›Ein mir befreundeter Arzt, Dr. Carl Heise, hat, veranlaßt durch die auffallende Wirkung der genannten Pflanzen, eine sehr umfassende Arbeit... durchgeführt, und dadurch bewiesen, daß nur die Pflanzen der drei oben genannten Gattungen eine den Augenstern erweiternde Kraft besitzen. Alle anderen Pflanzen, deren er unzählige in ihrer Einwirkung auf's Katzenauge versuchte, zeigten sich völlig wirkungslos, ausgenommen einige, die aber das Gegenteil bewirkten, nämlich eine Verengerung oder Verkleinerung des Sehlochs, zum Beispiel Aconitum.‹ – ›Ei‹, sagte Goethe, ›da könnte man ja auch auf diese Weise das echte Gegenmittel gegen die schädlichen Wirkungen der Tollkirsche u.s.w. entdecken. Versuchen Sie es doch einmal und lassen Sie von den beiden entgegengesetzt wirkenden Pflanzen nacheinander oder gleichzeitig etwas auf's Katzenauge einwirken und beobachten Sie den Erfolg...«[8]

Es sei noch das Ende dieser Audienz geschildert, da hier Goethe die ganz bemerkenswerte Eigenschaft zeigte, andere zu erfolgreichen Forschungen anzuspornen: »...Nachdem Goethe mir seine größte Zufriedenheit... ausgesprochen, übergab er mir noch eine Schachtel mit Kaffeebohnen, die ein Grieche ihm als etwas ganz Vorzügliches gesandt. ›Auch dies können Sie zu Ihren Untersuchungen brauchen!‹ sagte Goethe. – Er hatte Recht, denn bald darauf entdeckte ich darin das wegen seines großen Stickstoffgehaltes so berühmt gewordene ›Coffein‹...«[9]

So wurde Goethe zum Mitentdecker eines bedeutenden Alkaloides, dem Runge angesichts seiner basischen Eigenschaften den originellen Namen »Kaffeebase« gab. Dieser Erfolg spornte ihn an, auch noch nach den »Pflanzenbasen« der Chinarinde (Chinabase), des Safrans und der Aloe zu suchen. So wurde er indirekt durch Goethes Anregung zum Entdecker des Chinins. Betrachtet man Abbildungen der Kaffeepflanze und der Tollkirsche, so ist eine gewisse morphologische Ähnlichkeit tatsächlich nicht zu übersehen. Trotzdem war Goethes Prophezeiung reichlich gewagt, denn eine genetische Verwandtschaft der beiden Pflanzen besteht in Wirklichkeit nicht.

Es scheint fast so, als habe Goethe einige der Versuche Runges für sich selbst wiederholt. Aus seinem Tagebuch ist bekannt, daß Runges Besuch am 3.10.1819 stattgefunden hatte. Am nächsten Tag, den 4.10., trug er das Wort »Datura« ein, wohl in der Bedeutung Stechapfel, und gleich darauf »Datura nochmals«[10].

Runge schuf für pflanzenchemische Untersuchungen den neuen Namen »Phytochemie« und für Forscher, die sich diesem neuen Zweig der Chemie zuwendeten, den Begriff »Phytologe«. Dementsprechend faßte er seine Entdeckungen in seinem ersten Buch zusammen: »Materialien zur Phytologie«, Berlin 1820. Bereits im folgenden Jahr erschien eine zweite Lieferung dieses Werkes, das er Goethe übersandte, wie aus dessen »Büchervermehrungs-Liste« hervorgeht.

Nachdem Runge 1819 in Jena mit seiner Arbeit über das Atropin zum Doktor der Medizin promoviert hatte – einen chemischen Doktorgrad gab es damals noch nicht –, habilitierte er sich in Berlin zum Privatdozenten für technische und Pflanzenchemie. Nach einer fast dreijährigen Studienreise wurde er Privatdozent und 1828 Professor für Technische Chemie an der Universität Breslau. 1832 ließ er sich in Berlin nieder und nahm die Stelle eines chemischen Leiters der Chemischen Produktenfabrik zu Oranienburg an, einer Fabrik der »Königlich Preussischen Seehandlungs Societät«. Hier schrieb er, ausgehend von den Tüpfelproben der Textilindustrie, sein Werk »Zur Farbenchemie. Musterbilder für Freunde des Schönen und zum Gebrauch für Zeichner, Maler, Verzierer und Zeugdrukker«[11], das die Urform der Papierchromatographie vorstellte. Im Jahre 1855 folgte ein weiteres Buch mit dem Titel »Der Bildungstrieb der Stoffe, veranschaulicht in selbständig gewachsenen Bildern«[12]. In gewissem Sinne bewegte sich Runge mit diesen Werken noch einmal auf den Spuren Goethes.

Basierend auf Immanuel Kants »Kritik der rei-

Schematische Zeichnung eines Kaffeestrauches mit seiner Steinfrucht, der Kaffeekirsche, die je nach Art ein oder zwei Samenkerne, die Kaffeebohnen, enthält. Das Alkaloid Coffein kommt in der ganzen Pflanze, besonders aber in der Bohne vor. Goethe war kein besonders großer Freund von Kaffee.

Rechts außen: Das Nachtschattengewächs Atropa belladonna, die Tollkirsche, enthält in allen ihren Teilen das Alkaloid Atropin. Die pupillenerweiternde Wirkung der Tollkirsche war seit alters bekannt, daher der Beiname »belladonna«, »schöne Frau«, da man annahm, daß erweiterte Pupillen die erotische Ausstrahlung von Frauenaugen erhöhen. Wie man den beiden Abbildungen entnehmen kann, ist die von Goethe konstatierte morphologische Ähnlichkeit von Kaffee und Tollkirsche, trotz mangelnder botanischer Verwandtschaft, nicht unbeträchtlich.

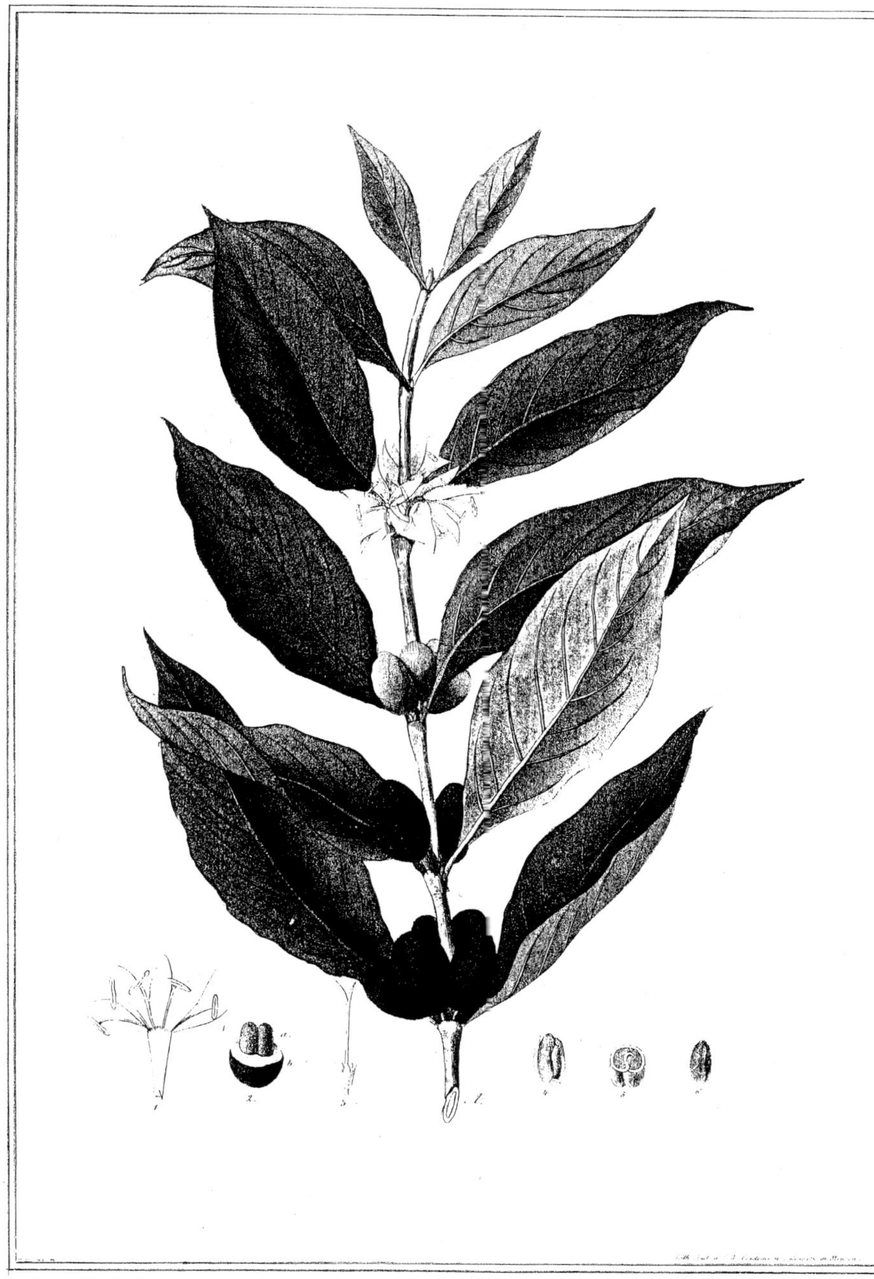

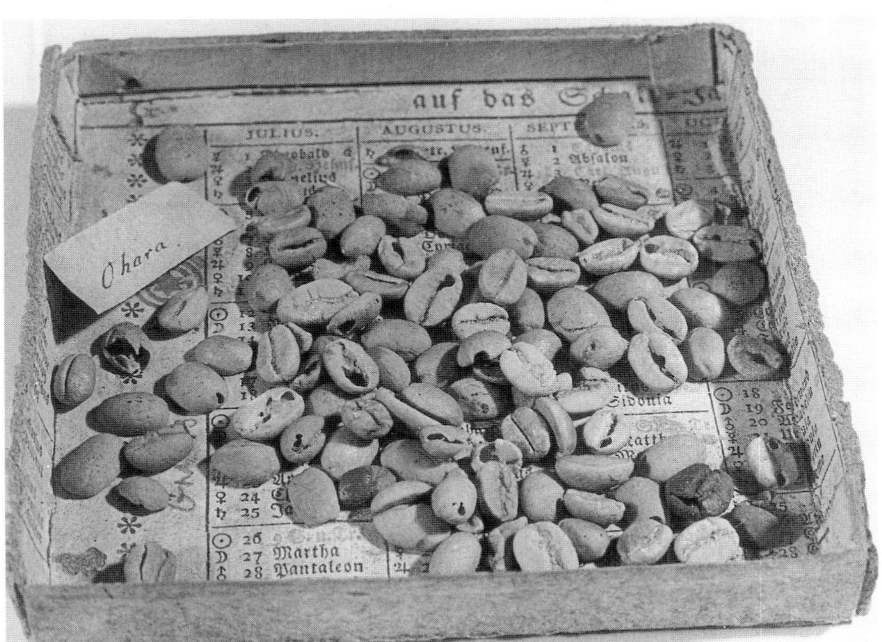

Ein mit einem Kalenderblatt ausgelegtes Schächtelchen mit Kaffeebohnen aus dem Besitz Goethes.

nen Vernunft«, 1781, und des im gleichen Jahr von Professor Johann Friedrich Blumenbach (1752–1840), Mitbegründer der Anthropologie und der vergleichenden Anatomie, veröffentlichten »Der Bildungstrieb« publizierte Goethe 1820 in dem Werk »Zur Naturwissenschaft überhaupt...« einen Aufsatz mit dem Titel »Bildungstrieb«. Goethe führte aus: »... Nun gewann Blumenbach das Höchste und Letzte des Ausdrucks, er anthropomorphisierte das Wort des Rätsels und nannte das, wovon die Rede war, einen nisus formativus, einen Trieb, eine heftige Tätigkeit, wodurch die Bildung bewirkt werden sollte...«[13]

Für Goethe war dieser »Bildungstrieb« eine der Grundkräfte dieser Welt schlechthin: »... Dieses Ungeheure personifiziert, tritt uns als ein Gott entgegen, als Schöpfer und Erhalter, welchen anzubeten, zu verehren und zu preisen wir auf alle Weise aufgefordert sind...«[14] Was Blumenbach, Goethe und Runge mit »Bildungstrieb« bezeichneten, nennen wir heute die »Selbstorganisation der Materie«.

Um nichts Geringeres als den Nachweis der tatsächlichen Existenz dieses zunächst nur hypothetisch angenommenen »Bildungstriebes« ging es Runge bei seinen »Bildern, die sich selber malen«. Ausgangspunkt der Untersuchungen Runges waren analytisch-chemische Schwierigkeiten: »... Man macht diese Mischungen (das bedeutet: von Nachweisreagenzien mit der zu untersuchenden Lösung) gewöhnlich in röhrenförmigen Glasgefäßen, die man Probegläser nennt, und hat besonders darauf zu achten, daß von dem einen oder dem anderen nicht zu viel oder zu wenig hinzugemischt werde, sonst kann es kommen, daß dem Beobachter etwas sehr wichtiges entgeht und er einen Stoff nicht entdeckt oder auffindet...«[15]

An und für sich war Runges Arbeitstechnik recht schlicht: Auf ungeleimtes, saugfähiges Papier wurde in der Mitte tropfenweise eine Lösung der einen Substanz aufgebracht. Dabei mußte jeder Tropfen einzeln vom Papier aufgesaugt werden, anschließend ließ Runge das so vorbereitete Papier an der Luft trocknen. Schließlich tropfte er die Lösung der zweiten Substanz ebenso auf. Ausgehend vom Mittelpunkt bildeten sich farbige Niederschläge in ringförmigen, gebänderten und zum Teil geästelten Strukturen:

»Nach allem glaube ich nun, die Behauptung aussprechen zu können, daß bei der Gestaltung dieser Bilder eine neue, bisher unbekannt gewesene Kraft tätig ist. Sie hat mit Magnetismus, Elektrizität und Galvanismus nichts gemein. Sie wird nicht durch ein Äußeres erregt oder angefacht, sondern wohnt den Stoffen ursprünglich inne und zeigt sich wirksam, wenn diese sich in ihren chemischen Gegensätzen ausgleichen, das heißt durch Wahlanziehung und Abstoßung verbinden und trennen. Ich nenne diese Kraft ›Bildungstrieb‹ und betrachte sie als das Vorbild der in den Pflanzen und Tieren tätigen Lebenskraft.«[16]

Heute gelten diese Beobachtungen Runges als die ersten Beispiele der Bildung von Materiestrukturen, die sich aus der Kopplung von chemischen Reaktionen mit Transportvorgängen ergeben und als die erste schon klassische Arbeit zur Selbstorganisation der Materie.

Auch sonst hinterließ Goethe wohl tiefe Spuren im Leben des großen Farbenchemikers und Entdeckers des Anilins. Offenbar naht man sich eben doch nicht ungestraft einem großen Dichter. So verfaßte er eine teilweise recht boshafte Schrift, in der er für die Reinheit der deutschen Sprache zu Felde zog: »Das Gift in der Deutschen Sprache, ausgetrieben von F. F. Runge ... dem deutschen Lehrerstand gewidmet... Oranienburg 1857. Im Selbstverlag des Verfassers.«

Rechts: Bibliophile Kostbarkeiten sind heute die wenigen, noch erhaltenen Exemplare von Runges »Bildungstrieb«. Die »Musterbilder« sind Originale, die sich der Kinderfreund Runge von unter seiner Anleitung arbeitenden Oranienburger Schulklassen hat anfertigen lassen. Runge war in seiner Nachbarschaft außerordentlich beliebt, und es gilt als sicher, daß er die Kinder mit nach seinen eigenen Rezepten bereiteten Kuchen reichlich entlohnt hat.

»Seiner Majestät Friedrich Wilhelm IV. als ein öffentliches Denkmal tiefster Ehrfurcht« hatte Runge 1850 seine »Musterbilder für Freunde des Schönen« gewidmet. Die Angabe am Titelblatt, er sei Professor der Hochschule in Breslau, geschah wohl aus Gründen der Reklame und war etwas übertrieben. Zwar hatte er in Breslau 1826 habilitiert und dort 1828 eine außerordentliche Professur erhalten, diese aber schon 1832 wieder aufgegeben.

Zur Farben-Chemie.

Musterbilder für Freunde des Schönen und zum Gebrauch für Zeichner, Maler, Verzierer und Zeugdrucker.

1ste Lieferung.

Dargestellt durch chemische Wechselwirkung von Dr. F. F. Runge Professor an der Hochschule zu Breslau.

Berlin 1850.

Verlag von E.S. Mittler & Sohn.
[Zimmerstraße № 84. 85.]

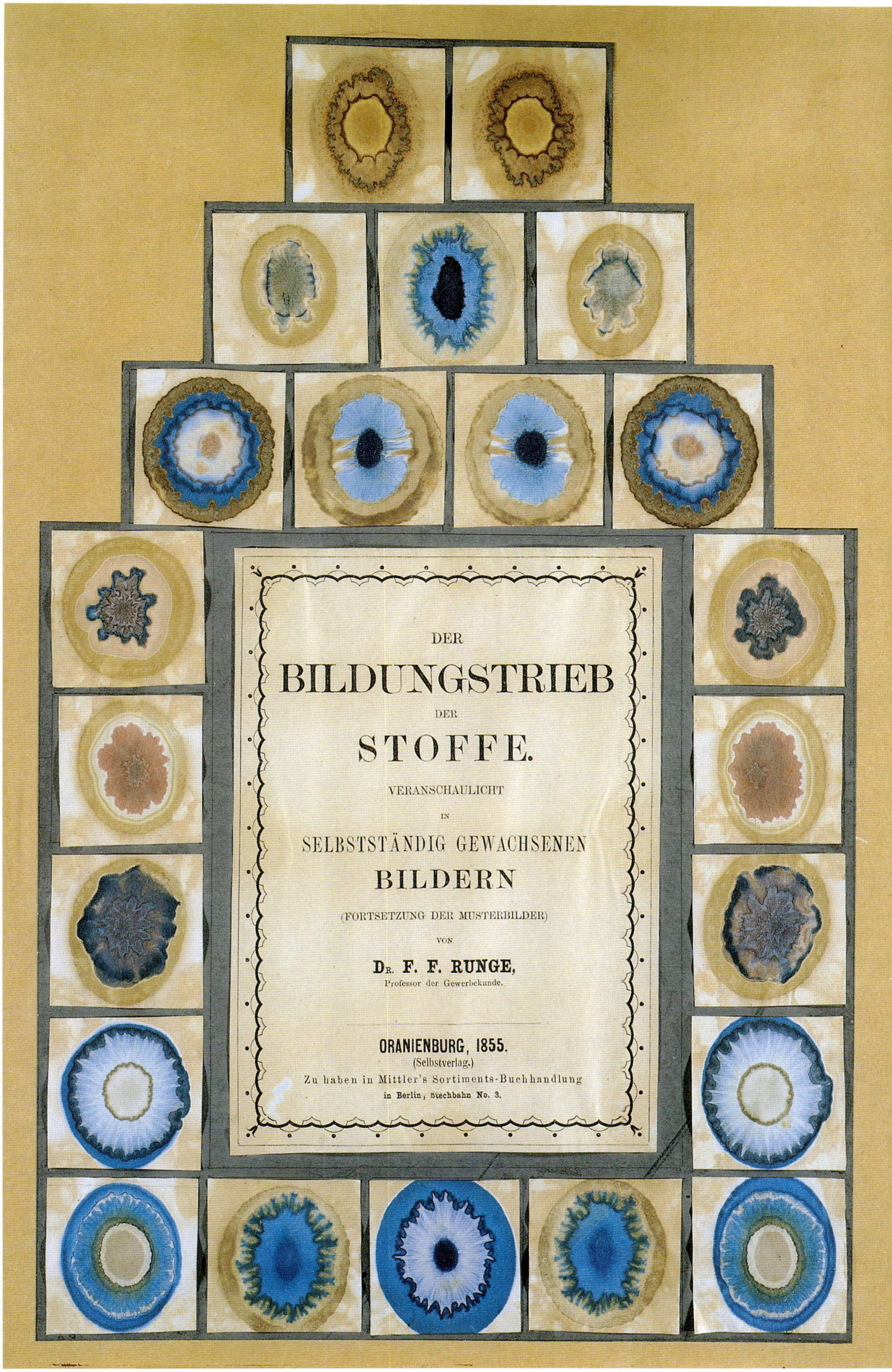
DER
BILDUNGSTRIEB
DER
STOFFE.
VERANSCHAULICHT
IN
SELBSTSTÄNDIG GEWACHSENEN
BILDERN
(FORTSETZUNG DER MUSTERBILDER)
VON
DR. F. F. RUNGE,
Professor der Gewerbekunde.
ORANIENBURG, 1855.
(Selbstverlag.)
Zu haben in Mittler's Sortiments-Buchhandlung
in Berlin, Stechbahn No. 3.

»... Unter den Arbeiten, die mich jetzt am meisten interessieren, ist eine neue Theorie des Lichts, des Schattens und der Farben ...«

Optik und Farbenlehre

Mit nachgerade religiöser Inbrunst von den einen noch heute verehrt, von anderen als Exempel partieller Geistesverwirrung eines auf physikalische Abwege geratenen Dichters gewertet, sind die Forschungen über Optik und Farbenlehre unter allen Disziplinen, denen sich Goethe hingab, bei weitem am schwierigsten zu würdigen. Ohne Wägung des Erreichten ist freilich festzuhalten, daß Goethe keiner anderen Thematik eine ähnlich tiefe, über vierzig Jahre währende Ausdauer entgegengebracht hat. In der »Konfession des Verfassers«, mit der sein großes »chromatisches« Hauptwerk mit seiner »Geschichte der Farbenlehre« schließt, erfährt man, wie es dazu kam: »... Ich war in einsamen Stunden früherer Zeit auf die Natur aufmerksam geworden, wie sie sich als Landschaft zeigt, und hatte, da ich von Kindheit auf in den Werkstätten der Maler aus und ein ging, Versuche gemacht, das was mir in der Wirklichkeit erschien, so gut es gehen wollte, in ein Bild zu verwandeln, ja ich fühlte hierzu, wozu ich eigentlich keine Anlage hatte, einen weit größeren Trieb als zu demjenigen, was mir von Natur leicht und bequem war...«[1] Es waren also – und dies ist zum Verständnis der weiteren Entwicklung besonders wichtig – maltechnische und kunsttheoretische Überlegungen, die zu Goethes chromatischen Abenteuern führten, und eben gerade nicht der Entwicklungsgang der damaligen Physik. Goethe räumte in seiner »Konfession« durchaus ein, daß ihm, trotz der mit großem Interesse besuchten Vorlesungen von Professor Winckler in Leipzig, nie Demonstrationsexperimente zur später von ihm so sehr bekämpften Optik Newtons gezeigt worden waren und führte dies auf mangelnden Sonnenschein während der Vorlesungen zurück. Ob nun Professor Winckler eine Unterlassungssünde auf sich geladen oder tatsächlich jeweils nur trübes Wetter geherrscht hatte – die Chance, den jungen Goethe auf die Pfade der »klassischen« Optik zu lenken, war für immer dahin. Dies war um so gravierender, als seine nie erlahmende Anteilnahme an Fragen der bildenden Kunst ihn ein Leben lang immer wieder auf das Problem »Farbe« stoßen sollte. Schon früh war ihm aufgefallen, daß die bei hellem Sommersonnenlicht geworfenen Schatten nicht schwarz, sondern blau erschienen, doch war er zu dieser Zeit noch weit vom Versuch einer Systematisierung entfernt. Dies sollte sich erst auf seiner großen Italienischen Reise ändern: »... Ferner habe ich allerlei Spekulationen über Farben gemacht, welche mir sehr anliegen, weil das der Teil ist, von dem ich bisher am wenigsten begriff...«[2]

Auch in Italien pflegte Goethe die Ateliers der

Links: Der Schweizer Maler Johann Heinrich Meyer (1759–1832) schuf ein Deckengemälde im großen Treppenhaus von Goethes Anwesen am Frauenplan. »Die Iris unter dem Regenbogen«, das so etwas wie eine Apotheose seiner Farbenlehre werden sollte. Aus dem Lager bei Longwy auf dem Feldzug gegen Frankreich schrieb er 1793 an Meyer: »... Ich verfolge im Geist Ihre Arbeiten und freue mich auf Ihren Regenbogen, der mich wie den Noah nach der Sündflut empfangen soll...« Dieses Zitat belegt Goethes Bibelfestigkeit und bezieht sich auf den Vers: »Ich habe meinen Bogen in die Wolken gesetzt, zum Zeichen meines Bundes mit der Erde.«

»Freunde, flieht die dunkle Kammer,
Wo man euch das Licht verzwickt,
Und mit kümmerlichstem Jammer
Sich verschrobnen Bildern bückt.
Abergläubische Verehrer
Gab's die Jahre her genug,
In den Köpfen eurer Lehrer
Laßt Gespenst und Wahn und Trug.

Wenn der Blick an heitern Tagen
Sich zur Himmelsbläue lenkt,
Beim Sirocc der Sonnenwagen
Purpurrot sich niedersenkt,
Da gebt der Natur die Ehre,
Froh, an Aug' und Herz gesund,
Und erkennt der Farbenlehre
Allgemeinen ewigen Grund.«

Zahme Xenien

Maler zu besuchen und ihre Arbeitstechniken zu studieren, aber: »... Von einem einzigen Punkte wußte ich mir nicht die mindeste Rechenschaft zu geben: es war das Kolorit... Kam es aber an die Färbung, so schien alles dem Zufall überlassen zu sein...«[3] Die Lösung dieser Frage machte er nun zu seinem Anliegen: »... dergestalt, daß ich selbst Wohlwollenden fast lästig und verdrießlich fiel...«[4]
Er fühlte den Mangel einer »chromatischen« Theorie gerade deshalb so besonders schmerz-

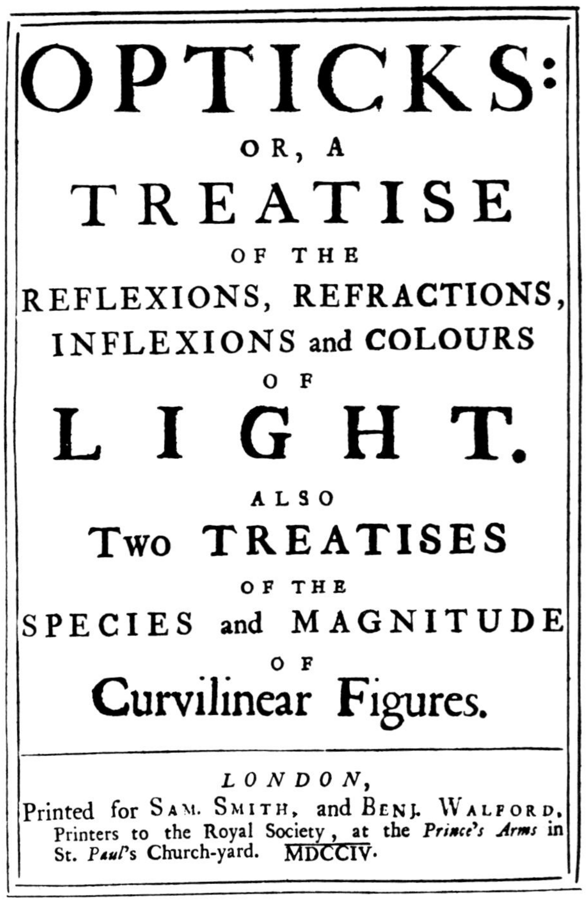
OPTICKS:
OR, A
TREATISE
OF THE
REFLEXIONS, REFRACTIONS,
INFLEXIONS and COLOURS
OF
LIGHT.
ALSO
Two TREATISES
OF THE
SPECIES and MAGNITUDE
OF
Curvilinear Figures.

LONDON,
Printed for SAM. SMITH, and BENJ. WALFORD,
Printers to the Royal Society, at the *Prince's Arms* in
St. *Paul's* Church-yard. MDCCIV.

Links außen:
Kein Werk der wissenschaftlichen Weltliteratur haßte Goethe so sehr wie die »Opticks...« des großen englischen Physikers Sir Isaac Newton (1643–1727).

Links:
Neben dieser kleinen, vielleicht auch zu Zeichenzwecken dienenden tragbaren Camera obscura, benutzte Goethe noch mehrere begehbare Räumlichkeiten in seinem Haus in Weimar und im Südgiebel des Schlosses in Jena.

Rechts:
Großes, mit Wasser zu füllendes Prisma.

lich, weil er farbenprächtige Naturphänomene zwar hingerissen zu beobachten, jedoch nicht zu erklären vermochte: »... Indessen versäumte ich nicht, die Herrlichkeit der atmosphärischen Farben zu betrachten, wobei sich die entschiedenste Stufenfolge der Luftperspektive, die Bläue der Ferne sowie naher Schatten, auffallend bemerken ließ...«[5]
Diesem Zwiespalt von Wahrnehmung der Schönheit der Farben und dem Unvermögen, diese Erfahrung begrifflich zu machen, konnte nur durch physikalische Studien abgeholfen werden: »... Ich hatte nämlich zuletzt eingesehen, daß man den Farben, als physische Erscheinungen, erst von der Seite der Natur beikommen müsse, wenn man in Absicht auf Kunst etwas über sie gewinnen wollte...«[6]
Dies war ein Programm, und Goethe begann es

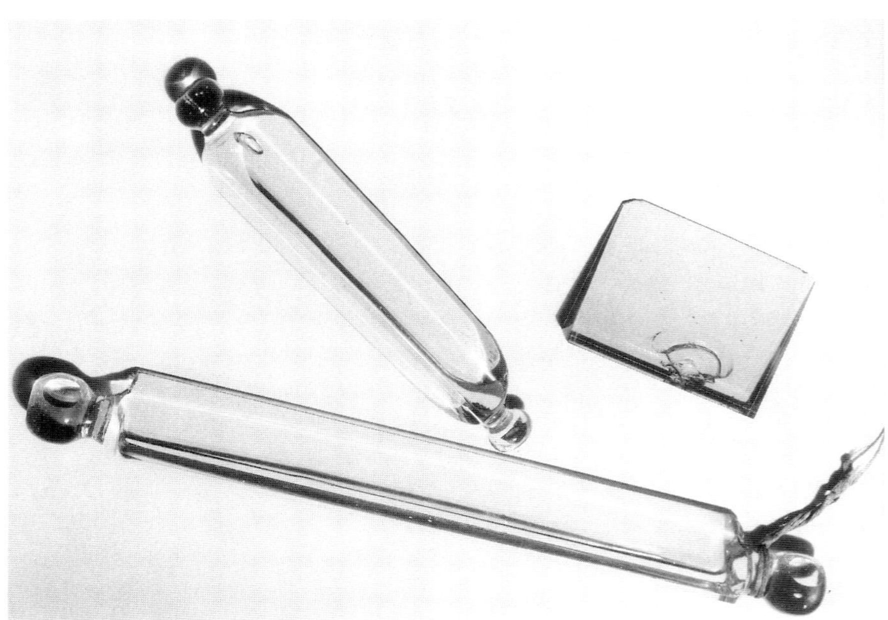

Unten:
Von Goethe zu optischen Versuchen verwendete Glasprismen.

zu realisieren. Die Rückkunft von Italien nach Weimar brachte ihm eine herbe Erfahrung. Die Freunde hatten in den zwei Jahren seiner Abwesenheit gelernt, ohne ihn auszukommen. Sie empfingen den Rückkehrenden, der ohnehin den Verlust der so sehr geliebten unmittelbaren Nähe zur Kunstwelt Italiens zu verschmerzen hatte, eher kühl. Nicht ohne Verzweiflung floh Goethe in die Wissenschaft: »... In Jena fand ich allein ein Element, das mich trug, ein wissenschaftliches statt des italienischen Kunstelementes.«[7] Er hatte sich auch vorgenommen, in großem Umfang selbst zu experimentieren. In seiner neuen Wohnung begann er, ein längliches Südwest-Zimmer zu einer großen begehbaren Camera obscura auszubauen und lieh sich bei Hofrat Christian Wilhelm Büttner (1716–1801) die notwendigen Prismen aus. Aber im Gedränge seiner zahlreichen Verpflichtungen schob sich sein Vorhaben hinaus, und Büttner, ungeduldig geworden, begehrte mehrfach seine Prismen zurück, zuletzt recht energisch durch einen eigens geschickten Boten. Doch bevor sich Goethe von den Prismen zu trennen vermochte, wollte er sie wenigstens eilig ein einziges Mal benutzen: »... Aber wie verwundert war ich, als die durchs Prisma angeschaute weiße Wand nach wie vor weiß blieb, daß nur da, wo ein Dunkles dran stieß, sich eine mehr oder weniger entschiedene Farbe zeigte ... Es bedurfte keiner langen Überlegung, so erkannte ich, daß eine Grenze notwendig sei, um Farben hervorzubringen, und ich sprach wie durch einen Instinkt sogleich vor mich laut aus, daß die Newtonische Lehre falsch sei ...«[8] Goethes Instinkt trog. So falsch, wie er dachte, war die Lehre Newtons keineswegs, mit der er sich darüber hinaus zu diesem Zeitpunkt noch gar nicht eingehend auseinandergesetzt hatte. Mit einem gerüttelt Maß an intellektuellem Hochmut eine seit fast einem Jahrhundert ausführlich diskutierte physikalische Theorie aufgrund eines einzigen, überdies falsch interpretierten Experimentes einfach beiseite zu schieben, war – gelinde gesagt – reichlich kühn. Für Goethe jedoch war die Sache für immer entschieden, und mit nachgerade schon manischer Verbissenheit bekämpfte er in den noch kommenden vier Jahrzehnten seines Lebens Newton und dessen Anhänger. Eckermann überlieferte vom alten Goethe dessen merkwürdige Selbsteinschätzung, die bei aller Verkennung des physikalischen Sachverhaltes bestürzend deutlich macht, welch ungeheure Bedeutung die Farbenlehre für ihren Schöpfer hatte: »... ›Auf alles, was ich als Poet geleistet habe‹, pflegte er wiederholt zu sagen, ›bilde ich mir gar nichts ein. Es haben treffliche Dichter mit mir gelebt, es lebten

„64. Zu den farbigen Schatten gehören zwei Bedingungen, erstlich, daß das wirksame Licht auf irgendeine Art die weiße Fläche färbe, zweitens, daß ein Gegenlicht den geworfenen Schatten auf einen gewissen Grad erleuchte.
65. Man setze bei der Dämmerung auf ein weißes Papier eine niedrig brennende Kerze; zwischen sie und das abnehmende Tageslicht stelle man einen Bleistift aufrecht, so daß der Schatten, welchen die Kerze wirft, von dem schwachen Tageslicht erhellt, aber nicht aufgehoben werden kann, und der Schatten wird von dem schönsten Blau erscheinen ...“ Farbenlehre

„... Wie sehr wünschte ich, Sie einmal in meiner camera obscura bewirten zu können. Ich hoffe diesen Herbst auf gutes Wetter (Anmerkung: Offenbar stand im Hochsommer die Sonne für die feste Einlaßöffnung zu hoch), und dann hoffe ich, Sie in den Stand zu setzen, daß alle wichtigen Versuche darin angestellt werden können. Außer diesem engeren Bezirk habe ich noch mancherlei Maschinen und Einrichtungen, um teils im Freien, teils im Theatersaale, der sich dann auch ganz verfinstern läßt, Versuche anzustellen, die mehr Platz und größere Distanzen erfordern. So habe ich z. B. die Regenbogen unter allen Umständen durch eine Feuerspritze mit einer sogenannten Windblase (Anmerkung: möglicherweise die Windmaschine des Theaters) hervorgebracht, bei Sonnenschein, bei Mondschein, beim Scheine eines Reverberes, bei einem großen angezündeten Strohfeuer ...“ Brief an Georg Forster

»Weiß hat Newton gemacht aus allen Farben. Gar manches
Hat er euch weis gemacht, das ihr ein Säculum glaubt.«

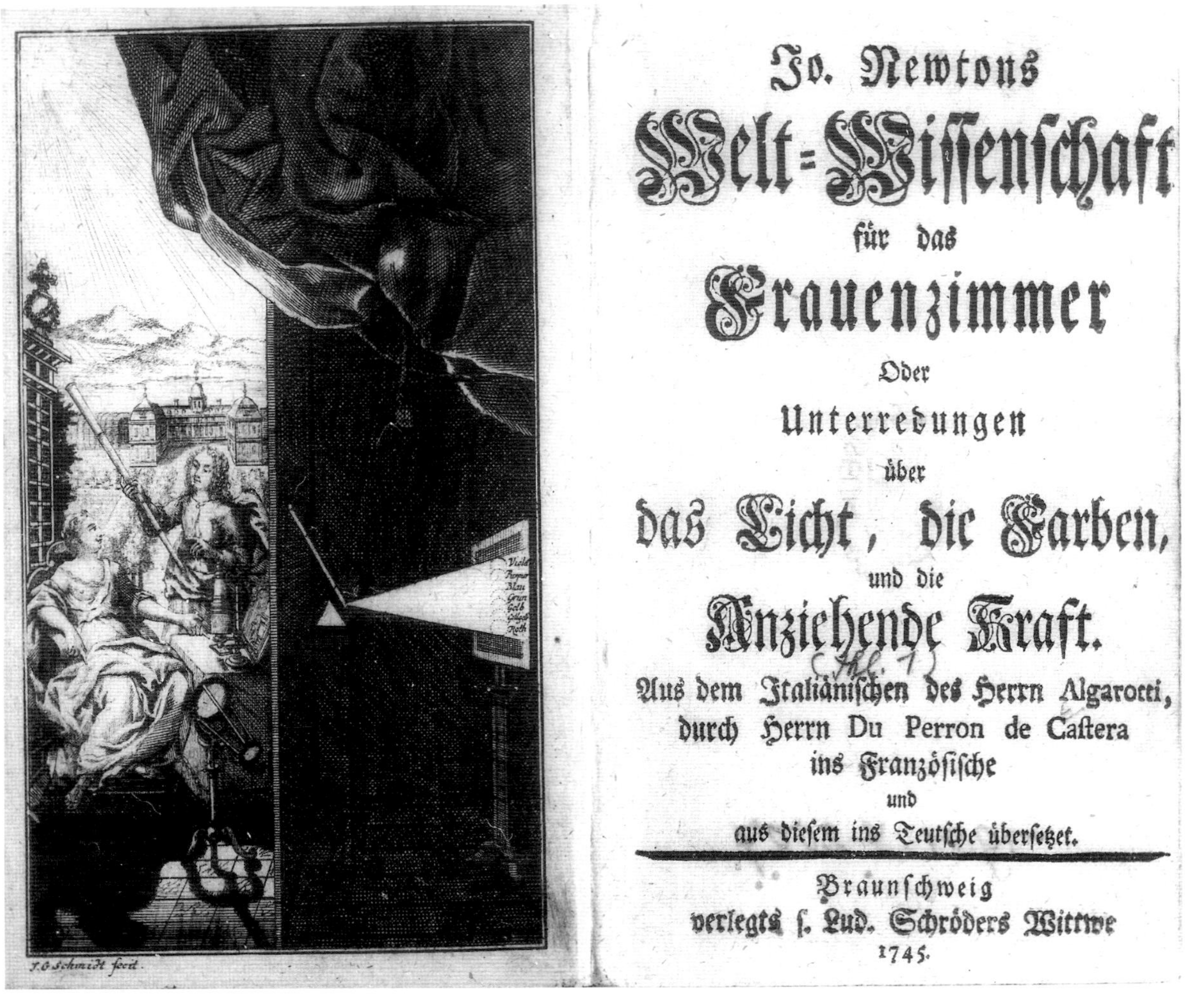

Jo. Newtons
Welt-Wissenschaft
für das
Frauenzimmer
Oder
Unterredungen
über
das Licht, die Farben,
und die
Anziehende Kraft.
Aus dem Italiänischen des Herrn Algarotti,
durch Herrn Du Perron de Castera
ins Französische
und
aus diesem ins Teutsche übersetzet.
Braunschweig
verlegts s. Lud. Schröders Wittwe
1745.

Wie populär die wissenschaftlichen Anschauungen Newtons waren, und wie es dementsprechend Goethe schwerfiel, seine abweichende Meinung in der Öffentlichkeit zu vertreten, erkennt man an diesem Titelblatt einer Bearbeitung von Newtons »Opticks« für »Frauenzimmer«, die 1745 der enzyklopädisch gebildete Francesco Graf Algarotti (1712–1764) am Hofe Friedrich des Großen verfaßte. Das Titelblatt zeigt Newtons berühmten Versuch: Sonnenlicht tritt durch einen schmalen Spalt in einen dunklen Raum, geht durch eine Sammellinse, und wird dann durch ein Prisma in die Regenbogenfarben zerlegt, die auf einem weißen Schirm erscheinen. Darüber hinaus durchbohrte Newton diesen Schirm bei einer bestimmten Farbe, so daß ein farbiger Lichtstrahl durch den ersten Schirm hindurchtreten und auf einen weiteren Schirm fallen konnte. Bringt man zwischen diese beiden Schirme ein zweites Prisma, so wird dieser farbige Strahl zwar abermals gebrochen, aber nicht in weitere Farben zerlegt.

noch trefflichere vor mir, und es werden ihrer nach mir sein. Daß ich aber in meinem Jahrhundert in der schwierigen Wissenschaft der Farbenlehre der Einzige bin, der das Rechte weiß, darauf tue ich mir etwas zu gute, und ich habe daher ein Bewußtsein der Superiorität über viele ...‹«[9] Angesichts der physikalischen Wirklichkeit ist diese Hybris überraschend. Sie hat wiederholt zu teilweise sehr extremen Deutungsversuchen Anlaß gegeben. In »Goethe, eine psychoanalytische Studie« unterstellt K.R. Eissler in diesem Zusammenhang »eine partielle Psychose«[10]. Albrecht Schöne wiederum sieht den Grund für Goethes lebenslangen Farben-Dogmatismus in alchemistisch-hermetischen Jugenderlebnissen mit tief empfundenem religiösem Hintergrund. Nach der Überlieferung Lavaters habe nämlich Fräulein von Klettenberg »... unvergleichliche Einsichten ... in die Natur der Farben ...« besessen, die sie mit großer Wahrscheinlichkeit an Goethe weitergab. So wußte Charlotte Jacobi schon von dem Vierundzwanzigjährigen zu erzählen, er habe »... so schön von Licht und Farben ... gesprochen«, daß man »... nichts verstanden, und doch ganz entzückt gewesen wäre ...« Und Schöne folgert überzeugend: »... Erst daß sein Kampf gegen Newtons Lehre für Goethe eine theologische Reichweite besitzt, macht begreiflich, weshalb er hier selbst diejenigen Grenzen noch überschreitet, an die der wissenschaftliche Streit auch bei äußerster Erbitterung der Kontrahenten dadurch sich hält, daß er als freie geistige Auseinandersetzung in Rede und Gegenrede, durch Schrift und Gegenschrift sich vollzieht ...«[11] So würde sich der wahrhaft religiöse Eifer des häufig recht unfair geführten Kampfes erklären. Goethe glaubte irrigerweise, er könne ohne weitere Hilfsmittel Newtons Brechungsversuch in der Camera obscura durch einen Satz von nur durch das Prisma zu betrachtenden Karten ersetzen. Er hielt die resultierenden Beobachtungen nicht nur für vielfältiger, sondern auch für richtiger als jene in der Camera obscura mit ihrem winzigen Loch und entsprechend schmalem Lichtstrahl, wo dann hinter einem Prisma auf einem weißen Schirm die Aufspaltung des weißen Lichtes in die Farben des Regenbogens gesehen wurde. Zwar richtete sich Goethe die geplante große Camera obscura in seinem Südwest-Zimmer tatsächlich auch ein, aber »... Allein diese beschränkten Taschenspieler-Bedingungen hatten keine Gewalt mehr über mich ...«[12]

So blieb er bei seiner einfachen Versuchsanord-

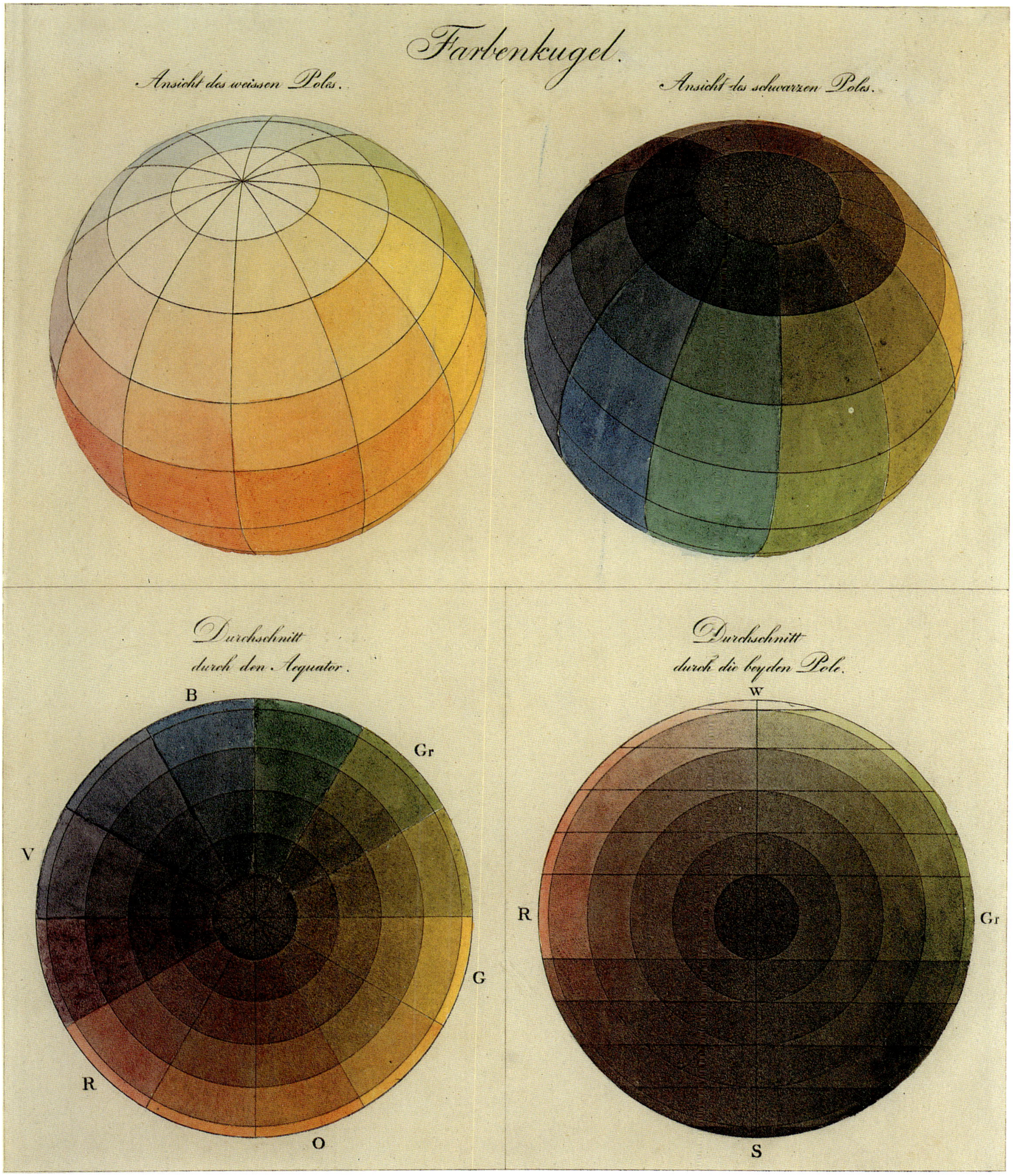

Philipp Otto Runge (1777–1810) gehört mit der Entwicklung seiner »Farbenkugel« (1810), die einen definierten Farbraum im Innern einer Kugel darstellt und so in ihren jeweiligen Querschnitten alle Farbübergänge zu beschreiben gestattet, zu den Begründern der Farbmetrik. Daß sich die Farbenkugel Runges nicht durchsetzen konnte, sondern heute polyedrische Gebilde verwendet werden, liegt daran, daß Farbübergänge im Innern einer Kugel topographisch schwerer zu beschreiben sind. Kunsthalle Hamburg.

Versuch Goethes, den Kopf einer Frau in Gegen-, oder wie wir heute sagen, in Komplementärfarben zu malen: »Bild eines Mädchens in umgekehrten Farben.«

»Mit Botanik gibst du dich ab? mit Optik? Was tust du?
Ist es nicht schönrer Gewinn, rühren ein zärtliches Herz?
Ach, die zärtlichen Herzen! Ein Pfuscher vermag sie zu rühren;
Sei es mein einziges Glück, dich zu berühren, Natur!«

Epigramme

❝ ... Um Epoche in der Welt zu machen ... dazu gehören bekanntlich zwei Dinge; erstens, daß man ein guter Kopf sei, und zweitens, daß man eine große Erbschaft tue. Napoleon erbte die Französische Revolution, Friedrich der Große den Schlesischen Krieg, Luther die Finsternis der Pfaffen, und mir ist der Irrtum der Newtonschen Lehre zuteil geworden. Die gegenwärtige Generation hat zwar keine Ahnung, was hierin von mir geleistet worden; doch künftige Zeiten werden gestehen, daß mir keineswegs eine schlechte Erbschaft zugefallen. ❞

Eckermann, 1824

Diese Landschaftsdarstellung entwarf Goethe, ohne die Farbe Blau zu verwenden, um sich so Rechenschaft abzugeben von dem eingeschränkten Farbensehen farbenblinder Patienten. Den ersten Versuch dieser Art malte auf Goethes Wunsch die Malerin Angelika Kauffmann. Dieses Aquarell – »Landschaft, wie sie der Akyanobleps sieht« – war der »Farbenlehre. Historischer Teil« beigegeben.

»Dorlt« man – um einen Ausdruck Goethes zu gebrauchen – einen »Farbenkreisel«, so daß sich die auf der Oberseite des Kreisels angebrachten Farbsegmente vor dem Auge des Beobachters drehen, so sieht man die jeweiligen Mischfarben. Nach Newton müßte ein Farbkreisel, auf dem sich alle Farben des Spektrums befinden, reines Weiß liefern. Zur großen Genugtuung Goethes entsteht nur ein schmutziges Grau. Dies liegt aber nur an Sekundäreffekten bei der Reflexion des Lichtes an der Oberfläche der Farbsegmente.

Kartensatz zu Goethes Experimenten mit dem Prisma aus dem Besitz der Bayerischen Akademie der Wissenschaften in München.

» ... Vor mehreren Jahren schon schalt er auf dem Pädagogium zu Halle ein verständiges Kind in meiner Gegenwart recht tüchtig aus, das auf der Scheibe des Schwungrades Grau sah, wo er wollte Weiß gesehen haben. Er ist recht dazu gemacht, den Newtonischen Unsinn aber und abermals zu wiederholen ... «

Brief an C. F. v. Reinhard, 1818

DEM WEISSMACHER

»Newtonisch Weiß den Kindern vorzuzeigen,
Die pädagogischem Ernst so gern sich neigen,
Trat einst ein Lehrer auf, mit Schwungrads Possen,
Auf selben war ein Farbenkreis geschlossen.
Das dorlte man nun. »Betracht' es mir genau!
Was siehst du, Knabe?« nun, was seh' ich? Grau!
»Du siehst nicht recht! Glaubst du, daß ich das leide?
Weiß, dummer Junge, Weiß! so sagt's Mollweide!«

Aus dem Nachlaß

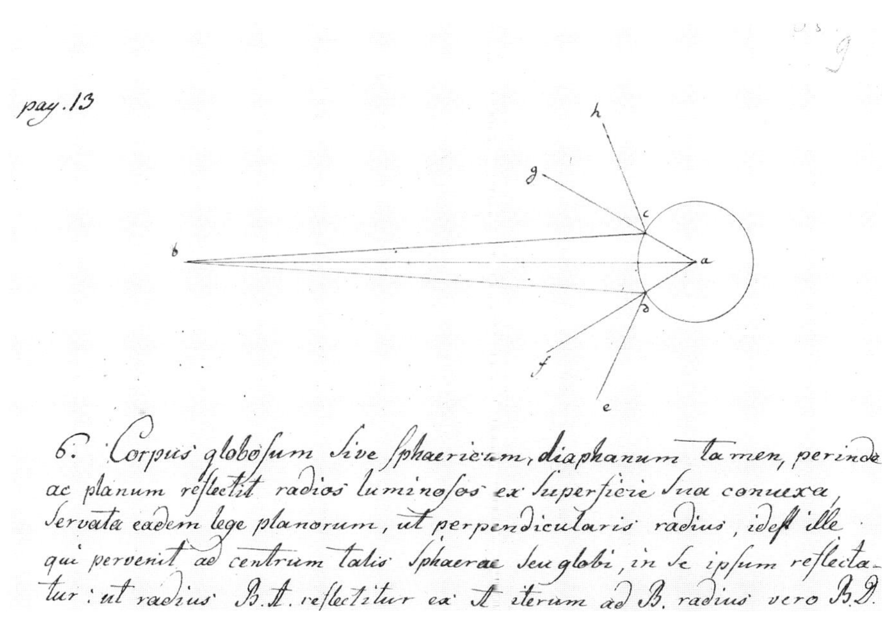

Historische Vorstudie zur Geschichte der Farbenlehre.

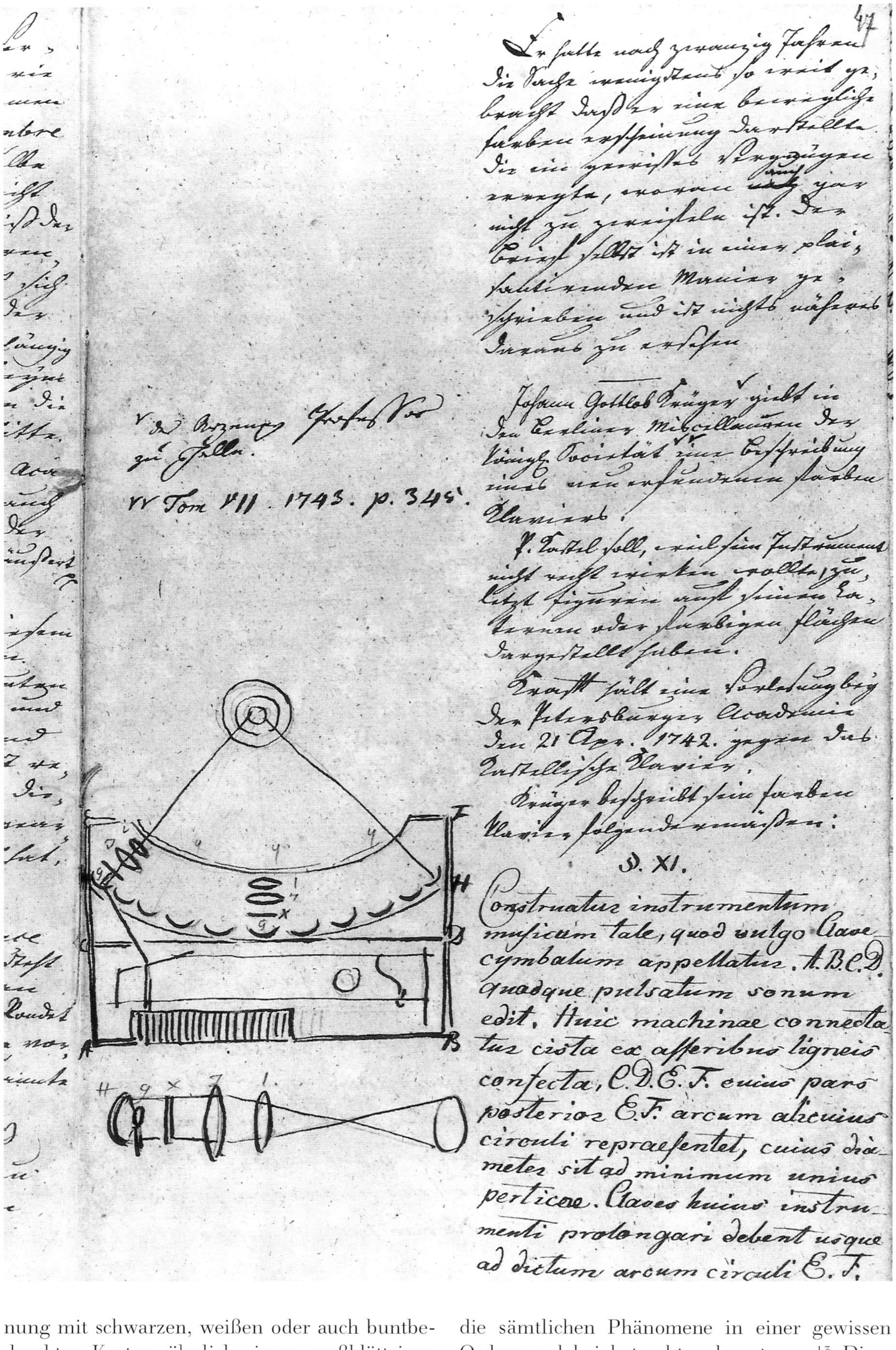

Zeichnung Goethes zum Strahlengang in einem 1743 von Johann Gottlieb Krüger konstruierten »Ocular Harpsichord«, das seinerseits auf Gedankengängen des Paters Louis Bertrand Castel (1688–1757) basierte. Im »Historischen Teil« seiner »Farbenlehre« schrieb Goethe von dem »... Jesuiten und geistreichen Mann...« »... daß er eine Art von Ahnung von der sogenannten Sparsamkeit der Natur hat, von jener geheimnisvollen Urkraft, die mit wenigem viel, und mit dem Einfachsten das Mannigfaltigste leistet... Sein Farben-Klavier, das auf eine solche Übereinstimmung gebaut werden sollte, ... konnte freilich nicht zu Stande kommen; und doch ward die Möglichkeit und Ausführbarkeit eines solchen Farben-Klaviers immer einmal wieder zur Sprache gebracht, und neue mißglückte Unternehmungen sind den alten gefolgt. Worin er sich aber vollkommen einsichtig bewies, ist seine lebhafte Kontroverse gegen die Newtonische falsche Darstellung der prismatischen Erscheinung. Mit muntrer französischer Eigentümlichkeit wagte er den Scherz: es sei dem Newtonischen Spektrum eben so gefährlich, wenn man es ohne Grün, als einer hübschen Frau, wenn man sie ohne Rot ertappe.«

nung mit schwarzen, weißen oder auch buntbedruckten Karten, ähnlich einem großblättrigen Kartenspiel, die durch ein Prisma betrachtet wurden. »... Der Apparat meiner Tafeln war sorgfältig und reinlich zusammengeschafft, vereinfacht soviel wie möglich und so eingerichtet, daß man die sämtlichen Phänomene in einer gewissen Ordnung dabei betrachten konnte...«[13] Diese Arbeiten erfüllten Goethe mit Genugtuung und unverhohlenem Stolz. Schon am 18. Mai 1790 hatte er an Carl August geschrieben: »Nun kann ich mit lebhafter Freude melden, daß ich seit

gestern die Phänomene der Farben, wie sie das Prisma, der Regenbogen, die Vergrößerungsgläser pp. zeigen, auf das einfachste Principium reduziert habe. Vorzüglich bin ich durch einen Widerspruch Herders dazu animiert worden, der diesen Funken herausschlug ...«[14]
Erneut begegnet man Goethes Grundmotivation in seiner Deutung der malerischen Wirkung seiner prismatischen Farbenspiele: »... Der Gegensatz von warmen und kalten Farben der Maler zeigte sich hier in abgesonderten blauen und gelben Rändern. Das Blaue erschien gleichsam als Schleier des Schwarzen, wie sich das Gelbe als ein Schleier des Weißen bewies. Ein Helles mußte über das Dunkle, ein Dunkles über das Helle geführt werden, wenn die Erscheinung eintreten sollte ...«[15]
Goethe erwartete sich sehr viel von der geplanten Publikation seiner Experimente und schrieb am 30. Mai 1790: »... Unter den Arbeiten, die mich jetzt am meisten interessieren, ist eine neue Theorie des Lichts, der Schatten und der Farben ... Wenn ich mich nicht betrüge, so muß sie mancherlei Revolutionen sowohl in der Naturlehre als in der Kunst hervorbringen ...«[16]
Doch diese Hoffnungen sollten sich so nicht erfüllen. Im Oktober 1791 gab er sein »Erstes Stück der Beiträge zur Optik« heraus und trug seine Erkenntnisse auch im Kreis der Weimarer »Freitags-Gesellschaft« vor, wo er dank seiner imponierenden Persönlichkeit keinerlei Widerspruch erfuhr, also sich leider auch keiner Fachdiskussion zu stellen brauchte. Schon damals hatte er sich in seine trotzige Oppositionshaltung gegen Newton hineingesteigert, wie eine Schilderung Karl August Böttigers (1760–1835) zu entnehmen ist: Er »... zeigte zugleich an diesem Irrtum des großen Newton, dem nun ein Jahrhundert lang alles nachgebetet hat, sehr schön, wie Nachbeterei auch unter guten Köpfen so tief Wurzeln schlagen könne ...«[17] Doch so einfach waren die »Nachbeter« nicht zu überzeugen. Böttiger überlieferte: »... Seine Versuche ... erregen bei Kennern ... viel Achselzucken und bei den Spöttern bon-mots ...«[18]
Doch Böttiger war auch dabei, als »Kunst-Meyer« auf Goethes Geheiß die erste Arbeit der bildenden Kunst vorwies, in die Erkenntnisse der Goethischen Farbenlehre eingeflossen waren. Er mußte zugeben, daß ihn das Ergebnis tief beeindruckte: »... Meyer hat nach den neuesten prismatischen Versuchen Goethes das Kolorit eingerichtet, und man muß gestehen, es tat auch jetzt am Abend unerwartet herrliche Wirkung ...«[19]
Diese kontrastierenden Schilderungen Böttigers legen eindringlich dar, daß sich die weitere Wirkungsgeschichte von Goethes Farbenlehre be-

»Welch ein erhabner Gedanke! Uns lehrt der unsterbliche Meister
Künstlich zu spalten den Strahl, den wir nur einfach gekannt.
Das ist ein pfäffischer Einfall! Denn lange spaltet die Kirche
Ihren Gott sich in drei, wie ihr in sieben das Licht.«

Xenien

In dieser Skizze zur Theorie des Regenbogens wurden ältere Konstruktionen des Strahlenganges im fallenden Regentropfen mit Goethes Vorstellung verglichen: »Fig. 1: Die Vorstellung und Konstruktion der alten Physiker. Fig. 2: Die meinige vom Sonnenbilde, wie es aus dem dünneren durchs dichtere Medium hindurch ins vorige dünnere geht und von da im umgekehrten Gang und Ordnung zum Auge gelangt.«

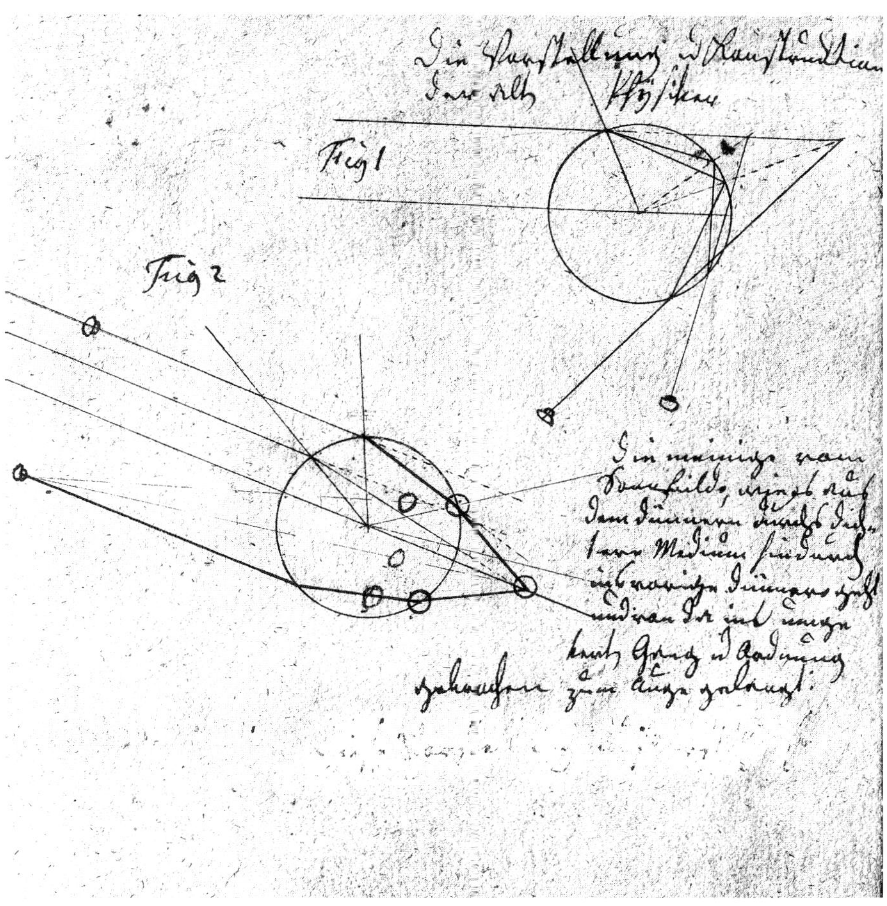

»Entoptischer Apparat« Goethes zur Beobachtung von Polarisations-Erscheinungen. Brief Goethes an J. S. Chr. Schweigger. 2. August 1819. »... Apparat mit zwei Spiegeln, einem untern und obern, wo der Kubus zwischen den Spiegeln gelegt wird; der untere bleibt unbeweglich gegen jede Art von Hellung gewendet, der obere läßt sich um seine perpendikuläre Achse drehen, da denn der Zuschauer seinen Platz verändern muß...« Anmerkung: Der Kubus, das heißt der Glaswürfel, muß nach der Glasschmelze schnell abgekühlt werden, damit man an ihm »entoptische«, das heißt Polarisationserscheinungen, beobachten kann.

reits 1792 – obwohl noch gar nicht in allen Teilen entwickelt und publiziert – klar abzuzeichnen begann. Es sollte Goethe nie gelingen, zukünftige Physiker zum Abfall von Newtons Lehre zu bringen, wohingegen noch heute Nutzanwendungen seiner chromatischen Beobachtungen in modernen »ästhetischen Farbenlehren« für »Maler und Kunsterzieher« lebhaft diskutiert werden. Doch Goethe hatte sich einen vollen Durchbruch erhofft, und so fühlte er sich von der »Beschränktheit der wissenschaftlichen Gilden« und »ihrem Handwerkssinn, der wohl etwas erhalten und fortpflanzen, aber nicht fördern kann«[20], schnöde behandelt: »... Unter den Gelehrten, die mir von ihrer Seite Beistand leisteten, zähle ich Anatomen, Chemiker, Literatoren, Philosophen wie Loder, Soemmerring, Göttling, Wolf, Forster, Schelling; hingegen keinen Physiker. Mit Lichtenberg korrespondierte ich... Eine Zeitlang antwortete er mir, aber als ich zuletzt dringender ward und das ekelhafte Newtonische Weiß mit Gewalt verfolgte, brach er ab, über diese Dinge zu schreiben und zu antworten...«[21]
Goethe, der seinerseits auch nicht dazu zu bewegen war, in den Schoß der – später so benannten – »klassischen« Physik zurückzukehren, bekam die vehemente Ablehnung der Fachwelt zu spüren: »... Hierdurch regte ich die ganze Schule gegen mich auf, und nun verwunderte man sich erst höchlich, wie jemand ohne höhere Einsicht in die Mathematik wagen könne, Newton zu widersprechen... In gelehrten Zeitungen, Journalen, Wörterbüchern und Kompendien sah man stolz-mitleidig auf mich herab...«[22]
Goethe empfand die Gelehrten als langweilige Stubenhocker, die in freier Natur einfach nicht die Augen aufzumachen verstünden. Besonders deutlich wird diese Auffassung in der Schilderung einer Rast an einem Teich bei Verdun am 31. August 1792 während der »Kampagne in Frankreich«, die Goethe als »... des Herzogs Feldpoet...«[23] mitmachte: »... Nun waren es unzählige kleine Fischchen, nach denen die Kriegsleute angelten ... ich bemerkte, daß die Fischlein, indem sie sich bewegten, verschiedene Farben spielten... Eine Scherbe Steingut war in den Trichter gefallen, welche mir aus der Tiefe heraus die schönsten prismatischen Farben gewährte... machte mir's die größte Freude, dasjenige hier unter freiem Himmel so frisch und natürlich zu sehen, weshalb sich die Lehrer der Physik schon fast hundert Jahre mit ihren Schülern in eine dunkle Kammer einzusperren pflegten...«[24]
Selbst in der militärischen Katastrophe des Rückzugs »... zwischen Kot und Not, Mangel und Sorge, Gefahr und Qual, zwischen Trümmern,

Illustrationen zur Farbenlehre von Harald Küppers, die dieser in der Fortsetzung und Vollendung der Arbeiten Goethes sieht.

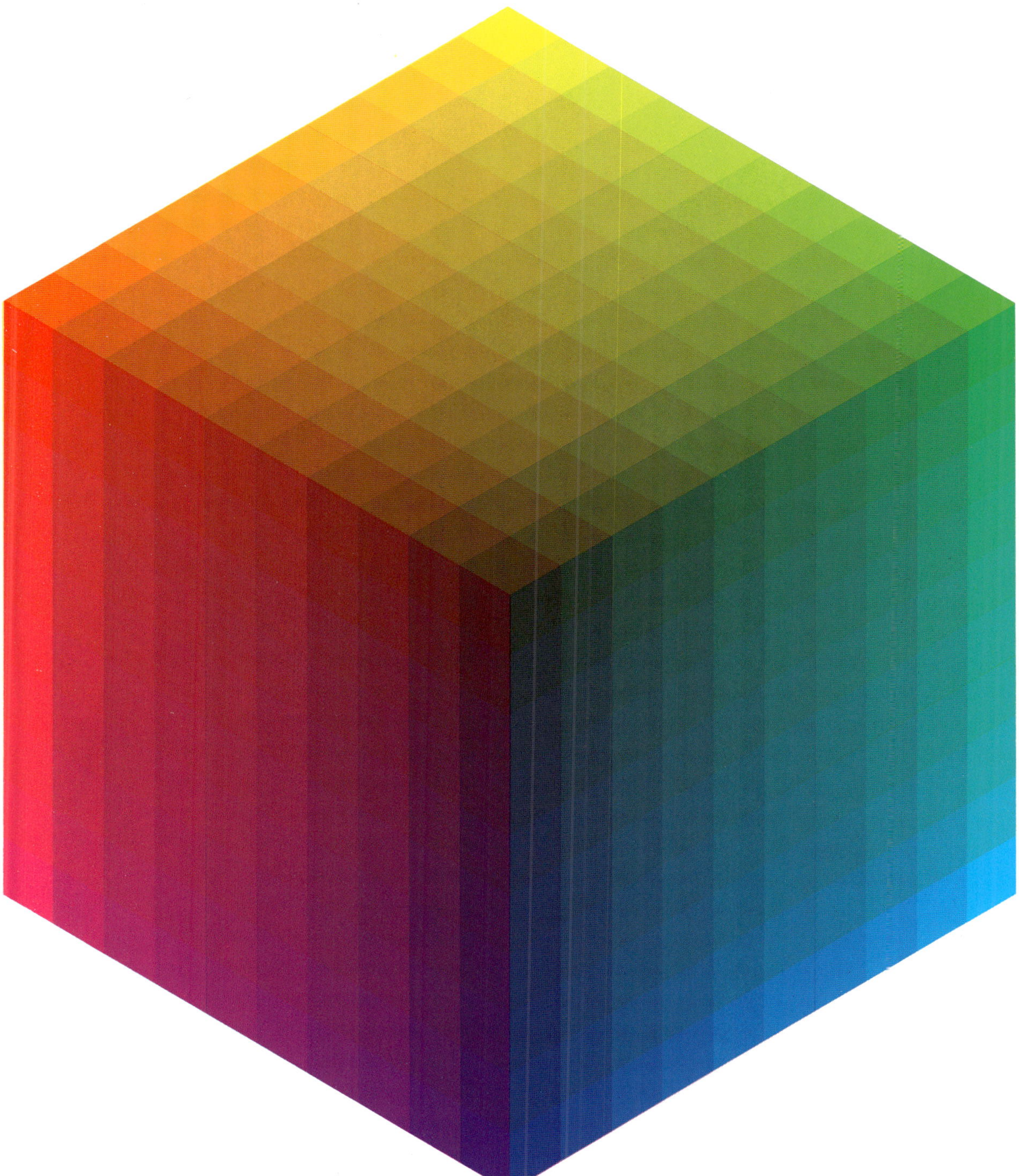

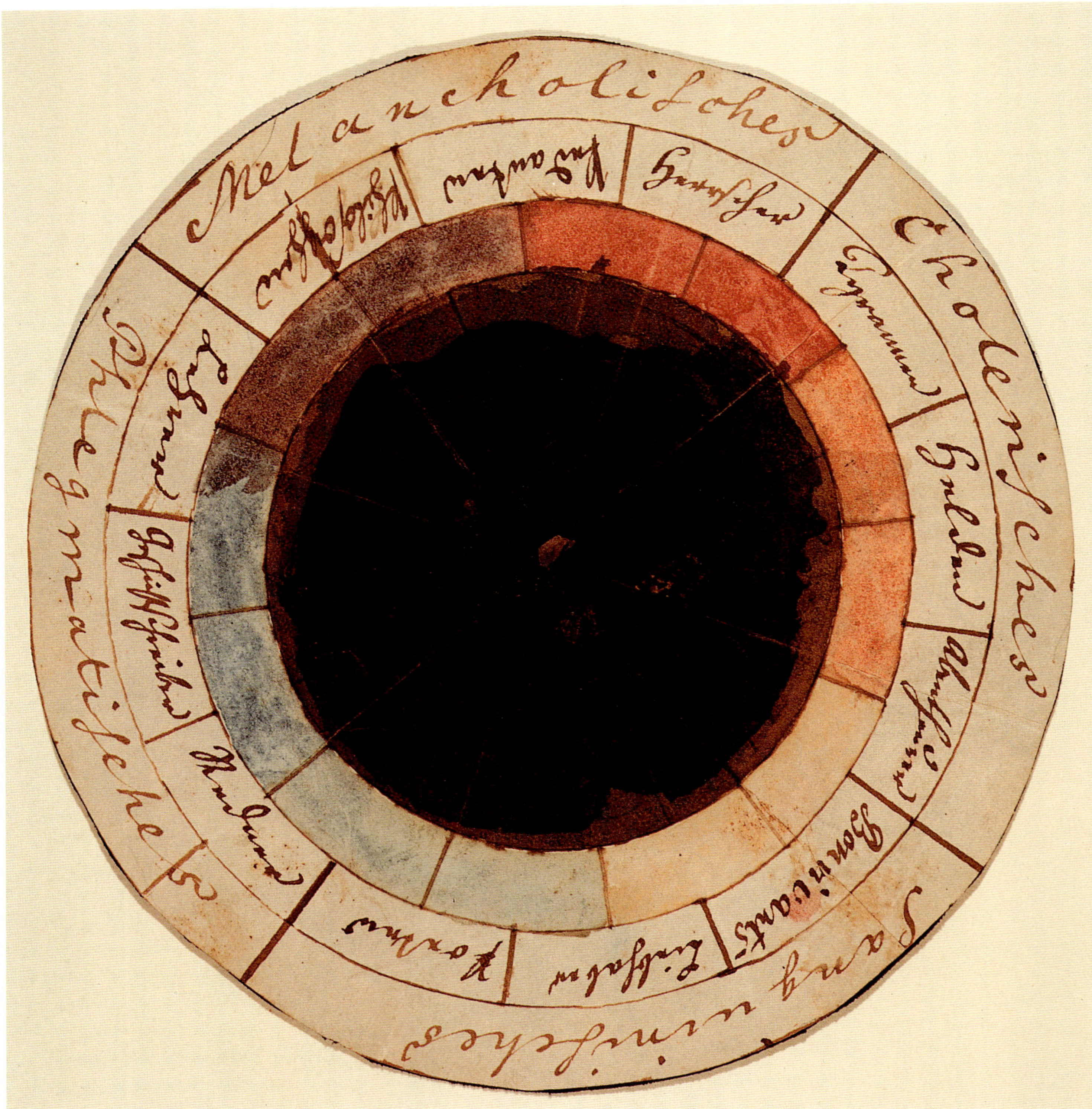

»Temperamentenrose« Goethes mit der Handschrift Schillers, auf der die Farben des Farbenkreises Goethes bestimmten menschlichen »Temperamenten« zugeordnet werden. In Goethes Tagebuch heißt es unter dem 22. Januar 1799: »Mittag Schiller. Temperamenten Rose.«, und unter dem 5. Februar: »Abends Schiller über die Farben und Temperamentenlehre«. Die Anteilnahme Schillers an Goethes Farbenlehre war beträchtlich, so erwähnt das Tagebuch am 12. Februar: »... habe teils aus eigner Stimmung, teils durch Schillers lebhafte Teilnehmung, das Farbenwesen um ein gutes vorwärts geschoben ...«

ENTOPTISCHE FARBEN

An Julien

»Laß Dir von den Spiegeleien
Unsrer Physiker erzählen,
Die am Phänomen sich freuen,
Spiegel hüben, Spiegel drüben,
Doppelstellung, auserlesen;
Und dazwischen ruht im Trüben
Als Kristall das Erdenwesen.
Dieses zeigt, wenn jene blicken,
Allerschönste Farbenspiele,
Dämmerlicht, das beide schicken,
Offenbart sich dem Gefühle.
Schwarz wie Kreuze wirst Du sehen,
Pfauenaugen kann man finden;
Tag und Abendlicht vergehen;
Bis zusammen beide schwinden.
Und der Name wird ein Zeichen,
Tief ist der Kristall durchdrungen;
Aug in Auge sieht dergleichen
Wundersame Spiegelungen.
Laß den Makrokosmus gelten,
Seine spenstischen Gestalten!
Da die lieben kleinen Welten
Wirklich Herrlichstes enthalten.«

Gott und Welt

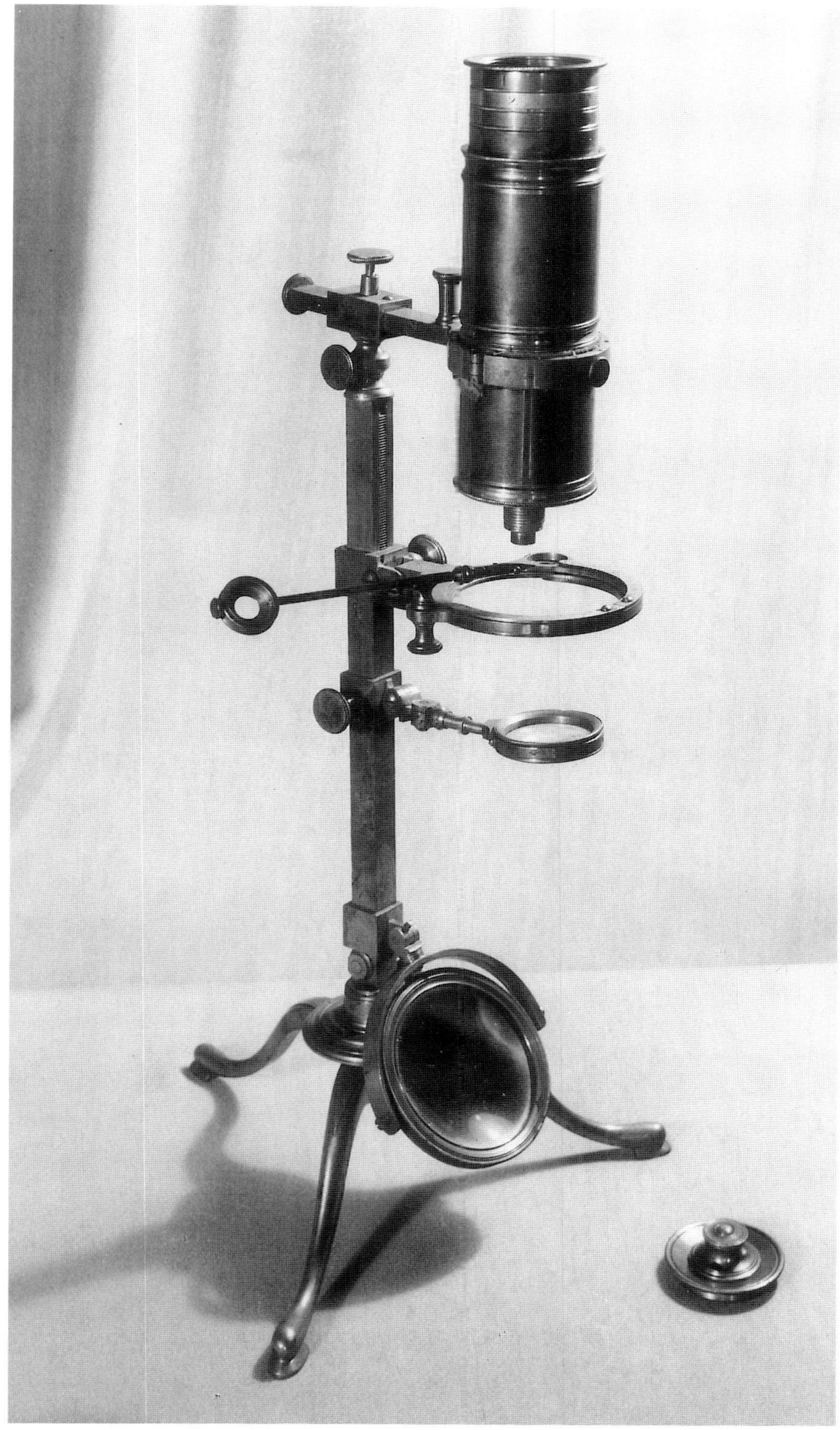

Wo immer ein Mikroskop stand, Goethe konnte nicht vorüber, ohne hindurchzublikken. Im Sommer 1813 weilte er im vom Krieg bedrohten Teplitz. Die Kurgäste hatten Angst. Nicht so Goethe, der sich auf eine geologische Exkursion begab. Bei einer Pause in einem Kramladen beobachtete er, wie der Kaufmann einen Händler mit optischen Instrumenten bat, ihn durch ein Mikroskop die Maden sehen zu lassen, die seinen Käse fraßen. Goethe guckte auch und beschrieb die »... abscheulichsten Tiere ...« in meisterlicher Prosa. So kam es, daß während auf den Schlachtfeldern um das Schicksal Europas gerungen wurde, Goethe zusammen mit einem fahrenden Instrumentenhändler und einem alten Krämer Maden im Käse besah.

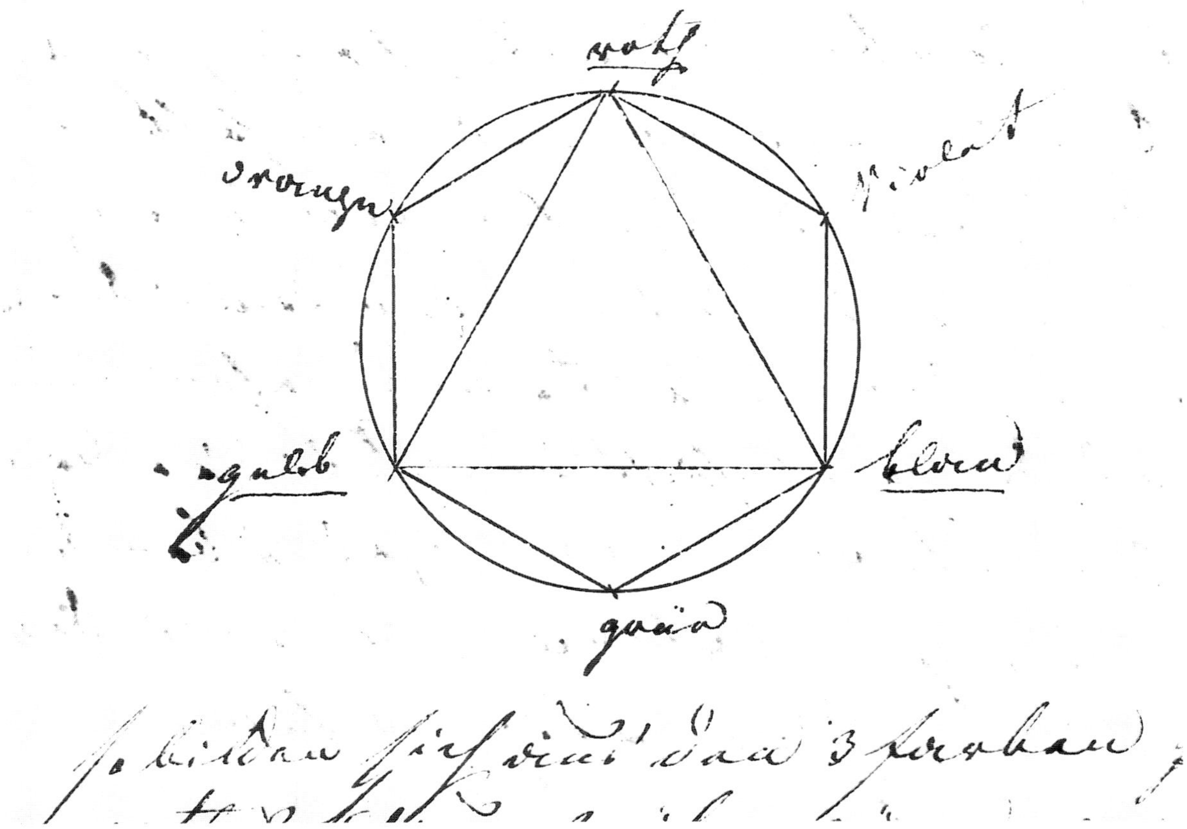

Anordnung der Grundfarben auf Goethes Farbenkreis mit Skizzierung von Farbharmonien.

Leichen, Äsern und Scheißhaufen ...«[25] gelang es Goethe offensichtlich, sich seine wissenschaftliche Begeisterung zu erhalten, und so studierte er auf der Flucht zu Schiff auf der Mosel zwischen Trarbach und Koblenz die »epoptischen Farben« – heute als Interferenz-Farben, zum Beispiel an dünnen Schichten wie etwa Seifenblasen, bekannt.

1793 erlebte er als Begleiter von Carl August die Belagerung von Mainz. Aus dem Widerwärtigen des Kriegsgeschehens floh Goethe abermals in die Wissenschaft und arbeitete weiter an seinen »optischen Sachen«: »... Ich halte mich um so fester an diese Gegenstände des Denkens, da wir in diesen Augenblicken mehr als jemals der Ableiter bedürfen ...«[26] Und während die Kanonenkugeln der in Mainz eingeschlossenen Franzosen die Friedhöfe der Umgebung umpflügten – von Goethe übrigens zum Sammeln pathologischen Knochenmaterials aus den freigelegten Gräbern genutzt –, faßte er die Resultate seiner Erfahrungen zusammen: »... 1. Das Licht ist das einfachste, unzerlegteste, homogenste Wesen, das wir kennen, es ist nicht zusammengesetzt. – 2. Am allerwenigsten aus farbigen Lichtern ... Das Helle kann nicht aus Dunkelheit zusammengesetzt sein. – 3. Inflexion, Refraktion, Reflexion sind drei Bedingungen, unter denen wir oft apparente Farben erblicken, aber alle drei sind mehr Gelegenheit zur Erscheinung als Ursache ...«[27] So entstanden die Aufsätze: »Einige allgemeine Sätze«[28] und »Über die Einteilung der Farben und ihr Verhältnis gegen einander«.[29]

Anfang August 1793 traf Goethe in Heidelberg Johann Georg Schlosser (1739–1799) und trug ihm seine Farbenlehre vor. Doch er stieß auf völlige Ablehnung, da Schlosser ein eifriger Anhänger der von Leonhard Euler (1707–1783) weiterentwickelten Wellentheorie des Lichtes war. Goethe erläuterte seinem verständnislosen Schwager seinen Plan, daß eine Gesellschaft verschiedenartiger Männer – Chemiker, Physiker, Mathematiker, Naturhistoriker, Maler, Historiker, Kritiker – sich zu einer gemeinsamen Erforschung des Phänomens »Farbe« vereinigen sollte. Schlosser tat diesen Vorschlag als völlig weltfremd ab. Goethe war aber nicht zu entmutigen, und als Sömmerring im Juli 1795 eine Abhandlung über seine Entdeckung des gelben Flecks im Auge übersandte, bedankte sich Goethe am 15. August: »... denn ich bin eben beschäftigt, die Farbenerscheinungen, die man bloß physiologisch nennen kann, zusammen zu stellen ...«[30] Gleichzeitig intensivierte er seine schon vor längerem begonnenen Forschungen zur Geschichte der Farbenlehre und begann offensichtlich, sich die zunächst von einem großen Wissenschaftlerteam erhoffte Leistung als Herkulesaufgabe im Alleingang aufzuladen. Friedrich Schiller (1759–1805) brachte ihn dazu, die erkenntnistheoretischen Probleme der Farbenlehre nach Kantischen Kriterien neu und schärfer zu durchdenken. Die Hoffnung auf gleichgesinnte Mitwirkende hatte Goethe jedoch wohl endgültig begraben. Im Januar 1798 schrieb er an Schiller: »... Erst als ich mir fest vorgenommen habe, außer Ihnen und Meyern mit niemanden mehr über die Sache zu konferieren, seit der Zeit habe ich erst Freude und Mut, denn die so oft vereitelte Hoffnung von Teilnahme und Mitarbeit anderer setzt einen immer einige Zeit zurück ...«[31]

Goethe unternahm interessante Experimente, wie zum Beispiel Wachstumsversuche von Kresse und Bohnen unter farbigen Gläsern. Er erörterte diese Experimente auch mit Göttling, der – wie sich später erwies – zu Recht begeistert reagierte, obwohl es Goethe nicht gelingen sollte, sich farbige Gläser gleichen Helligkeitsgrades zu verschaffen: »... es könnten vielleicht die optischen Erfahrungen mit den chemischen verbunden werden, oder die Wirkung, die das Licht auf verschiedene Gegenstände ausübe, sei chemisch und beruhe also auf chemischen Verwandtschaftsgesetzen ...« (17. 7. 1797)[32]

Goethe inspirierte den Jenenser Professor Thomas Johann Seebeck (1770–1831) zur Beschäftigung mit der »oxydierenden« beziehungsweise

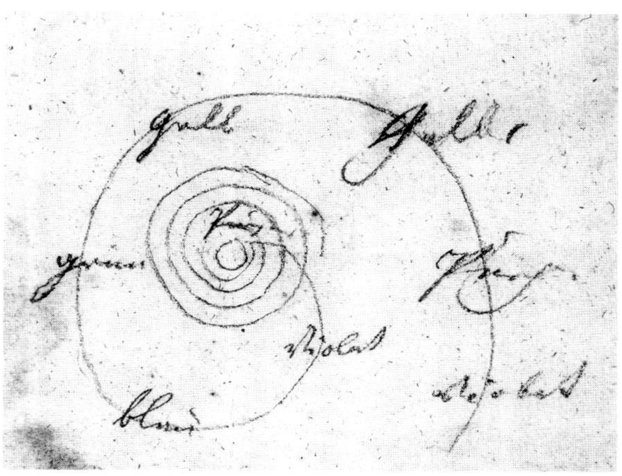

Anordnung der Grundfarben entlang einer Spirale. Sie zeigt die mehrfach von innen nach außen wiederkehrende Folge von »Purpur, violett, blau, grün, gelb, gelbrot, Purpur, violett«. Sie sollte wahrscheinlich andeuten, daß die Sättigung der Farben mit der Entfernung vom Ausgangspunkt abnimmt und damit weißlicher wird. Nach Goethe enthält der Purpur »... teils actu, teils potentia alle anderen ...« Farben.

»desoxydierenden Wirkung« der einzelnen Spektralfarben und ihrer wechselnden erwärmenden Wirkung. So protokollierte Riemer bei einer Begegnung Goethes mit Seebeck am 31. August 1806: »... Das rote Licht ist wärmer als das violette ...«[33] Seebecks Untersuchungen gipfelten 1807 in der Entdeckung der ultravioletten Strahlung. Es sollte sich Jahrzehnte später zeigen, daß sich hinter diesen Versuchen ein überaus fruchtbarer, wenn auch nur im Rahmen von Theorien in der Nachfolge Newtons deutbarer Ansatz verbarg.

Liest man die Briefe, die im Freundeskreis Goethes gewechselt wurden, so wird man erheitert beobachten, daß auch diese »chromatisch« infiziert worden waren. So entspann sich eine Diskussion darüber, ob der Ausdruck »purpurne Finsternis« in dem Gedicht »Der Taucher« auch

„... Ich warf auf die gewöhnliche Weise das farbige sogenannte Spektrum solis an die Wand und brachte einen in Bologna zubereiteten Leuchtstein in den gelben und gelbroten Teil des Farbenbildes und fand zu meiner Verwunderung, daß er darauf im Dunkeln nicht das mindeste Licht von sich gab. Darauf brachte ich ihn in den grünen und blauen Teil, auch alsdann gab er im Dunkeln kein Licht von sich, endlich nachdem ich ihn in den violetten Teil legte, zog er in dem Augenblick Licht an und leuchtete sehr lebhaft im Finstern ... Am schönsten macht er sich, wenn die Sonne hoch steht, da man dann das farbige Bild auf den Fußboden der dunkeln Kammer werfen kann. Man legt zwei Stücke Leuchtstein, das eine in die gelbrote, das andere in die blaurote Farbe, und schließt im Augenblick die Öffnung im Fensterladen. Es wird alsdann nur ein Leuchtstein glühend erscheinen, und zwar wie oben gesagt, derjenige, der auf der blauroten Seite gelegen.

Ich habe diesen Versuch schon sehr vermannigfaltigt und werde ihn sobald als möglich wiederholen und ihn weiter durcharbeiten. Ich wage nichts weiter daraus zu folgern, als was er gleichsam selbst ausspricht: daß nämlich die beiden einander gegenüberstehenden Farbenränder eine ganz verschiedene Wirkung, ja eine entgegengesetzte äußern, und da sie beide nur für Erscheinung gehalten werden, einen solchen reellen und ziemlich lange dauernden Einfluß auf einen Körper zeigen ...“

Brief an S. Th. v. Sömmerring

wirklich passend sei, und Schiller stellte fest: »... der Taucher sieht wirklich unter der Glasglocke die Lichter grün und die Schatten purpurfarben ...«[34] Tatsächlich war es vor allem Schiller, der Goethe besonders liebevoll auf dessen Weg durch die Farbenlehre begleitete, wie eine Vielzahl von Tagebucheintragungen beweist, so zum Beispiel am 14. November 1798 »... Schema der physiologischen Farben fortgesetzt ... Abends bei Schiller, wo die Lehre von den verschiedenen Graden der Harmonien der Farben und die Art des bequemsten Vortrags derselben durchgesprochen wurde.«[35] Und am 15. November hieß es in einem Brief: »... Schiller hilft mir durch seine Teilnahme außerordentlich ...«[36] In den Annalen schrieb er über das Jahr 1799: »... Wir zeichneten zusammen jene Temperamentenrose wiederholt ... Überhaupt wurden solche methodischen Entwürfe durch Schillers philosophischen Ordnungsgeist, ... zur angenehmsten Unterhaltung ...«[37]

Die »angenehmste Unterhaltung« erwies sich denn doch als eine gigantische Aufgabe, deren Lösung schon deshalb schwierig zu werden begann, weil sich Goethe selbst in den Jahrzehnten der Bearbeitung gewandelt hatte. So wurde die Abfassung der Farbenlehre zu einer sehr schweren Geburt, wie aus einem Brief an Schiller zu erfahren ist (22. Mai 1803): »... Die naive Unfähigkeit, Ungeschicklichkeit, die passionierte Heftigkeit, das Zutrauen, der Glaube, die Mühe, der Fleiß, das Schleppen und Schleifen und dann wieder der Sturm und Drang, das alles macht in den Papieren und Akten eine recht interessante Ansicht; aber, unbarmherzig, exzerpiere ich nur und ordne das auf meinen jetzigen Standpunkt Brauchbare, das übrige wird auf der Stelle verbrannt. Man darf die Schlacken nicht schonen, wenn man endlich das Metall heraus haben will ...«[38]

Die redaktionelle Bearbeitung seines jahrzehntelang gesammelten Materials und dessen didaktische Aufbereitung erleichterte sich Goethe, indem er daran ging, die einzelnen Kapitel der Farbenlehre nach und nach in seiner »Mittwochsgesellschaft« einer Gruppe von illustren Damen vorzutragen: »... Ich werde bei dieser Gelegenheit erst selbst gewahr, was ich besitze und nicht besitze ...«[39]

Was er allerdings keinesfalls besaß, war ein kritisches Publikum, das er hätte überzeugen müssen. Aus zahlreichen Briefen der teilnehmenden Damen spricht das offenbar große Vergnügen darüber, die nicht endenwollende Langeweile des Weimarischen Gesellschaftslebens wenigstens mittwochs von 11 bis 13 Uhr durch Goethes Vorträge unterbrochen zu sehen. Das einmalige Zusammenspiel seiner schauspielerischen Begabung, der Wucht seiner imponierenden Persönlichkeit und seiner in alle Weiten der Natur und in die letzten Tiefen des menschlichen Geistes schweifenden Betrachtungen ließ diese zu einem einzigartigen Erlebnis werden. Fast könnte man Charlotte von Schiller einen Hauch von Verliebtheit unterstellen, wenn sie im Januar 1806 schrieb: »... Seine Vorlesungen sind sehr bedeutend. Seine Blicke sind einzig, so tief und reich ...«[40] Selbst die ob ihrer scharfen Zunge berüchtigte Göchhausen fand: »... Er verleugnet hier das Genialische seines Geistes nicht, der da weiß, einen großen Gegenstand groß zu behandeln ...«[41]

Schließlich sollten ausgerechnet die politisch-militärische Katastrophe vom 14. Oktober 1806 und die darauf folgenden Plünderungen Goethes Bemühungen um seine Farbenlehre intensivieren: »... Ich lasse daran fortdrucken und zwar mit leidenschaftlichem Eifer; denn in den schrecklichsten Momenten war mir der Gedanke an den Verlust dieser und anderer Papiere das Schmerzlichste ...«[42] Es war also der Eindruck von Gefahr und möglichem Verlust, der Goethe derart leidenschaftlich in Fahrt brachte. Die Gliederung seines Mammutwerkes war zu diesem Zeitpunkt längst konzipiert. Schon für das Jahr 1801 hatte er festgehalten: »... Auch war mir die Haupteinteilung der Farbenlehre und die drei Hauptmassen, die didaktische, polemische und historische zuerst ganz klar geworden ...«[43]

Ein Jahr nach der Katastrophe – 1807 – ließ Goethe das bevorstehende Erscheinen seiner Farbenlehre ankündigen, und tatsächlich erschien der »didaktische Teil« bereits 1808. Doch erst im Juni 1810 stellte Goethe sein Werk in der Extrabeilage Nr. 8 von Cottas »Morgenblatt« schließlich vor: »Anzeige und Übersicht des Goethischen Werkes zur Farbenlehre«.[44]

Unter deutlichem Einfluß Schellings und anderer »romantischer« Naturwissenschaftler jener Zeit entstanden, ist dieses Werk tatsächlich eine Schöpfung der »romantischen« Naturphilosophie, wie Goethe selbst eingangs referierend zu erkennen gibt: Die Absicht »... geht kürzlich dahin, die chromatischen Erscheinungen in Verbindung mit allen übrigen physischen Phänomenen zu betrachten, sie insbesondere mit dem, was uns der Magnet, der Turmalin gelehrt, was Elektrizität, Galvanismus, chemischer Prozeß uns offenbart, in eine Reihe zu stellen, und so durch Terminologie und Methode eine vollkommene Einheit des physischen Wissens vorzubereiten ...«[45] Goethe bekennt sich somit zum Analogie- und Symmetriedenken der romantischen Naturphilosophie. In seinen einleitenden Darle-

HELL UND DUNKEL IM AUGE BLEIBEND

❞ Hell und Dunkel, welche, eins oder das andere, auf das Auge wirkend, sogleich ihren Gegensatz fordern, stehn vor allem voran. Ein dunkler Gegenstand, sobald er sich entfernt, hinterläßt dem Auge die Nötigung, dieselbe Form hell zu sehen. In Scherz und Ernst führen wir eine Stelle aus Faust an … Faust und Wagner auf dem Felde, gegen Abend, spazierend, bemerken einen Pudel.

FAUST.
Siehst du den schwarzen Hund durch Saat und Stoppel streifen?
WAGNER.
Ich sah ihn lange schon, nicht wichtig schien er mir.
FAUST.
Betracht' ihn recht! Für was hältst du das Tier?
WAGNER.
Für einen Pudel, der auf seine Weise
Sich auf der Spur des Herren plagt.
FAUST
Bemerkst du, wie in weitem Schneckenkreise
Er um uns her und immer näher jagt?
Und irr' ich nicht, so zieht ein Feuerstrudel
Auf seinen Pfaden hinterdrein.
WAGNER.
Ich sehe nichts als einen schwarzen Pudel; Es mag bei euch wohl Augentäuschung sein.

Vorstehendes war schon lange, aus dichterischer Ahnung und nur im halben Bewußtsein geschrieben, als, bei gemäßigtem Licht, vor meinem Fenster auf der Straße, ein schwarzer Pudel vorbei lief, der einen hellen Lichtschein nach sich zog: das undeutliche, im Auge gebliebene Bild seiner vorübereilenden Gestalt. Solche Erscheinungen sind um desto angenehm-überraschender, als sie gerade, wenn wir unser Auge bewußtlos hingeben, am lebhaftesten und schönsten sich melden. ❞

Zur Naturwissenschaft überhaupt

gungen stellt er auch selbst schon den Schwachpunkt seiner Lehre vor: »... Um unmittelbar zur Sache zu gehen, so werden Licht und Auge als bekannt und anerkannt angenommen.«[46] Aber weder war die Natur des Lichtes voll »erkannt« noch gar von der zukünftigen Physik »anerkannt«, schlug doch eben zur Zeit von Goethes Niederschrift der Kampf um den »Wellen-Teilchen-Dualismus« des Lichtes seinerseits Wellen. Das Gefecht der Argumente war im vollen Gange, man begann gerade erst die Wellen-Theorie vor der Teilchen-Theorie Newtons ein wenig zu favorisieren. Und was die physiologische Chemie des Sehens anbelangt, so sollten sich die Forschungen hierzu noch bis in unsere jüngste Vergangenheit hinziehen. Keine der Goethischen Prämissen war somit erfüllt.

»... Wir haben die Erfahrungsquelle zu sichten uns bemüht, sie, insofern es möglich war, zu Versuchen erhoben und unter drei Hauptrubriken geordnet. Wir betrachten demnach die Farben, unter mehreren Abteilungen, von der physiologischen, physischen und chemischen Seite ...«[47], erläuterte Goethe zur Vorstellung des didaktischen Teils.

Seine Ausführungen zu den physiologischen Farben enthalten die Entdeckung der »Nachbilder« und deren Nachleuchten in den jeweiligen – heute sogenannten – Komplementärfarben. Die Erkenntnis, daß der Erscheinung der Nachbilder tatsächlich eine Gesetzmäßigkeit innewohnt, ist unstreitig Goethes Verdienst. »... Das farbige Abklingen blendender farbloser Lichter wird sodann in seinem Gegensatze vorgetragen; hierauf die Wirkung farbiger Bilder, welche gleichfalls ihren Gegensatz hervorrufen, gezeigt, und dabei die Harmonie und Totalität der Farbenerscheinung als der Angel, auf der die ganze Lehre sich bewegt, ein für allemal ausgesprochen ...«[48] In den Komplementärfarben die eigentliche Basis der Farbenharmonie zu sehen, ist ein wesentliches Verdienst Goethes. Es folgt seine Theorie der farbigen Schatten, eines Phänomens, das ihn als Maler besonders interessieren mußte. In der »zweiten Abteilung« über »physische Farben« teilt Goethe mit: »... daß gewisse materielle, aber farblose Mittel nötig sind, die sowohl durchsichtig und durchscheinend als undurchsichtig sein können ...«[49], um Farben hervorzubringen. Er unterteilt in »dioptrische«, »paroptische«, »epoptische« und »chemische« Farben. In der »ersten Klasse« der »dioptrischen Farben« handelt er sein Lieblingsproblem ab: »... Die erste enthält jene höchst wichtigen Phänomene, wenn das Licht durch trübe Mittel fällt, oder wenn das Auge durch solche hindurchsieht. Diese weisen uns auf eine der großen Naturmaximen hin, auf ein Urphänomen, woraus eine Menge von Farberscheinungen, besonders die atmosphärischen, abzuleiten sind ...«[50] Dieser Teil seiner Farbenlehre sollte zusammen mit den Betrachtungen zur Farbenharmonie ganz besonders auf die Maler seiner Zeit wirken.

Die »zweite Klasse« der paroptischen Farben

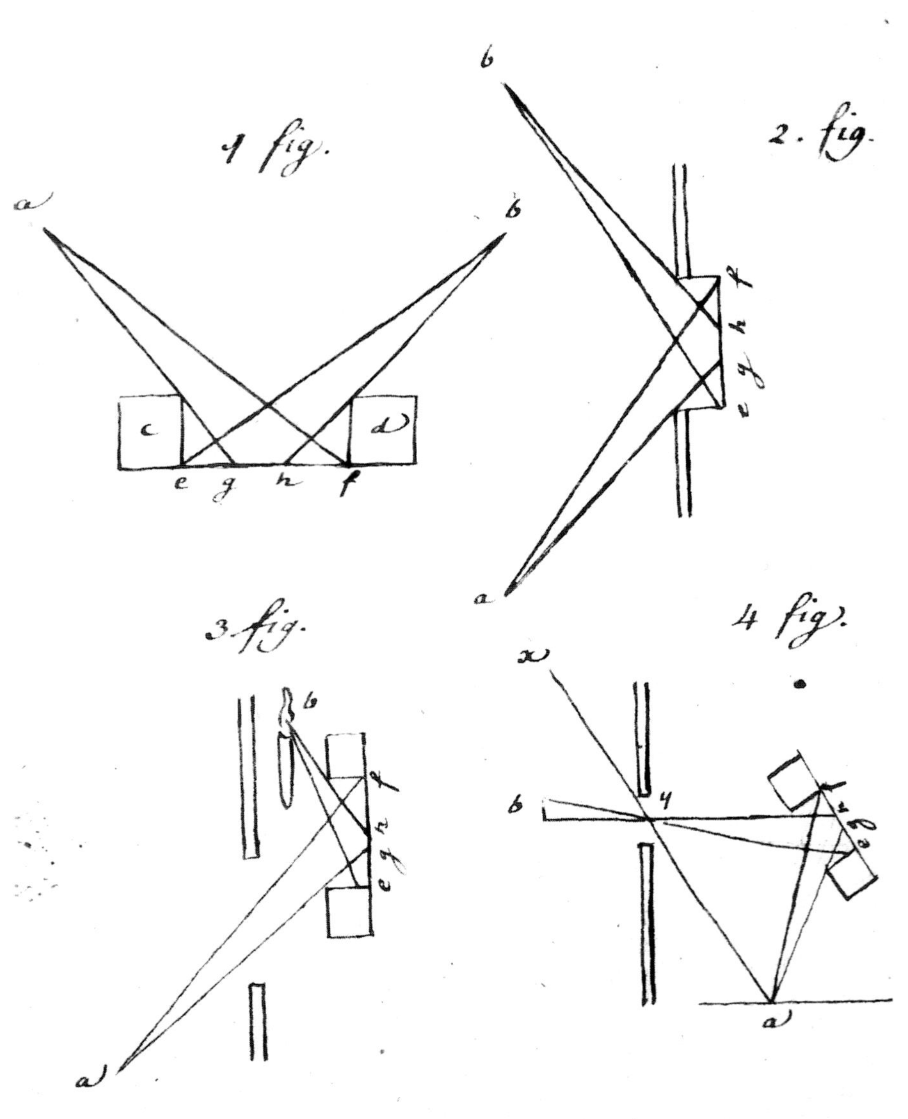

enthält Goethes großen Irrtum. »... In der zweiten Klasse werden die Refraktionsfälle (gemeint ist die Brechung) erst subjektiv, dann objektiv durchgeführt und dabei unwidersprechlich gezeigt, daß kein farbloses Licht, von welcher Art es auch sei, durch Refraktion eine Farbenerscheinung hervorbringe, wenn dasselbe nicht begrenzt, nicht in ein Bild verwandelt worden. So bringt die Sonne das prismatische Farbenbild nur insofern hervor, als sie selbst nur ein begrenztes leuchtendes Bild ist. Jede weiße Scheibe auf schwarzem Grund leistet subjektiv die gleiche Wirkung.«[51] Diese Behauptung ist eindeutig falsch. An Newtons Experimenten und Ableitun-

Skizze Goethes zu seiner Theorie der farbigen Schatten.
»Es stehe in einer verfinsterten Kammer eine Kerze in a und scheine an der Kante des Körpers c vorbei, so wird auf der weißen Fläche ef ein schwarzer oder schwarzgrauer Schatten eg entstehen, der übrige Raum gf wird von dem Lichte beleuchtet hell sein. Man eröffne einen Fensterladen, so daß ein gemäßigtes Tageslicht von b herein und an der Kante des Körpers d vorbeifalle, so wird ein Schatten hf entstehen und das Tageslicht wird den übrigen Raum eh beleuchten. Zugleich wird der Schatten eg blau, der Schatten hj gelb erscheinen und der von beiden Lichtern beleuchtete Raum gh hell bleiben, und die natürliche Farbe des Papiers ohne großen Unterschied daselbst erscheinen.«
Die Nutzanwendung dieser Versuche sah Goethe so: »Wie sehr übrigens diese theoretischen Bemühungen dem Landschaftsmaler zu Hilfe kommen, welcher nur dann einen hohen Grad seiner Kunst erreicht, wenn er durch Verbindung dieser himmlischen Phänomene mit den Gestalten und Farben der irdischen Gegenstände eine Zauberwelt erschafft, welcher niemand die Wahrheit ableugnen kann, wird sich in der Folge näher ergeben …«

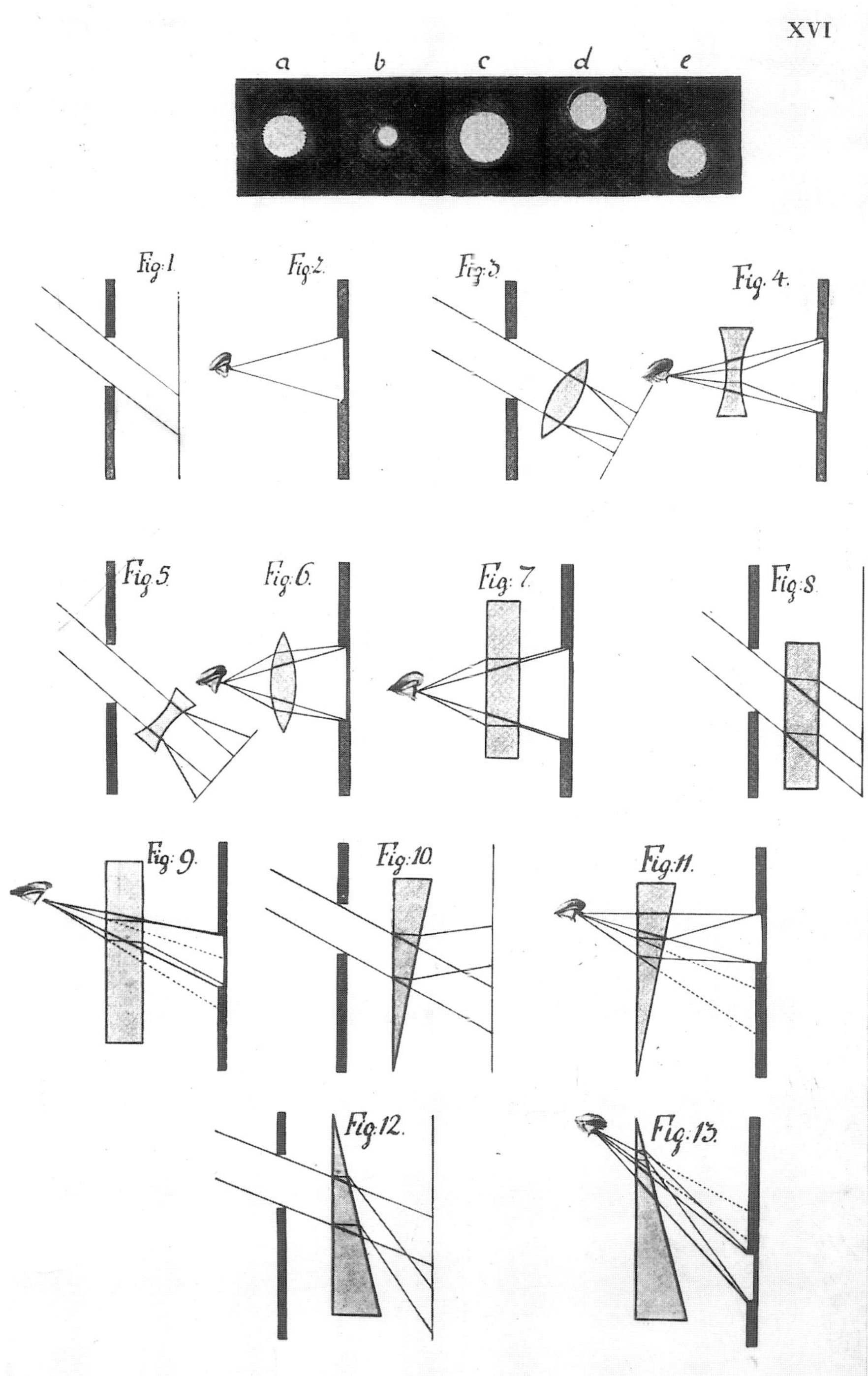

Tafel zum Aufsatz »Grundversuche über Farbenlehre« mit Erläuterungen zur Refraktion.

»Möget Ihr das Licht zerstückeln,
Farb' um Farbe draus entwickeln,
Oder andre Schwänke führen,
Kügelchen polarisieren,
Daß der Hörer ganz erschrocken
Fühlet Sinn und Sinne stocken.
Nein! Es soll Euch nicht gelingen,
Sollt uns nicht beiseite bringen,
Kräftig wie wir's angefangen,
Wollen wir zum Ziel gelangen.«

gen besteht kein Zweifel. Eine weiße Fläche erscheint durch ein Prisma betrachtet deshalb weiß, weil sich die von den verschiedenen Punkten auf dieser weißen Fläche reflektierten und im Prisma gebrochenen Lichtstrahlen im Auge des Beobachters additiv wieder zu Weiß ergänzen. Goethes lebenslanges Beharren auf seiner These ist gerade angesichts der optischen Forschungen seiner eigenen Epoche – man denke nur an die Arbeiten Joseph von Fraunhofers (1787–1826) über den Gitterspektrographen – nur schwer zu verstehen. Wäre er mehr auf die Thesen seiner Zeitgenossen eingegangen, hätte er die große Farben-Monographie schlechthin verfaßt. So aber blieb er in der Theorie des Lichtes deutlich hinter seiner Epoche zurück.

Seine Beschreibung der »paroptischen« Farben ist Goethe offenbar selbst nicht ganz geheuer: »... Doch bleibt dieses Kapitel weiterer Untersuchung ausgesetzt ...«[52] Hier werden durch unscharfe Schattenbildung hervorgerufene Farberscheinungen abgehandelt, deren Entstehen sich aus der Tatsache erklärt, daß die Sonne kein leuchtender Punkt, sondern eine Scheibe ist – ein Nachbargebiet der farbigen Schatten also.

»Die epoptischen Farben dagegen sind ausführlicher und befriedigender behandelt ...«[53] Die große Entdeckung Seebecks der – heute so bezeichneten – Polarisationsfarben durchsichtiger Körper, deren theoretische Deutung damals ohnedies noch nicht voll gelungen war, findet hier ihre Darstellung »... Sie werden von ihrer leisesten Erscheinung bis zu ihrer hartnäckigsten Dauer verfolgt ...«[54]

Goethes mit Ausdauer und Liebe und mit Hilfe tüchtiger Chemiker wie Göttling und Döbereiner unternommener, überaus scharfsinniger Versuch, in der »dritten Abteilung« eine Theorie der »chemischen Farben« aufzubauen und die Farbänderungen bei chemischen Reaktionen und chemischen Substanzen zu systematisieren, eilte der Entwicklung allzuweit voraus. Die ersten Lösungsansätze in dieser Richtung sollten erst mit Hilfe der Quantentheorie in der Mitte des 20. Jahrhunderts gelingen. Die Leugnung des Newtonschen Beugungsversuches verführte Goethe dazu, das durch Interferenzen entstehende Farbenspiel etwa von Vogelfedern in diesem Kapitel als Beispiel aufzuführen.

Seit frühester Jugend hatte sich Goethe leidenschaftlich dem Studium der Malerei, der Kunstgeschichte und der Kunsttheorie zugewendet. Seine fundierten Betrachtungen über die »sinnlich-sittliche Wirkung der Farbe« sind daher besonders bemerkenswert und gehören zu jenen Teilen seiner Farbenlehre mit besonderem Einfluß auf die Kunstschaffenden seiner Zeit. Seine Gedanken über »charakteristische« und »charakterlose Zusammenstellungen« der Farben anhand seines Farbkreises wirken – wenn auch modifiziert – bis heute fort. So griff er einige zeitgenössische Maler an, insbesondere die »Nazarener« hatten seinen Zorn gewaltig erregt, weil sie nach seiner Meinung in ihren Werken nur bunt waren und kein charakteristisches Kolorit zeigten.

Der zweite »polemische Teil« von Goethes Farbenlehre ist – wie der Titel schon signalisiert – die große und schließlich vergebliche Abrechnung mit Newton: »... Die seit einem Jahrhundert herrschende Newtonische Theorie hingegen gründete sich auf einen beschränkten Fall und bevorteilte alle die übrigen Erscheinungen um ihre Rechte, in welche wir sie durch unsern Entwurf wiedereinzusetzen getrachtet. Dieses war nötig, wenn wir die hypothetische Verzerrung so vieler herrlicher und erfreulicher Naturphänomene wieder ins Gleiche bringen wollten ...«[55]

Besonderes Interesse verdient der große dritte Teil, die »Materialien zur Geschichte der Farbenlehre«[56]. Als einziger Naturwissenschaftler seiner Zeit reflektierte Goethe die eigene geistige Position vor weit ausholendem historischem Hintergrund, um den Wahrheitsgehalt der eigenen Thesen historisch argumentierend zu untermauern. So entstand ein einzigartiges frühes Werk zur Geschichte der Naturwissenschaft, dessen literarische Gestaltung Goethe mit Friedrich Schiller durchsprach. Den historischen Teil der Farbenlehre sah er dabei »... als ein Symbol der Geschichte aller Wissenschaften ...«[57] schlechthin. Dazu muß man sich vergegenwärtigen, daß es für ihn die heute gängige unbedingte Fortschrittsgläubigkeit in allen Bereichen des menschlichen Lebens gerade eben nicht gab. Bei allen Vorbehalten, die man auch dieser Auffassung Goethes entgegensetzen könnte, scheint sie in manchen Bereichen durchaus berechtigt. Das folgende Zitat ist ein einziger Satz, der die Einsicht vermittelt, daß uns, zumindest was den virtuosen Umgang mit der Sprache anbelangt, seit Goethe ein Fortschritt nicht mehr beschieden gewesen ist: »... Wer dem Gange einer höhern Erkenntnis und Einsicht getreulich folgt, wird zu bemerken haben, daß Erfahrung und Wissen fortschreiten und sich bereichern können, daß jedoch das Denken und die eigentlichste Einsicht keineswegs in gleichem Maße vollkommen wird, und zwar aus der ganz natürlichen Ursache, weil das Wissen unendlich und jedem neugierig Umherstehenden zugänglich, das Überlegen, Denken und Verknüpfen aber innerhalb eines gewissen Kreises der menschlichen Fähigkeiten eingeschlossen ist; dergestalt, daß das Erkennen der

Die von G. M. Kraus gezeichnete Runde vereint einen Teil jener Menschen, denen Goethe viel verdankte, wie dem ganz rechts außen sitzenden »Präsidenten v. Herder«, der wesentliche Gedankengänge zur Metamorphose der Pflanzen und Tiere lieferte. Manche machten sich um Goethe verdient, indem sie seinen naturwissenschaftlichen Betrachtungen gewissermaßen als Folie dienten, wie Fräulein von Göchhausen – die etwas bucklige Dame, zweite von rechts –, die unter Goethes Anleitung Mineralien sammelte oder der Kammerherr G. W. v. Einsiedel – dritter von links –, der dem Herzog sein Laboratorium verkaufte. Sie alle brauchte Goethe – der Zeichner im modisch gestreiften Rock, zweiter von links –, der sich gerne im Gespräch entfaltete, um seine Gedankengänge übend vorzuformulieren.

vorliegenden Weltgegenstände, vom Fixstern bis zum kleinsten lebendigen Lebepunkt, immer deutlicher und ausführlicher werden kann, die wahre Einsicht in die Natur dieser Dinge jedoch in sich selbst gehindert ist und dieses in dem Grade, daß nicht allein die Individuen, sondern ganze Jahrhunderte vom Irrtum zur Wahrheit, von der Wahrheit zum Irrtum sich in einem stetigen Kreise bewegen ...«[58]
Die Chancen der Zugänglichkeit zum unendlichen Wissen von »jedem neugierig Umherstehenden« haben sich, bei aller Fähigkeit des Überlegens, Denkens und Verknüpfens, durch den schließlichen Sieg der von Goethe so beargwöhnten »dreifach komplizierten« und mittlerweile kostspieligsten Experimente unendlich vermindert, und mit ihnen – hoffentlich – allerdings auch die Möglichkeiten stetig kreisenden Irrtums.

ÜBER
PHYSIOLOGISCHE FARBENERSCHEINUNGEN
insbesondere
das phosphorische Augenlicht, als
Quelle derselben, betreffend

»Wäre nicht dein Auge sonnenhaft,
Wie könnt' es je die Sonn' erblicken?
Wes'te nicht in uns die eigne Gotteskraft,
Wie könnt' uns Göttliches entzücken?

§ 1.
Alles Leuchten ist ein Verbrennen und Entzünden,
mehr oder minder ...«

Zahme Xenien

Oben links:
Jod verdampft auf einem erhitzten Löffel. Goethe versuchte, die Entdeckung der chemischen Elemente Chlor, eines grünen Gases, durch H. Davy (1810) und des violett-kristallinen Jod durch B. Courtois (1811) in seine Farbenlehre zu integrieren. Eckermann berichtete für den 24. September 1822: »... Das Jod und das Chlor beschäftigten Goethe vorzugsweise; er sprach über diese Substanzen mit einem Erstaunen, als ob ihn die neuen Entdeckungen der Chemie ganz unvermutet überrascht hätten. Er ließ sich etwas Jod hereinbringen und verflüchtigte es vor unseren Augen an der Flamme einer Wachskerze, wobei er nicht verfehlte, uns den violetten Dunst bewundern zu lassen ...«

Eine Spiritusflamme brennt in einem Löffel einmal vor weißem und dann vor schwarzem Hintergrund. Bezeichnend für den Naturforscher Goethe ist das für ihn so typische Zusammenwirken der Schlichtheit seiner Experimente einerseits mit einer Vielheit an daraus folgenden Beobachtungen andererseits.

»... Wie der wandernde Mann, der vor dem Sinken der Sonne
Sie noch einmal ins Auge, die schnellentschwindende, faßte,
Dann im dunkeln Gebüsch und an der Seite des Felsens
Schweben siehet ihr Bild; wohin er die Blicke nur wendet,
Eilet es vor und glänzt und schwankt in herrlichen Farben:
So bewegte vor Hermann die liebliche Bildung des Mädchens
Sanft sich vorbei, und schien dem Pfad' ins Getreide
zu folgen ...«

Hermann und Dorothea

›› 159. Die blaue Erscheinung an dem unteren Teil des Kerzenlichtes ... Man halte die Flamme vor einen weißen Grund, und man wird nichts Blaues sehen, welche Farbe hingegen sogleich erscheinen wird, wenn man die Flamme gegen einen schwarzen Grund hält. Dieses Phänomen erscheint am lebhaftesten bei einem angezündeten Löffel Weingeist. Wir können also den untern Teil der Flamme für einen Dunst ansprechen, welcher, obgleich unendlich fein, daß man bequem durch ihn lesen kann; dahingegen die Spitze der Flamme, welche uns die Gegenstände verdeckt, als ein selbstleuchtender Körper anzusehen ist.

160. Übrigens ist der Rauch gleichfalls als ein trübes Mittel anzusehen, das uns vor einem hellen Grunde gelb oder rötlich, vor einem dunklen aber blau erscheint ... ››

Farbenlehre

CHROMATIK

»Priester werden Messe singen
Und die Pfarrer werden pred'gen,
Jeder wird vor allen Dingen
Seiner Meinung sich entled'gen
Und sich der Gemeinde freuen
Die sich um ihn her versammelt,
So im Alten wie im Neuen
Ohngefähre Worte stammelt.
Und so lasset auch die Farben
Mich nach meiner Art verkünden
Ohne Wunden, ohne Narben,
Mit der läßlichsten der Sünden.«

Gott und Welt

Die Familie André in Offenbach

Die Verleger- und Fabrikantenfamilie André in Offenbach sollte zur Zeit der Wende zum 19. Jahrhundert größte Bedeutung für die Ausbreitung der neuen graphischen Technik der Lithographie in Europa erwerben – und Goethe zum begeisterten Propagandisten für diese neue Kunst werden. Doch die Beziehungen zwischen Goethe und den Andrés waren anfänglich eher unerfreulich zu nennen. Im Sommer 1774 hatte Goethes Vater versucht, seinem Sohn die Aufnahme in die »Arcadische Gesellschaft zu Phylandria« in Offenbach am Main zu ermöglichen, eine der zahlreichen kulturbeflissenen »Geheimgesellschaften« dieser Zeit. Trotz einer persönlichen Begegnung mit einem der Oberen jener Gesellschaft, dem Seidenfabrikanten und Verleger Johann André (1741–1799) in Offenbach, scheiterte dieses Unterfangen. Goethe war André nicht sonderlich sympathisch. Daran änderte sich auch später zunächst nichts, aber Goethe begann als Rezensent von literarischen und musikalischen Werken in den von ihm mit herausgegebenen »Frankfurter Gelehrten Anzeigen« für André wichtig zu werden, insbesondere als dieser 1773 die Operette »Die Töpfer« komponiert hatte.

Goethe gierte zeitlebens nach einer Vertonung seiner Werke. Es sollte eine seiner unerfüllten Sehnsüchte und ein immerwährender Kummer bleiben, daß es ihm nie vergönnt war, als Librettist wesentlich unbedeutendere Literaten wie Mozarts Emanuel Schikaneder (1751–1812) zu übertrumpfen. So komponierte André die Liedeinlagen in Goethes »Schauspiel mit Gesang«: »Erwin und Elmire«, das 1775 in Frankfurt mit Erfolg zur Aufführung kam. Damit ergab sich schließlich doch eine gewisse Freundschaft zwischen den beiden. Einige Chronisten meinen sogar, daß es André war, der Goethe im Hause der Bankiersfamilie Schönemann einführte. Deren Einladungen nachkommend, folgte Goethe jedenfalls seiner jungen Braut Lili Schönemann (1758–1817) nach Offenbach, wo ihm insbesondere die Gärten und Terrassen am Main gefielen: »... Der Liebende konnte für seine Gefühle keinen günstigeren Raum finden ...«[1]

Aus Gründen der Schicklichkeit durfte er nicht bei den Verwandten der Familie Schönemann wohnen, sondern hauste bei seinem Freunde André, »dem allzeit fertigen Dichter und Komponisten«, über den Goethe schrieb: »... Lilis Pianospiel fesselte unseren guten André vollkommen an unsre Gesellschaft; als unterrichtend, meisternd, ausführend, waren wenige Stunden des Tags und der Nacht, wo er nicht in das Familienwesen ... mit eingriff ...«[2] Goethe blieb der Familie André stets gewogen, auch nach dem

Links:
Nicolas Henri Jacob schuf 1819 diesen »Genius der Lithographie«, der die Züge Senefelders trägt. Die helfende Muse zieht gerade einen Solnhofener Lithographiestein – »Pierre de Bavière« – mit einem Abdruck aus der Sternpresse, deren Herkunft durch das Münchener Wappen und die Aufschrift »Munic« charakterisiert wird. Der Text des Abdruckes vereint die Namen früher lithographischer Künstler, darunter Pierre Joseph Redouté – als großer Illustrator botanischer Werke ein Liebling Goethes. Im Hintergrund heißt es: »... Importation en France par André d'Offenbach en 1800 ...«

Oben:
Diese lithographierten Faksimiles der Randzeichnungen Albrecht Dürers zu dem Gebetbuch Kaiser Maximilians wurden von Goethe besonders geschätzt.

Tode Johanns, und er bewunderte die wirtschaftlichen und künstlerischen Erfolge dieser Familie, die allerdings beachtlich waren, insbesondere da durch sie für Alois Senefelder (1771–1834) Offenbach »zum Tor der Welt« wurde. Dieser Sohn einer Schauspielerfamilie war als junger Mann eine Weile mit der Theatertruppe des Vaters von Carl Maria von Weber über Land gezogen, um dann selbst Theaterstücke zu verfassen, für die er indessen nur schwer Verleger fand. So kam ihm die Idee, seine Werke im Eigenverlag zu vertreiben und sie auch selbst zu drucken. Zum Erwerb einer Druckerpresse reichte aber sein bescheidenes Kapital nicht aus. In genialer und abenteuerlicher Forschungsarbeit entwickelte er ein neues, preiswertes Druckverfahren, den Flachdruck auf Solnhofener Kalkstein. Die notwendigen chemischen Grundkenntnisse hatte ihm ausgerechnet das Studium der Kameralistik mitgegeben; Kurfürst Karl Theodor von Bayern (1724–1799) war nämlich auf den bemerkenswerten Gedanken gekommen, an der Universität Ingolstadt Chemie zur Bekämpfung des Aberglaubens zum Pflichtfach für Hörer aller Fakultäten zu machen.

Schon im Verlaufe ihrer komplizierten Erfindungsgeschichte erwies sich die Lithographie besonders als zum Druck von Noten geeignet, was bis dahin fast ausschließlich im Kupferstichverfahren geschah. Die Firma Breitkopf in Leipzig hatte zwar den Notensatz mit beweglichen Lettern entwickelt – und der junge Goethe hatte ihn dort kennengelernt –, doch erwies sich dieser als kompliziert und teuer. Unter Senefelders ersten lithographischen Werken dominierten Notendrucke, da dessen erster und treuester Kompagnon, Franz Gleißner (1761–1818), kurbayerischer Hofmusikus und Komponist war. Und so wurde die Familie André auf Senefelder aufmerksam. 1799 besuchte der erst 24jährige Johann Anton André, einer der Söhne des Johann André, Senefelder in München, nachdem er in Wien den Nachlaß Mozarts erworben hatte. Mit der Hilfe Senefelders und seiner Brüder gab er diesen nun in Offenbach in lithographischem Druck heraus. Da sich die Senefelders in ihrer eher künstlerischen Eigenart dem nüchternen Unternehmertum der Familie André nicht so recht anzupassen vermochten, ist die Geschichte der gemeinsamen Zusammenarbeit etwas wirr und reich an Spannungen. Doch gelang es Philipp André 1800 in London und Friedrich André 1802 in Paris, lithographische Anstalten aufzubauen, die sich bald nicht nur durch Noten, sondern insbesondere durch den Druck graphischer Werke einen Namen machen sollten. Diese Aktivitäten der Andrés mußten Goethe, der ja selbst beinahe den Beruf des Zeichners und Malers ergriffen hätte, tief beeindrucken, und sie faszinierten den leidenschaftlichen Sammler von Kupferstichreproduktionen bedeutender Kunstwerke, die ihm für seine kunsttheoretischen Betrachtungen wichtig waren. Unter den genialen Händen Senefelders hatte sich die Lithographie

Titelblatt des Lehrbuches »Der Steindruck…« von Alois Senefelder (1771–1834). Der düstere Charakter dieses Blattes entsteht durch die reichliche Verwendung schwarzer Flächen. Damit sollte ausgesagt werden, daß es erst mit der Lithographie im Gegensatz zu früheren graphischen Techniken möglich war, ein homogenes Schwarz zu drucken.

zur idealen Technik der Faksimilierung historischer Originale entwickelt, nach einigen Anlaufschwierigkeiten sogar im Vielfarbendruck. Dies begeisterte Goethe. Ab 1807 übertrug Johann Nepomuk Strixner (1782–1855) die zum Teil in München aufbewahrten Zeichnungen Albrecht Dürers auf den Stein. Friedrich Heinrich von Jacobi (1743–1819), Präsident der Bayerischen Akademie der Wissenschaften und ein Freund Goethes, übersandte ihm diese in München gedruckten Reproduktionen und erntete dafür jenen in der Geschichte der Lithographie so berühmt gewordenen Brief: »…Man hätte mir soviel Dukaten schenken können, als nötig sind, die Steinplatten zuzudecken, und das Geld hätte mir nicht soviel Freude gemacht als diese Werke…«[3]

Goethe hat zur technischen Entwicklung der Lithographie selbst nichts beigetragen, wahrscheinlich hat er auch nie selbst lithographiert. Denn trotz seiner Neigung zum naturwissenschaftlichen Experimentieren mangelte es ihm, wie er selbst gelegentlich bekannte, an praktischer Veranlagung, so daß er sich bei eigenen experimentellen Bemühungen gerne der Hilfe

anderer bediente, die ihm einen Großteil der manuellen Plage abnehmen mußten. So hatte er schon 1772 über sich mitgeteilt: »... ich kann schreiben, aber keine Federn schneiden, drum krieg ich keine Hand, das Violoncell spielen, aber nicht stimmen pp ...«[4]
Goethe entwickelte sich allerdings zu einem kämpferischen Propagandisten der Lithographie. Es hatte ihn mit Trauer erfüllt, sich die alten Meister aus der Sammlung der Gebrüder Boisserée nicht ständig vor Augen halten zu können. Doch seit 1821 erschien die »Sammlung Alt-, Nieder- und Oberdeutscher Gemälde der Brüder Sulpiz und Melchior Boisserée und Johann Bertram« in Lithographien von J. N. Strixner. 1826 schrieb Goethe in seinem Aufsatz »Steindrucke«: »... Wir aber freuen uns ..., unsere Wünsche auf einem so hohen Grad erfüllt zu sehen, um für die Zukunft zu erhoffen, daß diese Nachbildungen, fortgesetzt und ohne Unterbrechung mitgeteilt, ein sowohl vaterländisches wie allgemein kunsthistorisches Interesse nach mehreren Seiten behaupten werden ...«[5]
Im März 1828 erhielt Goethe von dem Kasseler Maler Wilhelm Johann Karl Zahn (1800–1871) ein Probeblatt aus dessen Werk »Die schönsten Ornamente und merkwürdigsten Gemälde aus Pompeji, Herkulaneum und Stabiae ...« Goethe unternahm alles, um dieses Werk zu fördern. In seiner Zeitschrift »Über Kunst und Altertum« veröffentlichte er eine überaus wohlwollende Vorankündigung, und an den Künstler schrieb er angesichts der ausnehmend feinen, vielfarbigen Lithographien: »... Die kolorierten Blätter sind allerliebst, und niemand begreift wohl, wie der Druck in solcher Genauigkeit und Zartheit ausgeführt werden konnte ...«[6]
Es war in der damaligen deutschen Kulturlandschaft außerordentlich wichtig, daß Goethes großes Wohlwollen so öffentlich betont und zur Schau gestellt auf der Lithographie ruhte. Unter dem Schutze des Großherzogs Carl August entstand 1818 in Weimar eine lithographische Anstalt, und Goethe entwickelte selbst eine lithographische Eigenart. Er begann eigene kleine Gedichte und Aphorismen lithographisch faksimilieren zu lassen und sie Briefen beizulegen oder an seine zahlreichen Besucher und Verehrer zur Erinnerung zu verschenken. Später zierten viele dieser dann »re-faksimilierten« Zettelchen als Illustrationen Goethe-Gesamtausgaben des vorigen Jahrhunderts. Er selbst schrieb über diese Faksimiles an Sulpiz Boisserée (1783–1854): »Von den zugesagten lithographischen Blättchen liegt eine Partie bei. Sie haben für mich selbst etwas Magisches, denn ich habe sie geschrieben und nicht geschrieben ...«[7]

> ❞ ... Es sind nun fünf Jahre seit Ausgabe der ersten Lieferung, und betrachtet man, was in der Zeit bezüglich auf lithographische Technik geleistet ward, so bemerkt man eine ununterbrochene Steigerung; das Korn der Kreide ist immer feiner, dadurch die Zeichnung bestimmter und zarter geworden, die Schattenmassen haben an Kraft und Durchsichtigkeit, die Töne mehr an Klarheit gewonnen; auch hat man sich an den mannigfaltigsten Gegenständen versucht. Wir finden die einfachsten so wie die reichsten und kompliziertesten Darstellungen: Köpfe von der Dimension eines Zolls bis zur Lebensgröße; die verschiedensten architektonischen und landschaftlichen Hintergründe; bedeutender Lichteffekt, Stoffe und Beiwerk aller Art sind auf's vorzüglichste nachgebildet ... ❞
>
> Steindruck

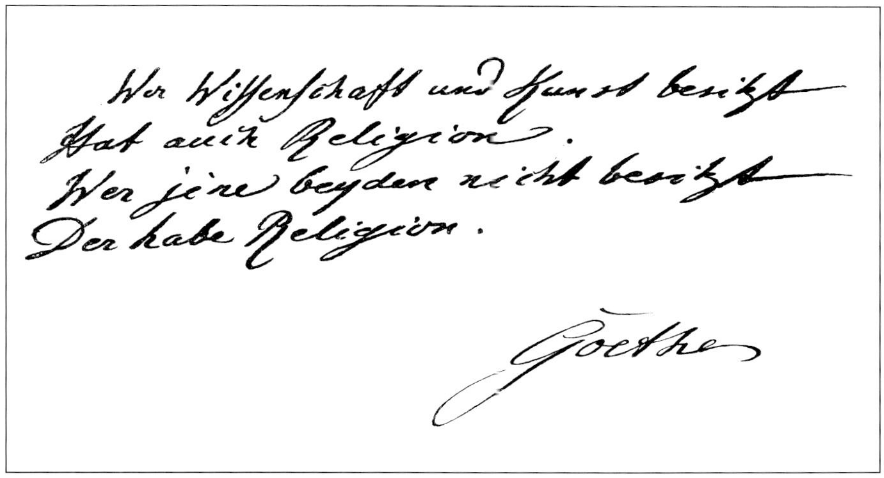
Wer Wissenschaft und Kunst besitzt
Hat auch Religion.
Wer jene beyden nicht besitzt
Der habe Religion.

Goethe

Goethe liebte es, im Alter an seine zahlreichen Bewunderer und Besucher Faksimiles kleinerer Gedichte oder Sprüche mit seiner Unterschrift zu verschenken, die in späteren Goethe-Ausgaben als Illustrationen Verwendung fanden.

Luke Howard, der Mann, »der Wolken unterschied«

Es ist nicht genau bekannt, wann sich Goethe ernsthaft mit der Meteorologie auseinanderzusetzen begann. Zwar scheint er schon immer das Wettergeschehen beobachtet zu haben, doch waren dies eher alltägliche Betrachtungen, wie fast jeder sie unternimmt – denn wer redet schließlich nicht vom Wetter? Auf seiner ersten Italienreise fiel ihm wie vielen vor und nach ihm auf, daß das Wetter dort, anders als nördlich der Alpen, meist schön ist. Doch im Unterschied zu anderen Reisenden erwachte in Goethe der Wunsch nach genauem Wissen und exaktem Vergleich, und so erreichte Charlotte von Stein ein Brief aus Rom, sie möge seinem Diener Seidel den Auftrag geben, ihm beginnend mit September 1787 einen Auszug der Aufzeichnungen von Dr. Sievers zu verschaffen, der in Oberweimar mit der Erstellung eines Wetterjournals beschäftigt war. Offenbar wollte Goethe nördlich und südlich der Alpen gewonnene Witterungsdaten vergleichen. Auch hatte er sich damals schon eine Theorie zurechtgelegt, von der es im Reisetagebuch heißt: »... Komme ich zurück, so wollen wir meine Bemerkungen und Erfahrungen mit den Grundsätzen der Physiker, ihren Theorien und Erfahrungen zusammenhalten ...«[1] Doch dazu sollte es erst Jahre später kommen.

Diese erste meteorologische Hypothese Goethes beruhte auf seiner Annahme, »... daß eine elastischere Atmosphäre die Wolken aufzehrt, ihnen den Zusammenhang unter sich benimmt, so daß also die Dünste, die vorher massenweis zusammen gedrängt waren, als Wolken umherzogen, nur in einer gewissen Höhe über der Erde schwebten, als Regen herabfielen, als Nebel wieder aufstiegen, nunmehr in den ganzen Raum gleichförmig geteilt sind ...«[2] Eine Definition der »Elastizität« gab Goethe in diesem Zusammenhang aber nicht.

1811 entschloß sich Carl August, in Jena eine Sternwarte gründen zu lassen. Bereits im Herbst 1813 begann man dort mit astronomischen Beobachtungen. Meteorologische Institute gab es damals noch nicht, wenn auch Pläne für ein Beobachtungsnetz in Europa schon allgemein diskutiert und in Ansätzen auch ausgeführt worden waren. Goethe selbst hat eine Inventarliste des neugegründeten Observatoriums hinterlassen, der zu entnehmen ist, daß auch meteorologische Instrumente wie Thermometer, Barometer und

Mit dieser Tafel illustrierte Goethe seinen Aufsatz: »Wolkengestalt nach Howard« in »Zur Naturwissenschaft. Ersten Bandes, Drittes Heft«, in dem er Witterungsaufzeichnungen auf einer Reise nach Marienbad publizierte. Im Vorwort führte er aus: »... Ich ergriff die Howardische Terminologie mit Freuden, weil sie mir den Faden darreichte, den ich bisher vermißt hatte ... ich freute mich daher einen integrierenden Teil derselben meiner Neigung und Lebensweise angemessen zu finden, und weil in diesem unendlichen All, alles in ewiger, sicherer Beziehung steht, eins das andere hervorbringt oder wechselweise hervorgebracht wird, so schärfte ich meinen Blick auf das dem Sinne der Augen erfaßliche ...«

Hygrometer beschafft wurden. Ebenso erarbeitete er zusammen mit Fachgelehrten der Jenenser Universität eine ausführliche Instruktion, was ihn zur Auseinandersetzung mit Fachliteratur zwang; über Jahre hinweg führte er eine intensive Korrespondenz mit Johannes Friedrich Posselt (1764–1823), dem Direktor der Sternwarte. Carl August zeigte ein besonders starkes Interesse für Meteorologie und ließ 1815 auf dem Ettersberg eine eigene Beobachtungsstation errichten. Er war es auch, der Goethe auf die Wolkenlehre des Engländers Luke Howard aufmerksam machte, die von Ludwig Wilhelm Gilbert (1769–1824) 1815 in seinen »Annalen der Physik« veröffentlicht worden war.[3]

In der scheinbar unendlichen Vielheit von Wolkenformen hatte Howard drei Grundtypen erkannt, auf die sich alle anderen Erscheinungen letztlich zurückführen ließen: Cirrus oder die Federwolke, Cumulus oder die Haufenwolke

ZIRRUS

»Doch immer höher steigt der edle Drang!
Erlösung ist ein himmlisch leichter Zwang.
Ein Aufgehäuftes flockig löst sich's auf,
Wie Schäflein trippelnd, leichtgekämmt zu Hauf.
So fließt zuletzt was unten leicht entstand
Dem Vater oben still in Schoß und Hand.«

Skizze Goethes mit Wolkenformationen

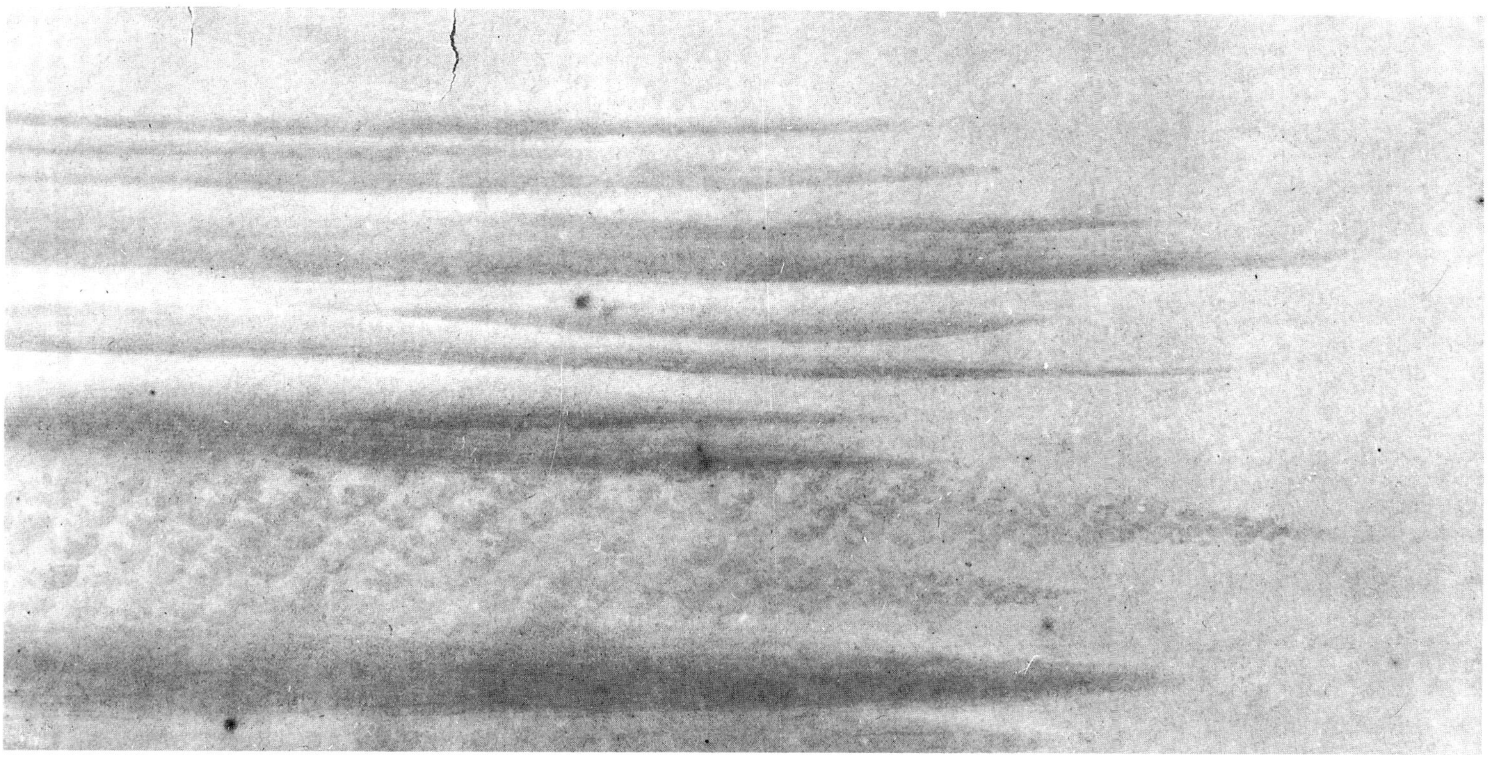

STRATUS

»Wenn von dem stillen Wasserspiegel-Plan
Ein Nebel hebt den flachen Teppich an,
Der Mond, dem Wallen des Erscheins vereint,
Als ein Gespenst Gespenster bildend scheint
Dann sind wir alle, das gestehn wir nur,
Erquickt erfreute Kinder, o Natur!

Dann hebt sich's wohl am Berge, sammelnd breit
An Streife Streifen, so umdüstert's weit
Die Mittelhöhe, beidem gleich geneigt,
Ob's fallend wässert, oder luftig steigt.«

und Stratus, die Schichtwolke. Howard beobachtete auch, daß diese drei Wolkentypen in drei verschiedenen Höhenschichten der Atmosphäre schweben: Cirrus in der obersten, Stratus in der niedrigsten. Von seinen drei Hauptformen leitete Howard die Zwischenformen Cirro-Cumulus, Cirro-Stratus, Cumulo-Stratus und zusätzlich Nimbus, die Regenwolke, ab. Es ist bezeichnend, daß es nicht so sehr Howards komplizierte physikalische Theorien waren, die Goethe faszinierten, sondern die gelungene Morphologie der Wolkenformen im Verein mit deren sprachlich und begrifflich geglückter Benennung. Goethes Begeisterung gipfelte in einer eigenartigen Dichtung: »Howards Ehrengedächtnis«, »... Drum danket mein beflügelt Lied/ dem Manne der Wolken unterschied/...«[4]

Goethe wollte Howard unbedingt selbst kennenlernen. Da dies aber nicht so leicht zu bewerkstelligen war, bemühte er einen Forschungsreisenden, ihm wenigstens eine Lebensbeschreibung Howards zu beschaffen. Es war damals durchaus allgemein gebräuchlich, daß Naturwissenschaftler engeren Kontakt zueinander suchten, doch schilderte Goethe 1822, als er Howards Lebenslauf publizierte, seine besonderen Beweggründe: »... Indes bei wachsender Überzeugung, daß alles, was durch den Menschen geschieht, in ethischem Sinne betrachtet werden müsse, der sittliche Wert jedoch nur aus dem Lebensgange zu beurteilen sei, ersuchte ich einen stets tätigen gefälligen Freund, Herrn Hüttner in London, mir womöglich etwas, und wären es auch nur die einfachsten Linien, von Howards Lebenswege zu verschaffen, damit ich erkennte, wie ein solcher Geist sich ausgebildet, welche Gelegenheit, welche Umstände ihn auf Pfade geführt, die Natur natürlich anzuschauen, sich ihr zu ergeben, ihre Gesetze zu erkennen, und ihr solche naturmenschlich wieder vorzuschreiben...«[5]

Nicht ohne leicht gespreizte Eitelkeit rechnete der große Dichter auch mit einer Antwort: »... Meine Strophen zu Howards Ehren waren in England übersetzt und empfahlen sich besonders durch eine aufklärende rhythmische Einleitung: sie wurden durch den Druck bekannt, und also durfte ich hoffen, daß irgendein Wohlwollender meinen Wünschen begegnen werde...«[6]

Der also angedichtete Luke Howard antwortete geschmeichelt selbst dem »gerühmten Schriftsteller« am »21. des 2. Monats 1822« und beschrieb ausführlich, wie es ihm, aus einer armen Quäkerfamilie stammend, auf der großen lateinischen Schule in Buford nicht besonders gut ergangen war und wie er, da es ihm an Spielsachen und Büchern gefehlt hatte – »... denn Wissenschaft war damals noch nicht wie gegenwärtig, ein Teil von jedes Kinds Vergnügen und Erholung...«[7] –, gezwungen war, sich mit eigenen Beobachtungen die Zeit zu vertreiben: »... Hiernach also zogen die vielen Nordlichter jener Jahre meine Aufmerksamkeit auf sich; ich hielt merkwürdige seltene Wolkenbildungen in der Einbildungskraft fest, machte Versuche über das Gefrieren des Wassers, welche sich mit dem Zerspringen meines Glasgefäßes endigten, ferner erinnerte ich mich genau des merkwürdigen Höhenrauches von 1783, so wie ganz deutlich der vorüberziehenden Erscheinungen des glänzenden Meteors im achten Monat des gedachten Jahres...«[8] Als Apothekerlehrling stürzte Howard im Laboratorium mit einer Flasche Arsenlösung im Arm von der Leiter. Die langwierige Heilung der vergifteten Schnittwunden zwang ihn zu einer ruhigen Lebensführung, was seinen theoretischen Studien sehr zustatten kam. Als er sich 1798 mit einem anderen Apotheker zusammentat, um in Plaistrow bei London ein eigenes Laboratorium zu unterhalten, mußte er von London aus häufig zu Fuß dorthin wandern. Die dabei gemachten Beobachtungen faßte er in meteorologischen Registern zusammen. So kam es 1803 zu seiner berühmten Veröffentlichung »On the modification of Clouds« in »Tillochs Philosophical Magazine«. Howard setzte die Beschreibung seiner über zehn Jahre währenden Beobachtungen fort und legte sie 1818 und 1820 in einem zweibändigen Werk »The climate of London« nieder, das er Goethe übersandte.

Daheim und auf Reisen begann dieser nun gemäß der Typologie Howards, die er gegenüber jedermann kämpferisch verteidigte, die Wolken systematisch zu klassifizieren. Gleichzeitig achtete er auf den Zusammenhang zwischen den Wolkentypen und dem Barometerstand. Er fügte den sieben Wolkenbezeichnungen Howards noch eine achte bei, »Paries«, die Wand, eine Benennung, die sich allerdings nicht zu halten vermochte. Goethe überzeugte sich, daß Cirrus meist mit hohem Barometerstand und Ostwind, Stratus dagegen mit tiefem Barometerstand und Westwind einherging, während das Auftreten von Cumulus-Wolken nicht so charakteristisch war und eine Art Mittelstellung einnahm. Goethe begann, vor seinen Freunden und Bekannten mit Wetterprophezeiungen zu renommieren. So schrieb der Kanzler Friedrich Theodor Adam Heinrich von Müller (1779–1849): »... Viel Scharfsinniges und fast Fabelhaftes erzählte er von seinen Wolkenstudien...«[9] In seinen »Sprüchen in Prosa« veröffentlichte Goethe 1820 einen Aufsatz »Wolkengestalt nach Howard«, der im wesentlichen nur dessen Theorien referierte und ein originelles Bekenntnis enthielt: »... Den gan-

Ganz besonders beeindruckten Goethe leuchtende Nachtwolken, denn er hatte sich die Meinung gebildet, daß schwere Erdbeben stets von Nordlichtern begleitet sein müßten: »... Heute Nacht sah ich ein Nordlicht von Südost, wenn nur nicht wieder ein Erdbeben gewesen ist, denn es ist eine außerordentliche Erscheinung...« Freunde Goethes waren der Meinung, er habe tatsächlich ein Erdbeben in Messina vorausgesagt.

Das Studium der Wolkenformationen nach Howard fand seinen Niederschlag in zahlreichen Wolkenzeichnungen und Aquarellen Goethes.

Goethe skizzierte selbst Wolkenformationen (oben). Seine Begeisterung für die Wolkenlehre Howards wirkte ansteckend. Er schrieb darüber: »... Wenn ich nun die Howardische Terminologie und die von ihm selbst ausgehende kurze belehrende Darstellung mir zu eigen machte, sogleich aber wieder an die Natur ging und die verschiedenen Wolkenformen auf dem Papier nachzubilden suchte; so erweckte ich auch jüngere Männer, welche von der Zeit an mit geschärfter Aufmerksamkeit das Gleiche taten ...« Tatsächlich läßt sich zeigen, daß es von da an unter Malern üblich wurde, sich mit Wolkenstudien zu beschäftigen, wie hier in einem Beispiel von Johann Georg von Dillis (1759–1841) (unten).

»Die Welt sie ist so groß und breit,
Der Himmel auch so hehr und weit,
Ich muß das alles mit Augen fassen,
Will sich aber nicht recht denken lassen.

Dich im Unendlichen zu finden,
Mußt unterscheiden und dann verbinden;
Drum danket mein beflügelt Lied
Dem Manne, der Wolken unterschied.«

»Und wenn wir unterschieden haben,
Dann müssen wir lebendige Gaben
Dem Abgesonderten wieder verleihen
Und uns eines Folge-Lebens erfreuen.

So wenn der Maler, der Poet,
Mit Howards Sondrung wohl vertraut,
Des Morgens früh, am Abend spät,
Die Atmosphäre prüfend schaut,

Da läßt er den Charakter gelten;
Doch ihm erteilen luftige Welten
Das Übergängliche, das Milde,
Daß er es fasse, fühle, bilde.«

KUMULUS

»Und wenn darauf zu höhrer Atmosphäre
Der tüchtige Gehalt berufen wäre
Steht Wolke hoch, zum herrlichsten geballt,
Verkündet, festgebildet, Machtgewalt,
Und was Ihr fürchtet und auch wohl erlebt
Wie's oben drohet, so es unten bebt.«

NIMBUS

»Nun laßt auch niederwärts, durch Erdgewalt
Herabgezogen, was sich hochgeballt,
In Donnerwettern wütend sich ergehn,
Heerscharen gleich entrollen und verwehn! –
Der Erde tätig-leidendes Geschick! –
Doch mit dem Bilde hebet Euren Blick:
Die Rede geht herab, denn sie beschreibt,
Der Geist will aufwärts, wo er ewig bleibt.«

zen Komplex der Witterungskunde, wie er tabellarisch durch Zeichen und Zahlen aufgestellt wird, zu erfassen oder daran auf irgendeine Weise teilzunehmen, war meiner Natur unmöglich; ich freute mich daher, einen integrierenden Teil derselben meiner Neigung und Lebensweise angemessen zu finden...«[10]

Hinter diesen Worten verbarg sich das Eingeständnis, daß Goethe zwar wiederholt Anläufe unternommen hatte, meteorologische Tagebücher zu führen, daß ihm dies aber doch bald langweilig geworden war. So hatte er am 17. Februar 1819 notiert: »...Klarer Tag. Die Atmosphäre mit klarem Dunst umhüllt. Früh weniger Cirrus im Zenit. Dunstige Atmosphäre bis zum Abend, am gelben und gelbroten Schein bemerkbar. Rechts und links Spuren von dichterer Dunstbildung. Dampfhöhe über der Stadt, Dunst dem Laufe der Mühlache nach.«[11] Goethes Ausdauer bei der Aufzeichnung hatte genau zwölf Tage gehalten, vom 8. bis 19. Februar 1819.

Dem Leser wird die im folgenden vorgestellte meteorologische Theorie eher befremdlich erscheinen. Sie ist von heute her gesehen auch nicht richtig, bezogen auf die Zeit Goethes handelt es sich jedoch um einen durchaus interessanten Diskussionsbeitrag. Seine in der Rückschau eigenartige Theorie faßte Goethe 1827 in einem seiner Gespräche mit Eckermann zusammen: »...Ich denke mir die Erde mit ihrem Dunstkreise gleichsam als ein lebendiges Wesen, das im ewigen Ein- und Ausatmen begriffen ist. Atmet die Erde ein, so zieht sie den Dunstkreis an sich... sie atmet wieder aus und entläßt die Wasserdünste nach oben...«[12]

Erstmals hatte Goethe diese These in seiner zweiten meteorologischen Arbeit »Über die Ursache der Barometerschwankungen«[13] ausgeführt, um sie dann 1825 in dem »Versuch einer Witterungslehre«[14] zu untermauern. In diesem Aufsatz diskutierte er Funktion und Nutzen von Barometer, Thermometer, Hygrometer, Manometer und der Windfahne. Goethes Bewertungen faßte der Kanzler Müller nach einer Unterredung mit Goethe am 18. September 1823 zusammen: »...Er sprach dann von Meteorologie und wie er den Einfluß der Planeten und selbst des Mondes verwerfe, nichts auf den Thermometer und alles auf den Barometer setzte...«[15]

Ein wenig war diese Ansicht in Goethes eigener Natur begründet. Er bemerkte einmal gegenüber Eckermann, daß er bei hohem Barometerstand leichter arbeiten könne als bei niederem, und so läßt er auch Faust in seinem Drama die, nebenbei bemerkt, etwas anachronistische Frage stellen: »...Sind wir ein Spiel von jedem Druck der Luft?...«[16]

Die aus heutiger Sicht teilweise richtigen Betrachtungen über die Bedeutung des Luftdruckes in dem immerwährenden Spiel von Tag und Nacht, in der ewigen Folge der Jahreszeiten und beim Entstehen der Winde seien hier übergangen und lediglich Goethes zentrale These von dem »Atmen der Erde«, von der »pulsierenden Schwerkraft« oder der »Oszillation des Barometerstandes« vorgestellt, um zu zeigen, wie er sich wissenschaftliche Beobachtungen seiner Zeitgenossen zu eigen machte und in seine eigene Hypothese einbaute.

Goethe lagen drei Beobachtungen vor. Humboldt hatte im dritten Band seiner Reisebeschreibungen mitgeteilt, daß in Mittel- und Südamerika die täglichen Schwankungen des Barometerstandes zu bestimmten Stunden ihren höchsten und tiefsten Stand erreichten, und zwar mit einer solchen Regelmäßigkeit, daß man die Uhr danach stellen könne. Die beiden Minima fielen dabei ziemlich genau auf die heißeste und die kälteste Stunde des Tages. Iwan Simonow, Direktor der Sternwarte in Kasan, hatte 1819 bis 1821 auf einer russischen Antarktisexpedition festgestellt, daß es in der Südsee gleichfalls täglich regelmäßige Schwankungen gab. Der Forschungsreisende Karl Friedrich Philipp von Martius (1794–1868) hatte eine Beschreibung des täglichen Witterungsverlaufes in den südamerikanischen Tropen verfaßt, in der die Barometeroszillation ebenfalls, wenn auch mit anderen Zeiten, beschrieben wurde. Die Zeitabweichungen führte Goethe etwas großzügig auf Beobachtungsfehler zurück. Wie war dies zu erklären? Goethe verwarf, und wie wir heute wissen, zu Recht die Annahme, es handle sich hier um eine Fluktuation im Luftmeer, vergleichbar der durch die Anziehung des Mondes hervorgerufenen Ebbe und Flut. Er nahm an, daß die Schwerkraft der Erde pulsieren würde, und daß es daneben noch eine zweite, ebenfalls pulsierende Grundkraft gäbe, die die Erde gleich einer Schraube ohne Ende um sich selbst herumtreibe und am Äquator am stärksten sei.

In vieler Hinsicht wurde Goethe in seinen theoretischen meteorologischen Betrachtungen schlicht ein Opfer des allzu beschränkten Beobachtungsmaterials seiner Zeit. Er wähnte, daß die Erde manchmal einfach noch stärker ein- und ausatme und dementsprechend die Barometerdrücke parallel an verschiedenen Orten gleichzeitig pulsieren würden. Die Beobachtungen jener Zeit schienen diese These zu beweisen: »...dabei wird durch symbolisch graphische Darstellung der gleichförmige Gang so vieler, wo nicht zu sagen aller Barometer, deren Beobachtungen sich von selbst parallel stellten, zum An-

Graphische Darstellungen wie diese nährten in Goethe die irrige Annahme, daß die Änderungen der Barometerstände an verschiedenen Orten nahezu parallel laufen würden. Dies war die Grundannahme seiner Witterungslehre. Dies stimmt aber annähernd nur bei nahe beieinander liegenden Orten, bei denen die durch den Frontenverlauf der damals noch unbekannten Hoch- und Tief-Druck-Systeme hervorgerufenen Luftdruckunterschiede nicht sehr bemerklich sind. Sobald man das Netz der Beobachtungsstationen auf ganz Europa ausdehnte, zeigte es sich, daß die These vom parallel auf- und abschwellenden Luftdruck nicht zu halten war.

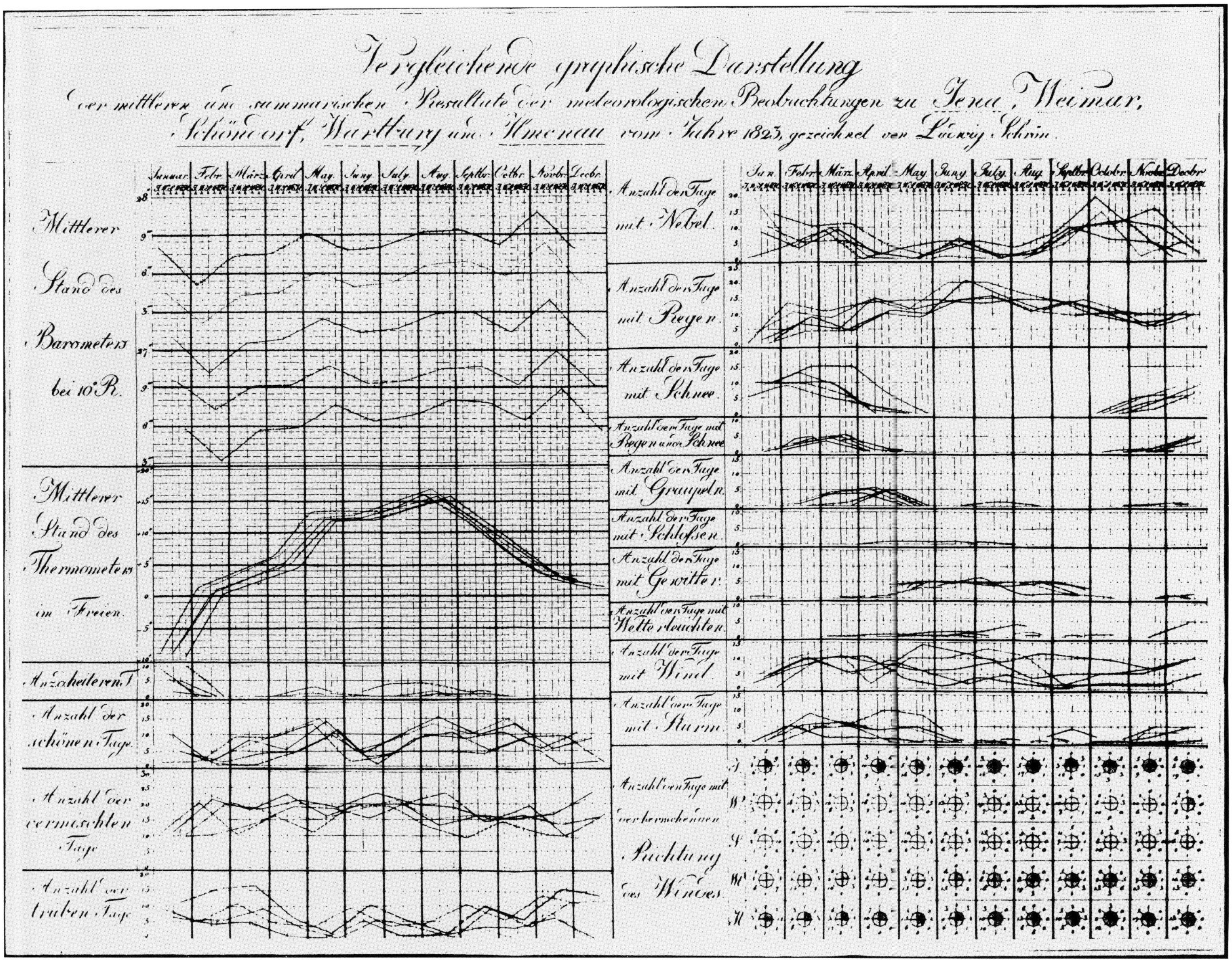

»Er aber, Howard, gibt mit reinem Sinn,
Uns neuer Lehre herrlichsten Gewinn;
Was sich nicht halten, nicht erreichen läßt,
Er faßt es an, er hält zuerst es fest;
Bestimmt das Unbestimmte, – schränkt es ein,
Benennt es treffend! – Sei die Ehre dein! –
Wie Streife steigt, sich ballt, zerflattert, fällt,
Erinnre dankbar Deiner sich die Welt.«

Sprüche und Prosa

laß, eine tellurische Ursache zu finden und das Steigen und Fallen des Quecksilbers innerhalb gewisser Grenzen einer stetig veränderten Anziehungskraft der Erde zuzuschreiben ...«[17]
Zwar sahen Forscher wie John Frederic Daniell (1790–1845) die Dinge schon ein wenig differenzierter, der 1823 in seinen »Meteorological Essays« die absolute Parallelität des Barometerstandes mit Recht in Zweifel zog, doch gab es Theorien, die mit der Goethischen Ähnlichkeiten zeigten. So hatte Johann Ludwig Meinecke (1781–1823) in Halle eine chemische Theorie der Oszillation des Luftdruckes vorgelegt, wonach die Atmosphäre nicht an der Erdoberfläche aufhört, sondern noch in das Erdinnere hineinreicht, wo die Gase der Luft wie Sauerstoff, Stickstoff und Kohlendioxid durch elektrische und chemische Erscheinungen rhythmisch gebund entbunden werden. Goethe selbst verglich Meineckes Anschauungen mit seiner eigenen These und fand, »... daß er sodann die Erscheinungen einem Einsaugen und Ausströmen zuschreibt; ich aber durch ein Vermehren und Vermindern der Anziehungskraft die Phänomene ableite ..., dieses liegt so gar weit nicht auseinander ...«[18]
Stellt man sich die Frage, woher Goethe die Vorstellung einer pulsierende Kräfte zeigenden Welt haben könnte, stößt man auf Johann Gerhard Buhle (1763–1821), der eine »Geschichte der Philosophie« herausgegeben hatte, von der wir wissen, daß sie Goethe 1809 las. Offenbar wollte er sich damals die geistigen und philosophischen Hintergründe seiner eigenen Jugendzeit noch einmal ins Gedächtnis zurückrufen, um sich so die Abfassung der entsprechenden Kapitel in »Dichtung und Wahrheit« zu erleichtern. In diesem Werk findet sich eine kabbalistische Theorie von den rhythmisch »zusammenziehenden« und »ausdehnenden« Kräften dieser Welt. So gesehen ist Goethes meteorologische Grundthese eine späte Frucht seiner alchemistisch-theosophischen Frühzeit. Goethe hielt seinen eigenen Beitrag zur meteorologischen Diskussion seiner Epoche nicht für endgültig: »... auf dieser Hypothese verharren wir, bis uns ein anderes Licht aufgeht ...«[19] – was in der Zwischenzeit geschah.

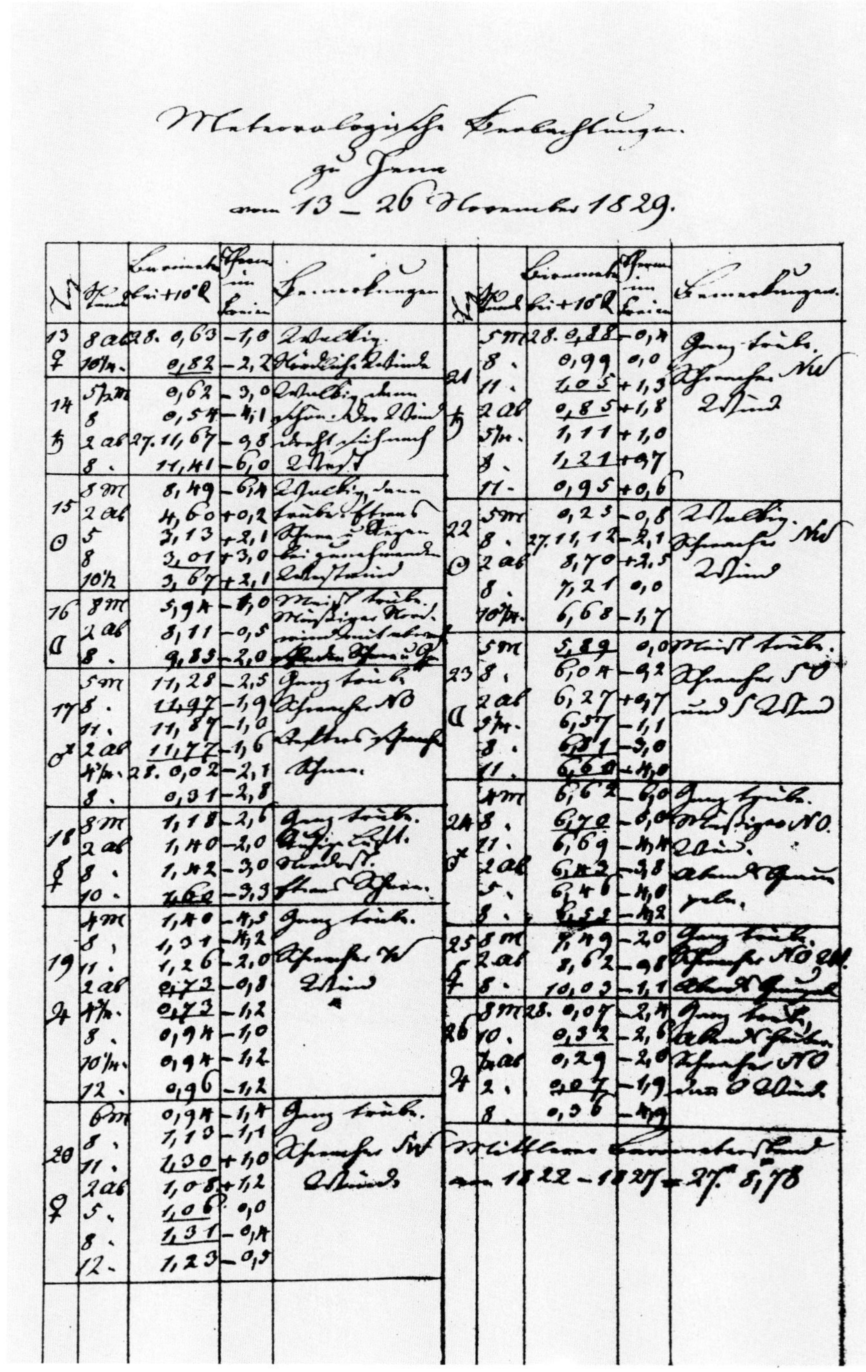
Meteorologische Beobachtungen zu Jena vom 13.–26. November 1829.

Ein Blatt aus den Witterungsaufzeichnungen Goethes vom November 1829 belegt, daß Geduld bei solchen Aufzeichnungen nicht Goethes Stärke war.

❞ Ich denke mir die Erde mit ihrem Dunstkreise gleichnisweise als ein großes lebendiges Wesen, das im ewigen Ein- und Ausatmen begriffen ist. Atmet die Erde ein, so zieht sie den Dunstkreis an sich, so daß er in die Nähe ihrer Oberfläche herankommt und sich verdichtet bis zu Wolken und Regen. Diesen Zustand nenne ich die Wasser-Bejahung; dauerte er über alle Ordnung fort, so würde er die Erde ersäufen. Dies aber gibt sie nicht zu; sie atmet wieder aus und entläßt die Wasserdünste nach oben, wo sie sich in den ganzen Raum der hohen Atmosphäre ausbreiten und sich dergestalt verdünnen, daß nicht allein die Sonne glänzend durchgeht, sondern auch sogar die ewige Finsternis des unendlichen Raumes als frisches Blau herdurch gesehen wird

Diesen Zustand der Atmosphäre nenne ich die Wasser-Verneinung. Denn wie bei dem entgegengesetzten nicht allein häufiges Wasser von oben kommt sondern auch die Feuchtigkeit der Erde nicht verdunsten und abtrocknen will; so kommt dagegen bei diesem Zustand nicht allein keine Feuchtigkeit von oben, sondern auch die Nässe der Erde selbst verfliegt und geht aufwärts, so daß bei einer Dauer über alle Ordnung hinaus, die Erde auch ohne Sonnenschein, zu vertrocknen und zu verdorren Gefahr liefe.

Die Sache ist sehr einfach ... und so am Einfachen, Durchgreifenden halte ich mich und gehe ihm nach, ohne mich durch einzelne Abweichungen irreleiten zu lassen. Hoher Barometer: Trockenheit, Ostwind; tiefer Barometer: Nässe, Westwind, dies ist das herrschende Gesetz, woran ich mich halte. Wehet aber einmal bei hohem Barometer und Ostwind ein nasser Nebel her, oder haben wir blauen Himmel bei Westwind, so kümmert mich dieses nicht und macht meinen Glauben an das herrschende Gesetz nicht irre, sondern ich sehe daraus bloß, daß auch manches Mitwirkende existiert, dem man nicht sogleich beikommen kann ... ❞

Eckermann, 1827

Die Anfänge der Glasindustrie in Jena

Es erscheint aus heutiger Sicht außerordentlich bemerkenswert, daß Sachsen-Weimar, also ausgerechnet einer der kleinsten und ärmsten Staaten, zur Keimzelle der deutschen optischen Industrie werden sollte. Carl August und Goethe hatten es sich zur Aufgabe gesetzt, die naturwissenschaftlichen »Anstalten« der Universität Jena mit modernen physikalisch-optischen Instrumenten zu versehen. Da jedoch wegen der deprimierenden Finanzverhältnisse dieser Hochschule an teure Ankäufe nicht zu denken war, beschloß man, das Fehlende selbst herzustellen. Schließlich war der Hofmechanikus und Professor Johann Christoph Friedrich Körner (1778–1847) ein äußerst fähiger Instrumentenbauer, der trotz der finanziellen Beengtheit der Verhältnisse wahrlich Erstaunliches zu leisten vermochte, unter anderem war er ein Meister des Messinggusses. Goethe hatte zu ihm ein fast freundschaftliches Verhältnis, wenn ihn auch zuweilen dessen Geschwätzigkeit störte.

Der Aufstieg Jenas zu späterem »optischem« Weltruhm begann mit ausgesprochen trüben Erfahrungen Körners bei der Ausstattung der 1812 unter der Aufsicht Goethes, auf ausdrücklichen Wunsch Carl Augusts nach dem Vorbild des Gothaischen Observatoriums gegründeten Sternwarte in Jena. Es haben wahrscheinlich die Erfolge von Joseph Utzschneider (1763–1840), Georg von Reichenbach (1772–1826), Joseph Liebherr (1767–1840) und Joseph von Fraunhofer (1787–1826) mit ihrer Hütte für optisches Glas in Benediktbeuern in Körner den Gedanken reifen lassen, ebenfalls die Gründung einer Glashütte zu versuchen. Da sich seine Werkstatt in Weimar als zu klein und vor allem als zu feuergefährdet erwies, erbaute er Anfang 1817 in Jena eine kleine Glashütte, die zunächst lediglich Probeschmelzungen ausführte, um eine Technologie für optisches Glas zu entwickeln. »... Das Auffinden einiger Milchquarze am Ufer der Saale, welche reichlich damit versehen ist ...«[1], gab ihm die entscheidende Anregung, denn dank dieser Milchquarze verfügte er über hochwertiges Ausgangsmaterial. Zunächst erntete Körner nur Mißerfolge, die auch von Goethe, der die Schmelzversuche aufmerksamst verfolgte, im Tagebuch festgehalten wurden. Goethe sorgte auch für »... eine Unterstützung an Brennmaterial zur Fortsetzung und Vergrößerung dieser Versuche ...«[2] Doch das Erreichte blieb weit hinter den Erwartungen zurück. In Benediktbeuern hatten in der Zwischenzeit Utzschneiders gelegentlich wenig erfolgreiche Geschäftsführung und seine undurchsichtigen Finanztransaktionen zu schwersten wirtschaftlichen Krisen ge-

Johannes Kunckel von Löwenstern (1630–1703) schuf 1679 mit seiner »Ars Vitraria Experimentalis« ein Lehrbuch der Glasherstellung, das bis ins 19. Jahrhundert Gültigkeit behielt und auch von Goethe eifrig studiert wurde. Kunckel war der erste, der 1690 Knallquecksilber und Knallsilber beschrieb. Mit Hilfe des Knallgoldes gelang ihm die Herstellung von Goldrubinglas.

Durch seinen »Verrat« Benediktbeurer Glasgeheimnisse an Goethe und Professor Körner ermöglichte Georg von Reichenbach (1772 bis 1826) die Herstellung des ersten optischen Glases in Jena. Reichenbach diente dem Königreich Bayern als Salinenrat und später als Direktor des Straßen- und Wasserbauwesens – er hatte somit in Bayern in mancher Hinsicht ähnliche Funktionen wie Goethe in Sachsen-Weimar und war ein vielseitiger Konstrukteur von physikalischen Instrumenten, Wassersäulen- und Hochdruckdampfmaschinen.

führt, unter deren Druck er sich zum Verkauf an das Königreich Bayern entschloß, wobei er seine optische Glashütte als Pächter wieder übernahm. In schmerzlichen Verhandlungen hatte er sich außerdem von Reichenbach getrennt, weshalb dieser nun hinsichtlich der in Benediktbeuern geübten Fabrikationsgeheimnisse nicht mehr so verschwiegen war wie ehedem. Am 15. September 1822 verzeichnete Goethe den Besuch Reichenbachs in seinem Tagebuch. Offenbar ein Opfer des liebenswürdigen Charmes, den Goethe entfalten konnte, insbesondere, wenn es um Hilfe für seine über alles geliebte Universität Jena ging, riet Reichenbach, zu wesentlich größeren Schmelzansätzen von wenigstens 400 Pfund überzugehen. In Benediktbeuern hatte man die Erfahrung gemacht, daß mit zu kleinen Schmelzen kein wirklich homogenes optisches Glas zu erzielen war. Die Mißerfolge mit Körners nur 30pfündigen Schmelzansätzen waren somit erklärt. Körner schrieb über die Begegnung: »... Bei der Unterhaltung mit Herrn von Reichenbach äußerte er gegen mich manches, was ich bei den späteren Versuchen benutzt und sehr zweckmäßig gefunden habe ...«[3]

Auch Fraunhofers Meinung, der ja immer noch mit Utzschneider zusammenarbeitete, wurde eingeholt. Offenbar in der Angst, die beiden könnten sich gegen einen solchen Liebesdienst sperren, wurden diese Anfragen so offiziös wie nur irgend möglich vorgebracht: Serenissimus schrieben höchstderoselbst, wie aus einem Brief Carl Augusts an Goethe vom 24. Juli 1825 hervorgeht: »... Mit nächster Gelegenheit, mein alter Freund, schicke ich die Bücher, Prismen und dergleichen zurück. Ein konkaves Glas wird mitkommen von Körners Fabrik, das ich nach Bayern geschickt hatte, und Fraunhofers Kritik darüber, die ich Körner zur Beherzigung mitzuteilen bitte ...«[4]

Man folgte den Reichenbachschen Ratschlägen und ging zu wesentlich größeren Ansätzen über. In seiner Eigenschaft als Mitglied der zweiköpfigen »Oberaufsicht« über die Universität Jena erhöhte Goethe die Unterstützungsmittel für Körner beträchtlich. Ein großer Schmelzofen, ein Holzdarrofen und ein Kalzinierofen konnten nun gebaut werden, und dies in einem größeren Gebäude. Zuvor hatten die Gehilfen Körners im Freien gearbeitet.

Ab 1826 scheint Körner in der Lage gewesen zu sein, eigenes Glas in seine Instrumente einzubauen. Carl August selbst sorgte für die Beschaffung der Publikationen Fraunhofers und für die umgehende Anwendung der dort beschriebenen Ergebnisse und Methoden in Weimar und Jena. Einem Brief des Physik-Professors Jakob Fried-

> ❞ ... Professor von Münchow ... hat nach seiner und Körners Relation das Observatorium recht hübsch zusammengestellt ... Ich für meine Person war ein wenig ungeduldig und unzufrieden, daß das parallaktische Instrument nicht rücken wollte. Um ihn (das heißt Körner) anzuregen, ließ ich ihn vor ungefähr 3 Wochen sämtliche Teile, wie sie aus dem Guß kamen, der Erbprinzeß (das heißt Maria Pawlowna) vorlegen und nach dem Riß erklären; zugleich brachte er alle Teile aus der Glasschleifmaschine gleichfalls roh aus dem Guß zum Vorschein, da man denn freilich sieht, was für unendliche Vorbereitungen dazu gehören, wenn ein einzelner hier dasjenige hervorbringen will, was viele zusammen an großen Fabrikorten, begünstigt durch die besten Materialen und die geschicktesten Handwerker zu leisten im Stande sind. So sprangen ihm wegen des schlechten Stahls einige zur Glasschleifmaschine erforderlichen Spindeln und haben ihm, weil alles ineinander greift, manche falsche Kosten verursacht.
> Zu seiner Aufmunterung ließ ich die Nachricht von seiner Luftpumpe sowohl in das Intelligenzblatt der Literatur-Zeitung als besonders abdrucken ... ❞
>
> Brief an Carl August

Typische Glashütte der Goethezeit. In dieser Abbildung wird Hohlglas geblasen, wie es auch in der Jenenser Glashütte von Professor Körner hergestellt wurde.

rich Fries (1773–1843) vom 12. August 1826 an Goethe ist zu entnehmen, daß der Großherzog selbst befohlen hatte, Beobachtungen mit einer von ihm bezahlten Ausrüstung, »... bestehend aus einem Heliostaten mit metallischem Spiegel und den Apparaturen zu den Fraunhoferschen Brechungs-, Zerstreuungs- und Beugungs-Versuchen des Lichtes, welche Dr. Körner anzufertigen angewiesen sei, auf dem Schloß in Jena anzustellen ...«[5]

Bei den weiteren Schmelzversuchen, die insbesondere der Darstellung von Kronglas galten, arbeitete Döbereiner in beträchtlichem Umfang mit. Es wurden durchaus brauchbare Ergebnisse bei der Erschmelzung von Strontium-, Baryt-, Wismut- und Cadmium-Spezialgläsern erzielt. Allerdings blieb Döbereiner, dessen Arbeiten zur chemischen Stöchiometrie auf seine Glasforschungen einwirkten, durch allzu strenge Einhaltung stöchiometrischer Ansätze der große Durchbruch versagt; Glas ist eine unterkühlte Schmelze und eben keine stöchiometrisch aufgebaute chemische Verbindung. So kam es, daß Körner Schmelzversuche mit gewissen Mengenverhältnissen unterließ, die einige Jahrzehnte später den Ruhm von Otto Schott (1851–1935) begründen sollten.

Um die gemeinsamen Glasforschungen Körners und Döbereiners zu unterstützen, genehmigte der junge Großherzog Carl Friedrich (1783 bis 1853) – Carl August war 1828 gestorben – ein Jahresdeputat an Hartholz. Am 7. April 1829 sandte Körner einen Brief an Goethe, der eindringlich die beträchtlichen Schwierigkeiten einer damaligen Forschungsglashütte darlegt, der aber auch in fast rührender Weise die Bedeutung Goethes für die Existenz der Körnerschen Glashütte aufzeigt: »... Hochwohlgeborene Exzellenz! Gnädiger Herr! Als Antwort auf Ew. Exzellenz gnädige Zuschrift habe ich die Ehre zu melden: daß, soviel ich weiß, H. Hofrat Döbereiner mit seinen Glassätzen, bis auf den mit Wismuthoxyd, fertig ist, daß bloß meine Masse zu mischen ist; der Ofen aber in feuerungsfähigem Stand sich befindet. Die früheren Schmelzungen forderten für die Gehilfen eine Ausgabe von circa 16 rth. Die vier vorgeschlagenen Tagelöhner werden, wenn sie für die Nacht nicht mehr als 8 gr. verlangen, woran ich jedoch zweifle, auf 8 Tage 10 rth. 16 gr. kosten. Für die Nacht muß ich versuchen, ein paar Bekannte zu gewinnen, die, um daß ich einige Stunden schlafen kann, an meiner Stelle die Aufsicht führen, damit mir die Schürer nicht einschlafen oder andere Fehler begehen, wenn ich diese nicht mit barem Gelde bezahlen kann, so muß ich dafür sorgen, daß sie keine Not leiden. Die gewaltige Hitze hat jedesmal für 2 rth. Bier nötig gemacht, daher wird die ganze Ausgabe sich auf diese Art auch auf nahe 16 rth. belaufen. Um nicht mit einer Forderung unbescheiden zu sein, will ich Ew. Exzellenz hoher Einsicht den Betrag eines ... Zuschusses gänzlich überlassen und werde zufrieden sein, wie Sie zu verfügen geruhen, den Rest will ich gern übertragen ...«[6]

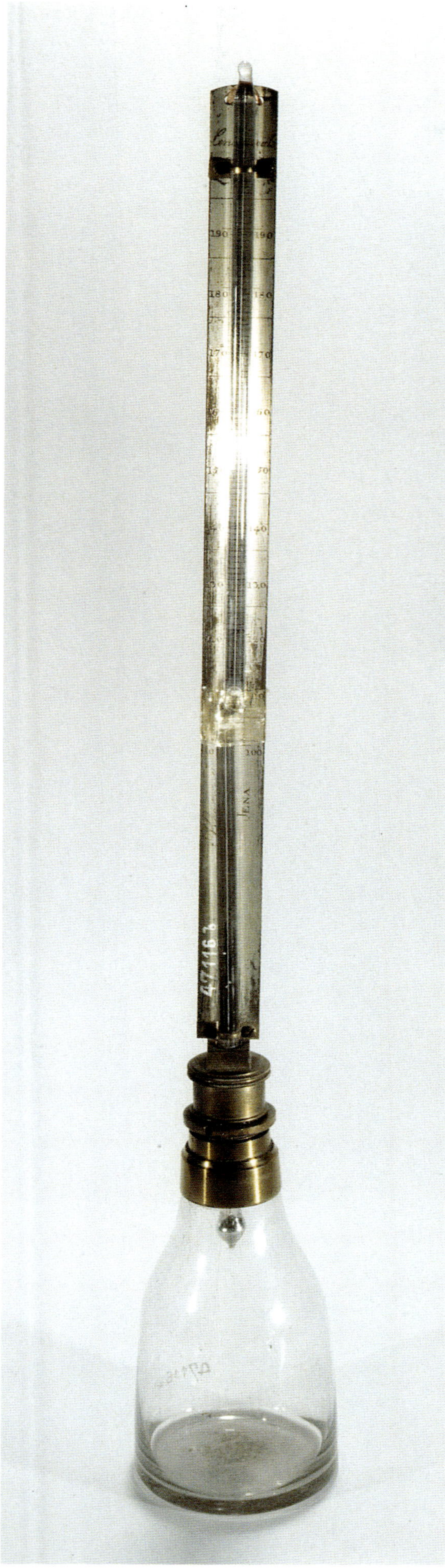

Die Zuschreibung von alten Glaswaren, insbesondere von Gebrauchsglas an bestimmte Hütten ist mangels Signatur meist schwierig. Ausnahmen

machen wissenschaftliche Instrumente, die fast immer signiert sind, weil die Signatur als Gütezeichen galt. Dieses Pyknometer stammt aus der Werkstatt des Hofmechanikus Professor Körner aus Jena und diente zur Bestimmung der spezifischen Dichte von Flüssigkeiten. Da diese temperaturabhängig sind, benötigt das Wägegläschen ein Thermometer. Das Gerät stammt aus dem Laboratorium von J. B. Trommsdorff in Erfurt.

❞ Mikroskope und Fernrohre verwirren eigentlich den reinen Menschensinn. ❞ Maximen und Reflexionen

❞ ...Ich habe im Leben überhaupt und im Durchschnitt gefunden, daß diese Mittel, wodurch wir unseren Sinnen zu Hilfe kommen, keine sittlich günstige Wirkung auf den Menschen ausüben ❞ Wilhelm Meisters Wanderjahre

❞ ...Es mag eine Wunderlichkeit von mir sein, aber ich kann es einmal nicht überwinden. Sowie ein Fremder mit der Brille auf der Nase zu mir hereintritt, kommt sogleich eine Verstimmung über mich, der ich nicht Herr werden kann. Es geniert mich so sehr, daß es einen großen Teil meines Wohlwollens sogleich auf der Schwelle hinwegnimmt und meine Gedanken so verdirbt, daß an eine unbefangene natürliche Entwicklung meines eigenen Innern nicht mehr zu denken ist... ❞ Eckermann, 1830

Goethes Vater, Johann Caspar Goethe, soll angesichts seiner eigenen umfangreichen Bibliothek immer gesagt haben, daß das Sammeln von Büchern eine Krankheit sei wie Wassersucht. Wie man an der privaten Bibliothek des Sohnes in Weimar erkennen kann, ist auch eine solche »Krankheit« erblich.

Der bescheidene Appell an Goethes »hohe Einsicht« verhallte nicht ungehört, und die Auszahlung von 25 Reichstalern wurde gestattet. Goethe hatte trickreiche Finanzierungskünste entwikkelt, wobei es seiner Beredsamkeit stets gelang, bei gefährlichen Engpässen Zuwendungen aus der Börse der Gattin Carl Friedrichs, der russischen Großfürstin Maria Pawlowna (1786 bis 1859), zu erhalten, da diese offenbar die weitaus wohlhabendste Standesperson in Sachsen-Weimar war.

Nicht immer war Goethe mit Körner zufrieden. Am 30. Mai 1829 schrieb er in sein Tagebuch: »... Dr. Körner von Jena, neue Glasproben bringend und wie gewöhnlich viel Worte machend. Das Resultat schwebte wie immer in der Luft ...«[7]

In späteren Jahren fertigte die Körnersche Glashütte auch für den Markt. 1909 wurde sie von einer Zeitgenossin rückschauend so beschrieben: »... Zwar massiv, aber in nur bescheidenen Dimensionen erbaut, zeigte sich die Hütte wohl eingerichtet und schien ihrem Besitzer reichlich Arbeit und Unterhalt zu gewähren. Fabriziert wurden meist alle solchen Gegenstände, welche man in physikalischen Instituten und chemischen Laboratorien zu sehen gewöhnt ist. Glasröhren aller Art, ... Büchsen, Schalen, Kolben, Retorten und Reagenzgläser; ich sah aber auch Flaschen, Tafelglas ... In den Mußestunden befaßte sich Dr. Körner mit der Anfertigung von Buntglas. Er hatte viele Verbindungen mit verschiedenen Universitäten, an deren Institute er lieferte ...«[8] Mit dem Tode Körners kam diese kleine Jenenser Glashütte 1847 zum Erliegen.

Zu der weiteren Entwicklung der deutschen optischen Industrie sollte aber einer der Lehrjungen Körners ganz wesentlich beitragen. Carl Zeiss (1816–1888), ein Patenkind Carl Friedrichs, hatte von 1829 bis 1834 in Körners Werkstatt gelernt und dann unter anderem bei Körner und Döbereiner Vorlesungen gehört, bevor er 1846 in Jena eine eigene optische Werkstätte gründete, die 1889 in die Carl-Zeiss-Stiftung umgewandelt wurde. Diese Stiftung besteht heute noch und umfaßt als Holdinggesellschaft unter anderem die Firmen Carl Zeiss in Oberkochen und Schott in Mainz.

„... den Berg hinauf über einen schrecklichen Basaltweg, auf die Glashütte, wo siebzehn Menschen arbeiteten. Es werden große Fenstertafeln gefertigt; wir sahen die ganze Manipulation mit an, die wirklich furchtbar ist. Sie bliesen Walzen von 3 Fuß Höhe, in verhältnismäßigem Durchmesser. Diese ungeheuren Körper aufschwellen, glühend schwingen und wieder in den Ofen schieben zu sehen, je drei und drei Mann ganz nah nebeneinander, macht einen ängstlichen Eindruck. Dann weiß man die Walze, die erst unten rundlich geschlossen ist, mit immer fortgesetzter Erhitzung zu öffnen, daß Glocken daraus entstehen, diesen wird die Mütze genommen, die Walze selbst durch ein glühend Eisen getrennt, damit sie sich auseinander gebe, welches im Kühlofen geschieht. Das alles geschieht mit der zerbrechlichsten, glühend biegsamsten Masse, so takt- und schrittmäßig daß man sich bald wieder beruhigt. Das Gefährliche mit Sicherheit ausgeübt, erregt eine bängliche Bewunderung; es fielen mir die Kunstreiter dabei ein. Dafür ist es auch die strengste Gilde, die nie ihren Handwerkszwang aufheben wird, noch kann: denn hier zeigt's sich, wer Lehrling oder Meister sei. Sie sind sehr gut bezahlt, aber man fordert viel von ihnen ...“

Eintragung in das Tagebuch am 15. 8. 1822 nach dem Besuch der Glashütte der Familie Fikentscher bei Marktredwitz

Der Mühe Lohn?

Goethes Leben als Naturwissenschaftler ist ob der unglaublichen Vielfalt seiner Forschungen überaus staunenerregend. Neben seinem Werk als Dichter und seinen Leistungen als Theaterleiter und Politiker steht eine geradezu beängstigende Fülle naturwissenschaftlicher Aktivitäten. Doch eben in dieser Fülle zeigen sich bereits die Grenzen. In seinem Bestreben, Natur und Mensch möglichst umfassend zu zeichnen, konnte sich Goethe zwangsläufig nicht zum wirklichen Spezialisten eines Teilbereiches entwikkeln. Unumgänglich blieb er in den Einzeldisziplinen hinter dem aktuellen Stand der Forschung zurück. Auch mußte er erleben – und es gibt viele Zeugnisse dafür, daß es ihn sehr schmerzte –, daß er sich in seinen Ansichten und ganz besonders in den Methoden überlebt hatte. Je mehr sich sein langes Leben dem Ende entgegenneigte, um so weiter blieb er notwendigerweise zurück.

Goethe war als Naturwissenschaftler im Innersten seines Wesens ein Mann des 18. Jahrhunderts geblieben, einer Epoche, in der ein gebildeter und wohlhabender Dilettant, ausgerüstet mit scharfem Auge, Korb, Hämmerchen, Mikroskop und Fernglas, viele und auch wichtige Beobachtungen machen konnte. Keine der damaligen Naturwissenschaften – ausgenommen die Astronomie – verfügte über einen wirklich tragfähigen mathematisierten Unterbau. Dem weitgehend deskriptiven Forschungsstil jener Zeit kam Goethes ausgefeilte Prosa sehr entgegen. Seine spätere Berührung mit der romantischen Naturphilosophie, insbesondere seine Beeinflussung durch Friedrich Wilhelm Joseph Schelling (1775–1854), war auch nicht geeignet, in ihm den Wunsch nach wesentlichem Umbau der Fundamente seiner naturwissenschaftlichen Tätigkeit reifen zu lassen. Entscheidende Erkenntnisse, die heute Basis naturwissenschaftlicher (Schul-)Bildung sind, wurden von Goethe schlicht geleugnet. Sein fundamentales Mißtrauen gegenüber dem Problem »Ursache–Wirkung« findet sich in zahlreichen nachgelassenen Maximen und Reflexionen, die schon für seine eigene Zeit, um so mehr für die folgende Epoche der »klassischen Physik« sehr eigenartig klingen: »Der eingeborenste Begriff, der notwendigste, von Ursache und Wirkung wird in der Anwendung die Veranlassung zu immer wiederholenden Irrtümern.«[1] Goethe wurde noch deutlicher: »Das Zurückführen der Wirkung auf die Ursache ist bloß ein historisches Verfahren, zum Beispiel die Wirkung, daß ein Mensch getötet, auf die Ursache der losgefeuerten Büchse.«[2]

So flossen ihm Feststellungen wie folgende aus der Feder: »Das Höchste wäre: zu begreifen, daß alles Faktische schon Theorie ist. Die Bläue des Himmels offenbart uns das Grundgesetz der Chromatik. Man suche nur nichts hinter den Phänomenen; sie selbst sind die Lehre.«[3]

Nach Goethe ist die Bläue des Himmels also ein Phänomen, für das es letztlich keine Ursache gibt. Es kann somit Wirkungen geben, denen keinerlei Ursachen gegenüberstehen und umgekehrt. Doch nicht einmal vier Jahrzehnte sollten nach Goethes Tod vergehen, da gelang John Tyndall (1820–1893) an der Royal Institution in London bei der Entdeckung des »Tyndall-Effektes« 1869 die experimentelle Deutung. Das Blau des Himmels wurde 1871 von John William Strutt, Lord Rayleigh (1842–1919), Professor in Cambridge, als Streu-Effekt der Lichtwellen an den schwingenden »Dipolen« der Moleküle der Luft gedeutet.

Daß Goethes Denkweise die Planung erfolgreicher Versuche erschwerte, bedarf keiner Diskussion. Unter diesem Aspekt erklärt sich auch sein reichlich problematisches Verhältnis zum naturwissenschaftlichen Experiment. Für ihn gab die Natur, in einem ihr nicht gemäßen Versuch »gequält«, auf die ihr gestellten Fragen keine oder falsche Antworten. In einem kleinen Aufsatz unter dem programmatischen Titel »Recht und Pflicht« erläuterte er: »Wenn der Naturforscher sein Recht einer freien Beschauung und Betrachtung behaupten will, so mache er sich zur Pflicht, die Rechte der Natur zu sichern; nur da, wo sie frei ist, wird er frei sein, wo man sie mit Menschensatzungen bindet, wird auch er gefesselt werden.«[4]

Manch »grüner« Vertreter einer »sanften« Naturwissenschaft wird sich in unseren Tagen von diesen Sätzen angesprochen fühlen. In einer Zeit aufblühender Experimentierkunst allerdings war dies ein gefährlicher Standpunkt. Auch Goethes Forderung, der Beobachter müsse wesentlichster Teil des Experimentes bleiben, muß Forschern, die in ihrem Streben nach möglichst weitreichender Objektivität die Rolle des subjektiven Beob-

„... die Mathematiker sind närrische Kerle, und sind so weit entfernt, auch nur zu ahnen, worauf es ankommt, daß man ihnen ihren Dünkel nachsehen muß. Ich bin sehr neugierig auf den ersten, der die Sache einsieht und sich redlich dabei benimmt; denn sie haben doch nicht alle ein Brett vor dem Kopfe, und nicht alle haben bösen Willen. Übrigens wird mir denn doch bei dieser Gelegenheit immer deutlicher, was ich schon lange im Stillen weiß, daß diejenige Kultur, welche die Mathematik dem Geiste gibt, äußerst einseitig und beschränkt ist... – Auch hat schon Franklin eine besondere Aversion gegen die Mathematiker, in Absicht auf geselligen Umgang, klar und deutlich ausgedrückt, wo er ihren Kleinigkeits- und Widerspruchsgeist unerträglich findet.
Was die eigentlichen Newtonianer betrifft, so sind sie im Falle des alten Preußen im Oktober 1806. Sie glaubten noch taktisch zu siegen, da sie strategisch lange überwunden waren. Wenn ihnen einmal die Augen aufgehen, werden sie erschrecken, daß ich schon in Naumburg und Leipzig bin, mittlerweile sie noch bei Weimar und Blankenhahn herumkröpeln. Jene Schlacht war schon vorher verloren, und so ist es hier auch. Jene Lehre ist schon ausgelöscht, indem die Herren noch glauben, ihren Gegner verachten zu dürfen. Verzeihen Sie mir das Großtun. Ich schäme mich dessen so wenig als die Herren sich ihres Kleintuns ...“

an Carl Friedrich Zelter

„... Ich habe mich ... in den Naturwissenschaften ziemlich nach allen Seiten hin versucht; jedoch gingen meine Richtungen immer nur auf solche Gegenstände, die mich irdisch umgaben und die unmittelbar durch die Sinne wahrgenommen werden konnten; weshalb ich mich nie mit Astronomie beschäftigt habe, weil hierbei die Sinne nicht mehr ausreichen, sondern weil man hier schon zu Instrumenten, Berechnungen und Mechanik seine Zuflucht nehmen muß, die ein eigenes Leben erfordern und die nicht meine Sache waren ...“

Eckermann, 1827

»Weite Welt und breites Leben,
Langer Jahre redlich Streben
Stets geforscht und stets gegründet,
Nie geschlossen, oft gegründet,
Ältestes bewahrt mit Treue
Freundlich aufgefaßt das Neue,
Heitern Sinn und reine Zwecke:
Nun! man kommt wohl eine Strecke.«

achters zumindest minimieren wollten, ziemlich befremdlich geklungen haben: »Der Mensch an sich selbst, insofern er sich seiner gesunden Sinne bedient, ist der größte und genaueste physikalische Apparat, den es geben kann, und das ist eben das größte Unheil der neueren Physik, daß man die Experimente gleichsam vom Menschen abgesondert hat, und bloß in dem, was künstliche Instrumente zeigen, die Natur erkennen, ja was sie leisten kann dadurch beschränken und beweisen will.«[5] Aus der Sicht der historischen Entwicklung der Naturwissenschaften des vorigen Jahrhunderts hatte sich Goethe damit aber auf den falschen Weg begeben.

Besonders deutlich wird dies in seinem gebrochenen Verhältnis zur Kristallographie, die zu seiner Zeit ihren großen Aufstieg begann. Goethe, wiewohl im Besitz von 18000 Gesteinen und Mineralien, hat offenbar nie irgendeinen Winkel an einem Kristall vermessen, ein Goniometer scheint er nicht besessen zu haben. Der Entdeckung des Isomorphismus durch Eilhard Mitscherlich (1794–1863), auf die sich das folgende Zitat bezieht, stand er verständnislos gegenüber, deren physikalisch-chemische Tragweite blieb ihm unbegreiflich: »... Die Kristallographie, als Wissenschaft betrachtet, gibt zu ganz eigenen Ansichten Anlaß. Sie ist nicht produktiv, sie ist nur sie selbst und hat keine Folgen, besonders nunmehr, da man so manche isomorphische Körper angetroffen hat, die sich ihrem Gehalte nach ganz verschieden erweisen. Da sie eigentlich nirgends anwendbar ist, so hat sie sich in dem hohen Grade in sich selbst ausgebildet. Sie gibt dem Geist eine gewisse beschränkte Befriedigung und ist in ihren Einzelheiten so mannigfaltig, daß man sie unerschöpflich nennen kann, deswegen sie auch vorzügliche Menschen so entschieden und so lange an sich festhält.«[6]

Die Tragweite des Isomorphismus für die Atomistik war Goethe offensichtlich völlig entgangen. Vergegenwärtigt man sich die eminente Bedeutung der Kristallographie in der modernen Materialkunde, ohne die unsere heutige Technik nicht einmal in Ansätzen funktionieren würde, so erweist sich Goethes eingeschränkte Zukunftserwartung für die Kristallographie, gelinde gesagt, als nicht ganz zutreffend. Fast schon rührend ist seine weitere Abwägung des Nutzens der Kristallographie: »Etwas mönchisch Hagestolzartiges hat die Kristallographie ... Von praktischer Lebenseinwirkung ist sie nicht: denn die köstlichsten Erzeugnisse ihres Gebietes, die kristallinischen Edelsteine, müssen zuerst zugeschliffen werden, ehe wir unsere Frauen damit schmücken können.«[7]

Es würde zu weit führen, alle kristallographischen Irrtümer dieser Behauptung im Detail auszuleuchten. Es sei lediglich darauf verwiesen, daß gerade die Problematik der Abhängigkeit des Edelsteinschliffes vom Kristallbau, von der Anordnung der Moleküle im Kristall, von deren Bindungsverhältnissen und die Abhängigkeit des »Feuers« der Edelsteine von all diesen Faktoren zu eigenen, bis in die Gegenwart reichenden, erfolgreichen Forschungen führten.

Mit der ihm zur Verfügung stehenden Wortgewalt kanzelte Goethe die vermeintliche Borniertheit seiner Zeitgenossen ab: »Am widerwärtigsten sind die kricklichen Beobachter und grilligen Theoristen; ihre Versuche sind kleinlich und kompliziert, ihre Hypothesen abstrus und wunderlich.«[8] Daß auch ein »kleinliches und kompliziertes« Experiment eine vernünftige Antwort geben kann, und daß es Pflicht des Naturwissenschaftlers ist, ein solches Experiment ebenfalls so richtig wie nur irgend möglich zu interpretieren, war nicht Goethes Denkweise. Eine Theorie ist jedoch nur dann stimmig, wenn sie möglichst viele, wenn nicht alle überhaupt erreichbaren Daten quantitativ zu beschreiben vermag.

Der »grilligste« aller »Theoristen« und »kricklichste« aller Beobachter aller Zeiten war für Goethe natürlich Newton, den er über Jahrzehnte hinweg mit nie erlahmender Ausdauer in fast schon peinlich wirkender Weise literarisch verfolgte. So versuchte er nachzuweisen, daß wenigstens elf Bedingungen erfüllt sein müßten, damit der berühmte Prismenversuch Newtons zustande käme und er führte aus: »... Nehme man von diesen Bedingungen drei, sechs und elf weg, man mache die Öffnung groß und nehme ein großes Prisma, man stelle die Tafel nah heran, und das beliebte Spektrum kann und wird nicht zum Vorschein kommen.«[9] Dieser Satz

Unten links: Galileo Galilei soll der erste gewesen sein, der das Nachleuchten des Bologneser Leuchtsteines – reduzierter Schwerspat – beobachtete. 1816 berichtete C. A. S. Hofmann: »Vincent Cascariolo, ein Schuster zu Bologna, entdeckte im Jahre 1630 die Eigenschaft des Bologneser Spats, daß er im Dunkeln, nachdem er vorher beleuchtet oder geglühet war, noch eine Zeitlang Licht entwickelte. Diese Entdeckung war zufällig; denn V. Cascariolo, durch die Schwere des Steins verführt, glaubte, darin Gold finden zu können ...« Goethe erkannte, daß nur die violetten Teile des Spektrums diese Erscheinung bewirken. Daß er nicht selbst zum Entdecker des ultravioletten Lichtes wurde, lag daran, daß ihm kein Fluorit-Prisma zur Verfügung stand.

Oben:
Goethe glaubte, seine jahrzehntelangen Bemühungen um die Farbenlehre und seine umfangreichen Veröffentlichungen zu diesem Thema seien bedeutender als seine Dichtungen. Die ablehnende Haltung, wie sie unter anderem G. Ch. Lichtenberg zeigte, konnte er nicht verstehen. Am 21. 11. 1795 schrieb er an Schiller: »Was sagen Sie z. B. dazu, daß Lichtenberg, mit dem ich in Briefwechsel über die bekannten optischen Dinge, und übrigens in einem ganz leidlichen Verhältnis stehe ... meine Versuche auch nicht einmal erwähnt ...« Lichtenberg seinerseits stand dem literarischen Treiben seiner Zeit und damit auch Goethe mit unverhohlenem Spott gegenüber und behauptete etwa, selbst Mädchen »... bliesen Oden und lauschten auf das Brausen des Genies in den Wolken.« In seinen Sudelbüchern hielt er fest: »Statt Goethisch lies Gothisch«. »Gotisch« war damals eine kränkende Herabsetzung.

Links:
Der mit Goethe bekannte Naturforscher und Hofmedicus F. G. Sulzer benannte ein in der Nähe des schottischen Dorfes Strontian vorkommendes Mineral 1791 »Strontianit«, in dem bald darauf das neue Element Strontium entdeckt wurde. Werner nannte ein 1798 neu gefundenes, blau-durchsichtiges Mineral nach der Farbe des Himmels »Cölestin«. Zur großen Freude Goethes wurde 1817 bei Schloß Dornburg auch Cölestin gefunden, von dem er und Carl August so viele Stufen verschenkten, daß heute das Lager erschöpft ist. Goethe bat Döbereiner eine Analyse dieses strontiumhaltigen Minerals zu machen. Döbereiner – in der irrigen Annahme, das neu gefundene Erdalkalimetall Strontium sei in Wahrheit nicht existent – berechnete seine Analysen so, als handle es sich bei »Strontium« um ein Gemisch der Metalle Calcium und Barium. Bei diesen Berechnungen entdeckte er, daß die Folge der Atomgewichte die »Triade« Calcium/Strontium/Barium bildet und legte so das Fundament zu unserem Periodensystem der Elemente.

zeigt exemplarisch Goethes einseitige Betrachtungsweise. Ein »kompliziertes« Experiment ist jedoch gerade deshalb so kompliziert, weil eine Naturerscheinung nur unter bestimmten Bedingungen unbeeinflußt von anderen, sie verdekkenden Erscheinungen rein beobachtet werden kann. Die Kompliziertheit dient somit dem Ausschluß von Störfaktoren. Besonders eklatant fällt Goethes Eigenheit in der fortgesetzten Auslassung zu diesem Thema auf: »Der Fraunhoferische Versuch, wo Querlinien im Spektrum erscheinen, ist von derselben Art, so wie auch die Versuche, wodurch eine neue Eigenschaft des Lichtes entdeckt werden soll. Sie sind doppelt und dreifach kompliziert.«[10] Die Deutung der Fraunhoferschen Linien durch Robert Wilhelm Bunsen (1811–1899) und Gustav Robert Kirchhoff (1824–1887) wurde aber nur knapp drei Jahrzehnte nach Goethes Diktum zu einem der größten Erfolge der physikalischen Chemie des vorigen Jahrhunderts und wiederum einige Jahrzehnte später eines der ganz wesentlichen Fundamente der heutigen Atomtheorie. Besonders verdächtig war es Goethe, wenn ein »kompliziertes«, der unmittelbaren Anschauung nicht zugängliches Experiment Fakten erbrachte, die dann erst durch eine mathematische Behandlung zugänglich wurden. Mathematik war für ihn zwar ein staunenerregendes, bewundernswertes Gedankengebäude, das zu betreten ihm aber mangels eigener mathematischer Begabung nicht möglich war. Daß sein Erzkontrahent Newton zu allem Überfluß Mathematiker war, erhöhte Goethes Antipathie gegenüber der Mathematik noch mehr: »Die Mathematiker sind wunderliche Leute, durch das Große, was sie leisteten, haben sie sich zur Universalgilde aufgeworfen und wollen nichts anerkennen, als was in ihren Kreis paßt, was ihr Organ behandeln kann. – Einer der ersten Mathematiker sagte, wo man ihm ein physisches Kapitel eindringlich empfehlen wollte: ›Aber läßt sich denn gar nichts auf den Kalkül reduzieren‹?«[11] Für Goethe war die Natur eben mehr als die Summe von Kalkülen. Wenngleich er damit letztlich nicht falsch lag, so verschloß er sich doch völlig der Bedeutung der bis

Es war kein Physiker, sondern der spätere Präsident der »Royal Academy« und Direktor der Nationalgalerie, Sir Charles Lock Eastlake (1793–1865), der einige Jahre nach Goethes Tod damit begann, dessen »Farbenlehre« ins Englische zu übertragen und damit William Turner beeinflußte. Tatsächlich untermauert dieses Gemälde »Great Western Railway« (1844) seine These, Farben entständen aus dem Trüben, und illustriert Goethes Furcht: »Das überhandnehmende Maschinenwesen quält und ängstigt mich, es wälzt sich heran wie ein Gewitter, langsam, langsam; aber es hat seine Richtung genommen, es wird kommen und treffen.«

DES NEUEN ALCINOUS
zweiter Teil

»Wenn ich nun im holden Haine
Unter meinen Freunden wandle,
Mögen's meine Feinde haben,
Die als Kegel ich behandle.

Kommt nur her, geliebte Freunde!
Laßt uns schleudern, laßt uns schieben;
Seht nur, es ist jedem Kegel
Auch sein Name eingeschrieben.

Da den Procerem der Mitte
Tauft' ich mir zu Vater Kanten,
Hüben Fichte, drüben Schelling,
Als die nächsten Geistsverwandten.
Brown steht hinten in dem Grunde,
Röschlaub aber trutzt mir vorne,
Und besonders diesen letzten
Hab' ich immer auf dem Korne.

Denn die Schlegels und die Tiecke
Sollen durcheinander stürzen
Und durch ihre Purzelbäume
Mir die lange Zeit verkürzen.
. . .«

Nachlaß. Invectiven

❞ Es folgt eben gar nicht, daß der Jäger, der das Wild erlegt, auch zugleich der Koch sein müsse, der es zubereitet. Zufälligerweise kann ein Koch mit auf die Jagd gehen und gut schießen; er würde aber einen bösen Fehlschuß tun, wenn er behauptete, um gut zu schießen, müsse man Koch sein. So kommen mir die Mathematiker vor, die behaupten, daß man in physischen Dingen nichts sehen, nichts finden könne, ohne Mathematiker zu sein, da sie doch immer zufrieden sein könnten, wenn man ihnen in die Küche bringt, das sie mit Formeln spicken und nach Belieben zurichten können. ❞

Maximen und Reflexionen, 1820

Im schon tropisch wirkenden öffentlichen Park zu Palermo – hier in einer historischen Aufnahme der zwanziger Jahre unseres Jahrhunderts – waren Goethe einst wichtige Erkenntnisse zur Urpflanze gekommen.

in unser Computerzeitalter hinein anhaltenden Mathematisierung der Naturwissenschaften. Gewiß wäre es trotz seiner Bemühungen um die »Spiraltendenz« der Pflanzen nicht in seinem Vorstellungsvermögen gelegen, daß sich die Anordnung von Tannenzapfenschuppen nach der »Fibonacci-Funktion« mathematisch beschreiben läßt, und daß dies wiederum später eine wichtige Anregung für Alan Mathison Turing (1912–1954) sein sollte, mathematische Ansätze auf biologisch-chemische Probleme anzuwenden – bis hin zu der Frage, ob die Entwicklung eines menschlichen Embryos in einer mathematischen Funktion zu beschreiben sei. Daß dies im weiteren einer der Ausgangspunkte für die Entwicklung der »Turing-Maschine« und damit eine gewaltige Anregung für die Mathematik und den Bau von Computern und so wiederum für eine Fülle von biochemischen Forschungen sein würde, die ihrerseits in der Enthüllung des genetischen Codes gipfeln sollten, hätte Goethe sich freilich nie vorzustellen vermocht, wiewohl erst durch diese Entwicklung eine Reihe Goethischer Theorien voll bestätigt wurden. Seine Betrachtungen zur Morphologie der Pflanzen und Tiere werden gerade vor dem Hintergrund des genetischen Codes und der Molekularbiologie erst verständlich.

Die zutreffendste Beschreibung der geistigen Orientierung des alternden Goethe stammt aus seiner eigenen Feder und klingt wehmütig resignierend: »Wenn ich das Aufklären und Erweitern der Naturwissenschaften in der neuesten Zeit betrachte, so komme ich mir vor wie ein Wanderer, der in der Morgendämmerung gegen Osten ging, die heranwachsende Helle mit Freuden, aber ungeduldig anschaute und die Ankunft des entscheidenden Lichtes mit Sehnsucht erwartete, aber doch bei dem Hervortreten desselben die Augen wegwenden mußte, welche den so sehr gewünschten und gehofften Glanz nicht ertragen konnten.«[12]

War also die Wanderung in der Morgendämmerung vergeblich gewesen? Würden wir uns heute noch an den »Naturforscher« Goethe erinnern, gesetzt den Fall, er wäre nicht gleichzeitig der große, oder wie viele sagen, der größte deutsche Dichter gewesen? Und würden wir ihn dann anders, vielleicht strenger bewerten? Wirklich beantworten läßt sich diese Frage allein schon deshalb nicht, weil ein wesentlicher Teil der Wirkung einer Persönlichkeit auf die eigenen Zeitgenossen nicht quantitativ meßbar ist. Wie skeptisch man Goethes naturwissenschaftliches Wirken aber auch betrachten mag, so bleibt doch über jeden Zweifel erhaben, daß er ganz wesentlich – weil eben doch gleichzeitig Staatsminister und großer Dichter – durch sein eigenes Vorbild

1837 erschien der Atlas: »Œuvres d'histoire naturelle de Goethe«, der als Tafel III ein bereits 1804 von François Plée gestochenes Kupfer enthielt, das von dem französischen Botaniker und Zeichner Pierre-Jean-François Turpin entworfen worden war. Turpin stellte den idealen Pflanzentypus als den Grundgedanken von Goethes Lehre von der Metamorphose der Pflanzen vor, mit ihrer ursprünglichen Identität aller Pflanzenorgane. So entstand die bizarre Zeichnung einer in dieser Form zwar nicht existenten Pflanze, die aber die mögliche Variationsbreite aller Pflanzen insgesamt mit der Vielfalt ihrer Organe bei letztlich immer identischem Bauplan aufzeigt.

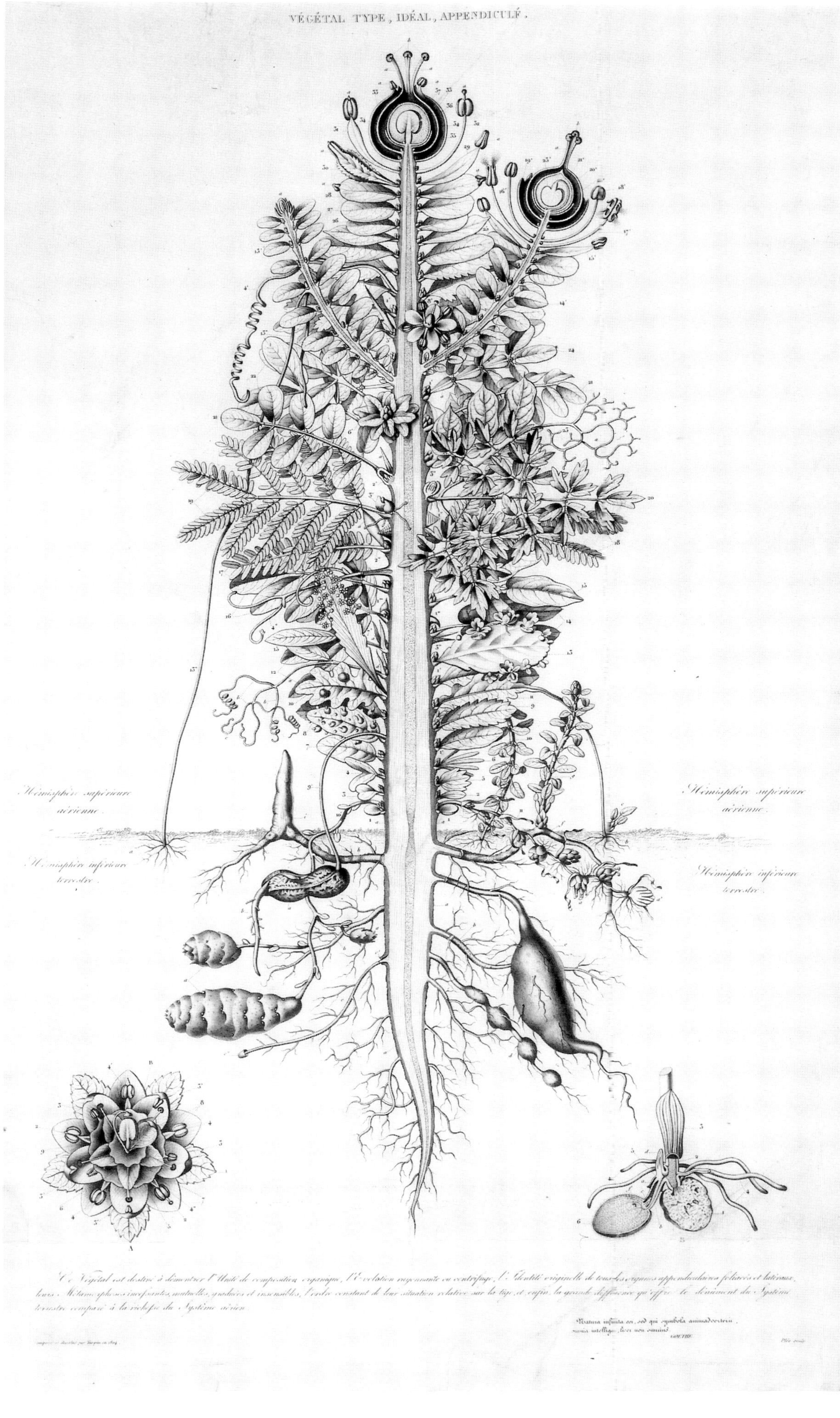

zu einem den Naturwissenschaften freundlichen geistigen Klima in seiner Epoche beigetragen hat. Unbestreitbar sind auch seine großen Leistungen als Wissenschaftsorganisator in der »Oberaufsicht« über die naturwissenschaftlichen Sammlungen und Institute in Jena und auch an der Universität Jena selbst, ohne die man sich die Geistesgeschichte der Romantik nicht nur in der Literatur, sondern auch und gerade in den Naturwissenschaften nicht vorstellen kann. Und nicht zuletzt gab seine anregende Wirkung Alexander von Humboldt und vielen anderen entscheidende Impulse. Daß Goethe an den Irrtümern seiner Zeit, die schließlich in der geistigen Welt jeder Epoche stecken, teilhatte und sich einige besonders zu eigen machte, schmälert keineswegs seine Verdienste als »Wanderer in der Morgendämmerung«.

Bei genauer Betrachtung wird man feststellen, daß letztlich von seinem Lebenswerk eben doch erstaunlich viel geblieben ist. Sehen wir auf das Umstrittenste, seine Betrachtungen zur Optik und zur Farbenlehre: Zwar ist in modernen Hochschullehrbüchern der Experimentalphysik Goethes Name nicht – oder nur ganz, ganz selten – zu finden, selbst in dem mit fast tausend Druckseiten umfangreichsten, dem »Band III, Optik« des »Bergmann – Schäfer«[13], sucht man im Register vergeblich. Und doch hinterließen Teile seiner Farben-Forschungen Spuren im naturwissenschaftlichen Fortschritt wie beispielsweise die schon erwähnte Weiterentwicklung des Goethischen Farben-Kreises und Runges Farbenkugel zur »Farbmetrik«. Diese ist aber gerade in unserem Medienzeitalter mit seiner erdrückenden Vielfalt farbigen Materials, das raffiniertest gestaltet unter voller Ausnutzung dessen, was Goethe einst »die sittliche Wirkung der Farben« genannt hat, auf den Betrachter niederprasselt, ganz besonders wichtig. Die physiologische Deutung des »dreidimensionalen Vektorraumes«, als dessen »Elemente« man die einzelnen Farben auffaßte, führte fast zwangsläufig zur »Dreikomponententheorie«, entsprechend den drei Dimensionen des Vektorraumes. So entstand die Theorie der Grundfarben, ohne die Farbfilm und Farbfernsehen heute nicht möglich wären. Aber insbesondere die von Goethe beschriebenen »Nachbilder« – man erinnere sich an Mephisto in Gestalt eines Pudels – ließen sich nur mit einer Theorie der »Gegenfarben« erklären, die sich lange Zeit – Goethe hätte dies sicher mit großer Genugtuung erfüllt – der mathematischen Behandlung entzog. Erst 1920, hundertzehn Jahre nach Goethes Publikation, gelang es dem späteren Nobelpreisträger Erwin Schrödinger (1887–1961), durch die Aufstellung der »Alychne« auch für die Gegenfarbentheorie einen dreidimensionalen Vektorraum zu entwickeln.

Medizinisch-physiologische Konsequenzen von Schrödingers genialen Arbeiten zur Mathematisierung der Farbentheorie und der damit zusammenhängenden »Wellentheorie des Lichtes« sind heute noch Gegenstand physiologisch-medizinischer Forschung.[14] Moderne »Farbmetriker« und »Farbtheoretiker« ihrerseits beziehen sich ebenso heute noch – fast zweihundert Jahre nach Erscheinen der »Farbenlehre« – auf Goethe, Runge und deren Nachfolger. Selbst wenn in den 60er Jahren unseres Jahrhunderts die Pop-art zur Aufmerksamkeitserhöhung unser Auge mit schreiendsten disharmonischen Farbkombinationen attackierte, so sind denn auch diese Disharmonien höchst »klassisch« in der auf Goethe basierenden und ihn reichlich zitierenden »Harmonielehre der Farben« von Harald Küppers[15] und in dessen 55000 (!) Nuancen umfassenden Farbenatlas[16] zu finden, wie natürlich ebenso mögliche Pop-Farb-»Harmonien«.

Doch auch ohne all diese Auswirkungen würde Goethes vierzigjähriges Mühen um die Farben nicht vergebens gewesen sein. Denn kein Geringerer als William Turner (1775–1851), der bedeutendste Landschaftsmaler der englischen Romantik, wurde von Goethes naturwissenschaftlichen Werken und insbesondere der »Farbenlehre« angeregt sowie bestätigt und zu seinen späten, dem Impressionismus vorausgehenden, raffinierten Spielen mit Licht, Farbe und Schatten inspiriert. Zumindest in die Kunstgeschichte ist Goethes »Farbenlehre« somit unsterblich eingegangen.

Schon 1780 hatte Goethe in einem Brief an Lavater geschrieben: »... Diese Begierde, die Pyramide meines Daseins, deren Basis mir angegeben und gegründet ist, so hoch als möglich in die Luft zu spitzen, überwiegt alles andere und läßt kaum augenblickliches Vergessen zu. Ich darf mich nicht säumen, ich bin schon weit in Jahren vor, und vielleicht bricht mich das Schicksal in der Mitte, und der Babylonische Turm bleibt stumpf unvollendet ...«[17] Zwar liegt es im Wesen babylonischer Türme, unvollendet zu bleiben – Goethe wird man allerdings zugestehen müssen, daß er seinem Ziel recht nahe kam, wenn es ihm auch letztlich nicht gelang, zu erkennen, »... was die Welt im Innersten zusammenhält ...«

Obwohl Goethe gerne zuweilen etwas kokett das Spannungsverhältnis zwischen gesundem Menschenverstand und Philosophie aufzuzeigen pflegte, so gab es doch wenigstens zwei Philosophen, die ganz wesentlich auf seine Ansichten eingewirkt hatten: Immanuel Kant (1724–1804) mit seinen erkenntnistheoretischen Schriften, die ihm insbesondere von F. Schiller nahegebracht worden waren, und F. W. J. Schelling (1775–1854) mit seiner die Naturwissenschaften integrierenden Naturphilosophie. Luise Duttenhofer hat hier Schelling in einem Scherenschnitt im Gespräch mit seinem Vater festgehalten.

»Die Natur verbirgt Gott!« Aber nicht jedem!

Wer die Natur als göttliches Organ leugnen will,
der leugne nur gleich alle Offenbarung.

Es wäre nicht der Mühe wert,
siebzig Jahr' alt zu werden,
wenn alle Weisheit der Welt
Torheit wäre vor Gott.

Wenn weise Männer nicht irrten,
Müßten die Narren verzweifeln.

Personenregister

Alembert, Jean Le Rond d' 12, 13
Algarotti, Francesco Graf 162
André, Friedrich 184, 186
André, Johann 184, 185, 186
André, Johann Anton 184, 186
André, Philipp 184, 186
Andreä, Johann Valentin 27
Anna Amalia, Herzogin von Sachsen-Weimar-Eisenach 36, 37, 38, 78, 88
Arlandes, Marquis d' 76
Arnim, Achim von 133, 136
Arnold, Gottfried 22
Auch, Johann Georg 70, 71

Bahrdt, Karl Friedrich 32
Basedow, Johannes Bernhard 34
Basilius Valentinus 21, 22
Batsch, August Karl 94, 100, 101
Bayle, Pierre 26
Becher, Johann Joachim 68
Beck, Heinrich 137
Beireis, Gottfried Christoph 65, 132, 133, 134, 135, 136, 138
Bengel, Johann Albrecht 30, 68
Bergman, Torbern Olof 145
Bertram, Johann 187
Bertuch, Friedrich Justin 104
Berzelius, Jöns Jacob 126, 127
Black, Joseph 75
Blanchard, Jean-Pierre 78
Blanchard, Marie-Madeleine Sophie 78
Blumenbach, Johann Friedrich 83, 129, 136
Böttiger, Karl August 169
Boisserée, Melchior 187
Boisserée, Sulpiz 187
Born, Ignaz von 48, 50, 51
Breislack, Scipione 111
Breitkopf, Johann Gottlob Immanuel 16, 186
Brettschneider, Heinrich Gottfried von 14
Brown, John 209
Buch, Leopold von 108
Buchholz, Wilhelm Heinrich Sebastian 76, 78, 92, 93, 140
Bücking, J. J. H. 135, 136
Büttner, Christian Wilhelm 94, 161
Buffon, George Louis Leclerc, Comte de 16, 94, 114, 116, 118
Buguoy, Ludwig Graf 122
Buhle, Johann Gerhard 196
Bunsen, Robert Wilhelm 208

Calderon de la Barca, Pedro 6
Camper, Petrus 83, 86
Carl August, Großherzog von Sachsen-Weimar-Eisenach 17, 29, 38, 39, 40, 42, 44, 45, 46, 47, 49, 52, 54, 58, 64, 74, 80, 92, 93, 95, 101, 122, 131, 140, 142, 143, 146, 149, 150, 168, 170, 174, 187, 188, 198, 199, 200, 207
Carl Eugen, Herzog von Württemberg 64
Carl Friedrich, Großherzog von Sachsen-Weimar-Eisenach 200, 203
Cascariolo, Vincent 206
Castel, Louis Bertrand 168
Cavallo, Tiberio 75
Cavendish, Henry 76
Charles, Jacques Alexandre César 75, 76
Chladni, Ernst Florens 72, 73
Cluver, Detlev 30
Cohen, Naphtali 30
Corday, Charlotte 142
Cotta von Cottendorf, Johann Friedrich Freiherr 152, 176
Courtois, Bernard 182
Crebillon, Prosper Jolyot de 143
Cuvier, Georges de 80, 81, 90, 91

Dahl, Johann Christian 112
Dalberg, Karl Theodor von 28, 76, 92, 102, 146
Daniell, John Frederic 196
Darwin, Erasmus 6
Davy, Sir Humphry 144, 182
Dawe, George 84, 85
Diderot, Denis 12, 13
Dietrich, Friedrich Gottlieb 122
Dillis, Johann Georg von 56, 57, 192, 193
Döbereiner, Johann Wolfgang 11, 30, 115, 145, 146, 148, 149, 150, 151, 153, 154, 180, 200, 203, 207
Dolomieu, Dieudonné G. S. T. Gratet de 62
Dürer, Albrecht 135, 185, 186
Duttenhofer, Luise 94, 212

Eastlake, Sir Charles Lock 209
Eckermann, Johann Peter 90, 91, 145, 146, 161, 182, 194
Ehrmann, Dr. 80
Einsiedel, August von 78, 140
Einsiedel, G. W. von 180, 181
Einstein, Albert 6
Eissler, Kurt Robert 162
Elhuyar, Fausto de 108
Ende, Ferdinand Adolph G. von 151
Enzensberger, Hans Magnus 65
Erdmannsdorff, Friedrich Wilhelm von 93
Ernst II., Herzog von Sachsen-Gotha 69, 74
Ernst August I., Herzog von Weimar 29
Ettinger, Karl Wilhelm 101
Euler, Leonhard 174
Ewald, Johann Ludwig 70

Fabris, Pietro 106, 108
Falk, Johannes Daniel 82
Ferdinand IV., König von Neapel-Sizilien 109
Fibonacci, Leonardo 210
Fichte, Johann Gottlieb 209
Fikentscher, W. C. 149, 203
Flaxman, John 109

Forster, Johann Georg 28, 161, 170
Franklin, Benjamin 205
Franz I. Stephan, Deutscher Kaiser 12
Fraunhofer, Joseph von 180, 198, 199, 208
Frederick, Prince of Wales 109
Fricker, Johann Ludwig 30
Friedrich II. der Große, König in bzw. von Preußen 6, 162, 165
Friedrich Wilhelm III., König von Preußen 56, 57
Friedrich Wilhelm IV., König von Preußen 156
Fries, Dr. 144, 146
Fries, Jakob Friedrich 199, 200
Füssli, Johann Heinrich 109

Galilei, Galileo 90, 206
Gall, Franz Joseph 42, 43
Galvani, Aloisio Luigi 116
Gehlen, Adolf Ferdinand 146
Gehler, Johann Samuel Traugott 106, 108
Geoffroy Saint-Hilaire, Etienne 90, 91
Georg III., König von England 109
Geßner, Johann 93
Gilbert, Ludwig Wilhelm 188
Giovinazzi, Domenico 8
Giraud-Soulavie, Abbé 112
Gleißner, Franz 186
Göchhausen, Luise von 55, 176, 180, 181
Göschen, Georg Joachim 101
Goethe, August von 129, 131, 132
Goethe, Cornelia 11, 14, 16
Goethe, Johann Caspar 8, 11, 12, 14, 17, 32, 38, 185, 202
Goethe, Katharina Elisabeth 18, 22, 23
Göttling, Johann Friedrich August 78, 117, 140, 141, 142, 146, 170, 175, 180
Götze, Georg Paul 90
Gray, Ronald D. 29
Grüner, Joseph Sebastian 62
Guericke, Otto von 134, 138, 139
Gullon, Hofkoch 70

Hahn, Georg David 69
Hahn, Philipp Matthäus 64, 65, 66, 67, 68, 69, 70, 71, 134
Haller, Albrecht von 6, 16, 17
Hamilton, Lord Archibald 109
Hamilton, Lady Emma 109, 113
Hamilton, Jane 109
Hamilton, Sir William 106, 107, 108, 109, 110, 112, 113
Hardenberg, Friedrich von 28, 108
Hardenberg, Karl August Graf von 56, 57
Hart, Emma, s. Hamilton, Lady Emma
Hartmann, Israel 64
Hartmann, Johann Georg 64
Hauy, René Just 62, 63, 126
Hecker, G. M. 45
Heise, Carl 154
Helmont, Franciscus Mercurius van 22, 24
Helvetius, Johann Friedrich 27
Herder, Johann Gottfried von 27, 42, 52, 60, 78, 82, 84, 86, 94, 100, 137, 169, 180, 181
Herder, Karoline von 60, 90
Hermbstädt, Sigismund Friedrich 141
Herschel, Sir William 70

Higgins, Bryan 79
Hoffmann, Prof. in Göttingen 131
Hoffmann, Ernst Theodor Amadeus 6, 133, 136
Hofmann, C. A. S. 206
Homer 22, 23
Howard, Luke 188, 190, 193, 195
Hüttner, Johann Christian 190
Humboldt, Alexander von 39, 50, 57, 62, 102, 104, 108, 112, 114, 115, 116, 117, 118, 119, 120, 121, 142, 194, 212
Humboldt, Caroline von 145
Humboldt, Wilhelm von 115, 116, 118, 119, 142

Ingenhousz, Jan 74

Jacob, Nicolas Henri 184, 185
Jacobi, Charlotte 162
Jacobi, Friedrich Heinrich von 186
Jacobi, Max 115
Jagemann, Karoline 146
Jaquet-Droz, Pierre 134
Jeffries, J. 78
Jerusalem, Karl Wilhelm 14
Johann Friedrich, Herzog von Weimar 29
Jung-Stilling, Johann Heinrich 27, 28

Kalb, Charlotte von 72, 88
Kant, Immanuel 154, 174, 209, 212
Karl Theodor, Kurfürst von Bayern 186
Kauffmann, Angelika 94, 95, 165
Keferstein, Christian 131
Kempelen, Wolfgang von 136, 137
Kestner, Johann Christian 26
Kirchhoff, Gustav Robert 208
Kirchweger, Joseph Anton 23
Klettenberg, Johann Hector von 18
Klettenberg, Susanna Katharina von 18, 21, 23, 24, 30, 33, 70, 162
Klopstock, Friedrich Gottlieb 41
Knebel, Carl Ludwig von 46, 60, 70, 76, 82, 84, 86, 99, 100, 118
Kniep, Christoph Heinrich 109
Knigge, Adolf Freiherr von 28
Knoll, David 126
Körner, Johann Christoph Friedrich 11, 198, 199, 200, 201, 203
Körner, Theodor 108
Kraus, Georg Melchior 37, 58, 59, 92, 95, 180, 181
Krüger, Johann Gottlieb 168
Küppers, Harald 171, 212
Kunckel von Löwenstern, Johannes 198

La Mettrie, Julien Offray de 134
Lamarck, Jean Baptiste de Monet, Chevalier de 90
Lampadius, Wilhelm August 108
Laßberg, Christiane Henriette Sophie Freiin von 55
Lautensack, Georg Friedrich 12
Lavater, Diethelm 64, 66
Lavater, Johann Kaspar 32, 33, 34, 35, 36, 39, 40, 41, 42, 43, 64, 70, 76, 162, 212
Lavoisier, Antoine Laurent de 68, 141, 143, 150
Leibniz, Gottfried Wilhelm Freiherr von 64, 65, 66
Lemery, Nicolas 25, 26
Lenz, Johann Georg 107

Leonhard, Carl Cäsar von 111
Leopold, Herzog von Braunschweig 92
Leopold III., Fürst von Anhalt-Dessau 93
Lichtenberg, Georg Christoph
36, 70, 74, 75, 76, 78, 130, 170, 207
Lichtenberg, Ludwig Christian 74, 130
Lieberkühn, Johann Nathaniel 134
Liebherr, Joseph 198
Linné, Carl von 16, 93, 94, 100, 122
Lobstein, Johann Friedrich 26, 27
Loder, Justus Christian 80, 82, 86, 88, 99, 116, 170
Ludwig, Hofrat 16, 26
Ludwig XV., König von Frankreich 33
Ludwig XVI., König von Frankreich 76
Luise, Königin von Preußen 56, 57
Luther, Martin 165

Mann, Thomas 108
Marat, Jean-Paul 142
Maria Pawlowna, Erbgroßherzogin von Sachsen-Weimar-Eisenach 146, 150, 199, 203
Martius, Karl Friedrich Philipp von 194
Mattini 128
May, Georg Oswald 8, 9
Mayer, Tobias 70
Mayow, John 143
Meinecke, Johann Ludwig 196
Mendelssohn-Bartholdy, Felix 55
Merck, Johann Heinrich
36, 54, 58, 76, 80, 81, 82, 84, 86, 114, 116
Metternich, Clemens Wenzel Nepomuk Lothar, Fürst von 131
Metz, Johann Friedrich 18, 21, 22, 24, 26
Meyer, Johann Heinrich 109, 158, 159, 169, 175
Meyer, Nikolaus 86
Mitscherlich, Eilhard 206
Mollweide, Karl Brandan 167
Montgolfier, Jacques Etienne 75, 76, 77
Montgolfier, Joseph Michel 75, 76, 77
Moritz, Johann Friedrich 12
Mozart, Wolfgang Amadeus 48, 50, 185, 186
Müller, Friedrich Theodor Adam Heinrich von
44, 190, 194
Müller, Joseph 11, 57, 124, 125, 126
Münchow, Karl Dieterich von 199

Napoleon I., Kaiser der Franzosen
124, 144, 146, 149, 152, 165
Nelson, Horatio Lord 109
Neubert, Hofmechaniker 40
Newcomen, Thomas 47, 49
Newton, Sir Isaac 35, 63, 159, 160, 161, 162, 165, 166, 167, 169, 170, 175, 178, 180, 205, 206, 208
Nothnagel, J. A. B. 30
Novalis siehe Hardenberg, Friedrich von

Oeser, Friederike 16
Oetinger, Friedrich Christoph 30, 66, 70
Offenbach, Jacques 133
Oken, Lorenz 62, 63

Paar, Graf 61
Paracelsus, Theophrastus 21, 22, 23, 134
Pfeffel, Johann Andreas 30
Pilâtre de Rozier, Jean François 76
Plée, François 211
Ploucquet, Gottfried Philipp 66
Posselt, Johannes Friedrich 188
Potocki, Jan Graf 28
Priestley, Joseph 68

Rameau, Jean Philippe 41
Ramsden, Jesse 71
Raumer, Friedrich von 135
Rayleigh, Lord, siehe Strutt
Redouté, Pierre Joseph 184, 185
Reichenbach, Georg von 198, 199
Reinhard, C. F. von 167
Rembrandt 30
Renatus, Sincerus, siehe Richter, Samuel
Richter, Samuel 24
Riemer, Friedrich Wilhelm 144, 175
Rijkaert, David 28
Röschlaub, Andreas 209
Roth-Scholtz, Friedrich 22
Rousseau, Jean-Jacques 16, 94, 95
Rückert, Joseph 143
Runge, Friedlieb Ferdinand 152, 153, 154, 156, 157
Runge, Philipp Otto 163, 212

Saussure, Horace-Bénédict de 54
Schaudt, Ph. G. 68
Schelling, Friedrich Wilhelm Joseph von 170, 176, 204, 209, 212
Scherer, Alexander Nikolaevich 142, 143
Scheuchzer, Johann Jacob 30
Schikaneder, Emanuel 185
Schiller, Charlotte von 176
Schiller, Friedrich von 29, 55, 61, 71, 73, 78, 101, 117, 118, 132, 172, 174, 175, 176, 180, 207, 212
Schlegel, August Wilhelm von 209
Schlegel, Friedrich von 209
Schlosser, Johann Georg 174
Schöne, Albrecht 162
Schönemann, Lili 36, 38, 70, 185
Schönkopf, Christian Gottlob 14
Schönkopf, Käthchen 14
Schott, Otto 200
Schreiber, Berggeschworener 46
Schrödinger, Erwin 212
Schröter, Johann Hieronymus 70, 71
Schubert, Johann David 83
Schumann, Johann Ehrenfried 37
Schweigger, Johann Salomo Christoph 145, 170
Seebeck, Thomas Johann 144, 145, 149, 150, 175, 180
Seidel, Philipp Friedrich 188
Sendivogius, Michael 68
Senefelder, Alois 185, 186
Sieveking, Heinrich 57
Sievers, Dr. 188
Silhouette, Etienne de 33
Simonow, Iwan 194
Snow, Sir Charles Percy 6
Sömmerring, Samuel Thomas von
28, 76, 77, 84, 114, 170, 174, 175
Spielmann, Jakob Reinbold 26, 27
Spinoza, Baruch de 26
Sprengel, Christian Konrad 101
Sprengel, Kurt 134

Sprüngli, Daniel 54
Stahl, Georg Ernst 143
Starkey 22
Stein, Charlotte von 8, 27, 40, 44, 46, 60, 64, 72, 74, 75, 77, 80, 84, 87, 93, 100, 114, 132, 140, 142, 188
Stein, Fritz von 74, 78
Stieler, Josef Karl 138
Stock, Johann Michael 15
Stöber, Elias 32
Strixner, Johann Nepomuk 186, 187
Strutt, John William, Lord Rayleigh 204
Sulzer, F. G. 207

Tauscher, August Michael 91
Textor, Johann Wolfgang 8, 11
Théas, François de, Comte de Thoranc 12
Thölde, Johann 22
Thorvaldsen, Bertel 117
Tieck, Johann Ludwig 209
Tischbein, Johann Heinrich Wilhelm 60, 110, 113
Trebra, Friedrich Wilhelm Heinrich von 44, 45, 48, 52, 151
Trommsdorff, Johann Bartholomä 146, 201
Turing, Alan Mathison 210
Turner, Joseph Mallord William 208, 209, 212
Turpin, Pierre-Jean-François 211
Tyndall, John 204

Unger, Johann Friedrich 119
Utzschneider, Joseph von 198, 199

Vaucanson, Jacques de 132, 134, 137
Voigt, Christian Georg 47, 145
Voigt, Christian Gottlob von 50, 51
Voigt, Johann Carl Wilhelm 46, 54, 58, 60, 62, 93, 125
Volta, Alessandro Graf 115, 116, 130, 144
Voltaire 6, 52
Vulpius, Christiane 144

Waldner, Charlotte von 42
Weber, Carl Maria von 186
Wedgwood, Josiah 109
Weiß, Christian Samuel 125
Weitsch, Friedrich Georg 120, 121
Welcker, Friedrich Gottlieb 145
Welling, Georg von 18, 21, 22, 24
Werner, Abraham Gottlob 54, 62, 106, 107, 108, 109, 111, 112, 207
Werther, Gräfin von 140
Wieland, Christoph Martin 26, 40, 78, 80
Willemer, Marianne von 105
Winckler, Johann Heinrich 16, 159
Wizenmann, Thomas 64
Wolf, Friedrich August 132, 133, 170
Wolff, Christian 66
Wolzogen, Caroline von 118, 144
Wyttenbach, Pfarrer 54

Zahn, Wilhelm Johann Karl 187
Zeiss, Carl 203
Zelter, Carl Friedrich 205
Zimmermann, »Chymicus« zu Ludwigsburg 68
Zimmermann, Johann Georg 40
Zimmermann, Rolf Christian 28

Sachregister

Affinitätslehre 145
Akustik 72, 73
Alaunsiederei 122
Alchemie 18, 19, 20, 21, 22, 23, 24, 26, 27, 28, 29, 30, 31, 33, 45, 66, 68, 70, 76, 132, 134, 136, 162, 196
Amalgamation 48, 50
Anatomie, vergleichende Anatomie 17, 26, 29, 42, 43, 80, 81, 82, 83, 84, 86, 87, 88, 89, 114, 115, 116, 134, 135, 156, 170
Androiden siehe Automaten
Anilin 152, 156
Anthropologie 156
Antimon 19, 20, 22, 23
»Arbor Dianae« 26
Astronomie 39, 64, 66, 67, 70, 71, 106, 188, 204, 205
»Atmen der Erde« siehe Meteorologie
Atmosphäre 188, 194
Atomtheorie 206, 208
Automaten 132, 133, 134, 135, 136

Badewesen 122, 123, 126, 128, 129, 130, 131, 149
Ballon, Ballonfahrten siehe Luftballon
Barometer, Barometeroszillation 120, 188, 190, 194, 196, 197
Basalt 60, 61, 62, 111, 112, 116, 203
Baumannshöhle 52
Belladonna 153, 154, 155
Berg, brennender 52, 53
Bergbau 29, 44, 45, 46, 47, 48, 50, 52, 106, 108, 117
Beugung des Lichts 180, 200
»Bildungstrieb der Stoffe« siehe Selbstorganisation der Materie
Bilsenkraut 152, 154
Biologie, allgemein 16, 90, 210
Blatt, Blattformen 94, 96, 98, 99, 100, 101, 102, 103, 104
Bologneser Leuchtstein 60, 61, 175, 206
Botanik 11, 26, 80, 88, 90, 92, 93, 94, 95, 96, 97, 98, 99, 100, 101, 102, 104, 117, 122, 131, 153, 165, 175, 210, 211
Botanische Gärten 93, 94, 100
»Buch der Natur« 24, 30

Camera obscura 74, 160, 161, 162
Carl-Zeiss-Stiftung 203
Charliere 75, 76
Chemie 12, 14, 18, 22, 24, 26, 27, 29, 30, 48, 66, 68, 74, 75, 76, 78, 80, 92, 93, 108, 113, 115, 116, 123, 124, 130, 131, 133, 134, 135, 136, 140, 141, 142, 143, 144, 145, 146, 149, 150, 151, 152, 153, 154, 156, 170, 174, 175, 176, 178, 180, 182, 186, 196, 200, 203, 206, 208, 210
Chemie, antiphlogistische 141, 142
Chemie der Pflanze 135, 152, 153, 154
Chinin 152, 154
Chladnische Klangfiguren 72, 73
»Chymische Hochzeit des Christian Rosenkreuz« 27

Code, genetischer 210
Cölestin 207
Coffein 152, 154, 155

Dampfmaschine 47, 48, 49, 198
Deszendenzlehre 16, 32, 80, 82, 90, 94
Döbereinersches Feuerzeug 10, 11, 115, 148, 150
Dolomit 62
Duftlampe 150, 151

Elektrisiermaschine 12, 16, 17, 115, 116
Elektrizität 16, 116, 144, 150, 156, 176, 196
Elektrolyse 114, 144
Elektrophor 115
»Elixir vitae« 26
»Enzyklopädie« 12, 13
Erdbeben 190
Experiment, naturwissenschaftliches 24, 70, 74, 78, 120, 182, 186, 187, 204, 206, 208
Experimentalvorlesung 74, 75, 76, 143

Fächerpalme 94, 100
Farbe, Farbenlehre, -theorie 11, 12, 90, 128, 131, 135, 142, 149, 150, 152, 154, 156, 158, 159, 160, 161, 162, 164, 165, 166, 167, 168, 169, 170, 171, 172, 173, 174, 175, 176, 177, 178, 179, 180, 181, 182, 183, 204, 207, 209, 212
Farbenkreis 172, 174, 180, 212
Farbenkreisel 166
Farbenkugel 163, 212
Farbmetrik 163, 212
»Faust« 19, 28, 29, 30, 36, 136, 153, 194
Feldspat 124, 125
Feuerzeug, Döbereinersches, siehe Döbereinersches Feuerzeug
Feuerzeug, elektrisches 115
Fibonacci-Funktion 210
Forstwirtschaft 92
Fossilien 52, 80, 81, 82, 84, 90, 131
Frankfurter Gelehrte Anzeigen 32, 80, 185
Fraunhofersche Linien 208
Freimaurer 33, 50
Freitagsgesellschaft 78, 145, 169

Galvanismus 114, 116, 144, 145, 151, 156, 176
Gas, Chemie der Gase 74, 75, 76, 77, 78, 79, 130, 143, 150, 196
»Geographie der Pflanzen« 104, 117, 118
Geologie 7, 29, 39, 50, 52, 54, 57, 60, 62, 81, 92, 106, 107, 108, 111, 122, 123, 124, 125, 126, 129, 131, 173
Gesellschaft Deutscher Naturforscher und Ärzte 63
Gitterspektrograph 180
Glas, optisches Glas, farbiges Glas 11, 74, 128, 175, 198, 199, 200, 201, 203

Goethit 58
»Götz von Berlichingen« 32, 36, 80
Gold 68, 82, 136, 206
Goniometer 63, 206
Granit 60, 124, 125

Harmonika, chemische 79
Herbar 38, 102, 104, 146, 147
Hermetik 22, 30, 162
Himmelsblau 68, 160, 204
Homunculus 26, 28
Hygrometer 188, 194

Isomorphismus 206
Italienreise 12, 60, 88, 94, 106, 109, 112, 159, 161, 188

Jurisprudenz 12, 26, 32, 80

Kabbala 18, 20, 21, 22, 24, 27, 30, 196
Kaffee 154, 155
Kalkspat 60, 124
»Katastrophentheorie« 80
Kohle, Kohlenflöz 52, 79, 109, 111
Komplementärfarben 164, 178
Kondensatoren, elektrische 114
Kristallographie 25, 38, 52, 54, 63, 125, 206
Kunst, Kunsttheorie, -geschichte 12, 60, 88, 93, 109, 110, 112, 159, 160, 169, 170, 174, 179, 180, 212
Kupferschiefer 44, 45, 46, 47, 48

»Die Leiden des jungen Werthers« 14, 36, 95
Licht 145, 158, 161, 162, 169, 174, 175, 178, 180, 200, 206, 208, 212
Lithographie 184, 185, 186, 187
Lötrohr 126, 127, 130, 141
Lokalisationslehre 42
Luft 74, 76, 77, 138, 204
Luftballon 74, 75, 76, 77, 78, 130, 150
Luftdruck 194, 196
Luftpumpe 134, 138, 139, 199
Lustres chantantes 79

»Das Märchen« 19, 29, 30, 31, 108, 128
»Magdeburger Halbkugeln« siehe Luftpumpe
Magnet, Magnetismus 12, 118, 134, 137, 150, 156, 176
Makrokosmos 24, 173
Malerei 12, 14, 92, 169, 174, 179, 180
Manometer 194
»Marsbaum« 24, 25, 26
Mathematik 12, 21, 22, 30, 64, 66, 68, 120, 170, 174, 204, 205, 208, 209, 210, 212
Mechanik 64, 68, 70, 132, 134, 137, 205
Medizin 16, 26, 27, 80, 93, 136, 140, 142, 153, 212
Metalle 20, 23, 48, 108, 144, 145, 200, 207
Metallurgie 50, 108
»Metallvegetation« 76
»Metamorphose der Pflanzen« 88, 92, 96, 97, 98, 99, 101, 102, 105, 117, 180, 211
»Metamorphose der Tiere« 86, 88, 89, 90, 180
Metaphysik 66
Meteorologie 29, 39, 188, 189, 190, 191, 192, 193, 194, 196
Mikrokosmos 24
Mikroskop, Mikroskopieren 16, 74, 131, 134, 173, 201, 204
Mineralien, Mineraliensammlung 8, 11, 12, 52, 53, 54, 55, 57, 58, 60, 108, 109, 110, 129, 135, 180, 206
Mineralogie 7, 48, 50, 52, 53, 54, 57, 58, 60, 61, 62, 63, 80, 106, 107, 108, 116, 124, 125, 126, 140, 142, 145
Mittwochsgesellschaft 144, 145, 176
Molekularbiologie 102, 210
Mond 39, 70, 71, 194
Montgolfiere 75, 76, 77, 78
»Morphologie der Pflanzen« 100, 102, 210
»Morphologie der Tiere« 210
Musik 136, 185
Myologie 80

»Nachbilder« im Auge 74, 178, 183, 212
Natur 8, 16, 22, 40, 44, 52, 60, 77, 82, 84, 90, 100, 102, 114, 120, 125, 126, 159, 160, 165, 180, 193, 204, 208, 213
Naturphilosophie, romantische 63, 80, 176, 204, 212
Nazarener 180
Neoplatonismus 18, 22
Neptunismus 52, 62, 106, 109
Nordlicht 190
Notendruck 16, 186

Optik 11, 74, 75, 158, 159, 160, 162, 165, 169, 174, 175, 180, 198, 199, 203, 207, 212
Os intermaxillare 82
Osteologie, vergleichende Osteologie 80, 82, 83, 84, 86, 90, 115, 174
Ouroboros, alchemistische Wiedergeburt 23, 31

Paläontologie 80, 81, 82
Papierchromatographie 154
Pariser Akademiestreit 90, 91
Park, Parkwesen 78, 93, 95, 150, 185, 210
Passageinstrument 71
Pathologie 174
Periodensystem der Elemente 30, 207
Pharmazie 92, 93, 140, 146, 152, 190
Philosophie 24, 32, 52, 66, 140, 170, 176, 196, 212
Phlegräische Gefilde 106, 107, 108, 109, 112, 113
Phlogiston, Phlogiston-Theorie 142, 143
Physik 12, 16, 39, 66, 69, 74, 75, 78, 79, 80, 90, 106, 114, 118, 136, 138, 141, 142, 150, 159, 160, 161, 162, 169, 170, 173, 174, 176, 178, 188, 198, 203, 204, 206, 208, 212
Physikotheologie 24, 26, 30, 68
Physiognomik 32, 33, 34, 35, 36, 39, 40, 41, 42, 43, 64, 70
Physiologie 17, 115, 178, 212
Physiologie des Auges 12, 152, 153, 154, 174, 178
Pietismus 18, 24, 26, 27, 30, 66, 68, 70, 132
Planetarium 64, 71
Plutonismus siehe Vulkanismus
Polarisation, Polarisationsfarben 170, 180
»Principes de Philosophie Zoologique« 90
Prisma 160, 161, 162, 166, 167, 168, 169, 180, 199, 206
Pyknometer 10, 11, 201

Quantentheorie 149, 180

Radieren, Radierung 14, 15, 26, 30
Rechenmaschine, Hahnsche 64, 65, 66, 67, 134
Refraktion 174, 178, 179
Regenbogen 38, 159, 161, 162, 169
Religion 18, 22, 26, 33, 36, 42, 52, 162
Romantik 176, 212
Royal Institution 204

Sauerstoff 74, 130, 148, 150, 196
Schatten, farbige Schatten 158, 160, 161, 169, 178, 179, 180, 212
Schattenrisse siehe Silhouetten
Schweizreisen 7, 34, 54, 62, 64, 66
Seide, Seidenmanufaktur 11, 132, 134, 185
Seifenblasen 75, 130, 174
Selbstorganisation der Materie 152, 154, 156
Serpentinstein, Humboldtscher 118
Sicherheitslampe, Humboldtsche 50, 116, 117
Silber, Silberprobe 44, 45, 82, 136
Silhouetten 33, 34, 35, 36, 40, 70
Sintflut 52, 159
Spektrum 161, 167, 175, 206, 208
Spiegelteleskop 70
»Spiraltendenz der Pflanzen« 102, 210
Sprechmaschine, Kempelensche 136
Sprudelstein 57, 124, 126
»Stein der Weisen« 27, 28, 136
Sternwarte 66, 71, 188, 198
Stöchiometrie 149, 200
»Storchenschnabel« 34, 35, 40
Straße, Straßenbau 7, 52, 198

Tabula smaragdina 26
Telegraph 114
Teleskop 70, 71
Tellurium 64, 69
»Temperamentenrose« 172, 176
Theologie 22, 30, 66, 68, 94, 162
Thermometer 188, 194, 201
Tiefurter Kreis 78
Tollkirsche siehe Belladonna
Turing-Maschine 210
Turmalin 54, 126, 176
Tyndall-Effekt 204

Uhr 64, 66, 68, 70
Uhr, astronomische 64, 67, 68, 69, 70, 71
Ultraviolettlicht 144, 175, 206
Urozean 62, 109
Urpflanze 100, 210

Vektorraum, dreidimensionaler 212
Versteinerungen siehe Fossilien
Voltaische Säule 116, 144, 145
Vulkanismus 52, 62, 106, 107, 108, 109, 110, 111, 112, 113, 129

»Die Wahlverwandtschaften« 141, 142, 143, 144, 145, 146
Wasserstoff 74, 76, 79, 148, 150
Weinstein 38, 146, 147
Wellen-Teilchen-Dualismus 178
»Weltmaschine« 64, 67, 69
»Werther« siehe »Die Leiden des jungen Werthers«
»Wilhelm Meister« 12, 30, 50, 51, 108
Wirbel, Wirbelknochen, -theorie 90, 91
Wolken, Wolkenformen 74, 188, 189, 190, 191, 192, 193, 194

Zeichnen 8, 12, 14, 80, 88
Zoologie 42, 80, 82, 86, 87
Zucker 141, 142, 146, 149, 150
Zwischenkieferknochen 32, 82, 83, 84, 86, 90

Literatur

Ahrendt, D., G. Aepfler: »Goethes Gärten in Weimar«. Hrsg. v. d. Stiftung Weimarer Klassik. 2. Aufl. Leipzig 1997

Amrine, F., F. J. Zucker, H. Wheeler: »Goethe and the Sciences. A Reappraisal«. Dortrecht / Boston / Lancaster / Tokyo 1987

Andrea, J. V.: »Die Bruderschaft der Rosenkreuzer«. München 1987

Anft, B.: »Friedlieb Ferdinand Runge, sein Leben und sein Werk«. Berlin 1937

Anonym: »Geheime Figuren der Rosenkreuzer aus dem 16ten und 17ten Jahrhundert ... Einfältig ABC Büchlein ...«. Altona o. J., Nachdruck o. O. und o. J.

Baerlocher, N., M. Bircher: »Goethe als Sammler. Kunst aus dem Haus am Frauenplan in Weimar«, erschienen als »Strauhof« Zürich, Bd. 3, Zürich 1989

Beireis, G. Ch.: »Ein Morgengesicht oder eine Erscheinung des Hofraths und Professors Beireis, nachdem er das unvergleichliche, gestikte Gemählde welches den Aeskulap vorstellet, als ein unschätzbares Geschenk der Frau Hofräthin und Professorin Schlözerin erhalten hatte«. Helmstedt 1801

Berg, H., K. Richter: »Entdeckungen zur Elektrochemie, Bioelektrochemie und Photochemie von Johann Wilhelm Ritter«. Leipzig 1986. Erschienen in »Ostwalds Klassiker der Exakten Wissenschaften«, Bd. 271

Biedermann, H.: »Materia Prima. Eine Bildersammlung zur Ideengeschichte der Alchemie«. Graz 1973

Biedrizynski, E.: »Goethes Weimar«. München 1992

Biermann, K.-R.: »Alexander von Humboldt« in »Biographien hervorragender Naturwissenschaftler, Techniker und Mediziner«, Bd. 47, 3. Aufl., Leipzig 1983

Blumenthal, L.: »Ein Notizheft Goethes von 1788.« »Schriften der Goethe-Gesellschaft«, Bd. 58, Weimar 1965

Bockenmühl, M.: »J. M. W. Turner. 1775–1851. Die Welt des Lichtes und der Farbe«. Köln, 1991. Insbesondere das Kapitel: »Das ›offenbare Geheimnis‹ der Farbe«, S. 83–93

Boerner, P.: »Johann Wolfgang von Goethe in Selbstzeugnissen und Bilddokumenten«, rm 100. Hamburg 1964

Bortoft, H.: »Goethes naturwissenschaftliche Methode«. Stuttgart 1995

Bosse, D.: »Goethes Initiation und die Ursphäre der Erde«. Carl-Unger-Preis 1995. Studien und Versuche, Bd. 40. Stuttgart 1995

Botting, D.: »Alexander von Humboldt. Biographie eines großen Forschungsreisenden«, 4. Aufl., München 1989

Boyle, N.: »Goethe. Der Dichter in seiner Zeit«, in 2 Bdn. München 1995

Brachner, A., M. Seeberger: »Joseph von Fraunhofer zum 150. Todestag« (Ausstellungskatalog). München 1976

Brandes, I., U. Mauch: »Ich habe viel gelebt in diesen wenigen Tagen. Frauen der Romantik«. U 30233. Insbesondere die Kapitel: »Im Bannkreis Goethes. Fürstin Anna Amalia von Sachsen-Weimar-Eisenach«, S. 155–178 sowie: »Aus Briefen der Fürstin Anna Amalia von Sachsen-Weimar«, S. 179–184. Berlin 1990

Braun, O.: »Goethe und Schelling« in »Jahrbuch der Goethe Gesellschaft«, 9 (1922), S. 199–214

Bräuning-Oktavio, H.: »Vom Zwischenkieferknochen ... Goethe als Naturforscher«. Leipzig 1956

Buchwald, E.: »Naturschau mit Goethe«. Stuttgart 1960

Bücking, J. J. H.: »Gottfried Christoph Beireis«, o. O. u. J.

Burchard, U., Bode, R.: »Mineralien-Museen in Westeuropa«. Zueding 1985

Burckhardt, J. J.: »Die Symmetrie der Kristalle. Von René-Just Hauy zur kristallographischen Schule in Zürich«. Basel / Boston / Berlin 1988

Canisius, C.: »Goethe und die Musik«. München 1998

Carus, C. G.: »Goethe. Zu dessen näherem Verständnis.« Dresden 1843

Chemische Fabrik Marktredwitz A. G. (Hrsg.): »Goethe im chemischen Laboratorium zu Marktredwitz. Aus Anlaß des 150jährigen Bestehens der am 24. Juli 1788 gegründeten ersten deutschen chemischen Fabrik W. C. Fikentscher ...«. Marktredwitz 1938

Chladni, E. F. F.: »Beyträge zur praktischen Akustik und zur Lehre vom Instrumentenbau enthaltend die Theorie und Anleitung zum Bau des Clavicylinders und damit verwandter Instrumente«. Leipzig 1821

Cohn, F.: »Goethe als Botaniker«. Breslau 1895

Conrady K. O.: »Goethe, Leben und Werk«. Königstein/Ts., 2 Bde., 1982/85

Danzer, K.: »Robert W. Bunsen und Gustav R. Kirchhoff. Die Begründer der Spektralanalyse«. Leipzig 1972. Erschienen in »Biographien hervorragender Naturwissenschaftler und Techniker«

Davy, H.: »Elektrochemische Untersuchungen« in »Ostwalds Klassiker der exakten Wissenschaften«, Bd. 45, Leipzig 1986

Döbling, H.: »Die Chemie in Jena zur Goethezeit«. Jena 1928

Dunsch, L.: »Humphry Davy« in »Biographien hervorragender Naturwissenschaftler, Techniker und Mediziner«, Bd. 62, Leipzig 1982

Eckardt, D., W. Handrich: »Goethe Nationalmuseum Weimar«. Leipzig 1988

Eckermann, J. P.: »Gespräche mit Goethe in den letzten Jahren seines Lebens ... herausgegeben von Prof. Dr. H. H. Houben«, 26. Aufl., Wiesbaden 1975

Ehrlich, W.: »Bad Lauchstädt. Historische Kuranlagen und Goethe-Theater«, 8. Aufl., Bad Lauchstädt 1986
Ehrlich, W.: »Ilmenau. Gabelbach. Stützerbach. Die Goethe Gedenkstätten und der Wanderweg ›Auf Goethes Spuren‹«. Weimar 1985
Ehrlich, W.: »Goethes Wohnhaus am Frauenplan in Weimar«, 9. Aufl., Weimar 1990
Einem, H. v.: »Goethe und Runge« in: »Jahrbuch des freien Deutschen Hochstifts«, 1977, S. 92–110
Eissler, K. R.: »Goethe. Eine psychoanalytische Studie«, 2 Bde., 3. Aufl., Basel / Frankfurt/M. 1984
Esselborn, Hans: »Das Universum der Bilder. Die Naturwissenschaft in den Schriften Jean Pauls«. Tübingen 1989. Erschienen in Wielfried Barner, Richard Brinkmann und Conrad Wiedemann (Hrsg.): »Studien zur deutschen Literatur«, Bd. 99
Färber, K. M.: »Kaiser und Erzkanzler. Carl von Dalberg und Napoleon am Ende des alten Reiches. Die Biographie des letzten geistlichen Fürsten in Deutschland« in »Studien und Quellen zur Geschichte Regensburgs«, Bd. 5, Regensburg 1982
Fink, K. J.: »Goethe's history of science«. Cambridge 1991
Fischer, J.: »Napoleon und die Naturwissenschaften«. Wiesbaden 1988. Erschienen in »Boethius. Texte und Abhandlungen zur Geschichte der exakten Wissenschaften«, Bd. XVI
Flemming, W.: »Die Goethezeit und ihr Menschenbild«, in »CIBA-Zeitschrift« 7 (1955/57), H. 73, S. 2646–2675
Flitner, U.: »Landschaftsgärten zur Goethe-Zeit«. Ausstellungskatalog. Düsseldorf 1987
Friesenbiller, E. (Hrsg.): »Johann Wolfgang von Goethe. Natur und Kunst. Graphik und Gedichte«. Mit einem Nachwort von Jochen Klauß. Wien / München 1987
Fröber, R.: »Museum anatomicum Jenense. Die anatomische Sammlung in Jena und die Rolle Goethes bei ihrer Entstehung«. Jena 1996
Gebelein, H.: »Alchemie«. München 1991
Gebhardt, M.: »Goethe als Physiker«. Berlin 1932
Geitel, M.: »Entlegene Spuren Goethes. Goethes Beziehungen zu der Mathematik, Physik, Chemie und deren Anwendung in der Technik, zum technischen Unterricht und zum Patentwesen«. München / Berlin 1911
Germann, D., H. Knöll u. L. Otto: »Über Goethes Mikroskop« in »Acta Historica Leopoldina. Beiträge zur Geschichte der Naturwissenschaften und der Medizin« (1975), Nr. 9, S. 361–401
Göbel, Th.: »Dialoge. Bilder. Entwürfe. ›Diesem Geschöpfe leidenschaftlich zugetan.‹ Goethe und die Bryophyllum calycinum« in »Die Drei. Zeitschrift für Wissenschaft, Kunst und soziales Leben«, 2 (1981), S. 98–113
Gobrecht, H. (Hrsg.): »Bergmann-Schaefer. Lehrbuch der Experimentalphysik zum Gebrauch bei akademischen Vorlesungen und zum Selbststudium«, Bd. III, Optik
Gögelein, Ch.: »Zu Goethes Begriff von Wissenschaft auf dem Wege der Methodik seiner Farbstudien«. München 1972
Golz, J. (Hrsg.): »Johann Wolfgang Goethe. Italienische Reise. Mit Illustrationen von Goethe und seinen Zeitgenossen«. Berlin 1987
Göres, J. (Hrsg.): »Goethe in Italien«. Ausstellungskatalog. Bonn 1986/87
Göres, J. (Hrsg.): »Hausschätze im Schatzhaus. Privatsammlungen in der Anton und Katharina Kippenberg-Stiftung. Eine Ausstellung des Goethe-Museums Düsseldorf«. Düsseldorf o. J.
Goethe, J. W. v.: »Weimarer Sophienausgabe«. Weimar 1887–1919
Goethe, J. W. v.: »Goethes Naturwissenschaftliche Schriften«, »Leopoldina Ausgabe« Weimar.
Gräbner, K.: »Die Großherzogliche Haupt- und Residenz-Stadt Weimar, nach ihrer Geschichte und ihren gegenwärtigen Verhältnissen dargestellt. Ein Handbuch für Einheimische und Fremde«. Erfurt 1830, Nachdruck Berlin 1985
Groth, A.: »Goethe als Wissenschaftshistoriker«. München 1972
Grünthal, E.: »Abhandlungen zu Goethes Naturwissenschaft«. Bern 1949
Gulyga, A.: »Immanuel Kant«, st 1093, Frankfurt/M. 1985
Guntau, M.: »Abraham Gottlob Werner« in »Biographien hervorragender Naturwissenschaftler und Mediziner«, Bd. 75, Leipzig 1984
Günther, J.: »Lebensskizzen der Professoren der Universität Jena seit 1558 bis 1858«. Jena 1858. Nachdruck Aalen 1979
Gutbier, A.: »Goethe, Großherzog Carl August und die Chemie in Jena« in »Jenaer akademische Reden«, H. 2, Jena 1926
Haecker, V.: »Goethes morphologische und die neuere Forschung«. O. O. 1927
Hahn, G. v., H.-K. v. Schönfels: »Wunderbares Wasser. Von der heilsamen Kraft der Brunnen und Bäder«. Aarau 1980
Haller, E.: »Kulturgeschichte des neunzehnten Jahrhunderts in ihren Beziehungen zu der Entwickelung der Naturwissenschaften«. Stuttgart 1889
Hamilton, Sir W.: »Beobachtungen über den Vesuv, den Aetna und andere Vulkane; in einer Reihe von Briefen an die Königl. Großbr. Gesellschaft der Wissenschaften«. Berlin 1773. Nachdruck Weinheim 1986
Hansen, A.: »Goethes Metamorphose der Pflanzen. Geschichte einer botanischen Hypothese«. Gießen 1907
Hansen, A.: »Goethes Morphologie (Metamorphose der Pflanzen und Osteologie)«. Gießen 1919
Harpprecht, K.: »Georg Forster oder Die Liebe zur Welt. Eine Biographie«. Reinbek bei Hamburg 1987
Harsch, G., H. H. Bussemas: »Bilder, die sich selber malen. Der Chemiker Runge und seine Musterbilder für Freunde des Schönen«. Köln 1985
Härtl, H.: »Die Wahlverwandtschaften. Eine Dokumentation der Wirkung von Goethes Roman 1808–1832«. Berlin 1983
Hartlaub, G. F.: »Goethe als Alchemist« in »Euphorion«, Bd. 48/1954, S. 19–40
Hecht, W.: »Goethe als Zeichner. Zweihundert Goethezeichnungen«. Weimar 1982
Hein, W.-H. (Hrsg.): »Alexander von Humboldt. Leben und Werk«. Frankfurt/M. 1985
Heister, C. v.: »Nachrichten über Gottfried Christoph Beireis, Professor zu Helmstedt von 1759 bis 1809«.

Berlin 1860
Henker, M., K.H. Scherr, E. Stolpe: »Von Senefelder zu Daumier. Die Anfänge der graphischen Kunst«. München / New York / London / Paris 1988
Henning, J.: »Goethes Kenntnis des naturwissenschaftlichen Schrifttums Italiens«, in »Jahrbuch des Freien Deutschen Hochstifts«, 1981, S. 189–206
Herder, J. G.: »Ideen zur Philosophie der Geschichte der Menschheit« mit einer Einleitung von G. Schmidt, Darmstadt 1966
Hermann, A.: »Die Begründung der Elektrochemie und Entdeckung der ultravioletten Strahlen von Johann Wilhelm Ritter. Eine Auswahl aus den Schriften des romantischen Physikers.«. Frankfurt 1968. Erschienen in Ostwalds Klassiker der Exakten Wissenschaften, Neue Folge, Bde. 2
Herwig, H.: »Das ewig Männliche zieht uns hinab: ›Wilhelm Meisters Wanderjahre‹. Geschlechterdifferenz, sozialer Wandel, historische Anthropologie«. Tübingen, Basel 1997
Herzog August Bibliothek Wolfenbüttel (Hrsg.): »Ob Baron Knigge auch wirklich todt ist? Eine Ausstellung zum 225. Geburtstag des Adolph Freiherrn Knigge«. Wolfenbüttel 1977
Heubach, H.: »Jüdisches Leben in Frankfurt. Materialien I. Ghettozeit 1462–1796«. Frankfurt/M. 1988
Hirsch, K.-G.: »Goethe in Leipzig 1765–1768. Bruchstücke einer Konfession. Dokumentiert in Briefen und Selbstzeugnissen«. Leipzig 1982
Hochhuth, R.: »Alan Turing«. Reinbek bei Hamburg 1987
Humboldt, A. v.: »Aus meinem Leben. Autobiographische Bekenntnisse«, zusammengestellt und erläutert von Kurt-R. Biermann, München 1987
Jahn, I., Löther, R., Senglaub, K.: »Geschichte der Biologie. Theorien, Methoden, Institutionen und Kurzbiographien«. Jena 1985
Jensen, J. Ch.: »Philipp Otto Runge. Leben und Werk«, 2. Aufl. (dumont 45), Köln 1978
Joost, U. (Hrsg.): »Der Briefwechsel zwischen Johann Christian Dieterich und Ludwig Christian Lichtenberg«. Göttingen 1984
Jung-Stilling, J. H.: »Heinrich Stillings Jugend, Jünglingsjahre und Wanderschaft«, herausgegeben, erläutert und mit einem Nachwort von Gabriele Drews. München 1982
Kahler, M.-L.: »Goethes Gartenhaus in Weimar«, 6. Aufl., Weimar 1990
Kahler, M.-L.: »Goethes Sammlungen zur Botanik«. Weimar 1987
Kahler, M.-L., G. Maul: »Alle Gestalten sind ähnlich. Goethes Metamorphose der Pflanzen«. Weimar 1991
Kaminiarz, I., H. Lucke: »Ein Reisebuch. Goethes Weimar«. Hamburg 1991
Kantzenbach, F. W.: »Johann Gottfried Herder mit Selbstzeugnissen und Bilddokumenten«, rm 164, Reinbek bei Hamburg 1970
Keudell, E. v.: »Goethe als Benutzer der Weimarer Bibliothek«. Weimar 1931
Kimpel, D. (Hrsg.): »Allerhand Goethe. Seine wissenschaftliche Sendung aus Anlaß des 150. Todestages und des 50. Namenstages der Johann Wolfgang Goethe-Universität in Frankfurt am Main«. Frankfurt 1985
Kirchhoff, J.: »Friedrich Wilhelm Joseph von Schelling mit Selbstzeugnissen und Bilddokumenten dargestellt ...«, rm 308, Reinbek bei Hamburg 1982
Klauß, J.: »Goethe unterwegs, eine kulturgeschichtliche Betrachtung«. Weimar 1989
Klauss, J.: »Alltag im ›klassischen‹ Weimar. 1750–1850«. Weimar 1990
Klauss, J.: »Der Zeichner Goethe. 1788–1832«. Weimar 1990
Klauss, J.: »Goethes Wohnhaus in Weimar«. Weimar o. J.
Klauss, J.: »Carl August von Sachsen-Weimar-Eisenach. Fürst und Mensch. Sieben Versuche einer Annäherung«. Weimar 1991
Kongreß Bayreuth (Hrsg.): »Goethe. Bedeutung für das Verständnis der Naturwissenschaft heute«. Bayreuth 1982
Koch, R. (Hrsg.): »Brücke zwischen den Völkern. Zur Geschichte der Frankfurter Messe«, 3 Bde., Frankfurt/M. 1991
Kopp, H.: »Die Alchemie in älterer und neuerer Zeit«, Nachdruck, Hildesheim 1971
Krätz, O.: »Betrachtungen zur Rolle der Chemie auf den Versammlungen Deutscher Naturforscher und Ärzte bis zur Gründung der Deutschen Chemischen Gesellschaft« in »Wege der Naturforschung, 1822–1972 im Spiegel der Versammlung Deutscher Naturforscher und Ärzte«. Berlin 1972, S. 138–146
Krätz, O.: »Zur Frühgeschichte des Periodensystems der Elemente« in »Rete« 1, S. 145–166 (1972)
Krätz, O.: »Neue Erkenntnisse über die Anfänge des Periodensystems. Johann Ludwig Falckners System natürlicher Elementfamilien« in »Nachrichten aus Chemie und Technik«, 21, S. 134–137 (1973)
Krätz, O.: »Elektrische Pistolen, eine Kuriosität der Gaschemie des ausgehenden 18. Jahrhunderts« in »BASF« 23, S. 3–8 (1973)
Krätz, O.: »Wildts Construction der Materie« in »II. Travaux Du Ier Congrès International De La Metrologie Historique«. Zagreb 1975, S. 358–376
Krätz, O.: »Über die Güte der Luft. Die Gas-Chemie des ausgehenden 18. Jahrhunderts an Hand von Exponaten der Abteilung Chemie« in »Deutsches Museum«, 1, S. 32–39 (1975)
Krätz, O.: »Historische Experimente. Aloys Senefelder: Die Kunst auf Steine zu zeichnen, mit Tusche oder Kreyde, und dann Abdrücke von unendlicher Anzahl zu machen«, in »Chemie, Experiment und Didaktik«, 2, S. 227–234 (1976)
Krätz, O.: »Historische Experimente: Dokumente aus der Geschichte der Glashütte Benediktbeuern« in »Chemie, Experiment und Didaktik«, 3, S. 379–382 (1979)
Krätz, O.: »Der makabre Android und sein Spiegelbild in der Literatur« in »Kultur und Technik. Zeitschrift des Deutschen Museums«, 3, S. 24–27 (1978)
Krätz, O.: »Nachwort« zu »Beschreibung der Versuche mit der Luftkugel, von Faujas de Saint Fond. Übersetzt von Abbé Uebelacker, Wien 1783«. Nachdruck Weinheim, 1981, in »Dokumente zur Geschichte von Naturwissenschaft, Medizin und Technik«, Bd. 1, S. 351–381
Krätz, O.: »Der Nachlaß Eilhard Mitscherlichs in der Abteilung Chemie des Deutschen Museums« in »Eilhard Mitscherlich und die Isomorphie« –

»Deutsches Museum. Abhandlungen und Berichte«, 41 (1973), H. 3, S. 29–48
Krätz, O.: »Nachwort« zu »Unterhaltungen über die Chemie... von Mistreß Marcet, übersetzt von F. F. Runge. Berlin 1839«. Nachdruck Weinheim 1982 in »Dokumente zur Geschichte der Naturwissenschaft, Medizin und Technik«, Bd. 3, S. 471–523
Krätz, O., E. Renatus: »Zur Geschichte der Glashütten in Benediktbeuern« in »Kultur und Technik«, 7, S. 248–256 (1984)
Krätz, O.: »Nachwort« zu »Briefe über die natürliche Magie, an Sir Walter Scott von David Brewster... Berlin 1833«. Nachdruck Weinheim 1984 in »Dokumente zur Geschichte der Naturwissenschaft, Medizin und Technik«, Bd. 7, S. 435–610
Krätz, O.: »Nachwort« zu »Wilhelm Hamilton: Beobachtungen über den Vesuv, den Aetna und andere Vulkane. 1773«. Nachdruck Weinheim 1985 in »Dokumente zur Geschichte von Naturwissenschaft, Medizin und Technik«, S. 199–265
Krätz, O.: »Man rächt die Klugheit, wenn man einen Dummkopf betrügt. Alchemie und Chemie im Leben des Giacomo Casanova« in »Kultur und Technik. Zeitschrift des Deutschen Museums«, 13, S. 50–59 (1989)
Krätz, O.: »Die Chemie im Spiegel der schöngeistigen Literatur zur Zeit Leopold Gmelins« in »Dokumente zum 200. Geburtstag von Leopold Gmelin 1988«. Frankfurt 1990, S. 73–112
Krätz, O., H. Merlin: »Casanova. Liebhaber der Wissenschaften«. München 1995
Krätz, O.: »Alexander von Humboldt. Wissenschaftler, Weltbürger, Revolutionär«. München 1997
Kreuzer, H.: »Die zwei Kulturen. Literarische und naturwissenschaftliche Intelligenz. C. P. Snows These in der Diskussion«, dtv 4454, Stuttgart 1987
Kühl, H. (Hrsg.): »Scherenschnitte von Luise Duttenhofer«. Aarau / Stuttgart 1978
Kuhn, D.: »Grundzüge der Goethischen Morphologie« in »Goethe-Jahrbuch«, 1978
Kuhn, D. (Hrsg.): »Johann Wolfgang von Goethe. Die Metamorphose der Pflanzen«. Weinheim 1984
Kuhn, D.: »Typus und Metamorphose. Goethe-Studien«. Marbach 1988
Kuhn, O.: »Goethes Naturforschung«. München 1982
Kuhnert, L., U. Niedersen (Hrsg.): »Selbstorganisation chemischer Strukturen. Arbeiten von Friedlieb Ferdinand Runge, Raphael Liesegang, Boris Pavlovich Belousov und Anatol Markovitch Zhabotinsky«. Leipzig 1987. Erschienen in »Ostwalds Klassiker der Exakten Wissenschaften«, Bd. 272
Küppers, H.: »Harmonielehre der Farben. Theoretische Grundlagen der Farbgestaltung«. Köln 1989
Küppers, H.: »Farbe. Ursprung. Systematik. Anwendung. Einführung in die Farbenlehre«, 4. Aufl., München 1987
Küppers, H.: »Die Logik der Farbe. Theoretische Grundlagen der Farbenlehre«. München 1981
Lavater, J. C.: »Von der Physiognomik und Hundert physiognomischen Regeln«, it 1366, Frankfurt/M. u. Leipzig 1991
Lichtenstern, Ch.: »Die Wirkungsgeschichte der Metamorphosenlehre Goethes. Von Philipp Otto Runge bis Joseph Beuys«. Weinheim 1990. Erschienen in »Metamorphose in der Kunst des 19. u. 20. Jahrhunderts«, Bd. 3
Linck, G.: »Goethes Verhältnis zur Mineralogie und Geognosie«. Jena 1906
Lochner, D. W.: »Lineares trichromatisches Gegenfarbensehen, gegründet auf Buntheitsurteile über ungesättigte Farben«, Diss. Düsseldorf 1991
Lohs, K., D. Martinetz: »Gift«. München 1986
Lötschert, W.: »Gingko biloba« in »Natur und Museum«, 105 (1975), S. 235
Lötschert, W.: »Goethe und die Pflanze« in »Jahrbuch des Freien Deutschen Hochstifts«, 1982, S. 216–230
Lüschen, H.: »Die Namen der Steine. Das Mineralreich im Spiegel der Sprache«, 2. Aufl., Thun 1979
Mägdefrau, K.: »Geschichte der Botanik. Leben und Leistung großer Forscher«. Stuttgart 1973
Mahal, G.: »Faust. Leben, Wirken und Zeit des großen deutschen Magiers«, Bastei-Lübbe-T. Bd. 61 074, Bern / München 1980
Mahal, G., B. Bruns, O. Maier: »Faust-Museum Knittlingen. Exponate. Materialien. Kommentare«. Stuttgart 1980
Malberg, H. J.: »Seiner Erdentage Spur. Eine Goethe-Bilder Chronik«. Weimar 1932
Marcet, J.: »Unterhaltungen über die Chemie, in welchen die Anfangsgründe dieser nützlichen Wissenschaft allgemeinverständlich erläutert werden. Nach der 13. englischen Ausgabe herausgegeben von F. F. Runge«. Berlin 1839: Nachdruck als Bd. 3 von »Dokumente zur Geschichte der Naturwissenschaft, Medizin und Technik«, hrsg. von H. Beringer, G. Giesler und O. Krätz, Weinheim 1982
Mandelkow, K. R. (Hrsg.): »Goethe im Urteil seiner Kritiker. Dokumente zur Wirkungsgeschichte Goethes in Deutschland«. Teil 1: 1773–1832, München 1975; Teil 2: 1832–1870, München 1977
Mandelkow, K. R.: »Unwissenschaftliche Nachschrift zur Hamburger Ausgabe der Briefe von und an Goethe«, enthalten in »Der Aquädukt. 1763–1988. Ein Almanach aus dem Verlag C. H. Beck im 225. Jahr seines Bestehens«. München 1988
Mathaei, R.: »Die Farbenlehre im Goethe-Nationalmuseum«. Jena 1939
Mayer, H.: »Goethe im zwanzigsten Jahrhundert. Spiegelungen und Deutungen«, it 1300, Frankfurt/M. 1987
Mende, E.: »Der Einfluß von Schellings ›Princip‹ auf Biologie und Physik der Romantik« in »Philosophia Naturalis. Archiv für Naturphilosophie und die philosophischen Grenzgebiete der exakten Wissenschaften und Wissenschaftsgeschichte«, 15 (1975), H. 4, S. 461–485
Meyer-Abich, A.: »Alexander von Humboldt«. Hamburg 1967
Meyer-Abich, A.: »Die Vollendung der Morphologie Goethes durch Alexander von Humboldt. Ein Beitrag zur Naturwissenschaft der Goethezeit«. Göttingen 1970
Merbach, P. A.: »Gottfried Christoph Beireis«. Mühlhausen i. Thür. 1930
Merck, E. (Hrsg.): »Johann Heinrich Merck (1741–1791). Ein Leben für Freiheit und Toleranz«, Ausstellungskatalog. Darmstadt 1991
Michaelis, S.: »Freies Deutsches Hochstift Frankfurt. Goethe-Museum. Katalog der Gemälde«. Tübingen 1982

Mildenberger H. (Hrsg.): »Johann Heinrich Wilhelm Tischbein. Goethes Maler und Freund«. Ausstellungskatalog. Neumünster 1986
Mittasch, A.: »Döbereiner, Goethe und die Katalyse«. Stuttgart 1951
Müller-Harang, U.: »Das Weimarer Theater zur Zeit Goethes«. Weimar 1991
Müller-Seidel, W.: »Die Geschichtlichkeit der deutschen Klassik. Literatur und Denkformen um 1800«. Stuttgart 1983
Nationale Forschungs- und Gedenkstätten der klassischen deutschen Literatur in Weimar: »Corpus der Goethezeichnungen«, 10 Bde., München 1972–1976
Neidhardt-Jensen, E., E.H. Berninger: »Fluglust. Fluges Beginnen. Fluges Fortgang. Katalog der ballonhistorischen Sammlung ›Oberst von Brug‹ in der Bibliothek des Deutschen Museums«. Darmstadt 1985
Neuburger, A.: »Pfadfinder der Kultur. Männer und Taten der Technik«. München 1926
Niedersächsische Staats- und Universitätsbibliothek Göttingen (Hrsg.): »Georg Christoph Lichtenberg. 1742–1799. Wagnis der Aufklärung« (Katalog). München/Wien 1992
Nödl, C.: »Das unromantische Biedermeier. Eine Chronik in Zeitdokumenten 1795–1857«. Wien 1987
Oberhauser, F., G. Oberhauser.: »Literarischer Führer durch Deutschland. Ein Insel-Reiselexikon für die Bundesrepublik Deutschland und Berlin«, it 527, Darmstadt 1983
Orlandi, E. (Hrsg.): »Goethe. Ein Text- und Bildband über Leben und Werk des Dichters«. Verona 1988
Overbeck, G.: »Goethes Lehre von der Metamorphose der Pflanzen und ihre Widerspiegelung in seiner Dichtung«, in »Publications of the English Goethe Society«, N.S. XXXI (1961), S. 47
Partenheimer, M.: »Goethes Tragweite in der Naturwissenschaft«, Diss., Berlin 1989
Pawlik, J.: »Theorie der Farbe. Eine Einführung in begriffliche Gebiete der Farbenlehre«. Köln 1979
Pflug, O.: »Das Goethe-Theater in Bad Lauchstädt«, 2. Auflage, Leipzig 1973
Pleticha, H. (Hrsg.): »Das klassische Weimar. Texte und Zeugnisse«, dtv-Dokumente 2935, München 1983
Ploss, E.E., H. Roosen-Runge, H. Schipperges, H. Buntz: »Alchimie. Ideologie und Technologie«. München 1970
Portmann, A.: »Goethe und der Begriff der Metamorphose« in »Goethe-Jahrbuch«, 35 (1973), S. 11–21
Prange, K.: »Das anthropologisch-pädagogische Motiv der Naturauffassung Goethes in dem Lehrgedicht ›Metamorphose der Pflanzen‹« in »Literatur in Wissenschaft und Unterricht«, 8/3 (1975), S. 123–133
Prescher, H.: »Goethes Sammlungen zur Mineralogie, Geologie und Paläontologie«. Liechtenstein 1978
Promies, W.: »Georg Christoph Lichtenberg in Selbstzeugnissen und Bilddokumenten«, rm 90, Reinbek bei Hamburg 1964
Proskauer, H.O.: »Taschenbücher zum Studium von Goethes Farbenlehre. Bd. 1, Die durchs Prisma gesehenen Farben«. Basel 1951
Proskauer, H.O.: »Zum Studium von Goethes Farbenlehre«. Basel 1985
Quarg, G. (Bearb.): »J.W.v. Goethe und die Geowissenschaften«. Köln 1982
Raabe, P.: »Spaziergänge durch Goethes Weimar«. Zürich 1990
Rave, P.O.: »Das geistige Deutschland im Bildnis. Das Jahrhundert Goethes«. Berlin 1949
Reinhold, H.: »Bad Lauchstädt, seine literarischen Denkwürdigkeiten und sein Goethetheater nach Berichten der Zeitgenossen dargestellt«. Halle a.d.S. 1914
Richter, K.: »Der Physiker des Romantikerkreises Johann Wilhelm Ritter in seinen Briefen an den Verleger Carl Friedrich Ernst Frommann«. Weimar 1988
Riemer, F.W.: »Mitteilungen über Goethe«, 2 Bde., Berlin 1841
Roth-Scholtz, F.: »Deutsches Theatrum Chemicum...«, 3 Bde., Nürnberg 1728. Nachdruck Hildesheim/New York 1976
Runge, F.F.: »Zur Farbenchemie. Musterbilder für die Freunde des Schönen und zum Gebrauch für Zeichner, Maler, Verzierer und Zeugdrucker«. Berlin 1850
Runge, F.F.: »Der Bildungstrieb der Stoffe. Veranschaulicht in selbständig gewachsenen Bildern«. Oranienburg 1855
Runge, F.F.: »Hauswirthschaftliche Briefe«. Oranienburg 1866. Mit einem Nachwort von H.H. Bussemas u. G. Harsch. Nachdruck als Bd. 14 von »Dokumente zur Geschichte von Naturwissenschaft, Medizin und Technik«, hrsg. v. E.H. Berninger, G. Giesler u. O. Krätz
Runge, F.F.: »Das Gift in der Deutschen Sprache ausgetrieben von F.F. Runge, Professor der Gewerbekunde. Dem Deutschen Lehrerstand gewidmet«. Oranienburg 1857
Ruppert, H.: »Goethes Bibliothek«. Weimar 1958
Sachtleben, P.: »Das Phänomen Forschung und die Naturwissenschaft Goethes«. O.O. 1988
Saint-Fond, F. de: »Beschreibung der Versuche mit der Luftkugel welche sowohl die HH. von Montgolfier als andre aus Gelegenheit dieser Erfindung gemacht haben«. Wien 1783. Nachdruck Weinheim 1981
Salomon, J.: »Die Sozietät für die gesamte Mineralogie zu Jena unter Goethe und Johann Georg Lenz«. Köln/Wien 1990
Schieren, J.: »Anschauende Urteilskraft. Methodische und philosophische Grundlagen von Goethes naturwissenschaftlichem Erkennen«. Diss. Univ. Essen. Düsseldorf 1998
Schmid, G. (E. Abderhalden, Hrsg.): »Goethe und die Naturwissenschaften. Eine Bibliographie«
Schmidt, K.: »Gotha. Das Buch einer deutschen Stadt«. Gotha 1931
Schneider W. (Hrsg.): »Romantische Ansichten von Weimar«. Leipzig/Weimar 1991
Schöne, A.: »Goethes Farbentheologie«. München 1987
Schulz, G. (Hrsg.): »Novalis, Werke«. 3. Aufl., München 1987
Schütt, H.-W.: »Wollaston, Fuchs, Gay-Lussac und Klaproth als Vorläufer Mitscherlichs« in »Eilhard

Mitscherlich und die Isomorphie« – »Deutsches Museum. Abhandlungen und Berichte«, 41 (1973), H. 3, S. 5–28
Schwedt, G.: »Goethe. Museen, Orte, Reiserouten. Das Reiselexikon«. München 1996
Seidel, M.: »Novalis. Eine Biographie«. München 1988
Seifert, S.: »Weimar, Stadt der Klassik«. Weimar 1988
Semper, M.: »Die geologischen Studien Goethes«. Leipzig 1914
Steiger, R.: »Goethes Leben von Tag zu Tag. Eine dokumentarische Chronik«, 5 Bde., Zürich / München 1982 ff.
Steinbiß, J.: »Der ›freundliche Augenblick‹. Versuch über Goethes Wahlverwandtschaften« in »Zürcher Beiträge zur deutschen Literatur- und Geistesgeschichte«, Bd. 57, Zürich / München 1983
Stoffregen, C. G. (Hrsg.): »Goethe – Natur. Schriften, Gedanken, Briefe, Gespräche. Mit Gottfried Benns Essay: ›Goethe und die Naturwissenschaften‹«. München / Zürich 1962
Stolz, R. (Hrsg.): »Chymia Jenensis. Chymisten und Chemiker in Jena« in »Alma Mater Jenensis. Studien zur Hochschul- und Wissenschaftsgeschichte«, H. 6, Jena 1986
Swoboda, C.: »Wegweiser durch Stadt und Umgebung«. Mannheim 1991
Trapp, M.: »Goethes naturwissenschaftliche Denkweise«. Stuttgart 1949
Troll, W.: »Goethes morphologische Schriften«. Jena 1926
Troll, W.: »Goethes botanische Studien« in »Münchener Medizinische Wochenschrift«, 2 (1932)
Trunz, E.: »Ein Tag aus Goethes Leben. Acht Studien zu Leben und Werk«. München 1990
Trunz, E. (Hrsg.): »Goethes Werke. Hamburger Ausgabe in 14 Bänden«. München 1981
Tümmler, H.: »Herzog/Großherzog Carl August von Sachsen-Weimar-Eisenach. Förderer und fürstlicher Mittelpunkt der deutschen Klassik«. Bonn 1989
Unseld, S.: »Goethe und seine Verleger«. Frankfurt/ M. u. Leipzig 1991
Väterlein, Ch. (Hrsg.): »Philipp Matthäus Hahn 1729–1790«, 2 Bde., Ausstellungskatalog. Stuttgart 1989
Vehse, C. E.: »Der Hof zu Weimar«, ausgewählt, bearbeitet und herausgegeben von Wolfgang Schneider. Leipzig und Weimar 1991
Virchow, R.: »Göthe als Naturforscher und in besonderer Beziehung auf Schiller«. Berlin 1861. Nachdruck Sprendlingen 1962
Voigt, J. C. W.: »Geschichte des Ilmenauischen Bergbaues«. Sondershausen / Nordhausen 1821
Voigt, W., U. Sucker: »J. W. v. Goethe als Naturwissenschaftler«, 3. Aufl., Leipzig 1986
Völker, K.: »Faust. Ein deutscher Mann. Die Geburt einer Legende und ihr Fortleben in den Köpfen«, WAT 2, Berlin 1975
Völker, W. (Hrsg.): »Bei Goethe zu Gast: Besucher in Weimar«. Frankfurt/M. 1996
Vulpius, W.: »Goethe in Thüringen. Stätten seines Lebens und Wirkens«, 2. Aufl., Rudolstadt 1990
Wagenbreth, O.: »Goethe und der Ilmenauer Bergbau«. Weimar 1983
Wagenbreth, O.: »Geologie, Mineralogie, Bergbau« in »Corpus der Goethezeichnungen«, Bd. Vb, S. 55–99
Wagenbreth, O.: »A. G. Werners System der Geologie, Petrographie und Lagerstättenlehre« in »Werner – Gedenkschrift«, Freiberger Forschungsheft C 223, S. 83–148, Leipzig 1967
Wagenbreth, O.: »Die geologischen, mineralogischen und bergbaulichen Handskizzen Goethes« in »Wissenschaftliche Zeitschrift der Hochschule für Architektur und Bauwesen Weimar«, 15 (1968), H. 1, S. 63–79
Walther, J.: »Goethe als Seher und Erforscher der Natur«. Leipzig 1930
Wasdielewski, W. v.: »Goethes meteorologische Studien«. Leipzig 1910
Weber, W.: »Aloys Senefelder 1771–1834. Lithographien, Bücher, Noten, Dokumente«, Ausstellungskatalog. München 1972
Weigel, E.: »Instrumente der Neuzeit. Die Entdekkung der modernen Wirklichkeit«. Stuttgart 1990
Wenzel, M.: »Hufeland hat mir ein böses Frühstück geschickt. Medizingeschichtliches aus dem alten Weimar« in »Gießener Universitätsblätter«, 24 (1991), S. 31–40
Westfälisches Landesmuseum für Kunst und Kulturgeschichte Münster, Landschaftsverband Westfalen-Lippe: »Leichter als Luft. Zur Geschichte der Ballonfahrt«. Münster 1978
Westfall, Richard S.: »Never at Rest. A Biography of Isaac Newton«. Cambridge 1980
Wilson, W. D.: »Geheimräte gegen Geheimbünde. Ein unbekanntes Kapitel der klassisch-romantischen Geschichte Weimars«. Stuttgart 1991
Winkler, E.: »Sämtliche Giftgewächse Deutschlands naturgetreu dargestellt und allgemein faßlich beschrieben«. Leipzig 1854
Wittkowski, W. (Hrsg.): »Goethe im Kontext. Kunst und Humanität, Naturwissenschaft und Politik von der Aufklärung bis zur Restauration. Ein Symposium«, 1984
Wolfschmidt, G.: »Die Bedeutung der Mädlerschen Mondkarten in der Entwicklung der Mondtopographie« in »Deutsches Museum. Wissenschaftliches Jahrbuch«, S. 132–154
Ziegler, R.: »Goethes Ideen zur Mathematik. Materialien zu Goethes Mathematikverständnis«. Dornach 1993
Zimmermann, R. Ch.: »Das Weltbild des jungen Goethe. Studien zur hermetischen Tradition des deutschen 18. Jahrhunderts«. 1. Bd.: »Elemente und Fundamente«. München 1969; 2. Bd.: »Interpretation und Dokumentation«. München 1979

Anmerkungen

WA = Goethe, Weimarer Ausgabe. 1887–1919

Vorwort

[1] Als sozusagen klassisches Beispiel für viele andere: Hans Magnus Enzensberger (Hrsg.): Bernard de Fontenelle, »Totengespräche«. Aus dem Französischen übersetzt, kommentiert und mit Dossier und Nachwort versehen von Hans-Horst Henschen. Frankfurt am Main 1991
[2] E. T. A. Hoffmann: »Mystifizierende Anekdoten«, enthalten in »Nachlese. Material für Prosaschriften«, München 1963
[3] Helmut Kreuzer: »Die zwei Kulturen. Literarische und naturwissenschaftliche Intelligenz. C. P. Snows These in der Diskussion«. München 1987
[4] WA IV, 12 (105), S. 125

Die Schwierigkeit, ein Genie zu erziehen

[1] WA I, 27 (31) S. 21
[2] WA I, 26 (30) S. 18
[3] Deutsche Akademie der Naturforscher Leopoldina: »Goethe. Die Schriften zur Naturwissenschaft«, 1. Abt., Bd. 10, »Aufsätze, Fragmente, Studien zur Morphologie«. Bearbeitet von Dorothea Kuhn, Weimar 1964, S. 219
[4] WA I, 26 (30) S. 56
[5] WA I, 26 (30) S. 56
[6] WA I, 26 (30) S. 187
[7] WA I, 26 (30) S. 65
[8] WA I, 26 (30) S. 241
[9] WA I, 26 (30) S. 60
[10] WA I, 26 (30) S. 22
[11] WA I, 26 (30) S. 40
[12] WA I, 26 (30) S. 40
[13] WA I, 26 (30) S. 139
[14] WA I, 27 (31) S. 43 u. 44
[15] WA IV, 48 (141) S. 110
[16] »Goethes Gespräche ...«, Zürich und Stuttgart 1965–72, S. 17
[17] Ernst Grumach und Renate Grumach (Hrsg.): »Goethe, Begegnungen und Gespräche«, Berlin 1965, S. 86
[18] WA IV, 1 (94) S. 11
[19] WA I, 27 (31) S. 67
[20] WA IV, 1 (94) S. 170
[21] WA I, 27 (31) S. 179
[22] Robert Steiger: »Goethes Leben von Tag zu Tag«, Bd. I, Zürich und München 1983, S. 263
[23] WA I, 27 (31) S. 116
[24] WA IV, 1 (94) S. 190
[25] WA I, 27 (31) S. 196
[26] WA IV, 3 (96) S. 46

Die Begegnung mit der Alchemie

[1] WA IV, 1 (94), S. 216
[2] WA I, 27 (31), S. 199
[3] WA I, 27 (31), S. 203
[4] WA I, 27 (31), S. 203 u. 204
[5] WA I, 27 (31), S. 204
[6] WA I, 27 (31), S. 204 u. 205
[7] WA I, 27 (31), S. 217 u. 218
[8] WA I, 27 (31), S. 205
[9] WA IV, 1 (94), S. 190
[10] WA I, 27 (31), S. 206
[11] WA I, 27 (31), S. 206
[12] Rolf Christian Zimmermann: »Das Weltbild des jungen Goethe«, Bd. II, »Interpretationen und Dokumentation«, München 1979, S. 331–352
[13] WA IV, 7 (100), S. 8
[14] Zitiert nach Robert Steiger: »Goethes Leben von Tag zu Tag«, Bd. I, S. 346
[15] Brief Goethes an Käthchen Schönkopf vom 30. 12. 1768, zitiert nach Steiger, Bd. I, S. 306
[16] WA 1, 27 (31), S. 237
[17] WA 1, 27 (31), S. 237 u. 238
[18] WA 1, 27 (31), S. 306
[19] Konzept zu einem Brief Goethes an Susanna Katharina von Klettenberg vom 26. August 1770, zitiert nach Anm. 14, Steiger, Bd. I, S. 389
[20] Brief Goethes an Johann Christian Kestner, ca. Mitte Juli 1773, zitiert nach Anm. 14, Steiger, Bd. 1, S. 612
[21] Vgl. Anm. 14, Steiger, Bd. I, S. 200
[22] WA I, 27 (31), S. 321
[23] WA IV, 7 (100), S. 232
[24] WA I, 4 (4), S. 102
[25] Johann Heinrich Jung-Stilling: »Heinrich Stillings Jugend, Jünglingsjahre und Wanderschaft«. München 1982, S. 19
[26] S. Anm. 25, S. 141
[27] S. Anm. 12, Bd. I u. Bd. II
[28] Ronald D. Gray: »Goethe and the Alchemy« S. 59
[29] Carl Eduard Vehse: »Der Hof zu Weimar«. Ausgewählt, bearbeitet und herausgegeben von Wolfgang Schneider, Leipzig und Weimar 1991, S. 17
[30] S. Anm. 15, S. 33
[31] WA I, 18 (21), S. 225–273
[32] WA I, 27 (31), S. 199
[33] Otto Krätz: »Zur Frühgeschichte des Periodensystems der Elemente«, in »Rete« 1, S. 145–166 (1972)
Otto Krätz: »Neue Erkenntnisse über die Anfänge des Periodensystems. Johann Ludwig Falckners System natürlicher Elementfamilien«, in »Nachrichten aus Chemie und Technik« 21, S. 134–137 (1973)
Otto Krätz: »Wildt's Construction der Materie«, in »II. Travaux du Ier Congrès International de la Météorologie Historique«, Zagreb 1975, S. 360–377

[34] »Dethlevi Cluveri... Disquisitiones Philosophicae oder Historische Anmerkungen über die nützlichsten Sachen der Welt...«, Hamburg 1707
[35] S. Anm. 14, Steiger, Bd. 1, S. 690

Johann Kaspar Lavater und die Physiognomik

[1] WA I, 28 (32), S. 41 u. 42
[2] WA I, 28 (32), S. 43
[3] »Goethes Gespräche...«, Zürich und Stuttgart 1965–72, 67
[4] WA I, 8 (32), S. 43
[5] WA I, 8 (32), S. 44
[6] Heinrich Gloel: »Goethes Wetzlarer Zeit«, Berlin 1911, S. 153
[7] Goethe: »Werke«, Berliner Ausgabe. Berlin und Weimar 1965–1978, 17, S. 263
[8] WA I, 28 (32), S. 258
[9] Zitiert nach Lavaters Antwortschreiben vom 30. 11. 1773. S. Steiger, Bd. II, S. 200
[10] WA IV, 2 (95), S. 161–162
[11] WA I, 28 (32), S. 264
[12] Zitiert nach Steiger, Bd. I, S. 689
[13] WA I, 37 (42), S. 329
[14] WA I, 37 (42), S. 330
[15] WA I, 37 (42), S. 335
[16] WA IV, 2 (95), S. 230
[17] WA I, 29 (33), S. 137 u. 138
[18] WA IV, 2 (95), S. 297
[19] WA IV, 3 (96), S. 12
[20] WA IV, 2 (95), S. 278
[21] Steiger, Bd. I., S. 749
[22] WA I, 29 (33), S. 178 u. 179
[23] WA IV, 3 (96), S. 21
[24] WA IV, 3 (96), S. 36 bis 37
[25] »Goethes Gespräche...«, Zürich und Stuttgart 1965–1972, S. 294
[26] Goethes Brief an Lavater vom 31. 7. 1775. S. Steiger, Bd. I, S. 740
[27] WA IV, 3 (96), S. 58
[28] WA IV, 3 (96), S. 216
[29] S. Anm. 26, Steiger, Bd. II, S. 23
[30] WA IV, 3 (96), S. 33
[31] WA IV, 3 (96), S. 99
[32] WA IV, 3 (96), S. 130
[33] WA IV, 3 (96), S. 139
[34] WA IV, 3 (96), S. 140
[35] WA IV, 3 (96), S. 20

Das Bergwerk zu Ilmenau

[1] Zitiert nach O. Wagenbreth: »Goethe und der Ilmenauer Bergbau«, Weimar 1983, S. 68
[2] WA IV, 4 (97), S. 283
[3] WA IV, 3 (96), S. 57
[4] Zitiert nach Robert Steiger: »Goethes Leben von Tag zu Tag«, Bd. II, S. 131
[5] WA IV, 3 (96), S. 196
[6] S. Anm. 1, Wagenbreth, S. 45
[7] S. Anm. 1, Wagenbreth, S. 47
[8] WA IV, 6 (99), S. 269
[9] WA IV, 8 (101), S. 166
[10] WA IV, 9 (102), S. 36
[11] WA IV, 9 (102), S. 231
[12] Zitiert nach G. Schmid: Deutsche Akademie der Naturforscher Leopoldina: »Goethe. Die Schriften zur Naturwissenschaft«, 1. Abt., Bd. I: »Schriften zur Geologie und Mineralogie«, S. 227
[13] WA IV, 23 (116), S. 311

Mineralogie und Geologie

[1] a: WA I, (28), S. 60 f.
b: Zitiert nach Wolf von Engelhardt und Dorothea Kuhn. Deutsche Akademie der Naturforscher Leopoldina (Hrsg.), 2. Abt.: »Ergänzungen und Erläuterungen«, Bd. 7, »Zur Geologie und Mineralogie. Von den Anfängen bis 1805«, S. 248
[2] WA IV, 3 (96), S. 92
[3] WA IV, 3 (96), S. 95
[4] Zitiert nach Robert Steiger: »Goethes Leben von Tag zu Tag«, Bd. II, S. 133
[5] S. Anm. 4, Steiger, Bd. II, S. 187
[6] WA IV, 4 (97), S. 69 ff.
Siehe auch Leopoldina Bd. 7 »Zur Geologie und Mineralogie«, S. 265
[7] S. Anm. 1 b, Steiger, Bd. II, S. 228
[8] WA IV, 4 (97), S. 137
[9] Steiger, Bd. II, S. 282
[10] WA IV, 4 (97), S. 204
[11] WA IV, 4 (97), S. 306
[12] WA IV, 6 (99), S. 400
[13] WA IV, 4 (97), S. 283
[14] WA IV, 5 (98), S. 311
[15] WA IV, 7 (100), S. 152
[16] WA I, 7 (8), S. 1
[17] WA IV, 8 (101), S. 105
[18] WA IV, 8 (101), S. 92
[19] WA IV, 8 (101), S. 112
[20] WA IV, 8 (101), S. 163
[21] WA IV, 8 (101), S. 164
[22] Zitiert nach G. Schmidt (Hrsg.), Deutsche Akademie der Naturforscher zu Halle: »Goethe, Schriften zur Geologie und Mineralogie«, Weimar 1949, 1. Abt., Bd. 2, S. 58
[23] S. Anm. 22, S. 57
[24] WA IV, 8 (101), S. 59
[25] S. Anm. 22, S. 37
[26] S. Anm. 22, S. 257
[27] S. Anm. 22, S. 281
[28] S. Anm. 22, S. 281
[29] S. Anm. 22, S. 281

Philipp Matthäus Hahn und die Wunder der Mechanik

[1] WA IV, 4 (97), S. 140
[2] Württembergisches Landesmuseum Stuttgart (Hrsg.): »Philipp Matthäus Hahn, 1739–1790. Pfarrer, Astronom, Ingenieur, Unternehmer«, Tübingen 1989, S. 216
[3] S. Anm. 2, S. 216
[4] S. Anm. 2, S. 216
[5] Reisetagebuch Lavaters. Zürich, Zentralbibliothek, Ms. Lav. 16 a
[6] S. Anm. 5

[7] S. Anm. 2, S. 257
[8] S. Anm. 2, S. 257
[9] S. Anm. 2, S. 335
[10] WA IV, 15 (108), S. 19
[11] WA IV, 15 (108), S. 18

Der Luftballon und die Chemie der Gase

[1] WA IV, 4 (97), S. 239
[2] Steiger, Bd. II, S. 417
[3] Steiger, Bd. II, S. 417
[4] Georg Christoph Lichtenberg: »Schriften und Briefe«, München 1867, Bd. I, D, S. 525
[5] Steiger, Bd. II, S. 418
[6] Wolfgang Promies: »Georg Christoph Lichtenberg in Selbstzeugnissen und Bilddokumenten«, Reinbek bei Hamburg 1964, S. 229
[7] WA IV, 6 (99), S. 232
[8] WA IV, 6 (99), S. 232
[9] WA II, 11 (75), S. 79
[10] WA IV, 6 (99), S. 111
[11] Steiger, Bd. III, S. 54
[12] WA IV, 6 (99), S. 278
[13] WA IV, 6 (99), S. 292
[14] WA IV, 6 (99), S. 289
[15] WA IV, 7 (100), S. 93
[16] WA IV, 9 (102), S. 274
[17] Steiger, Bd. III, S. 134
[18] WA IV, 10 (103), S. 342
[19] Steiger, Bd. III, S. 139
[20] S. Anm. 19, Steiger, Bd. III, S. 153
[21] S. Anm. 19, Steiger, Bd. III, S. 434

Die Metamorphose der Tiere

[1] WA I, 24 (27), S. 257
[2] E. Merck, Darmstadt (Hrsg.): »Johann Heinrich Merck (1741–1791). Ein Leben für Freiheit und Toleranz – Zeitdokumente«, Darmstadt 1991, S. 46
[3] S. Anm. 2, S. 49
[4] WA IV, 6 (99), S. 75
[5] WA IV, 5 (98), S. 207
[6] WA IV, 5 (98), S. 211
[7] WA IV, 5 (98), S. 211
[8] Steiger, Bd. III, S. 315
[9] WA IV, 5 (98), S. 76
[10] WA IV, 6 (99), S. 77
[11] WA IV, 6 (99), S. 133
[12] WA IV, 6 (99), S. 164
[13] Erich Trunz (Hrsg.): »Goethes Werke«, Hamburger Ausgabe, Bd. 13, S. 59
[14] Deutsche Akademie der Naturforscher Leopoldina: »Goethe, Die Schriften zur Naturwissenschaft«, 2. Abt., Bd. 9 A. »Zur Morphologie von den Anfängen bis 1795. Ergänzungen und Erläuterungen.« Bearbeitet von Dorothea Kuhn, Weimar 1977, S. 287
[15] WA IV, 6 (99), S. 258
[16] WA IV, 6 (99), S. 259
[17] WA IV, 6 (99), S. 267
[18] S. Anm. 14, S. 292
[19] WA IV, 6 (99), S. 288
[20] WA IV, 6 (99), S. 332
[21] WA IV, 6 (99), S. 357
[22] Leopoldina: »Goethe. Schriften zur Naturwissenschaft. Aufsätze, Fragmente und Studien zur Morphologie«, Weimar 1964, S. 6
[23] WA IV, 6 (99), S. 389
[24] Steiger, Bd. II, S. 497
[25] WA IV, 6 (99), S. 142
[26] WA IV, 9 (102), S. 183
[27] WA IV, 9 (102), S. 202
[28] WA IV, 9 (102), S. 204
[29] Tag und Jahrhefte, 1790
[30] S. Anm. 13, Bd. XIV, S. 97
[31] S. Anm. 13, Bd. XIII, S. 219
[32] S. Anm. 13, Bd. XIII, S. 230
[33] J. Jahn, R. Löther u. K. Semglaub: »Geschichte der Biologie«. Jena 1985, S. 301
[34] S. Anm. 34, S. 303
[35] Johann Peter Eckermann: »Gespräche mit Goethe in den letzten Jahren seines Lebens«, 26 Aufl., Wiesbaden 1975, S. 384, 567 u. 574

Die Metamorphose der Pflanzen

[1] Dorothea Kuhn (Bearb.), Deutsche Akademie der Naturforscher Leopoldina, 1. Abt., Bd. 10: »Aufsätze, Fragmente, Studien zur Morphologie«, Weimar 1964, S. 249
[2] Erich Trunz (Hrsg.): »Goethes Werke«, Hamburger Ausgabe, Bd. XIII. Textkritisch durchgesehen und kommentiert von Dorothea Kuhn und Rike Wankmüller: »Verfasser teilt die Geschichte seiner botanischen Studien mit«, S. 148
[3] S. Anm. 2, S. 149
[4] S. Anm. 2, S. 150
[5] S. Anm. 2, S. 150
[6] S. Anm. 2, S. 151
[7] S. Anm. 2, S. 151
[8] S. Anm. 2, S. 152
[9] S. Anm. 2, S. 153
[10] WA I, 17 (20) S. 1
[11] S. Anm. 1, S. 249
[12] S. Anm. 2, S. 155
[13] S. Anm. 2, S. 156
[14] S. Anm. 2, S. 157
[15] WA II, 6 (69) S. 5
[16] S. Anm. 2, S. 63
[17] S. Anm. 1, S. 333
[18] S. Anm. 1, S. 333
[19] S. Anm. 1, S. 334
[20] S. Anm. 1, S. 334
[21] S. Anm. 1, S. 334
[22] Dieses Werk, S. 100
[23] WA IV, 8 (101), S. 232
[24] WA IV, 8 (101), S. 251
[25] WA IV, 9 (102), S. 358
[26] S. Anm. 2, S. 110
[27] S. Anm. 2, S. 118
[28] S. Anm. 2, S. 131
[29] S. Anm. 1, S. 339
[30] S. Anm. 1, S. 343

Im Spannungsfeld zwischen Neptunismus und Plutonismus

1 Hans Lüschen: »Die Namen der Steine, das Mineralreich im Spiegel der Sprache«, Thun 1979, S. 115 ff.
2 WA I, 31 (35), S. 48
3 WA I, 31 (35), S. 54

Alexander von Humboldt

1 WA IV, 4 (97), S. 202
2 WA IV, 4 (97), S. 283
3 WA IV, 4 (97), S. 311
4 WA IV, 35 (40), S. 32
5 WA I, 35 (40), S. 33
6 WA I, 35 (40), S. 44
7 WA IV, 10 (103), S. 270
8 WA IV, 11 (104), S. 281
9 Zitiert nach Adolf Meyer-Abich: »Alexander von Humboldt, mit Selbstzeugnissen und Bilddokumenten dargestellt«, Reinbek bei Hamburg 1967, S. 45
10 WA IV, 12 (105), S. 54
11 WA IV, 12 (105), S. 82
12 WA IV, 14 (107), S. 33
13 WA IV, 12 (105), S. 79
14 29. April 1797, Tagebuch. S. Anm. 9, S. 105
15 WA IV, 13 (106), S. 218
16 WA IV, 14 (107), S. 102
17 Humboldt im Mai 1806 an Caroline von Wolzogen
18 Alexander von Humboldt: »Aus meinem Leben. Autobiographische Bekenntnisse«, zusammengestellt und erläutert von Kurt-R. Biermann, München 1987, S. 180

Der Naturwissenschaftler Goethe im Bad

1 Zitiert nach Robert Steiger: »Goethes Leben von Tag zu Tag«, Bd. II, S. 479
2 Erich Trunz (Hrsg.): »Goethes Werke«, Hamburger Ausgabe, Bd. XIII. Textkritisch durchgesehen und kommentiert von Dorothea Kuhn und Rike Wankmüller, 10. Aufl., München 1989, S. 154
3 WA IV, 7 (100), S. 73
4 WA IV, 7 (100), S. 74
5 WA I, 35 (40), S. 264 f.
6 WA I, 35 (40), S. 265
7 WA I, 35 (40), S. 266
8 WA I, 36 (41), S. 12
9 WA I, 36 (41), S. 12
10 WA I, 36 (41), S. 13
11 WA I, 36 (41), S. 12
12 WA II, 11 (75), S. 111
13 Günther Schmid (Hrsg.): Deutsche Akademie der Naturforscher Leopoldina: »Goethe. Die Schriften zur Naturwissenschaft«, 1. Abt., Bd. 1, Weimar 1989, S. 168
14 S. Anm. 13, S. 357
15 S. Anm. 13, S. 368
16 Goethes sämtliche Werke, Stuttgart 1869, Bd. 40, S. 41
17 S. Anm. 16, S. 89
18 S. Anm. 16, S. 88
19 S. Anm. 16, S. 89
20 WA III, 2 (79), S. 253
21 WA III, 3 (80), S. 18
22 Zitiert nach Robert Steiger: »Goethes Leben von Tag zu Tag«, Bd. IV, S. 206
23 S. Anm. 22, S. 206
24 WA I, 35 (40), S. 100
25 WA I, 35 (40), S. 100
26 WA I, 35 (40), S. 111
27 WA IV, 15 (108), S. 251
28 WA I, 35 (40), S. 108
29 WA IV, 15 (108), S. 258

Gottfried Christoph Beireis und die Welt der Automaten

1 WA IV, 19 (112), S. 38
2 WA I, 65 (40), S. 205
3 Paul Alfred Marbach: »G. Chr. Beireis«, Mühlhausen 1930 und Karl v. Heister: »Nachrichten über G. Ch. Beireis«, Berlin 1860
4 WA I, 35 (40), S. 204–232
5 WA I, 35 (40), S. 204
6 WA I, 35 (40), S. 204
7 WA I, 35 (40), S. 204
8 WA I, 35 (40)
9 Bücking, J. J. H.: »Gottfried Christoph Beireis«, o. O. u. J.
10 WA I, 35 (40), S. 204
11 WA I, 35 (40), S. 204
12 Ludwig Achim von Arnim: »Armut, Reichtum, Schuld und Buße der Gräfin Dolores«, Berlin 1991, S. 592

Die Chemie in Weimar und Jena

1 WA IV, 6 (99), S. 372
2 WA IV, 7 (100), S. 66
3 Zitiert nach Robert Steiger: »Goethes Leben von Tag zu Tag«, Bd. III, S. 165
4 WA IV, 10 (103), S. 155
5 WA I, 20 (23), S. 48
6 WA IV, 10 (103), S. 155
7 WA IV, 8 (101), S. 4
8 S. Anm. 3, Bd. III, S. 361
9 Zitiert nach R. Stolz (Hrsg.): »Chymia Jenensis«, Jena 1986, S. 91
10 Leider verrät Goethe nicht, ob er Prosper Jolyot de Crebillon d. Ä. (1674–1762), Verfasser pathetischer Tragödien, meint, oder dessen Sohn Claude Prosper (1707–1770). Der jüngere Crebillon war ein brillanter Autor witzig-frivoler, zeitkritischer Romane.
11 WA IV, 14 (107), S. 203
12 WA III, 3 (80), S. 110
13 WA III, 3 (80), S. 10
14 S. Anm. 3, Bd. IV, S. 548
15 S. Anm. 3, Bd. IV, S. 560
16 WA IV, 19 (112), S. 265
17 S. Anm. 3, Bd. V, S. 154
18 WA IV, 20 (113), S. 18

[19] S. Anm. 3, Bd. V, S. 170
[20] S. Anm. 3, Bd. V, S. 178
[21] S. Anm. 3, Bd. V, S. 328
[22] Heinz Härtl (Hrsg.): »Die Wahlverwandtschaften. Eine Dokumentation der Wirkung von Goethes Roman. 1808–1832«, Berlin 1983, S. 88
[23] Johann Peter Eckermann: »Gespräche mit Goethe in den letzten Jahren seines Lebens«, 26. Aufl., Wiesbaden 1975, S. 237
[24] S. Anm. 22, S. 301
[25] S. Anm. 3, Bd. V, S. 495
[26] WA IV, 22 (115), S. 380
[27] WA IV, 23 (116), S. 13
[28] WA III, 4 (81), S. 284
[29] WA III, 4 (81), S. 288
[30] S. Anm. 3, Bd. V, S. 650
[31] WA IV, 23 (116), S. 247
[32] WA IV, 22 (115), S. 379

Friedlieb Ferdinand Runge in Jena

[1] Friedlieb Ferdinand Runge: »Hauswirthschaftliche Briefe«, 1866, Nachdruck Weinheim 1988
[2] S. Anm. 1, S. 153
[3] S. Anm. 1, S. 153
[4] S. Anm. 1, S. 164
[5] S. Anm. 1, S. 164
[6] S. Anm. 1, S. 165
[7] S. Anm. 1, S. 161
[8] S. Anm. 1, S. 161
[9] S. Anm. 1, S. 165
[10] G. Harsch, H. Bussemas: »Bilder, die sich selber malen. Der Chemiker Runge und seine Musterbilder für Freunde des Schönen«, Köln 1985, S. 118–221
[11] Friedlieb Ferdinand Runge: »Zur Farbenchemie. Musterbilder für Freunde des Schönen und zum Gebrauch für Zeichner, Maler, Verzierer und Zeugdrucker...«, Berlin 1850
[12] Friedlieb Ferdinand Runge: »Der Bildungstrieb der Stoffe, Veranschaulicht in selbständig gewachsenen Bildern«, Oranienburg 1855
[13] Erich Trunz (Hrsg.): »Goethes Werke«, Hamburger Ausgabe, Bd. XIII. Textkritisch durchgesehen und kommentiert von Dorothea Kuhn und Rike Wankmüller, 10. Aufl., München 1989, S. 32–34
[14] S. Anm. 13, S. 33
[15] S. Anm. 10, S. 19
[16] S. Anm. 1, H. H. Bussemas und G. Harsch: »Nachwort«, S. 24

Optik und Farbenlehre

[1] Erich Trunz (Hrsg.): »Goethes Werke«, Hamburger Ausgabe, Bd. XIV. Textkritisch durchgesehen und kommentiert von Dorothea Kuhn und Rike Wankmüller, 10. Aufl., München 1981, S. 253
[2] Deutsche Akademie der Naturforscher Leopoldina (Hrsg.): »Goethe. Die Schriften zur Naturwissenschaft«, 2. Abt., Bd. 3, »Beiträge zur Optik und Anfänge der Farbenlehre«, Ergänzungen und Erläuterungen. Bearbeitet von Rupprecht Matthaei und Dorothea Kuhn, Weimar 1961, S. 42
[3] S. Anm. 1, S. 254
[4] S. Anm. 1, S. 255
[5] S. Anm. 1, S. 256
[6] S. Anm. 1, S. 256
[7] S. Anm. 2, S. 44
[8] S. Anm. 1, S. 559
[9] Johann Peter Eckermann: »Gespräche mit Goethe in den letzten Jahren seines Lebens«, 26. Aufl., Wiesbaden 1975, S. 251
[10] K. R. Eissler: »Goethe. Eine psychoanalytische Studie. 1775–1786«, Frankfurt 1985, Bd. 2, S. 1239 ff.
[11] Albrecht Schöne: »Goethes Farbentheologie«, München 1987, S. 67
[12] S. Anm. 1, S. 261
[13] S. Anm. 1, S. 260
[14] S. Anm. 1, S. 44
[15] S. Anm. 1, S. 260
[16] S. Anm. 2, S. 45
[17] S. Anm. 2, S. 49
[18] S. Anm. 2, S. 50
[19] S. Anm. 2, S. 51
[20] S. Anm. 1, S. 264
[21] S. Anm. 1, S. 262
[22] S. Anm. 1, S. 265
[23] Robert Steiger: »Goethes Leben...«, Bd. III, Zürich, München 1984, S. 210
[24] Erich Trunz (Hrsg.): »Goethes Werke«, Hamburger Ausgabe, Bd. X. Autobiographische Schriften II. Textkritisch durchgesehen von Liselotte Blumenthal und Waltraud Loos. Kommentiert von Waltraud Loos und Erich Trunz, 8. Aufl., München 1982, S. 204 u. 205
[25] WA IV, 10 (103), S. 36
[26] WA IV, 10 (103), S. 84
[27] S. Anm. 2, S. 129
[28] S. Anm. 2, S. 265
[30] WA IV, 10 (103), S. 287
[31] WA IV, 13 (106), S. 34
[32] S. Anm. 2, S. 101
[33] Deutsche Akademie der Naturforscher: »Goethe. Die Schriften zur Naturwissenschaft«, 2. Abt., Bd. 4: »Zur Farbenlehre. Didaktischer Teil und Tafeln. Ergänzungen und Erläuterungen«, Weimar 1973, S. 102
[34] S. Anm. 2, S. 102
[35] WA III, 2 (79), S. 223
[36] WA IV, 13 (106), S. 310
[37] WA I, 35 (40), S. 83
[38] WA IV, 16 (109), S. 232
[39] WA IV, 19 (122), S. 75
[40] S. Anm. 33, S. 99
[41] S. Anm. 33, S. 100
[42] WA IV, 19 (112), S. 248
[43] WA I, 35 (40), S. 87
[44] S. Anm. 1, S. 524
[45] S. Anm. 1, S. 524
[46] S. Anm. 1, S. 524
[47] S. Anm. 1, S. 525
[48] S. Anm. 1, S. 525
[49] S. Anm. 1, S. 525
[50] S. Anm. 1, S. 526
[51] S. Anm. 1, S. 526
[52] S. Anm. 1, S. 526
[53] S. Anm. 1, S. 526
[54] S. Anm. 1, S. 526

[55] S. Anm. 1, S. 528
[56] S. Anm. 1, S. 7–269
[57] WA IV, 19 (112), S. 275
[58] WA I, 42.2 (149), S. 315

Die Familie André in Offenbach

[1] WA I, 29 (33), S. 42
[2] WA I, 29 (33), S. 44
[3] WA IV, 20 (113), S. 24
[4] WA IV, 2 (95), S. 17
[5] WA I, 49.1 (56), S. 430
[6] WA I, 49.1 (56), S. 163
[7] WA IV, 47 (140), S. 155

Luke Howard, der Mann, »der Wolken unterschied«

[1] Zitiert nach Waldemar von Wasielewski: »Goethes meteorologische Studien«, Leipzig 1910
[2] S. Anm. 1, S. 45
[3] S. Anm. 1, S. 11
[4] Deutsche Akademie der Naturforscher Leopoldina: »Goethe – die Schriften zur Naturwissenschaft«, 1. Abt., Bd. 8, »Naturwissenschaftliche Hefte«. Bearbeitet von Dorothea Kuhn, Weimar 1962, S. 233
[5] Erich Trunz (Hrsg.): »Goethes Werke«, Hamburger Ausgabe, Bd. XIII: »Naturwissenschaftliche Schriften I.«, S. 304
[6] S. Anm. 5, S. 305
[7] S. Anm. 4, S. 288
[8] S. Anm. 4, S. 280
[9] S. Anm. 1, S. 28
[10] S. Anm. 4, S. 74 u. 184
[11] S. Anm. 1, S. 77
[12] Johann Peter Eckermann: »Gespräche mit Goethe in den letzten Jahren seines Lebens«, Wiesbaden 1975, S. 79
[13] S. Anm. 4, S. 321
[14] S. Anm. 5, S. 305
[15] S. Anm. 1, S. 28
[16] S. Anm. 1, S. 26
[17] S. Anm. 1, S. 47
[18] S. Anm. 1, S. 51 u. 52
[19] S. Anm. 1, S. 48

Die Anfänge der Glasindustrie in Jena

[1] a) Friedrich Körner: »Anleitung zur Verfertigung achromatischer Fernröhre ...«, Jena 1828, S. 202
b) Hugo Döbling: »Die Chemie in Jena zur Goethezeit«, Jena 1828, S. 121
[2] S. Anm. 1, S. 123
[3] S. Anm. 1 b, S. 123 u. WA III, 8 (85), S. 240
[4] S. Anm. 1 b, S. 124
[5] S. Anm. 1 b, S. 125
[6] S. Anm. 1 b, S. 132
[7] S. Anm. 1 b, S. 136
[8] S. Anm. 1 b, S. 140

Der Mühe Lohn?

[1] WA II, 11 (75), S. 103
[2] WA II, 11 (75), S. 104
[3] WA II, 11 (75), S. 131
[4] Zitiert nach Dorothea Kuhn. Deutsche Akademie der Naturforscher Leopoldina (Hrsg.): »Goethe – Die Schriften zur Naturwissenschaft«, I. Abt., Bd. 8: Naturwissenschaftliche Hefte, Bd. 1, S. 388
[5] WA II, 11 (75), S. 118
[6] WA II, 11 (75), S. 102
[7] WA II, 11 (75), S. 102
[8] WA II, 11 (75), S. 129
[9] WA II, 11 (75), S. 99
[10] WA II, 11 (75), S. 99
[11] WA II, 11 (75), S. 100
[12] WA II, 11 (75), S. 140
[13] H. Gobrecht: »Bergmann-Schaefer. Lehrbuch der Experimentalphysik ...«, Bd. III, Optik, 6. Aufl., Berlin / New York 1974
[14] Z. B. Derick Wilhelm Lochner: »Lineares trichromatisches Gegenfarbensehen, gegründet auf Buntheitsurteile über ungesättigte Farben« (Diss.), Düsseldorf 1991
[15] Harald Küppers: »Harmonielehre der Farben. Theoretische Grundlagen der Farbgestaltung«, Köln 1989
[16] Harald Küppers: »Farben-Atlas«, Köln 1981
Siehe auch:
Harald Küppers: »Farbe. Ursprung, Systematik, Anwendung«, München 1987
Harald Küppers: »Die Logik der Farbe. Theoretische Grundlagen der Farbenlehre«, München 1981
Harald Küppers: »Das Grundgesetz der Farbenlehre«, Köln, 1991
Harald Küppers: »Die Farbenlehre der Fernseh-, Foto- und Drucktechnik. Farbentheorie der visuellen Kommunikationsmedien«, Köln 1985
[17] WA IV, 4 (97), S. 299

Nachweis der Goethe-Zitate

S. 3 »... daß ich erkenne, was die Welt im Innersten ...«
WA I, 14 (16) S. 28

S. 11 »... Eine besondere Liebhaberei meines Vaters ...«
WA I, 26 (30) S. 191

S. 11 »Wissenschaft. Einem ist sie die hohe, ...«
WA I, 5,1 (5) S. 214

S. 13 »... Wenn wir von den Enzyklopädisten ...«
WA I, 28 (32) S. 64

S. 15 »... Mich reizte die reinliche Technik ...«
WA I, 27 (31) S. 180

S. 17 »Parabase ...«
WA I, 3 (3) S. 84

S. 19 »... Mein Vater war ein dunkler Ehrenmann ...«
WA I, 14 (16) S. 54

S. 21 »... Sie war zart gebaut, von mittlerer ...«
WA I, 27 (31) S. 199

S. 21 »... Da ich mit der Geschwulst am Halse ...«
WA I, 27 (31) S. 202

S. 21 »... Gedachtes Werk erwähnt ...«
WA I, 27 (31) S. 204

S. 23 »... Mir wollte besonders die Aurea ...«
WA I, 27 (31) S. 204

S. 25 »Was mich aber eine ganze Weile ...«
WA I, 27 (31) S. 206

S. 27 »Die medizinische Fakultät glänzte ...«
WA I, 27 (31) S. 237

S. 27 »Die Geheimnisse«
R. Steiger: »Goethes Leben von Tag zu Tag«, Bd. II, S. 514

S. 29 »Salamander soll glühen ...«
WA I, 14 (16) S. 64

S. 29 »... Er schlägt unwillig das Buch um ...«
WA I, 14 (16) S. 30

S. 29 »Mephistopheles leiser. Was gibt es ...«
WA I, 15,1 (17) S. 102

S. 31 »Ein Mann von mittlerer Größe ...«
WA I, 18 (21) S. 234

S. 31 »In dieser Kluft befand sich ...«
WA I, 18 (21) S. 227

S. 33 »Die Physiognomisten. Sollt' es ...«
WA I, 2 (2) S. 264

S. 35 »Isaac Newton. Vier schattierte Köpfe ...«
WA I, 37 (42) S. 359

S. 39 »Lied des physiognomischen Zeichners ...«
WA I, 37 (42) S. 382

S. 39 »... Man wird sich öfters ...«
WA I, 37 (42) S. 329

S. 41 »... da ich sehe, ... daß Deine ...«
WA IV, 5 (98) S. 229

S. 41 »Rameau. Sieh diesen reinen Verstand ...«
WA IV, 37 (42) S. 340

S. 41 »Klopstock. Diese sanftabgehende Stirne ...«
WA I, 37 (42) S. 338

S. 43 »Tierschädel. Aristoteles von der ...«
WA I, 37 (42) S. 348

S. 43 »... Galls Vortrag durfte man wohl ...«
WA I, 35 (40) S. 203

S. 45 »Ilmenau. ... Ich sehe hier ...«
WA I, 2 (2) S. 141

S. 47 »... Dann ritt ich nach Ilmenau ...«
WA IV, 9 (102) S. 36

S. 49 »... unweit Neukirch ...«
WA I, 27 (31) S. 335

S. 49 »So wenig nun die Dampfmaschinen ...«
WA I, 42,2 (49) S. 172

S. 49 »In Tarnowitz habe ich mich ...«
WA IV, 9 (102) S. 225

S. 51 »... Mehrere wollten unsere Erdgestaltung ...«
WA I, 25,1 (28) S. 26

S. 51 »Herrn Staatsminister von Voigt ...«
WA I, 4 (4) S. 15

S. 53 »... Wir traten in eine Klamme ...«
WA I, 27 (31) S. 332

S. 61 »Dem Herren in der Wüste bracht' ...«
WA I, 4 (4) S. 231

S. 61 »Dem Scheidenden ist jede Gabe ...«
WA I, 4 (4) S. 21

S. 61 »Kaum nahe ich mich den Bergen ...«
WA I, 30 (34) S. 171

S. 63 »Natürliches System der Erze ...«
WA I, 5,1 (5) S. 180

S. 63 »Hauy gehört zu den wiederkäuenden ...«
WA II, 13 (77) S. 222

S. 63 »... Die Mineralogie ist daher eine ...«
J. P. Eckermann: »Gespräche mit Goethe ...«, Wiesbaden 1975, S. 180

S. 63 »So auch hat die Mineralogie ...«
Eckermann, S. 178

S. 71 »... Durch das Steinische Spiegelteleskop ...«
WA IV, 14 (107) S. 147

S. 71 »Es ist eine sehr angenehme Empfindung ...«
WA IV, 14 (107) S. 161

S. 73 »... Doktor Chladni ist angekommen ...«
WA IV, 16 (209) S. 170

S. 75 »... Die Nachricht von Feuer ...«
WA IV, 4 (97) S. 239

S. 77 »Wer die Entdeckung der Luftballone ...«
WA II, 6 (70) S. 219

S. 81 »... Johann Heinrich Merck, ...«
E. Trunz: »Goethes Werke« Bd. XII, S. 234

S. 83 »... ein ausgezeichneter Mann ...«
E. Trunz: »Goethes Werke« Bd. XIII, S. 237

S. 87 »... Gestern haben die Ratten ...«
WA IV, 5 (98) S. 75

S. 87 »... Landesverräter mögen gevierteilt ...«
WA I, 49,2 (57) S. 68

S. 89 »Metamorphose der Tiere ...«
WA I, 3 (3) S. 89

S. 91 ». . . Die drei hintersten erkannt ich . . .«
WA II, 11 (75) S. 62
S. 91 »Wenn jemand zu unserer Zeit . . .«
WA IV, 28 (121) S. 265
S. 93 »Am meisten freut mich jetzt das Pflanzenwesen . . .«
WA IV, 7 (100) S. 242
S. 93 »Vorwärts und rückwärts ist die Pflanze . . .«
WA I, 31 (35) S. 195
S. 93 ». . . Die Gliederung der edleren Pflanze . . .«
WA II, 6 (70) S. 33
S. 93 ». . . Nach einer Übereinkunft mit ihm . . .«
WA IV, 31 (124) S. 223
S. 95 ». . . In Rousseaus Werken finden sich . . .«
WA IV, 5 (98) S. 347
S. 95 ». . . Die Pinienkerne gingen gar merkwürdig . . .«
WA II, 6 (70) S. 123
S. 99 »Die Metamorphose der Pflanzen . . .«
WA I, 1 (3) S. 85
S. 101 ». . . Hatte Batsch durch unglaubliche . . .«
E. Trunz: »Goethes Werke« Bd. XIII, S. 48
S. 107 »Erlauchter Gegner aller Vulkanität . . .«
WA I, 4 (4) S. 263
S. 109 »Als wir den Ritter um die Mittel . . .«
WA I, 31 (35) S. 190
S. 111 »Breislacks, zu Mailand, geologisches . . .«
WA IV, 31 (124) S. 52
S. 115 ». . . die beiden Gebrüder von Humboldt . . .«
WA I, 35 (40) S. 45
S. 115 ». . . bringt die Gegenwart des jüngeren . . .«
WA IV, 12 (105) S. 79
S. 117 »Keine Gluthen, keine Meere . . .«
WA I, 3 (3) S. 361
S. 119 »Genius, die Büste der Natur . . .«
WA I, 4 (4) S. 137
S. 119 ». . . Bei seinem Genie, seinem Talent . . .«
R. Steiger: »Goethes Leben von Tag zu Tag«, Bd. III, S. 750
S. 119 »Die Gegenwart des Herrn Bergrat . . .«
Steiger, Bd. III, S. 562
S. 125 ». . . Die Karlsbader Feldspat-Zwillingskristalle . . .«
WA IV, 22 (115) S. 305
S. 129 ». . . Wie es dampft und braust und sprühet«
WA I, 4 (4) S. 333
S. 129 ». . . Ich habe ihn aus Marienbad . . .«
J. P. Eckermann: »Gespräche mit Goethe . . .«, Wiesbaden 1975, S. 203
S. 131 »Der Sprudel quillt in einem hölzernen . . .«
WA IV, 21 (114) S. 303
S. 131 »In der Tiefe des Tals . . .«
WA III, 8 (85) S. 20
S. 131 »In Karlsbad fand man sich . . .«
WA I, 36 (41) S. 77
S. 131 »Was ich dort erlebt, genossen . . .«
WA I, 4 (4) S. 65
S. 133 »Der wunderliche, in manchem Sinne . . .«
WA I, 35 (40) S. 205
S. 135 ». . . Das magische Orakel jedoch . . .«
WA I, 35 (40) S. 213
S. 135 ». . . Gar manches von seinen früheren . . .«
WA I, 35 (40) S. 211
S. 135 ». . . Die Ente, unbefiedert, stand . . .«
WA I, 35 (40) S. 212
S. 136 ». . . Kempelens Sprachmaschine, . . .«
WA IV, 12 (105) S. 154
S. 143 »Das Neuste in der Chemie . . .«
WA I, 5,1 (5) S. 298
S. 143 »Nichts Neues unter der Sonne . . .«
WA I, 5,1 (5) S. 298
S. 145 »Das chemische Laboratorium zog billig . . .«
WA IV, 25 (118) S. 271
S. 149 »Unter dem wohleingerichteten Wohngebäude . . .«
Chemische Fabrik W. C. Fikentscher (Hrsg.): »Goethe im chemischen Laboratorium zu Marktredwitz.« S. 6
S. 149 »Dem Professor Döbereiner im Namen seiner . . .«
WA I, 4 (4) S. 259
S. 151 ». . . Unser Professor der Chemie . . .«
WA IV, 22 (15) S. 315
S. 151 ». . . Was mein Vergnügen vollkommen macht . . .«
WA IV, 22 (115) S. 337
S. 153 »Der Teleolog. Welche Verehrung verdient . . .«
WA I, 5,1 (5) S. 207
S. 159 »Freunde, flieht die dunkle Kammer . . .«
WA I, 3 (3) S. 356
S. 161 »64. Zu den farbigen Schatten gehören . . .«
WA II, 5,1 (68) S. 101
S. 161 ». . . Wie sehr wünschte ich . . .«
WA IV, 9 (102) S. 33
S. 161 »Weiß hat Newton gemacht aus allen Farben . . .«
WA I, 1 (1) S. 325
S. 165 »Mit Botanik gibst du dich ab? . . .«
WA I (1) S. 325
S. 165 »Um Epoche in der Welt zu machen . . .«
J. P. Eckermann: »Gespräche mit Goethe . . .«, Wiesbaden 1975, S. 89
S. 167 ». . . Vor mehreren Jahren schon schalt er . . .«
WA IV, 29 (122) S. 296
S. 167 »Dem Weißmacher. Newtonisch Weiß . . .«
WA I, 5,1 (5) S. 179
S. 169 »Welch ein erhabner Gedanke! . . .«
WA I, 5,1 (5) S. 228
S. 170 ». . . Apparat mit zwei Spiegeln . . .«
WA IV, 31 (124) S. 250
S. 173 »Entoptische Farben. An Julien . . .«
WA I, 3 (3) S. 101
S. 175 ». . . Ich warf auf die gewöhnliche Weise . . .«
WA IV, 9 (102) S. 318
S. 177 »Hell und Dunkel . . .« ». . . Siehst du den schwarzen Hund . . .«
Deutsche Akademie der Naturforscher Leopoldina (Hrsg.): »Goethe. Die Schriften zur Naturwissenschaft.« 1. Abt. Bd. 8, Dorothea Kuhn (Bearb.): »Goethe. Die Schriften zur Naturwissenschaft. Naturwissenschaftliche Hefte.« Weimar 1962, S. 188
S. 179 »Möget Ihr das Licht . . .«
WA I, 3 (3) S. 105
S. 181 »Wäre nicht dein Auge sonnenhaft . . .«
WA I, 3 (3) S. 279
S. 183 »Priester werden Messen singen . . .«
WA I, 3 (3) S. 104

S. 183 »159. Die blaue Erscheinung...«
WA II, 1 (64) S. 65

S. 183 »... Wie der wandernde Mann...«
WA I, 50 (58) S. 244

S. 187 »... Es sind nun fünf Jahre...«
WA I, 49,1 (56) S. 429

S. 189 »Zirrus. Doch immer höher steigt...«
WA I, 3 (3) S. 100

S. 189 »Stratus. Wenn von dem stillen...«
WA I, 3 (3) S. 99

S. 193 »Die Welt sie ist so groß und breit...«
WA I, 3 (3) S. 97

S. 193 »Kumulus. Und wenn darauf zu höhrer...«
WA I, 3 (3) S. 99

S. 193 »Nimbus. Nun laßt auch niederwärts...«
WA I, 3 (3) S. 100

S. 195 »Er aber, Howard, gibt mit reinem...«
WA I, 3 (3) S. 97

S. 197 »Ich denke mir die Erde...«
J. P. Eckermann: »Gespräche mit Goethe...«, Wiesbaden 1975, S. 33

S. 199 »... Professor von Münchow...«
WA IV, 24 (117) S. 166

S. 201 »Mikroskope und Fernrohre verwirren...«
WA I, 42,2 (49) S. 174

S. 201 »Ich habe im Leben überhaupt...«
WA I, 30 (34) S. 125

S. 201 »Es mag eine Wunderlichkeit von mir sein...«
J. P. Eckermann: »Gespräche mit Goethe...«, Wiesbaden 1975, S. 566

S. 203 »... den Berg hinauf...«
Chemische Fabrik W. C. Fikentscher (Hrsg.): »Goethe im chemischen Laboratorium zu Marktredwitz.« Marktredwitz 1938, S. 12

S. 205 »... die Mathematiker sind närrische Kerle...«
WA IV, 22 (115) S. 49

S. 205 »... Ich habe mich ... in den Naturwissenschaften...«
J. P. Eckermann: »Gespräche mit Goethe...«, S. 115

S. 205 »Weite Welt und breites Leben...«
WA I, 42,2 (49) S. 184

S. 209 »Des neuen Alcinous zweiter Teil...«
WA I, 5,1 (5) S. 167

S. 209 »Es folgt eben gar nicht...«
WA II, 11 (75) S. 129

S. 213 »Es wäre nicht der Mühe wert...«
WA I, 42,2 (49) S. 184

S. 213 »Wenn weise Männer nicht irrten...«
WA I, 42,2 (49) S. 232

Bildnachweis

Aeckerlein, Gisela, München S. 132 links oben
Archiv des Verfassers S. 16, 19, 30, 42 links oben, 54 unten, 79, 86, 130 oben, 187
ARTOTHEK, Peißenberg S. 112, 138
Bayer. Staatsbibliothek, München S. 106, 108, 113
Binder, P., Zürich S. 71 rechts
Brunnenverwaltung, Bad Pyrmont S. 130 unten
Burckhardt, J. J., Haindlfing S. 58 oben, 127 oben, rechts unten
Deutsches Museum, Fotoarchiv, München S. 11, 13, 15 oben, 17 links, 21–24, 25 links, 27, 31, 33–36, 39, 41, 47 unten, 48, 49, 51, 62–65, 70, 71 links, 72, 73 links unten und rechts, 74–78, 81 oben, 107, 110, 114 unten, 117, 119, 120, 125, 126, 127 links unten, 133, 134, 136, 139–141, 142 unten, 143–146, 148, 150, 152, 153, 155 oben, 156, 157, 160 links, 162, 184–186, 198, 200, 210
Freies Deutsches Hochstift, Frankfurter Goethe-Museum S. 14 oben, 18, 32, 37, 80 (Fotografin Ursula Edelmann, Frankfurt)
Goethe-Museum, Düsseldorf S. 92, 93, 95, 104, 170
Goethe-Museum, Weimar S. 1, 7, 14 unten, 15 unten, 17 rechts, 28 oben, 38, 42 rechts, 44, 45, 47 oben, 54, 55, 58 unten, 59, 61, 73 links oben, 81 unten, 82–85, 87–91, 96–101, 102 rechts, 103, 104, 111, 114 oben, 115, 116, 118, 123, 124, 128, 129, 132 rechts oben, 142 oben, 147, 155 unten, 158, 160 rechts, 161, 164, 165, 167–169, 172–175, 178, 179, 181, 188, 189, 191, 192 oben, 195, 196, 202, 207 unten, 211 (Fotografin Sigrid Geske, Weimar)
Hamburger Kunsthalle (Foto Elke Walford, Hamburg) S. 163
Hansmann, Claus und Lieselotte, Bildarchiv, München S. 137
Hein, Wolfgang-Hagen, Frankfurt S. 119
Küppers, Harald, Frankfurt S. 171
Lusznat, Albrecht, München S. 25 rechts, 166 unten, 182, 201, 206
National Gallery, London S. 208
Neumeister, Werner, München S. 122
Oberhessisches Museum, Gießen S. 9
Österr. Nationalbibliothek, Wien S. 26
Ratjen, Wolfgang, München S. 56
Schiller-Nationalmuseum, Marbach S. 94, 213
Schloßmuseum, Gotha S. 69
Staatl. Graphische Sammlung, München S. 192 unten
Staatl. Museen Preuß. Kulturbesitz, Berlin S. 121
Städt. Reiß-Museum, Mannheim S. 28 unten
Universität Wien S. 102 links
Voithenberg, Günther von, München S. 10, 57, 166 oben, 207 oben
Württ. Landesbibliothek, Stuttgart S. 66, 67
Württ. Landesmuseum, Stuttgart S. 68

Geschenk von Dr. Gerhard Eigler
zum 60. Geburtstag v. R. Lohmeier
am 7.4.99

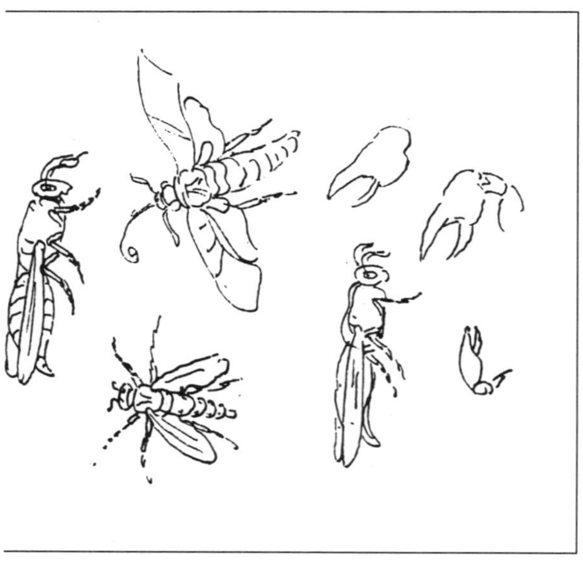

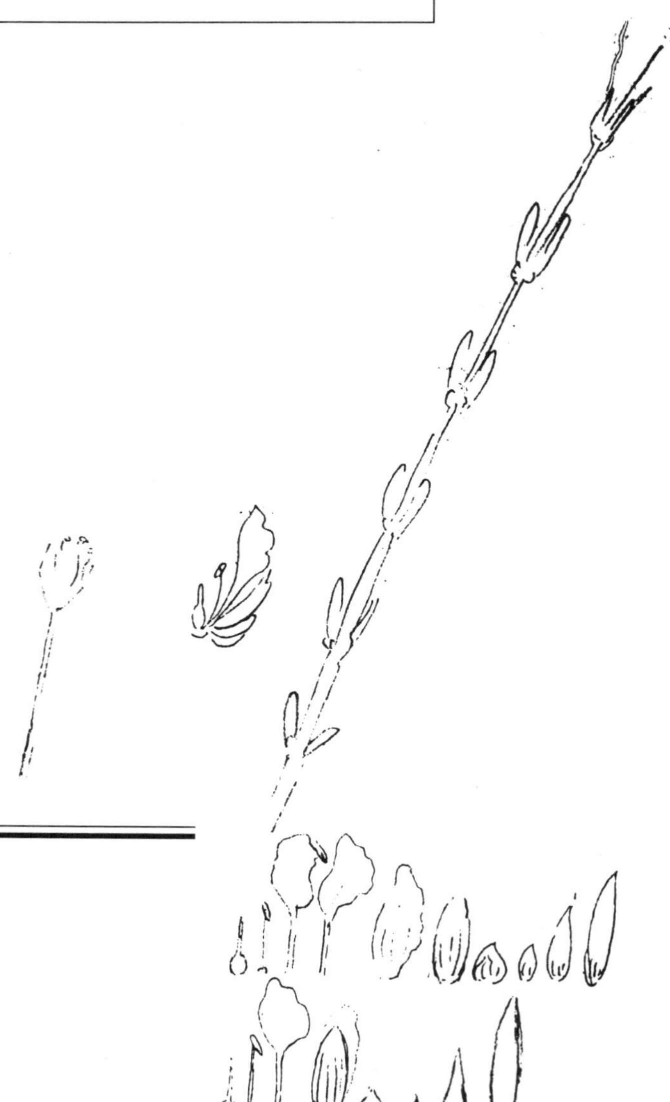